JN320084

自動車産業の「組織能力」と「競争力」の研究

Product Development
Performance
Strategy, Organization, and Management
in the World Auto Industry

|増補版|
製品開発力

藤本隆宏＋キム B. クラーク =著
田村 明比古 =訳

ダイヤモンド社

Product Development Performance
by
Kim B. Clark & Takahiro Fujimoto

Copyright © 1991 by Kim B. Clark and Takahiro Fujimoto
All rights reserved

Japanese translation rights arranged
with Harvard Business School Press in Boston
through The Asano Agency, Inc. in Tokyo

日本語版への序文──2009年の時点で

　このたび、*Product Development Performance*（Harvard Business School Press, 1991）の邦訳『製品開発力』の増補版が出版されることは、筆者の1人としてうれしい限りです。16年前の最初の翻訳版（1993年）のときから、世紀をまたぎ一貫してお世話になったダイヤモンド社の小暮晶子さん、復刻のご判断をいただいたダイヤモンド社の皆様に、衷心より感謝申し上げます。また翻訳の田村明比古氏はたまたま私の大学でのクラスメートでしたが、素晴らしくセンスの良い日本語訳を迅速に進めてくれました。あらためてお礼申し上げます。

　本書は、日米欧自動車メーカーを対象に、1社1社訪問し、実態調査とアンケート・データの収集を繰り返し、そうした1次データに基づき、新製品開発プロジェクトの成果、戦略、組織、プロセスなどの国際比較を試みたものです。実証調査はハーバード・ビジネススクールにおいて、技術・オペレーション管理学科のキム・B・クラーク教授と、当時同大学の博士課程学生および研究員であった筆者を中心に、1985年から1990年頃に行われました。その間、クラーク教授と弟子の藤本は、単著・共著で何本か学術雑誌への投稿論文を書き、後者は800ページを超える博士論文と格闘しました。この際それらを本にまとめよう、という話になり、本書が書かれたのです。

　当時、国際産業競争の激化に伴い、製品開発の競争力分析も注目されてきていましたが、具体的に開発生産性、開発期間（リードタイム）、商品力、開発プロセス、開発の組織能力などを分析した研究となると、事柄の機密性ゆえにデータ収集が難しいこともあり、総じて未開拓の領域でした。そこで、本書では自動車という、国際競争の激化した複雑な耐久消費財を対象に、日米欧の主要自動車企業20社約30プロジェクトの現地調査を行うことを通じ、高い競争力をもたらす製品開発のあり方を探索したのです。

　当時、日本の自動車産業の台頭に伴い、アメリカを中心に、多くの大学や研究機関が、貿易財、とりわけ自動車産業の国際比較調査を企画していましたが、

自動車産業の国際比較研究の道を拓き、1983年に逝去したハーバード大の故W・アバナシー教授の遺した指針は「次は製品開発の国際比較をせよ」でした。これを、当時教授の若手研究パートナーであったクラーク准教授が引き継ぎ、そこに、アバナシー教授の勧めもあってハーバード博士課程を受験した藤本が、クラークの弟子として加わり、研究が本格スタートしました。その後の研究の経緯については、『リサーチ・マインド経営学研究法』（藤本隆宏・新宅純二郎・粕谷誠・高橋伸夫・阿部誠、有斐閣、2005年）、『経営学のフィールド・サーチ』（小池和男・洞口治夫、日本経済新聞社、2006年）をご覧ください。

　実証調査は日本企業の説得から始め、そこから米欧企業に広げました。最初は「そんな機密データは外に出したことがない」と難色を示す企業が多く苦労しましたが、こまめに足を使い、結果的には多国籍自動車企業の大半のご協力をいただくことができました。以来、現在に至るまで、製品開発の国際比較調査は綿々と続いており、新しい仲間の協力も得て、2009年には第4ラウンドのデータ収集がほぼ完了しています。本書は、今から思えば、その第1ラウンドの調査結果を世に問うた本だったわけです。

　未開拓の領域ゆえ、分析枠組み自体も試行錯誤の産物でしたが、その後、「ものづくり経営学」の形成過程で、本書の位置づけも、より明確になってきたように思います。

　第1に、本書は結局、企業の製品開発機能に関わる「組織能力（organizational capability）」と「競争力（competitive performance）」の関係を問う本であった、と今ならば言えます。ここで「組織能力」とは、持続的な競争力を左右する組織ルーチン群の体系のことであり、「競争力」は、市場で評価される製品の魅力（表層の競争力）と、それを支える現場の実力（深層の競争力）から成ります。「製品開発力」とは製品開発現場の組織能力と競争力の総称です。ものづくり現場の実証分析において「組織能力→競争力」という枠組みは今や一般的となりましたが、本書は、そうした枠組みに沿った初期の研究だったと言えます。

　とりわけ、本書で提示した「有効な製品開発をもたらす組織ルーチン」は、いずれも少数精鋭の開発チーム、技術者の多能化、部門間統合を推進する強力なリーダー、開発と生産の連携と情報共有、自動車メーカーと部品メーカーの共同開発など、総じて開発組織内外の調整（コーディネーション）あるいは統

合（インテグレーション）を重視し、過剰な組織内分業を回避することを志向しています。筆者はこうした組織ルーチン群を「統合型製品開発」の組織能力と呼んでいます。その基本形は、製品開発プロセスのデジタル化が進んだ現在も、変わっていないと考えます。

かくして本書『製品開発力』は、企業の製品開発活動における「統合型組織能力とその競争力効果」を実証的に研究した書だ、と総括することができます。そして、こうした統合型能力が20世紀後半、日本の自動車産業に遍在する傾向があったことを、本書はデータをもって示したわけです。

第2に、本書の出版直後に始まった、ネットワーク情報技術が牽引するデジタル・イノベーションにより、本書が対象としてきた自動車製品開発の設計論的な位置づけも、かえって明確になったと思います。要するに、製品開発力で提唱した「統合型の製品開発能力」は、世の中の新製品開発のすべてに通用するわけではなく、自動車と共通の設計特性を持つ産業群、具体的には「インテグラル型アーキテクチャ」に近い製品群において有効らしいことが、だんだんわかってきたのです。

詳しくは、今回加筆した序章（なお、序章の執筆者は藤本のみ）で述べますが、要するに自動車は「公共空間を高速移動する重量物」であり、安全規制、排気ガス規制、エネルギー節約、機能要求など厳しい制約条件が課されるゆえに、開発担当者はぎりぎりの最適設計を強いられ、特殊部品や特殊インターフェースの比重が高まります。つまり自動車、特に小型乗用車は、「インテグラル型（擦り合わせ型）アーキテクチャ」寄りの複雑な人工物であり続けたのです。それは、デジタル情報革命によって1990年代に勃興した、電子で駆動するパソコン、同ソフト、インターネット関連製品、デジタル家電などが、標準インターフェースを介して汎用モジュールの自在な組み合わせが可能な「モジュラー型（組み合わせ型）アーキテクチャ」寄りだったのとは対照的でした。

実際、本書の舞台であった1980年代は、小型乗用車や小型家電など、インテグラル寄りの製品群が経済成長や貿易問題の主役でしたが、1990年代は一転、モジュラー寄りのデジタル情報財が世界経済を牽引した時代でした。統合型組織能力の遍在ゆえにインテグラル型製品に偏った輸出競争力を持つ日本産業は元気を失い、歴史的にモジュラー型製品に強みを持つアメリカ経済が復活し、

中国経済が躍進し、韓国・台湾企業が台頭しました。アメリカの経営学の重心は「インテグレーション重視の研究」から「モジュラー化重視の研究」にシフトし、本書の著者、クラーク教授も2000年には、同僚のC・ボールドウィン教授と、モジュラー化研究の代表作と言われる『デザイン・ルール』(安藤晴彦訳、東洋経済新報社、2004年) を世に問いました。

しかしこの間も、「小型乗用車はインテグラル寄り」という基本傾向は変わりませんでした。企業は部品の共通化、簡素化、大きな集成部品（モジュール）購入などを試みましたが、少なくとも先進国では、安全・環境・エネルギーなどに関する規制は厳しくなる一方であり、これに応じ自動車の主流的設計は、電子制御系も含め、複雑化・インテグラル化の傾向が続きました。パソコン等とは違い、それは最適設計の特殊部品を多く要する製品であり続けたのです。

日本企業が過剰設計（インテグラル化のやりすぎ）に陥る傾向、新興国の低価格車のある部分がモジュラー化する可能性、電気自動車がニッチ市場を獲得する見通しなど、留保条件はつきますが、自動車設計を取り巻く上記の厳しい制約が地球規模で不可避である限り、設計思想の大きな流れとして、世界自動車市場の主流が、パソコンのような寄せ集め（モジュラー）型製品に大転換する可能性は、当面は低いと考えます。この観点から言えば、『製品開発力』で示したのは、厳しい機能要求と制約条件のなかでインテグラル・アーキテクチャ寄りにとどまった「自動車」という製品を短期間・高効率で開発するうえで必要な、統合型の組織能力の中身を精査した研究であったと言えます。

つまり、本書で示した統合型の製品開発ルーチンは、すべての製品タイプにおいて等しく有効ではなく、その効能は、複雑なインテグラル型製品に偏って顕現化する可能性が高いのです。しかしこの組織能力は、自動車だけではなく、自動車と類似した厳しい使用環境・設計環境にある一群の製品、たとえば厳しい環境規制を強いられる資本財や、極限的な性能追求や小型化・軽量化を要求される製品にも応用可能です。これが、本書が出た後、1990年代に発展したアーキテクチャ論（設計思想論）を踏まえての、『製品開発力』の再解釈です。

本書が出た後、世界の自動車産業でもデジタル技術革命、開発・購買プロセスの電子化、中国市場の急成長、韓国企業の台頭、アメリカ企業の没落、日本企業の勢力拡大と危機、環境・安全規制の強化など、さまざまなことが起こり

ましたが、自動車開発の基本は概して変わっていません。その基本とは、本書でも示したとおり、組織内外の連携調整を重視し、過剰分業を抑制することによる、「統合的で早期・迅速・効率的な顧客問題解決」なのです。

　幸い本書は、1993年度の「日経経済図書文化賞」をいただき、10年近くかかった地道な研究の成果を、日本の学界でも認知していただけました。また、英語の原著、日本語訳に続き、ドイツ語訳、イタリア語訳も出版され、地味ながら各方面の研究者や産業人に読んでいただくことができました。尊敬する自動車開発のリーダーに「この本は線を引き引き3回読んだよ」と声をかけていただいたこともありました。一学者としてこれ以上に幸運なことはなく、本書を出版側・読者側の双方で支援してくださった皆様に、あらためて感謝いたします。

　原著の出版と前後して日本に帰った藤本は、継続は力と考え、その後もハーバード大他と連携してこの国際比較調査を続け、現在、20数年分の時系列データを蓄積しています。こうした1次資料に基づく、ものづくり現場の息の長い分析は、世界的にもあまり例がないと思います。研究仲間も増え、その成果は、藤本『生産システムの進化論』(有斐閣、1997年)、Thomke and Fujimoto, "The Effect of 'Front-Loading' Problem Solving on Product Development Performance." (*Journal of Product Innovation Management,* 17, 2000)、藤本・延岡「競争力分析における継続の力」(『組織科学』2006) など、少しずつ発表し続けています。

　一方、クラーク教授は、ハーバード大学ビジネススクール学長を経て、現在はブリガム・ヤング大アイダホ校の学長であり、近年は、むしろモジュラー化をめぐるイノベーション研究の重鎮としても世界的に知られています。

　このように、我々を取り巻く研究環境も時を経て変わりましたが、本書で捉えようとした、企業の能力構築を通じた競争を、現場のデータを通じて分析するものづくり研究の潮流は、グローバル競争の続く今世紀、重要性を減ずることはないと思います。本書は、そうした一連の研究の、1つの端緒であったかと、今、あらためて思うところであります。

2009年10月

　　　　　　　東京大学　ものづくり経営研究センター　藤本隆宏

日本語版への序文――1993年の時点で

　このたび、*Product Development Performance*（Harvard Business School Press, 1991）の全文邦訳が出たことをありがたく思います。総ページ数500ページという本で、図表も多く、翻訳、編集ともに大変ご苦労をおかけしたことと思います。

　本書は、日米欧自動車製造企業を対象にした実態調査のデータに基づいて、新製品開発プロジェクトの成果、戦略、組織、プロセスなどの国際比較を試みたものです。調査はハーバード・ビジネススクールにおいて著者（クラークと藤本）を中心に、1985年から1990年にかけて行われました。製品開発の競争における重要性は、近年日本でも、海外でも注目されるようになっていますが、その実態調査となると、データ収集が難しいこともあって、あまり進んでいませんでした。

　そこで、本書では自動車という複合的な消費財を題材に、国際調査と製品開発との関係を中心テーマに据えて、日米欧の主要自動車企業20社約30プロジェクトの実態調査を行い、高いパフォーマンスを生む製品開発のパターンはどんなものであるかを浮き彫りにしようと試みました。研究開発部門は言わば製造企業の奥の院であり、そのデータを収集することは容易ではありません。実際、私たちの調査に対しても最初は多くの自動車企業が難色を示しましたが、幸い私たちの研究の趣旨をご理解いただき、参加していただくことができました。英語版の謝辞にも書きましたのでここでは繰り返しませんが、ご協力いただいた関係者の方々にあらためてお礼を申し上げます。

　本書については、日本の読者から見るとやや不満があるかもしれません。第一に、具体的な企業名がほとんど出てこないのでピンとこないということがあるでしょう。しかし前述しましたように、この分野の実態調査は機密性の高い資料を扱うことが多く、私たちは企業の方々にお約束した守秘義務を厳重に守る必要があります。その結果、具体的な企業名はほとんど出せませんでした。

第2に、データが1980年代後半のもので古いということ。移り変わりの早いこの産業の分析をするのに、ややデータが古いのではないかというご指摘はもっともですが、学者の調査研究は時間がかかりすぎるのが常です。特に今回の調査は足で稼ぐタイプの地道なもので、試行錯誤や回り道も多かったため、こうしたことになりました。しかし、製品開発は3年から5年ぐらいが1サイクルであり、テーマとしても長期的な企業能力の養成ということですので、この本で述べたことのほとんどは今でも通用するのではないかと考えています（なお、1993年初頭より、データ更新を主たる目的に、本調査の第2ラウンドを開始しています）。

　第3に、製品開発と競争力の分析だけでは、現在日本の自動車メーカーが直面する問題に答えられないのではないか、テーマがすでに古いのではないかというご指摘もあるかと思います。そもそもこの本は欧米の読者を想定して書かれたこともあって、議論が国際競争力という側面に集中しています。それが1990年代前半の日本の読者には若干の違和感を与えるかもしれません。

　確かに1993年現在の日本の自動車産業を見渡すと、強い国際競争力を誇ってきた日本の自動車製造企業も、長期的な労働力不足、働きすぎ是正問題、成長鈍化への対応の遅れ、販売における値引き体質、低収益構造など、主に競争そのものとは別の次元で多くの問題に直面しています。さらに長年の顧客重視、競争重視の結果として、モデルチェンジ・サイクルが短すぎる、品種が多すぎる、部品共通化が遅れている、装備・品質が過剰である、販売・整備などのサービスが過剰であるといった問題がさかんに指摘されるようになってきています。21世紀に向かって自動車産業のトータル・システムを、よりバランスのよいものに変革していく必要があるのは、まさにそのとおりです。その場合、日本の製品開発システムの競争力の強さをうんぬんしているだけでは問題の解決にはなりません。むしろ、日本企業の製品開発力の強さが市場での過剰適応を可能にしていた面もあったのではないかとの指摘もあります（これらについては著者自身も別の機会に見解をまとめているのでそちらをご覧ください）。

　ただし、だからといって「競争力の国際比較・企業間比較はもう時代遅れだ」ということにはならないと思います。確かに自動車はじめ、わが国のいくつかの産業で今問題になっているのは、競争志向・市場志向が強すぎてバランスを

欠いていたということであり、競争力一辺倒の議論では限界があることは確かでしょう。日本の自動車産業に求められていることは、これまで競争力を支えてきた組織基盤や顧客第一の思想をできるだけ保ちながら、もっと幅広い利害関係者（従業員、部品供給者、地域社会、一般市民、株主など）にとって満足度の高い、バランスのとれたシステムに変えていくことのように思われます。しかしその場合、出発点として、日本メーカーの強みの源泉であった開発・生産・購買・販売のトータル・システムについて総括してから先に進まないと、変革に関する各論がバラバラにひとり歩きを始め、システム全体の改革につながらないおそれがあります。つまり、今後の問題を議論するのであれば、まず、競争力の歴史と現在についての分析という足場を固めておく必要があるというのが筆者の考え方です。その意味で、自動車産業の将来を憂いておられる読者の方々にもこの本を読んでいただければ幸甚です。

　以上、1993年以降の読者にお読みいただくときの留意点について述べました。確かに本書は、現在の緊急課題に答えるような性質のものではないかもしれませんが、自動車をはじめ、わが国産業・企業の21世紀に向けた長期的な変革を考える方々には、まだ若干のヒントを提供できるのではないかと思います。

　なお、本書中で引用されている日本文のコメント等の扱いについて述べておきます。英文の原著では日本語のコメントを英訳し、今回の日本語版ではそれをもう一度日本語に訳し返しましたので、内容は同じでも表現が一部原文とは変わっています。原文をそのまま転載することも考えましたが、翻訳書である本書の性格を重視してあえてこの形をとりましたので、原文著者の方々にはなにとぞご了承いただきたく存じます。

　最後に、本書の翻訳にあたってご苦労いただいた田村明比古氏とダイヤモンド社の小暮晶子さんほか関係者の皆様にお礼申し上げます。小暮さんは、原著者の分際で私があれこれわがままな口出しをしたにもかかわらず、それを最大限お聞き入れくださり、大変感謝しております。翻訳の田村氏はたまたま私の大学でのクラスメートでしたが、お世辞抜きで「これなら自分で翻訳しなくて本当によかった」と思える出来ばえの日本語訳を迅速に進めてくれました。仮に私自身が訳していたら、はるかに読みにくい書物になってしまっていたであ

ろうことを保証いたします。お2人のおかげで原著者の思い入れや微妙なニュアンスまでくみ取った日本語版ができたことに対し、あらためてお礼申し上げます。

1993年1月

東京大学　藤本隆宏

序文および謝辞

　本書は、変化が激しく、要求水準が高く、エキサイティングな市場環境における新製品の開発——すなわち世界の自動車産業における新製品の開発について研究したものである。研究作業は過去5年間にわたって続けられてきたが、そのルーツはさらにさかのぼる。私たちが初めて共同研究を行ったのは、1981年夏、3週間にわたり日本で、自動車メーカーの研究所、エンジニアリング部門、製造工場等を合わせて25カ所も訪問し、ヘトヘトに疲れたときである。故ウィリアム・アバナシー教授の指導のもとで私たちは、製造品質および生産性の優れたパフォーマンスをもたらす要因、1980年代初めの自動車産業で起こっていた技術および競争の劇的変化の原因を解明しようとしていたのである。アバナシー教授と行ったこの1981年の日本での実地研究は、1983年に出版された『インダストリアル　ルネサンス』（邦訳TBSブリタニカ刊）のなかで議論を展開し、実証するための重要な基礎となった。
　『インダストリアル　ルネサンス』の研究、そしてそれに続く日本、ヨーロッパおよびアメリカでの実地研究を通じて、私たちは、1980年代には製品開発が主役となるであろうと確信するに至った。世界の市場はより国際化し、技術もより多様化していった。さらに、日本が製造部門で優位に立っているのは、製品の設計・開発の仕方が大きな要因ではないかと考えられた。これらのことから、新製品の効果的な開発は、競争上重大なポイントであり、優位に立つための源泉である可能性が高いとの議論が出てくる。そこで私たちは、製品開発のパフォーマンスについて、戦略、組織、管理体制の面から研究を行う計画を立て、1985年から集中的な実地研究を開始した。
　この研究は、きわめて魅力的な経験であった。これほど多くの企業のなかに同時に入り込み、製品開発プロセスの社内作業に関する情報にアクセスすることをこれほどまでに許された研究者は、過去にいない。旅程を考えるのが特に大変であった。3大陸を股に掛け、6カ国、20メーカーを対象としているため、

何度も長い旅を繰り返さなければならない。しかも膨大な量のデータを持ってである。また、私たちの実地研究は、きわめて相互作用的であった。私たちは、各企業で単に情報をもらうだけでなく、お返しに、私たちの準備段階での考察、分析をこれらの企業の人々にプレゼンテーションや討議を通じて聞いてもらった。本研究を成し遂げることは、何百人という人々の協力なしにはとても不可能であったろう。

研究対象企業のさまざまな職種、さまざまな所属の多くの人々が、貴重な時間を割いて、インタビューに応じ、アンケートに答え、古い文書やレポートを探し出すなどして、今日な情報を与えてくれた。これらの人々には秘密を守ることを約束しており、また協力していただいた人々の数があまりにも多いので、1人ひとりの名前を全部言うことはできないが、彼らのご支援には心から感謝している。

研究対象企業のほかにも、データの収集、分析に協力していただいた方々がいる。特に、吹田尚一、松井幹雄その他三菱総合研究所の皆さん、いくつかの企業に一緒に行っていただき親切にアドバイスしていただいた法政大学の下川浩一教授、フリーランス・ライターの碇義朗氏、自動車問題研究会の福田隆二氏その他のメンバーの皆さん、雑誌『NAVI』の大川悠前編集長とその同僚の皆さんには大変お世話になった。

私たちの製品開発に関する研究は、一連の論文やプレゼンテーションを通じて深められていったが、多くの方々のコメントやアドバイスが大いに役立った。1987年に開催された経営戦略と技術革新についての国際会議に論文を発表する機会を与えてくれた三菱銀行財団、そしてアドバイスと励ましをいただいた土屋守章、ヘンリー・ミンツバーグ、マイケル・クスマノ、野中郁次郎、榊原清則の各氏、その他の会議参加者に特に感謝の意を表したい。また、ブルッキングス研究所、ミシガン大学、MIT、UCLA、ペンシルベニア大学ウォートン・スクール、ノースウェスタン大学、ブリガム・ヤング大学、オペレーション・マネジメント協会、経営戦略学会、自動車工学会、アメリカ機械工学会におけるセミナーや会議の参加者からもいろいろなコメントをいただいた。

研究、執筆にあたっては、ハーバード・ビジネススクールの同僚たちが親切に助けてくれた。ジョン・マッカーサー学部長は、高い視点から研究を進める

よう忠告され、貴重な時間と財源を割いて私たちに機会を与えてくださり、6年に及ぶプロジェクトに強力かつ惜しみない支援をしていただいた。ジェイ・ローシュ研究部長は、私たちに研究費をつけてくださり、機会あるごとに励ましていただき、作業がうまくいくように計らっていただいた。研究中のほとんどの期間、生産・オペレーション管理部門の主任を務められたボブ・ヘイズ氏は、私たちの思考に刺激を与えてくださったばかりか、余分な管理業務を引き受けてくださり、私たちが研究に集中するのを助けていただいた。

私たちの研究を深化させるにあたっては、ハーバード大学の生産・オペレーション管理部門および科学技術研究グループの多くのメンバーが大きな役割を果たした。最もお世話になったのは、私たちと共同で講座を持ち、共同でケースを書き、製品開発に関する独自の研究で私たちに多くを教えてくれたスティーブ・ウィールライト教授である。また、私たちの研究を組織論と結びつけるのを助けてくれたポール・ローレンス、プロジェクトの初期の論文を共同で執筆し、実証的作業を手伝ってくれたブルース・チュウ、概念的枠組みを構成するのを助けてくれたオスカー・ハウプトマン、総合商品力（TPQ）の概念および測定についての考え方を教えてくれたデイブ・ガービン、実地研究を共同で行ったマルコ・イアンシティ、製品開発を競争および戦略と結びつけるのを手伝ってくれたアール・サッサーたち、各教授には感謝している。

スタンフォード大学のフィル・バーカン、ジャン・ベンソンの両教授は、私たちの初稿を読んで改善のために貴重な助言を下さった。また、実地インタビュー、データ分析、執筆、準備作業、作図そして校正にあたっては、多くの人々から大変な支援協力をいただいた。フランク・デュビンスカス、カレン・フリーズ、ブラント・ゴールドスタイン、エレイン・ロスマンの各氏は、ハーバード・ビジネススクールの研究生として、素晴らしい協力をしてくれた。編集担当のジョン・サイモン氏は、私たちの原稿が読める代物になるように大いに努力され、優れた技能を発揮された。ディック・ルーク、ナタリー・グリーンバーグ、その他ハーバード・ビジネススクール・プレスの諸氏は、私たちを監視し、ハッパをかけ、本を仕上げてくれた。キャシー・ピーターソンとローズマリー・ハーキンスの各氏は、研究作業の混乱の最中にも研究室を整然と保ってくれた。ジーン・スミス氏は、原稿そのものの作成を担当してくれた。彼女が

タイプし、図表のデザインや制作を行い、校正作業を受け持ち、私たちと編集者とのことをさばき、私たちが忘れたものを見つけ出し、とにかくすべてをスキのない技能と優れた精神力で成し遂げてくれた。

　最後に、私たちの家族に対し、その愛と支援と私たちの作業に対する関心(「お父さん、何で本を書くの？」「まだできないの？」)について感謝したい。そして、今世紀の初め頃、自動車レース・ドライバーであり、整備士であり、修理工場のオーナーであった祖父、故藤本(ジョージ)軍次、自動車関連の多様な事業を営む企業家であった父、故藤本威宏から決定的な影響を受けたことを記しておく。

日本語版への序文──2009年の時点で　　i

日本語版への序文──1993年の時点で　　vii

序文および謝辞　　xi

序章　　1
21世紀の自動車産業と製品開発力

『製品開発力』後の20年　　1
自動車はなぜインテグラル・アーキテクチャか　　4
デジタルIT技術とフロントローディング　　9
制約条件がもたらす自動車の複雑化　　14
統合型製品開発力の構築は続く　　16

第1章　　21
製品開発と新たな企業間競争

新しい企業間競争の原動力　　22
製品開発の難しさ　　27
自動車産業に学ぶ──比較の座標系　　29
本書の概要　　36

第2章　研究の基本的枠組み
——情報の観点から　　39

　パフォーマンス、組織、競争環境　　40
　効果的な製品開発に関する3つのテーマ　　44

第3章　世界の自動車産業における競争　　57

　地域における競争および基本的市場構造の違い　　60
　量産車メーカーと高級車専門メーカーの戦略の違い　　77
　グローバルな競争　　83
　本章のまとめ　　90

第4章　パフォーマンスの尺度
——リードタイム・品質・生産性　　93

　製品開発のパフォーマンスの評価要素　　95
　パフォーマンスに関するデータの比較　　99
　パフォーマンスと競争環境との関係　　118
　製品開発のパフォーマンスと市場でのパフォーマンス　　121

本章のまとめ　123

第5章　127
製品開発のプロセス
——製品コンセプトの創出から市場導入まで

組織のパターン　128
競争上の強力な武器——自動車全体のコンセプト　136
製品プランニング　142
製品エンジニアリング　148
工程エンジニアリング　156
本章のまとめ　161

第6章　165
プロジェクト戦略
——複雑さへの対応

製品のバラエティ　167
製品と工程の技術革新　168
部品メーカーの開発への関与　172
共通部品と流用部品——既製部品の活用　183
プロジェクト戦略がパフォーマンスに与えるインパクト　190
本章のまとめ　199

第7章　207

製造能力
——隠れた優位性の源

- R&Dと製造の2分法を超えて　208
- 試作車の製作　216
- 金型の開発　225
- パイロット・ランとランプアップ　230
- 製造能力のインパクト　237
- 本章のまとめ　245

第8章　247

問題解決サイクルの連携調整

- 基本的枠組み　248
- 開発段階の重複化と緊密なコミュニケーション　258
- 連携調整の実例——日本とアメリカにおける金型開発　271
- 調整された問題解決の条件　283

第9章　293

リーダーシップと組織
──重量級のプロダクト・マネジャー

　　組織のパターン　　295
　　統合のための4つのタイプ　　300
　　プロダクト・マネジャーの技能と行動　　303
　　組織とリーダーシップのパターン──データによる実証　　314
　　組織とパフォーマンス　　318
　　高いパフォーマンスを得るための組織改革　　325
　　本章のまとめ　　334

第10章　337

効果的な製品開発のパターン
──部分と全体

　　高パフォーマンスの量産車メーカーのパターン　　338
　　高パフォーマンスの高級車専門メーカーのパターン　　350
　　本章のまとめ──類似点と相違点　　355

第11章　359
製品開発の将来
──競争・ツール・優位性の要因

　　製品間の競合関係と競争の同質化　　360
　　変化する競争の焦点　　368
　　組織および管理手法の新たな展開　　382

第12章　391
自動車産業を超えて
──結論と展望

　　各テーマの実践　　400
　　実践──基礎の構築　　407

　　付　録　　411
　　参考文献　　443
　　索　引　　453

カバー写真：©kentoh-Fotolia.com

序章　21世紀の自動車産業と製品開発力

『製品開発力』後の20年

　クラークと藤本が『製品開発力』を書き始めてから、2009年で20年近くになる。実証研究そのものは1985年頃から始まったから、そこを起点とすれば四半世紀である。その間、世界の自動車産業は大きく変わった。1990年に4500万台ほどだった世界の自動車生産台数は、2008年には約7000万台に達し、その間に、中国の自動車生産台数は50万台から1000万台近くへと急拡大した。日本の国内自動車生産台数は1990年をピークに減少、以来1000万台前後で推移したが、その間に日本企業の海外生産は急増、国内生産並みの約1000万台に達した。アメリカ企業は1990年代を通じてトラック系の大型乗用車の国内販売で巨額の利益を得たが、その資金を低燃費車の開発に投入することを怠り、世界金融不況により危機に陥った。他方、韓国企業は1990年代の危機を乗り越え急成長した。世界自動車産業をめぐる量的な構図は、この20年間で大きく変わったのである。

技術面でも大きな動きがあった。自動車の基本的な設計思想が革命的に大変化したわけではないが、少なくとも環境規制・安全規制・低燃費要求が厳しい自動車先進国の自動車では、電子制御系の複雑化・複合化が著しい。窒素酸化物（NOx）規制がやや甘いヨーロッパでは、改良型のディーゼル・エンジンが急増し、乗用車の半分ほどガソリン・エンジンからこれに代わった。さらに、ハイブリッド車など、新技術を搭載した環境対策車も徐々に増加し、『製品開発力』で予想したとおり、「急速な積み重ね技術革新」の結果、いつの間にか2010年の自動車は1990年のそれとは大きく異なるものとなった。内燃機関が駆動力の中心であることは変わらないが、現代の自動車先進国の車には、巨大な電子制御システムや機能性素材が盛り込まれている。

　それでは、自動車の製品開発マネジメントは、この20年間で様変わりをしたのだろうか。『製品開発力』で指摘した「効果的な製品開発」の処方箋は、すでに陳腐化したのだろうか。この本はすでに、過去の歴史的事象を扱う古書に属するのだろうか。

　筆者はそうは考えない。たしかに1990年当時と比べれば、自動車製品開発活動へのデジタル情報技術（IT）の浸透は著しい。主に紙を媒体としていた設計図面は電子媒体の設計情報に変わり、石膏模型は3次元デジタル・モデル（CAD）に置き換えられ、コンピュータ・シミュレーション（CAE）の利用も飛躍的に増えた。しかし、製品開発を通じて競争優位を生み出す組織能力の基本形は、実は本質的には変わっていないと筆者は見る。その基本は「統合型」である。周知のように、自動車産業の外の世界では、世界の産業地図が、ネットワーク情報技術の爆発的な普及により、文字どおり革命的な変化を遂げた。パソコン、インターネット、標準ソフトウエアを基盤とするデジタル情報技術の出現により、歴史的・社会構造的にそれを得意とするアメリカ経済は、1980年代の不振から反転して復活した。世紀末には、アメリカ経済は情報サービスや金融を含む電子情報財で圧倒的な国際優位を持ち、「もはや永久に景気循環を克服した」と主張する超楽観論まで飛び出した。その後のITバブル崩壊と金融バブル崩壊で、こうしたアメリカ経済の絶対優位論が幻想だったことも明らかとなったが、それにしても、デジタル電子技術の出現が世界の産業構図を激変させたことは間違いない。

しかしながら、この世紀末の変化に乗って国民経済を伸張させたのはアメリカや中国などであり、日本ではなかった。むしろ日本では、半導体、標準ソフト、デジタル家電製品など、多くの電子財・情報財で、アメリカやアジア新興国に対して競争劣位に陥ったのである（新宅・天野編、2009）。

　ところがこの間、日本の自動車産業は、概して競争優位を保った。特に製品開発の現場においては、である。日本の国内生産が世界生産に占める割合は、1990年の約3分の1から、2008年には6分の1ほどに減ったが、海外生産を含む「日本設計車」は2000万台を超え、世界の約3分の1というシェアをおおむね保っている。日本車の製品設計・工程設計の現場が依然として日本に集中していることを考えれば、日本企業の製品開発力は、『製品開発力』以降の20年間、健在であったと言える。2008年以降の日本自動車企業の不振も、その原因は、まさにアメリカの金融バブル由来の高級車需要に大量輸出で応えられたのが日本だけであったという、競争優位の裏返しであったわけである。

　このことは、製品開発力そのものの測定からも明らかだった。筆者は、シェアなどで顕在化する「市場に選ばれる力」を「表（表層）の競争力」と呼び、それを裏方として支える現場の実力（生産性、リードタイムなど）を「裏（深層）の競争力」と呼ぶ（藤本、2003、2004）。『製品開発力』は、今から考えれば、製品開発現場の「裏の競争力」と「組織能力」をプロジェクト（開発現場）ごとに測定し国際比較する試みであったわけだが、この国際比較調査は同書の出版後も続き、ハーバード大学・東京大学等の研究チームより、1990年代前半、後半、2000年前後と続けられ、20年後の現在も第4回目を実施中である（藤本、1997；藤本・延岡、2004）。その結果を見る限り、日本企業の欧米企業に対する製品開発力の優位性は維持されている。**図序-1**に示した開発生産性の比較などでは、日本の生産力が欧米の2倍前後で推移し、むしろ日本企業が差を広げてさえいる（藤本・延岡、2004）。

　かくして、『製品開発力』執筆から20年、世界の産業地図は大きく変わり、とりわけ電子情報財系で日本産業の浮沈が目立ったわけだが、そのなかで日本の自動車産業、とりわけその設計現場は、対照的に競争優位を保った。それはなぜか。日本の自動車産業とパソコン産業は、どこが違ったのか。

　日本の諸産業の浮沈が激しくなった1990年代以来、筆者はこれに対する答

図序-1 ● 自動車の開発生産性

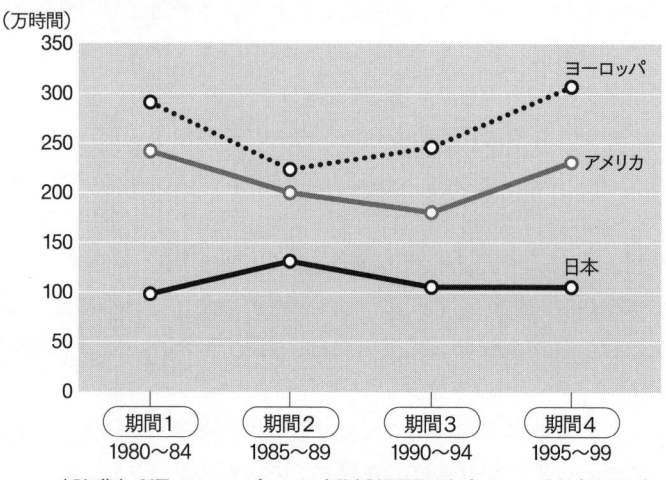

（万時間）

期間1 1980〜84
期間2 1985〜89
期間3 1990〜94
期間4 1995〜99

出所：藤本、延岡、Thomke、グローバル自動車製品開発研究プロジェクト資料（延岡作図）

えを探索してきた。そして、これに対する暫定的な答えは、「組織能力とアーキテクチャの動態的な適合関係が競争優位を左右する」という「設計立地の比較優位仮説」である（藤本、2003、2006、2007）。

自動車はなぜインテグラル・アーキテクチャか

グローバル化が進展した今日、産業ごとの国際競争優位・劣位は顕在化する傾向がある。しかもそれは、同じ産業分類のなかに輸出財と輸入財が同居する「微細な産業内貿易」という形をしばしばとる。近代経済学の標準的な教科書が予想する「労働力の豊富な国は労働集約型産業、研究開発資源が豊富な国は技術集約型産業に強い」という比較優位ロジックだけでは説明できない現象が増えている。

それでは、ある国が得意とする産業、すなわちその国に残れる現場を決定づける要因とは何だろうか。筆者は、設計論に立脚する広義の「ものづくり」概念に基づき、国際競争力の規定要因として、ものづくり現場の組織能力（ケイ

パビリティ）と、「設計思想」（アーキテクチャ）の動態的な適合関係が重要ではないかと考えている。たとえば、戦後の高度経済成長という歴史的経緯のなかで創発的に構築された、長期雇用・長期取引に由来する「多能工のチームワーク」、すなわち「統合型の組織能力」が豊富に存在する日本の現場は、設計・生産においてチームワーク的組織能力をたくさん使う「インテグラル型」（擦り合わせ型）アーキテクチャの製品で優位を持つ傾向があると予想される。言い換えればそれは、「調整能力が豊富に存在する国は、調整努力を多く要する調整集約型製品において比較優位を持つ」という「設計立地の比較優位仮説」である。戦後の日本に、トヨタ生産方式や全社的品質管理に代表されるそうした「統合型の組織能力」が蓄積されたのは、歴史的・創発的な進化過程の結果であると筆者は考える（藤本、1997；Fujimoto, 1999）。したがって、そうした組織能力とアーキテクチャの適合関係も、静態的というよりは動態的な関係と見るべきである。

　多くの事例分析や統計分析は、こうした「設計立地の比較優位仮説」と整合的である（藤本、2003、2004、2007；大鹿・藤本、2006）。つまり、設計という工学的概念を、貿易論の比較優位説に接合することで、従来の設計概念抜きの比較優位説では説明できなかった微細な貿易現象を、追加的に説明できるのではないかと考えられるのである。

　逆に、アメリカのように200年以上、流入し続ける移民の知識を即戦力として集め、前世紀に世界一の生産力を得た国は、チームワークより個の才能を重視し、調整努力を節約し分業の妙で競争力を得る「分業型組織能力」が豊富に存在する国になったと推定される。そして、分業型組織能力が豊富な現場を多く擁する国は、機能完結的な要素を標準インターフェースで結合することで設計・生産現場の調整努力を節約する「モジュラー型（組み合わせ型）」アーキテクチャの製品で比較優位を保ってきたと考えられる。

　実際の複雑な製品は、多くの構成要素から成り、部位により階層により「インテグラル型」寄りの部分と「モジュラー型」寄りの部分が混在している。したがって、製品全体のマクロ・アーキテクチャは、インテグラル寄りからモジュラー寄りまで、連続的なスペクトル上に展開する。しかし、とりあえず純粋な理念型について考察するなら、「モジュラー型」とは、製品機能要素（要求

図序-2●モジュラー（組み合わせ）型アーキテクチャとインテグラル（擦り合わせ）型アーキテクチャ

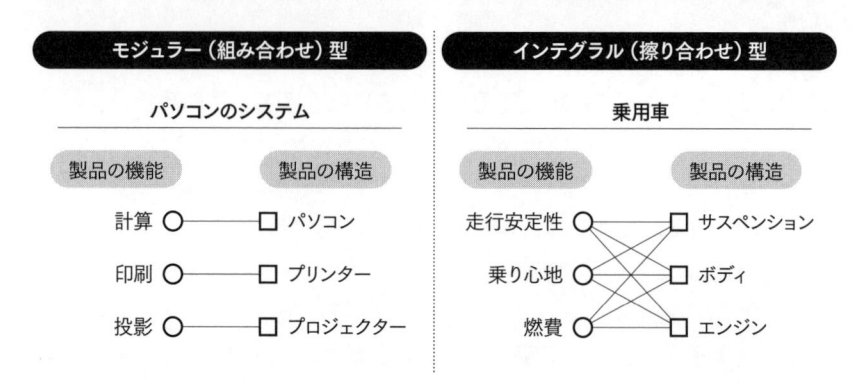

モジュラー（組み合わせ）型	インテグラル（擦り合わせ）型
パソコンのシステム	乗用車

モジュラー（組み合わせ）型　パソコンのシステム

製品の機能　　製品の構造
計算　○―――□　パソコン
印刷　○―――□　プリンター
投影　○―――□　プロジェクター

インテグラル（擦り合わせ）型　乗用車

製品の機能　　製品の構造
走行安定性　○＼／＼□　サスペンション
乗り心地　　○＝×＝□　ボディ
燃費　　　　○／＼／□　エンジン

機能）と製品構造要素（部品）の関係が1対1対応に近く、部品間のインターフェースも標準化されている結果、すでに設計済みの部品を組み合わせれば全体製品の機能を保証できる、というタイプの製品である。逆に「インテグラル型」とは、製品機能要素と製品構造要素の関係が多対多対応で錯綜し、部品間インターフェースも製品特殊的である結果、製品ごとに部品を新規に最適設計しないと全体性能が出ないタイプの製品である（**図序-2**参照）（Ulrich, 1995）。

また、モジュラー型のうち、社内共通部品の組み合わせで全体機能を実現する製品を「クローズド・モジュラー型」、業界標準インターフェースによって異なる企業の既設計部品を組み合わせることができる製品を「オープン・モジュラー型」という（國領、1995）。

ここで重要なことは、所与の製品や産業に固有のアーキテクチャは存在しない、ということである。自動車であれパソコンであれ半導体であれ、利用者が製品に望む機能水準や操作環境、あるいは設計者に課せられる機能要件や制約条件のレベルが変われば、同種の製品群が、モジュラー寄りにもインテグラル寄りにも変わりうる。製品アーキテクチャの動態的変化を知るには、まずは当該製品の利用環境や設計条件を現場・現物で知る必要があるわけだ。

さて、この枠組みから見れば、本書の分析対象であった自動車という製品はどうであったか。結論から言うなら、自動車、とりわけ20世紀後半以降において大勢を占めるジャンルであった、モノコック式車体と内燃機関から成る小

型乗用車は、20世紀後半から21世紀初頭にかけて、一貫して「インテグラル型」寄りの製品であった。その点で、デジタル化に伴い急速にモジュラー化した多くの電子製品・家電製品とは対照的であった。

　ではなぜ、小型自動車のアーキテクチャは、インテグラルであり続けたのか。ごく単純化して言うなら、それは自動車が、「公共空間を高速で移動する高額な重量物」であるからだ。すなわち、第1に、公共空間において人を乗せ、人と混在して高速移動するゆえに、安全規制を際限なく厳しくする社会的な要求がある。第2に、重量物ゆえにその移動には大量のエネルギーを要し、エネルギー資源制約の大きい21世紀においては、省燃費化の経済的・社会的要求も際限がない。第3に、同様の理由で、大量の排出ガスや騒音を発生させるため、排気・騒音対策も際限なく厳しくなる。第4に、高額商品ゆえに、購入者は自動車に多様で高水準の機能を要求する。その要求水準も、消費者の評価能力とともに上昇し続ける。

　パソコンや標準ソフトや半導体とは異なる、こうした自動車の使用条件・設計条件は、21世紀になり、ますます厳密な方向に向かおう。ゆえに、以上の制約条件が特に厳しい自動車先進国においては、自動車は簡単にモジュラー化しない。これが、アーキテクチャ論が予想する、21世紀の自動車の設計的な特徴である。実際、筆者らの実証研究によれば、日本の小型自動車の部品共通化率は、21世紀に入り、むしろ低くなる傾向が見られた。自動車が、近年むしろインテグラル化する傾向があったことを示唆する測定結果である。

　他方、『製品開発力』の実証研究が見出した「効果的な（競争力の高い）製品開発」を導く組織能力は、多能的設計者から成る少数精鋭の開発チームが、緊密なチーム内調整、部門を超えたチーム間調整、そしてサプライヤーとの企業間調整を行う能力であり、「統合型組織能力」が製品開発現場に適用されたものと言える。こうした統合型の組織能力が、日本の設計・開発現場に遍在することを実証的に示したのが本書『製品開発力』に他ならない。

　「インテグラル型」製品の開発には、個人間・部署間・部門間の連携・調整・チームワーク・コミュニケーション・情報共有などを高いレベルで実現する組織能力、つまり「統合型の製品開発能力」が必要となる。本書の分析は、まさしくこうした自動車製品開発の特徴について実証してきたとも言える。そして、

図序-3●統合型製品開発と分業型製品開発

統合型製品開発（慢性的人手不足であった日本で発達）
- ▶多能化・少数精鋭……たとえば設計者が機能設計も構造設計も行う
- ▶オーバーラップ……上流が完了する前に下流も作業スタート
- ▶未完成情報の頻繁なやり取り……チームが同時に複数の設計情報を見る
- ▶チームワーク……試行錯誤的な連携調整サイクルを迅速に回す

分業型製品開発（移民の国であるアメリカで発達）
- ▶専門化・細分化……たとえば設計者は機能設計、オペレーターは構造（形状）設計
- ▶シーケンシャル……上流が完了したら下流が引き継ぐ
- ▶完全な設計情報の受け渡し……各人が1つの設計情報に集中する
- ▶プロフェッショナリズム……個人の専門能力をつないで結果を出す

この点は、執筆から20年を経た現在も、本質的には変わらないのである。

　他方、分業システムの事前構想力、調整努力の節約、設計済み部品の正確な評価・選択、個々の企業・部署・個人の専門性発揮、要素技術群の自由な発展などを内容とする「分業型の製品開発能力」は、概してモジュラー型、とりわけオープン・モジュラー型の製品群と適合的であった。そうした組織能力が歴史的に蓄積される傾向のあった「移民の国・アメリカ」が、電子情報財などモジュラー型製品の開発を得意としたのは、ある意味では自然な進化論的帰結である（**図序-3**参照）。

　かくして、本書の発刊後に起こった諸国・諸産業の国際競争力の浮沈、とりわけ電子産業系における競争力の急速な変動が観察されたことによって、かえって、戦後日本の現場の持つ一般的な強み、すなわち「現場の統合的組織能力と製品のインテグラル・アーキテクチャの動態的な適合関係」が持つ産業論的な意味が鮮明になった。日本の自動車産業において、製品開発力がなぜ維持されたか、つまり、『製品開発力』の結論の本質的な部分が、なぜ21世紀初頭においても通用するかについての、これが1つの説明ロジックである（藤本、2003）。

デジタルIT技術とフロントローディング

　以上のように、『製品開発力』の実証結果は、主に1980年代後半の調査・分析に基づくが、そこで明らかになった「自動車産業では統合型開発の組織能力が開発生産性・期間・商品力などに関する競争優位をもたらす」という基本的な構図は、21世紀の今も変わってはいないと筆者は考える。このことを前提に、1990年代に急速な発展を見せた開発支援IT（情報技術）について考察を加えよう。たとえば、3次元CAD（コンピュータ支援設計）による構造設計、CAE（コンピュータ支援エンジニアリング）による機能検証や製造可能性検証など、設計開発を支援するデジタルIT技術がそれである。たしかに1980年代においても、2次元設計情報を中心に、開発支援ITはすでに存在したが、その適用範囲は限られていた。しかし1990年代、3次元の開発支援ITの本格的な普及とともに、2次元設計情報（図面）の読み込みを苦手とする工場現場の技能者なども、設計情報の評価に早期から参加できるようになり、IT浸透の幅と深さが飛躍的に高まったのである（Thomke and Fujimoto, 2000）。

　しかし、結論を先に言うなら、この場合も、企業間・現場間の競争力の差を説明するのは、主にはITそのものではなく、ITを使いこなす組織能力であった。3次元CADを含む1990年代のITは、概してパッケージ化された標準ITであったのだから、それはある意味で当然である。そして、この意味での「IT使いこなし能力」は、本質的には、本書『製品開発力』で論じたのと同様の「統合型の組織能力」であったと筆者は考える。

　一例として、いわゆる「フロントローディング」に必要な組織能力を考えてみよう。3次元CAD-CAEはフロントローディングにより、開発後半の設計変更を削減し、開発期間短縮に寄与するものである。フロントローディングとは要するに、開発の初期（フロント）に問題解決の「前倒し」（ローディング）を集中させることにより、開発後半の問題解決負荷を大幅に減らし、全体の工数低減や期間短縮につなげる、という開発手法である。

　前述のように日本企業では、欧米平均に比べ、より短い期間、より少ない工

数での製品開発が可能となっているが、それは、開発の初期段階から、機能間・部品間の整合性のみならず、製造性（つくりやすい設計）など下流で発生する問題も考えながら、問題発見・問題解決のサイクルをできるだけ前倒しに動かしているからである。

　逆に、開発下流で発生するそうした問題群を見過ごして個々の設計が進んでしまうと、開発の後段になって部品間の統合性や製造可能性（DFM：design for manufacturing）の問題が顕在化し、お金と時間のかかる後期の設計変更が増加してしまう。こうして後工程での問題解決、つまり技術者間での再調整や部品の再設計の工数や所要時間が増えれば増えるほど、全体の開発工数が増加し、開発生産性は低下することになる。

　つまり、製品開発プロジェクトのできるだけ早期において、問題発見・問題解決の質と量を増やすことができれば、全体としての開発工数や開発期間を低減させることが期待できる。前述のように、日本企業が開発生産性において過去20年間常に優位にあった理由の1つは、欧米企業よりもフロントローディングをうまく行う組織能力が高い傾向があったからであろう。

　そして、こうした能力は、開発の上流部門と下流部門が情報を共有し、問題発見・問題解決を連携して早期に行う能力、つまり、ある種の「統合型組織能力」なのである。それは、かつて『製品開発力』で特定された、オーバーラップ型問題解決（サイマルテニアス・エンジニアリング、コンカレント・エンジニアリング）や重量級プロダクト・マネジャー、試作車や金型の同期化開発、サプライヤーとの共同開発などと本質的に同類の、「多能的技術者のチームワークとコミュニケーション」に依拠する開発能力である。

　たしかに、1990年代におけるフロントローディングの飛躍的な進展にとっては、3次元情報技術は決定的であり、必要条件であった。従来、実物の試作車がまだ存在しない図面段階での問題発見は難しく、たとえば部品干渉チェックの場合も、複雑な2次元の図面をにらんで、部品同士の裏側での微妙なぶつかり合いをすべて事前に発見することは、修練を積んだ設計技術者でも容易ではなかった。

　これに対し、時間と金のかかる実物の試作車完成より前の段階で、問題解決に必要な3次元の製品設計情報を得られるのが3次元CADである（竹田、2000）。

これによって、実物の試作車を製作する前に、3次元デジタルデータを使用した仮想試作（デジタル・モックアップ）ができる。また、3次元データを利用したコンピュータ・シミュレーション（CAE）により、部位や機能によっては、試作車ベースの実物評価に近い精度で、衝突安全性や足回り性能などの機能評価や、内外装の見栄え評価が可能となる。

　しかし、1990年代の日本企業が、こうした先端的情報技術を活用して、開発生産性や開発リードタイムの対欧米優位を維持できた主因は、当然ながら、情報技術そのものではない。この時代の開発支援ITは、すでに多くの部分が標準パッケージ化されており、ITそのものでは差がつかなかったのである。たとえば当時、同じ標準型の3次元ITを使う日本メーカーのエンジニアリング・リードタイムが約20カ月、アメリカ企業のそれが30カ月以上であった事実を、ITそのものは説明できないのである。

　日本企業がフロントローディングを欧米企業以上にうまく推進できていたのは、3次元CADを欧米企業より早期から使用していたからではない。実際には、欧米企業のほうが3次元CADの導入は数年先行しており、1990年代半ばの段階では、日本の自動車企業は、特にシャーシ部品やエンジン部品など機能系部品の開発CADの導入においては遅れていた。また、同じ3次元データでも、当時の日本企業はデジタル・モックアップに有効に利用できるサーフェイス式（表面情報のみで表現）、あるいは製品機能チェックが可能なソリッド式（中身のある立体で表現）の使用が少なく、より単純なワイヤーフレーム式（輪郭のみで表現）が多かった。

　ところが、実際にフロントローディング手法をうまく活用して、設計変更の低減や開発工数・開発期間の削減につなげることができていたのは、1990年代の日本企業であった。実際、日本企業は3次元技術の導入が遅れていたのに、開発生産性における日本企業と欧米企業の差はさらに拡大していたのである（**図序-4**を参照）。フロントローディングを開発現場の競争優位につなげるためには、ツールである3次元CADをより多く導入しているかどうかという問題よりも、組織的に自動車企業と部品企業の関連技術者が共同で効果的に問題解決に取り組む統合型の組織能力こそがより重要だ。IT自体は、製品開発パフォーマンス向上にとって、必要条件ではあっても十分条件ではないのである。

図序-4●3次元CADの使用と開発工数の関係

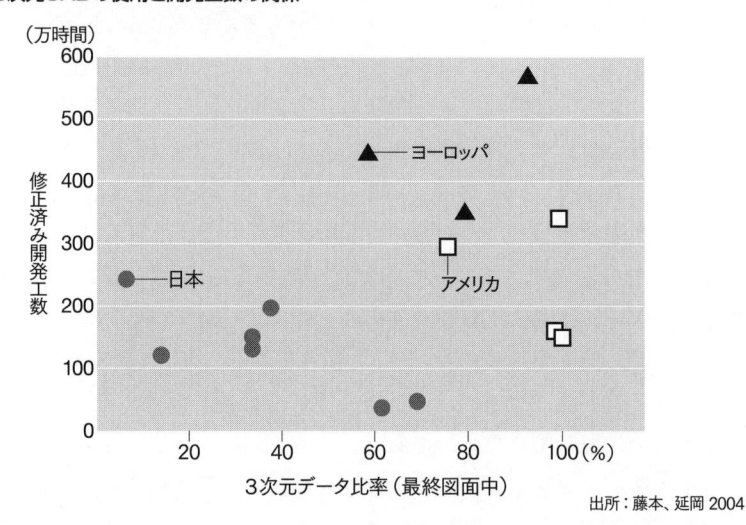

(縦軸：修正済み開発工数(万時間)、横軸：3次元データ比率(最終図面中)(%))

出所：藤本、延岡 2004

　しかしながら近年、そうした日本企業で形成されてきた「統合型の組織能力」と、欧米の分業重視の開発プロセスを暗黙の前提に進化してきた「分業型情報技術」の整合性が問われる状況が目立ち始めた。その背景には「欧米発の3次元CADのネットワーク財化と業界標準化」という事態がある。すなわち、開発・購買業務がグローバル化するなか、多少使い勝手が悪くても海外のサプライヤーなどの間にすでに普及し業界標準（デファクト・スタンダード）化している欧米発の市販のパッケージ型CAD（たとえばフランス・ダッソー社のCATIAなど）を導入しないと、提携先の欧米自動車企業やグローバル展開する部品メーカーとの共同製品開発に支障をきたす、という事態が現実化してきた。実際、かつては自前の社内開発CADを使用していた日本の自動車メーカーが、近年、次々と欧米発市販のCADの導入を決めた結果、現在では社内開発CADを主力の設計支援ITとして使う日本の自動車メーカーは皆無である。

　むろん、きわめて複雑化した現在の3次元CADシステムの開発には膨大な開発費用がかかるから、内製CADへの固執が、ある意味で現実的でないことはわかる。しかし、そのことによって、日本型統合型製品開発との乖離が生じるとすれば、日本企業の製品開発力の維持にとっては問題である。

分業型開発プロセスを背景に生まれた欧米発の標準CADは、設計技術者が構想し、オペレーターが形状をつくるという図面工以来の欧米型の設計分業の原則が背景にあり、専門のオペレーターしか使いこなせない複雑な操作を要する傾向がある。しかしそれでは、設計者とオペレーターがチームとなって皆で設計に取り組む、という日本企業流の統合型製品開発には合わないかもしれない。また、同じく分業型開発の思想から、逐次処理型の製品開発プロセスを前提に、完璧な設計情報を上流から下流に流すことを重視する欧米発のCADは、未確定の設計情報を部門間で頻繁にやりとりする日本企業の重複型問題解決（藤本・クラーク、1993）とは相性が悪いおそれもある。

　むろん、すでにデファクト・スタンダード化した欧米発パッケージCADが存在する現状では、これに真っ向から対抗する「日本発のパッケージCAD」を今から普及させることは現実的でないかもしれない。しかし、たとえばこうした欧米発CADとの連動性を保ちつつ、日本企業の得意とする協調環境でのチームワーク作業と相性のよい、軽量でチーム設計重視の3次元IT（たとえば画像閲覧専用のビューワー）を日本発で用意し、それで言わば「くるむ」ことで、欧米発分業CADが日本の統合型組織能力に対して持つ「毒」を、ある程度消すことが可能であろう。このように、顧客へと向かう設計情報の「よい流れ」に沿って、開発チームが上流から下流まで次元設計情報を共有できるような仕掛けをつくっていくことが、日本企業にとっての「欧米発分業IT」との付き合い方かもしれない。

　あるいは、標準3次元CADを使う前に、概念設計・基本設計の段階——機能要件と構造パラメータの連立方程式をチームで解いて整合性をチェックする段階——で使いやすい、軽量で試行錯誤に向いた基本設計支援ITは、各社が自前で開発するか、日本発でパッケージを開発すべきものであろう。つまり、高性能だが融通の利かない欧米発デファクトCADの前後を、軽量で試行錯誤支援、チームワーク支援型の日本発のITで挟み込むことによって、日本の製品開発の強みである「よい流れ」を確保するわけである。

　このように、統合型の組織能力構築が製品開発の基本である自動車産業において、そうした能力構築で国際競争優位を持つ日本企業は、統合型組織能力と相性のよい開発支援ITを確保する努力を、おそらくは個別企業の枠を超えた

形で行っていく必要があろう。

制約条件がもたらす自動車の複雑化

　前述のように、21世紀の自動車開発技術者は、ますます厳しい社会的規制や技術的制約、あるいは顧客の機能要求など、制約が多く難しい設計を強いられる。その結果、制御系、機構系、材料系、あらゆる側面において、自動車の設計は複雑化することが予想される。よって、そうした制約の緩い多くの電子情報製品とは異なり、自動車は、モジュラー化も、コモディティ化（設計による製品差別化ができない事態）も、簡単にはできない。

　むしろ消費者のニーズが不確実性・多様性・洗練性を増し、社会の自動車を見る目も厳しくなる一方、現代の自動車は（少なくともそうした制約の厳しい自動車先進国においては）ますます複雑性を高める傾向がある。このままだと、1プロジェクト当たりの開発期間や開発工数は増加に転じる可能性があり、実際、我々の最新の実証データは、そのことを示唆している。

　しかし一方、市場の不確実性が高まり、国際的な製品開発競争が激化するなら、開発期間の短縮化は至上命題である。かくして、複雑化する製品を短期間に設計・開発することは、現代企業にとってますます困難な作業となりつつある。すなわち、顧客が要求する製品機能の数、それに応じる部品など構造的要素の数、そしてこれら機能要素・構造要素間の相互関係の数が増えることにより、開発作業の手順も増加し、しかもそれらの間の同期化・重複化が要求され、全体として、プロダクト・プロセス双方における複雑化を引き起こしているのである。各メーカーでは、「自動車の開発プロセス」と「技術の先行開発プロセス」の連携調整・同期化・整合化を重要課題とし、先行開発組織の強化に乗り出している（藤本＋ものづくり経営研究センター、2007）。

　また、製品自体に目を向ければ、前述のように、環境・燃費・安全・商品性など製品開発を取り巻く制約条件や機能要件がどんどん厳しくなるなかで、先進国の主要モデル群の設計は、21世紀に入ってからも、方向としては複雑化へと向かった。特に、機能要求の厳しい高級車や環境対策車は、製品の本体部

分のみならず、電子制御系の複雑化・巨大化が顕著であった。ある自動車メーカーの最近の車1台の製造コストに占める電子部品の割合は、大衆車では15％、高級車では28％、ハイブリッド車では47％だったと言われる。マイコン搭載回路により、エンジン、ボディ（車体）、シャーシ（車台）全体の統合的な制御を目指す電子制御ユニット（ECU）は、先端的な新モデルでは数十あるいはそれ以上の数に達し、それらは複雑に連動する。また、そこに組み込まれるソフトウエアも、大きなものでは1000万行を超える。

　今日の自動車では人間による制御（運転）を補完する形で動力性能、乗り心地、利便性、安全性能、燃費向上、排ガス抑制などの制御を行う主役はエレクトロニクスとなりつつあり、制御系の電気設計やソフトウエアの出来の良し悪しが、その付加価値に大きく影響することは間違いない。

　そもそも自動車に搭載されるソフトは、オープン・アーキテクチャ寄りのエンターテインメント系ソフトと、クローズド・インテグラル・アーキテクチャ寄りのボディ制御系やエンジン制御系のソフトが同居し、複雑な構造となっている。即応性など、機能要求や制約条件の厳しさに合わせて合理的に多層化されたソフトウエア・アーキテクチャの確立が、長期にわたる課題であろう。

　とはいえ、自動車が、基本的に鉄を中心とした機械製品である事実は、21世紀の現在も変わりはない。部品点数が減る傾向もない。自動車は依然として、最適設計されたメカ部品を微妙に相互調整することでようやく全体最適設計を実現する、典型的な「インテグラル型アーキテクチャ」の製品であり、少なくとも先進国の主要なマーケットでは、今後もしばらく、そうであり続けよう。繰り返すが、だからこそ日本企業の統合型組織能力が生きるのである。

　しかしながら、現状において、そうした日本企業の「統合型組織能力」が十分に生かされていないように見えるのは、エレクトロニクス技術者、ソフトウエア技術者と、メカニカル技術者の間の連携調整である。厳しい制約を課されるこれからの自動車は、高級車であれ、環境対策車であれ、大衆車であれ、それなりに、機構部分（メカ）、電子制御機器の部分（エレキ）、組み込みソフトの部分の間で、きわめて緻密な設計調整が要求される。

　ところが従来、日本の開発現場では、メカ設計、エレキ設計、ソフト設計の部署のなかのチームワークは概してよいが、3者の間の連携は必ずしも良好と

は言えなかったようである。3部門間のパワーの違い（メカ設計が威張っている）や、設計風土の違い（構造設計重視のメカ系と機能設計重視のエレキ・ソフト系など）も、連携調整の壁となっていた。しかし、今後の自動車製品開発において、メカ・エレキ・ソフトの融合は、必須の課題である。日本企業は、これまでの統合型ものづくり能力にさらに磨きをかけ、これまで連携調整が希薄であった、より広域の設計調整能力を構築していく必要があろう。

　たとえば、上記のようなメカ・エレキ・ソフト連携に加え、先端技術のさらなる進化を見越した製品開発現場・先行開発現場・研究所の上流連携強化、あるいは世界の科学者集団とのネットワークの強化なども重要性を増しつつある。また逆に、川下における新ビジネスモデル構築のための業際連携ネットワーク強化も、避けて通れない。

　これらはいずれも、協業・連携・調整を重視する統合型開発の延長線上にあるが、つながるべき相手は、今後、さらに広範囲になっていくと予想されるのである。

統合型製品開発力の構築は続く

　このように、21世紀に入り、自動車製品開発プロセスの電子化、そして自動車自体の電子化の勢いは止まらない。そうした要素技術的な側面にのみ注目するならば、人々は、製品開発のルールが根底から変わっているという印象を持つかもしれない。

　しかし、すでに見てきたように、製品開発プロセスのデジタル化も、統合型の「IT使いこなし能力」、たとえばフロントローディングの実行能力を伴わねば、開発パフォーマンスの向上にはつながらない。自動車そのものの電子化も、現状では、自動車のモジュラー・アーキテクチャ化、コモディティ化を伴う動きではない。むしろ電子制御化は、安全制約・燃費制約・排気制約など、21世紀の社会が自動車に課す厳しい条件をクリアするための努力の結果であるが、その制約条件そのものは、自動車をインテグラル・アーキテクチャにとどまらせる要因となっているのだ。

要するに、表層における電子制御など新技術の大量導入にもかかわらず、①深層において、効果的な自動車開発は統合型組織能力を要すること、②社会と共存可能な自動車はインテグラル・アーキテクチャにとどまりやすいこと、この2点は、『製品開発力』を執筆していた20年前と、本質的には変わっていない。だからこそ、本書で特定した、効果的製品開発のための諸条件は、細部において再解釈を必要とする場合はあるとしても、基本的には21世紀の現在に通用するものと考えられるのだ。

　実際、製品開発力は、非常に長期にわたって、企業の競争力や収益力に影響を与える。たとえば、本書で「製品開発力あり」と判定された、日本とヨーロッパの企業（匿名）は、約10年後の20世紀末において、商品力、競争力、収益力などの点で、競合他社に勝る企業として、一般に認知されていた。ヨーロッパ企業は主に総合商品力、日本企業は開発スピードと開発生産性で、長期にわたり競争優位を保っていた。製品開発力は、2年や3年ではなく、10年単位で競争力にじわじわと効いてくるものであり、したがって長期の組織学習や能力構築の努力を必須とする。

　この点、経営危機に陥ったアメリカ企業の経営者のなかには、短期志向で判断を誤ったケースがあったようである。たとえば、本書が出てから3年もしないうちに、「我々は日本の製品開発方式をすべて学び、製品開発力で追いついた」と語ったアメリカ自動車企業のCEOがいた。また2008年、アメリカを訪問した筆者に、「わが社は1990年代に日本の製品開発方式を学びきった。それでも市場シェアの低下が止まらないのだから、もはや地道な改善は意味がなく、電気自動車での一気の形勢逆転に賭けるしかない」といった趣旨の発言をした経営幹部もいた。これらの会社が、2009年において経営危機に陥ったのは偶然だろうか。

　逆に、2009年時点で、経営危機を当面回避しているアメリカ企業の製品開発リーダーは「我々は、まだまだ日本のパートナーの開発プロセスから学ぶことがたくさんある。学習に限りはない」といった趣旨の発言をしている。実際、基本設計段階における初期開発支援ITのあり方に関する、同社開発幹部の現状理解と目標設定は、驚くほど精緻なものであったと記憶する。製品開発力への深い理解が、企業の長期的な成長や競争力に連動する、という傾向は、今も

続いていると筆者は感じる。

　それでは将来はどうか。たしかに、自動車がモジュラー・アーキテクチャ化する可能性は常に想定しておくべきだろう。たとえば、改良された将来の電気自動車は、機構部分が簡素化され、急速にモジュラー化する可能性がある。中国など新興国では、すでにコピー部品・改造部品・市販部品・独自部品などを組み合わせた、モジュラー性の強い低価格車が、ローカル企業により設計・生産・販売されている。これらは、世界の自動車産業を一気にモジュラー・アーキテクチャの世界、さらにはコモディティ化の世界に引き込む力を持っているのだろうか。

　筆者は、前述のような設計論的な考察から、そう単純にはいかないと予想する。すなわち、モジュラー化が即、急激な価格低下につながった多くのデジタル財とは異なり、自動車は、簡単にコモディティ化できない特性を持っている。むろん、自動車に対する安全・燃費・排ガス等の制約を一気に緩めて、「安ければよい」という自動車を社会が容認すれば、自動車においても、急激なモジュラー化・コモディティ化が進むかもしれない。実際、地方市場中心で、そうした制約が緩い中国のオートバイ市場では、実際にコモディティ化が起こり、日本企業の製品は一時、価格競争力を完全に失った。

　しかし、逆に言えば、自動車の場合、結局はそうした制約条件の緩和を、社会が許容するか、政府が許可するか、という話に帰着する。新興国を含め、そうした自動車に対する規制を緩めることは、地球環境的にも、社会通念的にも、法的にも、政治的にも認めがたい、という雰囲気が、21世紀の国際社会を覆っていると、筆者は考える。

　個々に見ていこう。まず電気自動車の場合、仮にモジュラー化はしても、主要モジュールである電池が高額な希少金属を含む材料費の塊であり、したがって変動費の占める比率が大きいため、モジュラー化と大量生産により価格が一気に数分の1になる、といった事態は、当面考えられない。むしろモジュラー化とともに価格は高騰してしまうのが現状だ。むろん、価格が数分の1でエネルギー密度が数倍高い、革命的な電池材料技術が出現すれば話はまったく変わるが、その兆しは現在のところ、まったく見えていない。

　電気自動車が従来の内燃機関自動車に本格的に対抗する価格競争力を持つに

は、電池のクルマ1台当たりの保有量を現在（たとえば2009年現在、先端的な三菱車で重量約200kg、コスト約200万円、実用航続距離100km強と言われる）の数分の1に抑える必要があろう。ハイブリッド車はそうした方向での技術的解の一例だが、これは、きわめて繊細な制御と設計を要する典型的なインテグラル・アーキテクチャの製品である。

　あるいは、バッテリーを複数車両がシェアする方式も考えられる。タクシーやレンタカーなど稼働率の高い営業車も工夫次第では有望であるが、いずれにしても、電気自動車の販売は、よく考え抜いたビジネスモデルを伴うシステム売りが基本であろう。単体売りで電気自動車が内燃機関自動車に対抗できる可能性は、現在のところ低い。

　新興国の低価格モデルに関しても、中国のローカル企業に多く見られる、寄せ集め設計式のモジュラー型低価格車は、安全基準や排ガス基準などで、規制の厳しい先進国市場に輸出することが現状では難しい。逆に、それよりはずっと高度な設計内容を持ち、インドのタタ自動車が導入した超低価格車〈Nano〉は、アーキテクチャ的には、かなりインテグラル寄りである。

　いずれにしても、競争にサプライズはつきものであり、先進国の自動車企業が電気自動車や新興国の低価格車を軽視することは禁物であるが、少なくとも、パソコンなど電子機器からの安易な類推で、あっという間に自動車がモジュラー化、コモディティ化し、電気自動車や新興国の低価格車が世界を席巻するといった過剰反応的な言説に振り回される必要もない。必要なのは、設計論、ものづくり論の基本に立ち戻った、冷静な議論である。

　いずれにしても、21世紀の自動車はしばらくの間、厳しい制約を克服するなかで、インテグラルな特性を色濃く持った製品にとどまろう。そして、そうした製品を開発するうえで、『製品開発力』で論じた「統合型の開発組織能力」は、その本質的な部分において、今後も重要性を持ち続けると、筆者は考えるのである。

| 参考文献

　　藤本隆宏、キム・B・クラーク（1993）『製品開発力』ダイヤモンド社
　　藤本隆宏（1997）『生産システムの進化論』有斐閣

Fujimoto, Takahiro (1999) *The Evolution of a Manufacturing System at Toyota,*, New York, Oxford University Press.
藤本隆宏、延岡健太郎、青島矢一、竹田陽子、呉在烜 (2002)「情報化と企業組織」奥野正寛、竹村彰通、新宅純二郎編著『電子社会と市場経済』新世社
藤本隆宏 (2003)『能力構築競争』中公新書
藤本隆宏 (2004)『日本のもの造り哲学』日本経済新聞出版社
藤本隆宏、延岡健太郎 (2004)「製品開発の組織能力―日本自動車企業の国際競争力」MMRC ディスカッションペーパー No.9
藤本隆宏、延岡健太郎 (2006)「競争力分析における継続の力」『組織科学』39.4
藤本隆宏 (2006)「アーキテクチャの比較優位に関する一考察」後藤晃、児玉俊洋編『日本のイノベーション・システム』東京大学出版会、第7章
大鹿隆・藤本隆宏 (2006)「製品アーキテクチャ論と国際貿易論の実証分析」、『赤門マネジメントレビュー』2006年4月, 223-271
藤本隆宏 (2007)「設計立地の比較優位」『一橋ビジネスレビュー』55.1
藤本隆宏、東京大学21世紀COEものづくり経営研究センター (2007)『ものづくり経営学』光文社
國領二郎 (1995)『オープン・ネットワーク経営』日本経済新聞出版社
新宅純二郎、天野倫文編 (2009)『ものづくりの国際経営戦略―アジアの産業地理学』有斐閣
竹田陽子 (2000)『プロダクト・リアライゼーション戦略』白桃書房
Thomke, Stefen & Fujimoto, Takahiro (2000), "The Effect of 'Front-Loading' Problem Solving on Product Development Performance," *Journal of Product Innovation Management,* 17.
Ulrich, Karl (1995) "The Role of Product Architecture in the Manufacturing Firm," *Research Policy* 24. 419-440.

第1章 製品開発と新たな企業間競争

　新製品は、昔から魅惑と興奮の源であった。1851年にロンドンで開かれた大博覧会では、その会場となった有名なクリスタル・パレスに展示された数々の新製品が人々の熱狂を呼んだ。それから80年ほど後、ヘンリー・フォードが遂にモデルAを発表したときは、ディーラーのショールームの外で黒山の人だかりができ、ほとんど暴動のような騒ぎとなって新聞のトップ記事を飾った。ごく最近では、ジレットの新しいひげ剃り、センサーについて、『ウォール・ストリート・ジャーナル』紙や『USAトゥデー』紙といった全国紙が特集記事で紹介し、夕方のテレビ・ニュースにまで登場した。

　新製品は、依然として人々を魅了する存在であることに変わりないが、1990年代の競争環境のなかでは、単なる好奇心や興奮の対象という以上の役割を果たすようになった。新製品の開発が企業間競争の焦点となっているのだ。世界中の経営者にとって、よりよい製品をより早く、より効率的に、そしてより効果的に開発することが、競争を勝ち抜くための第一条件となっている。新製品の効果的な設計・開発が、生産コスト、品質、顧客満足度、さらには競争優位性に大きなインパクトを与えている例は枚挙にいとまがない。

新しい企業間競争の
原動力

　製品開発が主役を果たす新しい企業間競争が展開されるようになったのは、世界的に多くの産業で過去20年間に生じてきた3つの力によるところが大きい。すなわち、国際競争の激化、要求水準が高く、洗練されたユーザーたちによる市場の細分化、そして各方面における目覚ましい技術改革の3つが合わさって、製品開発を競争の舞台の中央に引っ張り出したのである。

激化した国際競争

　1980年代においては、多くの市場、多くの産業が国際化していった。地域による違い、地方ごとの特殊性が重要性を持つ産業も依然として多く見受けられるが、製品コンセプトの同質化（収れん化）は世界的傾向であり、グローバルな製品セグメントが生じるようになって、国境を超えた競争が激化することとなった。国際市場で競争しうる能力を備え、実際に活躍する企業の数も増えてきた。かつて、競争は特定地域における少数企業の間のものにすぎなかったが、いまや世界中で多くの企業間に起こりうるものとなった。ユーザーのブランド選択が国際的になるに従い、異なった地域で生まれた製品同士が直接の競争関係となるケースも多くなっている。

　国際市場で競い合う企業たちは、類似した基礎技術を持ちながらも、異なった環境で育ち、異なった経験をしており、国際市場へのアプローチの仕方も異なっている。競合するブランドが増え、実力を持った多様な企業が市場にどんどん参入するようになっている状況下では、上手に差別化した製品で競争相手の動きに素早く対応することがますます重要となってきているのである。

細分化された市場と洗練されたユーザー

　産業が発展する過程において、ユーザーはけっして受け身の参加者ではなかった[注1]。ユーザーは経験を積むことによって、製品の技術的な性能や表面的なデザインの特徴はもちろんのこと、もっと内面的なレベルにおける製品コンセ

プト全体のユーザー・ニーズに対する満足度に至るまで、製品のあらゆる側面において微妙な違いを敏感に感じとるようになってきた。一般のユーザーにとって、内面的レベルでの製品の出来具合というのは、自分のライフスタイルや価値観に合うかどうかで判断するものである。ユーザーが企業の場合は、システムを構成する他の部品、あるいは生産工程全体とうまく適合するか否かで判断する。そして、ユーザーが敏感になった結果、ユーザーの製品に対する期待は、より包括的に、より複雑に、より高水準に、より多様になり、微妙で繊細な差別化が成功するチャンスが増えるとともに、そうした差別化の必要性もいっそう大きくなってきた。

このことは、いつでもユーザーの特殊事情に合わせていかなければならない特注生産の、たとえば産業用機械設備のような製品にだけ当てはまるのではない（もちろん、このケースでは要求される事項も多く、条件もより厳しいが）。技術的な意味では標準化がかなり進んだ製品についても言えることなのだ。設計のニュアンス、実際の使用時の微妙な違いを重視する目の肥えたユーザーが増えてきたため、明らかに成熟期にある産業においても、ユーザーの対象を絞り、差別化した製品を導入して競争に勝つチャンスが生まれる。

単なる価格や基本的な性能以上の何かを期待するユーザーたちも、製品が備えるべき基本条件を無視するわけではない。基本条件がしっかりしていることは、競争に参加するために必要な前提条件である。そして基本的な性能を改善するためにも、製品開発が大きな力を発揮するのは当然である。製品の製造性（つくりやすさ）を改善するための研究が進み、設計・開発プロセスが実際の製造工程でのパフォーマンスに大きな影響を与えることも知られるようになってきた。

さまざまな業界での実績を調べてみると、製品コスト全体の大きな部分（あるケースでは80％にも及ぶ）が、製品開発プロセスのうちの製品エンジニアリングの段階で決まっていることがわかる[注2]。製品の品質や信頼性についても、同じぐらい大きな部分は製品エンジニアリングの段階で決まってしまうかもしれない。常にコスト面や品質面で改善していかねばならないというプレッシャーがかかっているために、製品エンジニアリングをいかに効果的に管理できるかが問題の焦点としてクローズアップされてきたのである。

目覚ましい技術革新

　洗練されたユーザーが求める製品の差別化は、技術革新によって可能となる。新しい技術を得、また、既存の技術をあらためて理解し直すことにより、特定分野への応用の基礎となる現象についてより広く、より深く知ることができるようになる。たとえば、薬品の世界では、生化学や分子生物学の進歩により、特定の病気に治療効果のある重要な特性を有した蛋白質を発見し、合成する方法が新しく開発された。また同時に、これらの分野での研究が進み、化学が進歩して、従来の化学合成方法で製造された薬品の効力を高めたり、副作用を弱めたりすることが可能となった。このように、より広くより深い知識は、ますます多様化し、要求が高水準化する市場に対応した製品を生み出す道を広げることとなるのだ。

　技術の進歩は、別の角度からも新製品を生み出すのに役立っている。世界的に各国で科学技術力が向上したことにより、さまざまな分野で最先端の研究の拠点が各地に分散するようになった。おそらく最もドラスチックな例は常温超伝導であり、1987年に初めて開発の成功が発表されると、すぐに世界中の多くの研究機関が研究開発に参加してきた。このように、最先端の研究機関が各地に分散してくると、企業は単に独特の技術を持っているだけでは競争優位に立つことが非常に難しい。特許というものはあるが、それにもかかわらず、他の企業は技術の真似をするか、同様の結果をもたらす別の手段を考え出すか、どちらかが可能であることが多い。

　我々は新たなパラドックスに直面している。つまり、これほど技術が大切な時代にいながら、技術だけでは競争優位を築くことが不可能とまでは言わないが、非常に難しくなってしまったということである[注3]。生まれて間もないハイテク産業を除けば、もはや「製品開発」は「技術開発」とは同義語ではなくなっている。一般的に言って技術は、新製品が成功するために必要な条件かもしれないが、それだけでは十分な条件とは言えないのである。製品開発がうまくいくには、研究開発部門の技術力だけではない別の能力が要求される。持っている技術をユーザーのニーズに的確に対応した製品の形にし、よいタイミングで市場に投入することができる企業こそが競争優位に立てるのである。多くの

産業のなかから3つの例を取り出して、効果的な製品開発ができる企業とできない企業に違いが生じることを示してみよう。

VCRの場合　1975年、ソニーは大衆ユーザー向けにベータマックスを発売した。1976年には、日本ビクター（JVC）がVHS方式のVCRを導入した[注4]。JVCの対応は迅速で、技術的に独特のものであった。JVCの親会社である松下電器も、VHS方式の新製品を素早く投入し、いわゆる「VCR戦争」は結局、松下／JVCグループに凱歌が上がった。一方、戦争に敗れて財務上も影響を受けたソニーは、8ミリ・ビデオ・カセットの技術を使ったVCR内蔵のコンパクト・ビデオ・カメラや小型テレビと小型VCRを組み合わせた「ビデオ・ウォークマン」といった一連のビデオ関連製品を導入して、反攻に出た。この第2次VCR戦争は日本のメーカーの間でまだ続いているが、主要メーカーはもう次の戦争に向けて準備を始めている――デジタルVCRの開発がそれである。

オランダのフィリップスは、VCR技術では先頭を走っていたが、ライバル企業の動きに対応するのが遅すぎた。ソニーのベータマックスに対抗する最初のVCR製品は5年も経ってから発売された。また、ビデオ・レコーダーを最初に開発したアンペックスも、このきわめて熾烈な競争が繰り広げられる市場で、他社の製品開発の速いペースについていけなかった。

一眼レフ・カメラの場合――キヤノンのEOS対ミノルタのαシリーズ　かつて一眼レフ・カメラ市場は、キヤノンAE-1が10年近くも売れ行きトップの座を占め、1980年代初め頃はかなり安定・成熟期といえる状態であった。そこに登場したのが、オート・フォーカスの一眼レフという新しい製品コンセプトである。これを最初に商品化したのが、一眼レフ市場で中位に甘んじていたミノルタであった。オート・フォーカスのコンセプトは業界を一変させ、1985年にはミノルタがキヤノンを抜いてトップに躍り出ることとなる。

キヤノンは難しい選択を迫られることとなった。ミノルタの二番煎じの商品を1年以内に発売するか、まったく異なった技術コンセプト（ミノルタのボディにモーターを内蔵する方式に対して、モーターにレンズを内蔵する新しいコンセプト）に基づき、十分に差別化した製品ラインで対抗するか。後者を選

択する場合、キヤノンの過去における開発実績を考えれば、3年かかるかもしれない。

　そこでキヤノンは、技術的に差別化された新製品を2年以内に開発するという方針を決める。この大きな賭けは、製品開発のための組織もプロセスもすっかり新しく組み直してようやく成功したのだった。レンズをモーターに内蔵する新しいオート・フォーカス型の一眼レフ、EOSでキヤノンは市場シェアを回復した。が、まもなくミノルタも改良型の新製品で素早く応酬し、市場首位の座を再び奪還したのである。その後、他社からも一連の新製品が発売され、新製品競争はシーソー・ゲームを展開している。

民間航空機のジェット・エンジンの場合　1989年7月時点で、民間航空会社の63％はプラット・アンド・ホイットニー（P＆W）のエンジンを使用していた。民間航空機のジェット・エンジンで長い間市場をリードしてきたP＆Wの強みは、燃費のよさであった[注5]。だが、現在製造中のエンジンおよび受注残で見ると、様相は一変する。ゼネラル・エレクトリック（GE）がP＆Wを51％対31％で引き離しているのだ。業界関係者の多くは、この逆転劇の主因が製品開発の効率性にあると指摘する。GEは製品にバラエティを持たせ、最近の航空会社および航空機メーカーのニーズに柔軟に対応した。つまりGEは、基本的な設計は共通だが、ロングボディ用、ワイドボディ用等と調節可能なエンジンを導入し、推進力の大きく異なる多様なエンジンを劇的に短いリードタイムと安いコストで製造することに成功したのである。

　以上のような例からわかることは、製品開発の成否が企業の長期的な業績にますます大きな影響を及ぼすようになっているということだ。幅広い製品ラインを持っている企業にとっては、新製品が1つぐらい売れなくても企業全体の経営が揺らぐことはないが、その新製品が急成長市場をターゲットにしている場合には、長期的な深刻な結果をもたらすことがある。失敗が多くの製品、多くの市場セグメントでも繰り返されるパターンであれば、企業の命運を左右しかねない。このことは、競争の激化、ユーザーのニーズの行動化、急速な技術革新が特徴となっている最近の競争環境においてはなおさらだ。簡単に言えば、新たな企業間競争においては製品開発が勝敗のカギを握っているのである。

製品開発の難しさ

　効果的な製品開発は難しい仕事である。多くの業界——大型家電、半導体、テレビ、VCR、薬品、医療機器、産業用制御装置、工作機械、自動車、照明器具、エンジニアリング・ワークステーション、プリンター、化学品、先端セラミック、病院用品、ソフトウエア、コピー機器、カメラ、鉄鋼、アルミ製品等々——で、市場投入が遅すぎたり、コストや性能面で目標を達成できなかったり、頻繁な設計変更や品質上の問題に悩まされたり、あるいは市場そのものがまったく育たなかったり、という新製品も抱えて、マネジャーやエンジニアが悪戦苦闘する光景によく出くわす[注6]。他方で非常にうまくやっている企業もある。

　たしかに先に挙げた例でもわかるように、製品開発のよしあしで企業および製品自体の長期的な競争力に違いが生じる。開発した新製品が成功すれば、市場シェアの拡大、新たなユーザー層の開拓、コストの低減、高品質とよいことずくめなのだが、実際に製品開発を管理する仕事は地味なものである。どの企業も、うまくいった製品の1つや2つはあるものだが、製品開発のパフォーマンスが常に良好な企業は数少ないようだ。製品開発がうまくいくかどうかはきわめて重要であり、常に製品開発が成功すれば強い競争力につながる。そして、それができる少数の企業は断然有利となるのである。

優れた開発パフォーマンスをもたらす要因

　製品開発を長期的に成功させることはなぜ難しいのだろうか。同じ業界の企業でも、パフォーマンスにこれほど大きな差が生じるのはどうしてだろうか。1990年代の技術環境、競争環境のなかで、優れたパフォーマンスに共通する基本原則というものはあるのだろうか。こうした疑問が本書で報告する研究を始めたきっかけとなっている。

　だが私たちは、「製品開発のパフォーマンスを高めるための3つのステップ」的な簡単な答えを紹介しようとしているのではない。R&Dに対する支出を増

やすのは、企業によっては必要なことの1つであるかもしれないが、それだけで効果的な製品開発を行うことはできない。あるいは、画期的なテクノロジーを発見するとか、新しい設備や製造技術を導入するとかも、大切なことではあるが、答えのすべてではない。適切な製品プランニング・システムを持つこと、QFD（品質機能展開）を実践すること、最先端のCAD（コンピュータ支援設計）を導入すること、サイマルテニアス・エンジニアリングを組み入れることなども、製品開発を効果的にするための完全な答えではない。こうした方式や設備は大切だが、それだけで十分ではないのだ。

製品開発に優れた企業に特徴的なのは、これこそが本書のテーマなのだが、組織、技術水準、問題解決のプロセス、企業文化、戦略といった製品開発システム全体に流れている首尾一貫性なのである。この首尾一貫性は、システムの大まかな基本原則、基本構造にのみ見られるのではなく、日常業務レベルの細部に至るまで徹底する必要がある。パフォーマンスに表れる首尾一貫性は、組織全体、経営全体の首尾一貫性の結果得られるものなのである。製品開発にとって組織、管理体制の首尾一貫性、そして細部へのこだわりが重要であるという事実から考えて、私たちが製品開発について研究する場合には次のような方法をとる必要がありそうだ。すなわち、何よりもまず、私たちは詳細な調査を行う必要がある。そして、優れたパフォーマンスの実例を分析するためには、多くの（複数の）企業の比較検討が必要である。

最後に、新しい企業間競争という観点から製品開発を理解するために、国際競争が激しく、市場環境とテクノロジーの変化が著しい産業を選んで各社の状況を研究しなければならない。詳細な調査、比較検討、変化の激しい経営環境という条件を満たすため、私たちはグローバルな市場規模を有する産業を1つ選び、じっくり研究してみることにした。業界内にはさまざまな国のさまざまな企業があって、同様の製品を同様の市場向けに開発し、互いに直接競争関係にあるような、そんな産業を調べてみれば、組織、管理体制、戦略、競争といった諸問題をくっきりと浮き彫りにすることができるからである。

本書に登場するすべてのデータ、所見、インタビュー、エピソード等は、世界の自動車産業に関するものである。私たちは世界中の自動車メーカー20社の主な製品開発プロジェクトを過去6年間にわたって研究し、パフォーマンス

の測定基準、組織や管理体制のパターン等を含め、全体として一貫した考え方に基づいてデータを収集、処理できるよう心がけた。製品開発プロセスおよびそのパフォーマンスを正確に、信頼できる形で評価できるよう、精査に精査を重ねるとともに、公式・非公式のインタビュー、質問状、統計的分析等、多様な手段を用いて優れたパフォーマンスの源泉を探し出そうと試みたのである。

　この研究は、1つの業界に絞って行われたものであるが、これによって私たちは製品開発システムにおける首尾一貫性のパターンを把握することができた。次のステップとしては私たちの得た研究結果、結論がはたして一般化しうるものかどうかという新たな問題に取り組まなければならない。自動車業界関係者以外の読者の方々は、私たちの研究結果から類推するという間接的な方法で、他業種のケースに当てはまるかどうか、お考えいただきたい。

自動車産業に学ぶ——比較の座標系

　世界の自動車産業は、新しい企業間競争を象徴する産業である。1970年代においては、幅広い市場セグメントをすべて対象にして製品を揃え、グローバルに競争するようなメーカーはわずかであった。だが今日では、有力なグローバル・メーカーが20を数え、かつて独占的な地位を占めていたゼネラルモーターズ（GM）のような企業もすべての市場で他企業との競争にさらされ、重大な脅威を受けている。それと同時に、ユーザーも目が肥え、洗練され、ニーズが高度化してきた。業界全体としての成長率は鈍化してきたが、車種は倍増の勢いである。テクノロジーが進歩し、特にアメリカでは車種の多様化が進んでいる。

　20年前には、アメリカで自動車を買おうとすると、伝統的なV型8気筒、後輪駆動のもの以外は見つけるのに骨が折れた。それが今日では、エンジンとトランスミッションの組み合わせは数多くなっている。たとえば、気筒の数も4、5、6、8、12といろいろだし、マルチバルブ・エンジンや前輪駆動、四輪駆動等が揃っている。自動車の他の部分に目をやると、ブレーキやサスペンション、エンジン制御システム、素材やエレクトロニクス関係にも新しいテクノロジー

が使われている。このような環境のなかで、製品開発は競争および経営活動のキー・ポイントとなったわけである。北米、欧州、日本の各メーカーは、ユーザーおよびライバル企業に対する対応を少しでも迅速にしようと、製品開発の管理について新しいアプローチの仕方を模索しており、製品開発のスピード、効率性、有効性等がきわめて重要な問題となってきている。

　自動車産業における製品開発は、特異な性格を有している。自動車は、多数の部品で構成され、多くの機能を持ち、工程も多くて複雑な「加工組み立て型」の複合製品である。さらに、ユーザーの視点に立っても複合製品であり、性能を評価する場合のチェック・ポイントは多元的である。自動車は商品として長い歴史を持っており、ユーザーも一般的に使用経験が豊富であるが、1台購入する際には、多くの基準に照らしながらきわめて複雑な評価を行う必要がある。その基準も、あるものは高度に主観的だったり、あるものは微妙だったり、あるものは多面的だったり、全体論的(ホリスティック)だったりとまちまちである。さらには、基準自体が年を経て変化するものであり、その変化がときにはまったく予想もつかない形で起こったりするのである。

　また、新車の開発プロジェクトは複雑かつ長期にわたるものである。何百人、場合によっては何千人のスタッフが何十カ月もの間取り組むこととなる。プランニングと設計は、市場環境の変化、リードタイムの長さ、選択の幅広さによってますます複雑化する。生産技術上の問題としては、子部品や親部品の数、要求されるコストと品質のレベル、競合車種の数、ユーザーが製品を評価する際につきまとう基準のあいまいさ等が挙げられる。

　新車の開発は、以上に述べたような特色を有するがゆえに、製品開発管理の研究を行ううえできわめて興味深い分野となっている。この分野で学びうることは、他業界にとっても十分参考になるものと私たちは確信する。1つには、自動車産業は裾野の広い産業であり、基本的なパターンの一部はどうしても他業界と共通するものとなるはずである。また、私たちがこの研究に際して設定した座標系や研究成果として得た基本概念については、自動車産業にとどまらない一般的な問題と関わっている。他業界のケース・スタディや経営者とのインタビューと比較してみると、本書に述べた基本原則は、新しい企業間競争に直面している企業に広く当てはめられることがわかる。

図1-1●複雑度による製品のタイプ

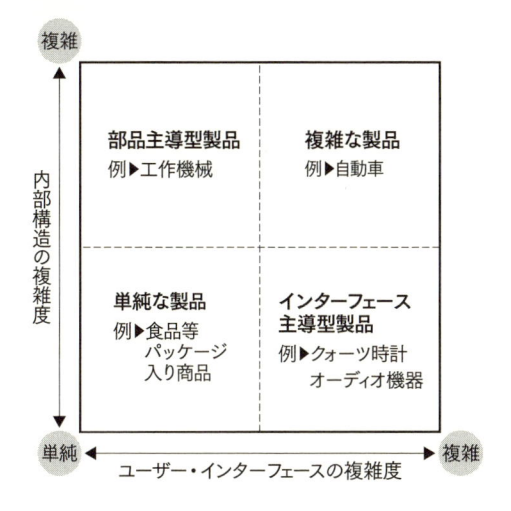

```
            複雑
             ↑
    ┌────────────┬────────────┐
    │ 部品主導型製品 │ 複雑な製品    │
内   │ 例▶工作機械   │ 例▶自動車    │
部   │            │            │
構   ├────────────┼────────────┤
造   │ 単純な製品   │ インターフェース │
の   │ 例▶食品等   │ 主導型製品    │
複   │   パッケージ │ 例▶クォーツ時計 │
雑   │   入り商品   │   オーディオ機器 │
度   └────────────┴────────────┘
  単純  ←── ユーザー・インターフェースの複雑度 ──→ 複雑
```

　たとえば、技術部門と製造部門をどう一体化していくか、技術的制約条件とユーザーのニーズをどう結びつけるか、効果的なリーダーシップをどう確立するか等、新車開発を進めるうえで重要な問題については、多くの「加工組み立て型」製品の開発に共通して生じるものである。さらに鉄鋼、アルミ、プラスチックといった「装置産業型」の業界においても、こうした問題は共通しており、自動車産業を分析することは有益と思われる。

　もちろんどんな業界であれ、自動車産業の研究から得られる成果を、それぞれの業界の実情に合わせて修正し、適合させることは難しい。たとえば、自動車産業の研究では、医療機器のように多くの国で新製品開発に対する厳しい規制がある業界にとって重要な問題が全部カバーされているわけではない。ただ、本研究は規制の問題は扱っていないが、製品開発の他の面については、医療機器業界にとって有益な類似点を提供してくれるはずである。

　自動車産業の研究から得られた基本原則から他業界に類推し、あるいはこれらを他業界に適合させるのに役立つ座標系を**図1-1**に示す。この図表は、基本的に製品を、2つの尺度、すなわち、(1)内部構造の複雑度(例:部品の点数の多さ、製造工程の多さ、内部調整の多さ、異なった部品相互間の調整の技術的な難しさと

トレード・オフ関係の厳しさ)、(2)ユーザー・インターフェースの複雑度（例：パフォーマンスを評価する基準の多さと不明確さ、数字に表しうる基準と微妙であいまいな基準の相対的重要度、全体的な基準と部分的な基準の相対的重要度）から評価し、その程度に応じてプロットしていくものである。内的複雑度と外的複雑度の組み合わせによって、製品開発管理に関わる問題の質も異なってくる。この座標系を使えば、新車と他のタイプの新製品との間の類似点を見つけ出しやすくなる。

　1台の自動車は何千という、それぞれが機能的に重要な意味を持つ部品で成り立っており、1つひとつの部品が多くの製造工程を必要とする。部品ごとの技術的な洗練度という点では、いわゆるハイテク製品と比べてやや劣るかもしれないが、多くの部品相互間の微妙なトレード・オフ関係と密接な相互依存関係によって、1台の自動車を完成させるための内部調整は大変な作業となっている。小型車の場合、レイアウトの調整がきわめて難しい。複数の車種に共通の部品を使う場合には、プロジェクト相互間の調整が複雑である。したがって、図1-1において自動車は内部構造の複雑度が高くなっている。

　自動車はまた、外的にも複雑である。ユーザーとメーカーの相互関係は、一般的に微妙で多面的であり、自動車の本来の機能である輸送の面以外にも多様な形でユーザーを満足させることができるが、ユーザー自身はそれを明確にすべて認識しているわけではない。自動車の購入者は普通、製品を分析する訓練を受けたプロの購買担当者ではない。自動車のユーザーは、自分がどのようなものを望んでいるのかをはっきりと言葉に表すことができない場合が多いが、製品を見て好き嫌いを判断することはできる。判断基準として挙げられるものも、きわめて主観的、感情的となりがちであり、空想やイメージに基づくものも多いため、それを技術的な仕様に直すことは困難である[注7]。

　さらに、現在のユーザーの意見だけでは、将来のユーザーの潜在的なニーズについての重要な視点を見落とすことになるかもしれず、現在のユーザーの意見にばかり従うのは必ずしもよいことではない。微妙で、見えにくく、あいまいで、ぼんやりとした市場ニーズという特徴により、自動車のユーザー・インターフェースはきわめて複雑なのである。

　こうして自動車は、製品複雑度比較表の右上に位置づけることができる。自

動車と同様に右上に位置づけられる製品は他に少ないが、どちらの軸に沿っても製品の複雑度が増すほど、私たちの研究成果をより直接的に当てはめることが可能となる。

たとえば、エンジニアリング・ワークステーションのメーカーに供給される高性能ディスク・ドライブは、内部的にはきわめて複雑であるが、新車に比べるとユーザー・インターフェースはずっと明快である。このケースでは、私たちの研究から学びうるものの多くが、技術部門と製造部門との調整、試作品の製作、技術上の問題解決、製品開発組織といった内部調整に関するものとなるだろう。逆に、家庭用の高性能オーディオ・システムのケースでは、内部的にはそれほど複雑ではないが、ユーザー・インターフェースが複雑であり、外的な複雑度が問題の中心となろう。そして、自動車からは、ユーザーの声をどう設計の細部に反映させていくかといった問題について学びうることが多いと思われる。

他業界にとっての類推、解釈

性格がまったく異なる製品分野でも、類推や解釈を通じて参考になることがあるかもしれない。ディスク・ドライブのケースでも、ユーザー・インターフェースはそれほど複雑ではないかもしれないが、ユーザー情報を製品開発のプロセスに反映させる仕組み等について自動車から学びうると思われる。自動車と性格が異なるために、自動車に関する研究成果を応用する際に修正が必要となる部分を簡略に述べれば、次のとおりである。

製品の内部構造がより簡略な場合には、製品開発プロジェクトの複雑度は、製品自体の複雑度と製造工程の複雑度を反映する。比較的短期間に完成させなければならない製品開発プロジェクトには、多数のスタッフを必要とするのが普通である。新車の場合には数百人が開発プロジェクトに従事することもしばしばである。もっと簡単な製品の場合には15～20人のオーダーであることが多い。

製品開発のパフォーマンスという観点から大きなプロジェクトと小さなプロジェクトを比較すると、オーケストラと室内楽ぐらいの違いがある。どちらも良質の音楽を生み出す潜在力はあるが、それぞれのメンバーの特化の仕方、調

整、コミュニケーションのやり方、コンセプトを創出する際に必要とするリーダーシップの程度等において大きく異なる。したがって、プロジェクトの規模は、製品開発管理の方法に大きな影響を与える可能性がある。

　自動車の大きな開発プロジェクトを例にとると、強力で地位の高いプロジェクト・マネジャー——オーケストラの指揮者にあたるのだが——が、多様な技能を有しながら、専門技術者たちを統括し、製品コンセプトをまとめ上げていくことが必要である。他業界のもっと小さな製品の場合は、室内楽との類似点が多く、プロジェクトを進めながらメンバー相互に調整しあい、個々の融通性を保つことがより重要である。

　ここでもリーダーシップは大事だが、そのありようは異なる。非常に小さなプロジェクトでは、メンバーは互いによく知っており、リーダーはメンバーのなかから自然に決められて全体のビジョン、方向性を示すことになるが、それはあたかも四重奏団が指揮者なしに整然と演奏し、リード役が音楽の進行に従って次々に代わっていくのに似ている。こうしたことから、私たちが新車の開発について研究する設計、試作品の製作、テストといった活動が、もっと小さなプロジェクトでは異なった組織体制のなかで進められることがわかる。

　もう少し大きなプロジェクトで、メンバーの均質性がやや薄れているケースでは、リーダーには幅広い経験を持ち、異なる専門技術者たちの意見を束ねていける能力が必要である。したがって、多様な専門技術者、さまざまな意見、異なった考え方や部門相互間の調整といった、自動車開発プロジェクトに見られるリーダーシップや管理体制の問題等は、より直接的に共通してくることになる。

　ユーザー・インターフェースがより複雑な場合には、製品開発を行う際にユーザーのニーズをどう把握し、技術的な意見決定に組み込んでいくかが大きな問題の1つである。製品が外的に複雑である限りにおいて、製品開発のプランナーやエンジニアは、現在のユーザーの声を聞くだけでなく、潜在的なユーザーのニーズをはっきりと把握し、これらのニーズに対応した新しい製品コンセプトを提案し、そして最終的には新たな市場を創出しなければならない。さらには、設計の細部に至るまで、技術的な用語で表せない製品コンセプトと首尾一貫するよう心がけることが必要である。簡単に言えば、製品が外的に複雑で

ある場合、主要なユーザーのニーズを把握し、それを魅力的な製品コンセプトの形に直し、設計の細部にまでそのコンセプトを浸透させるという作業は大変な労力を要するのである。

　ユーザー・インターフェースが簡略な場合には、製品開発を効果的に行うためのポイントは大きく異なってくると思われる。たとえばある種の生産財の場合、ユーザーが製品開発プロセスに直接的で強い影響力を持っていることが多く、特に製品コンセプトや仕様の決定について、プロのユーザーは客観的な言葉で明確に意見を述べることができる[注8]。新製品に要求される機能や場合によっては詳細設計も、こうしたユーザーが事実上技術的な決定権を持っているケースがよく見られる。

　このようなプロのユーザーを相手に新製品の開発を成功させるためには、彼らとのコンタクトを密接にし、彼らの意見をよく聞き、彼らのニーズを正確な仕様書の形で表し、製品がその仕様書と整合しているかを確認していく必要がある。コストや性能に関する競争がどんなに熾烈でも、製品開発を行ううえでの原則は不変であり、ユーザーとメーカーの間にはどのような性能が重要で、どう評価するかという点についてのコンセンサスが存在するのである。

　ユーザー・インターフェースが複雑でなく、ユーザーの声がより明確な場合には、販売担当エンジニアやマーケティング担当者のような市場関係専門スタッフにとっては、市場情報の把握、開発プロジェクトのエンジニアへの市場情報の伝達という任務を効果的に果たしやすいといえる。したがって、プロジェクトの中心となる設計者やエンジニアとユーザーとが直結することの大切さは、自動車の場合ほどではない。しかし、ユーザーを深く理解すべきであり、製品開発プロセスとそこに関わるエンジニアの考え方を強いユーザー志向に統一しておくべきであるという原則は、自動車の場合と同様にここでも当てはまる。高度に特化した生産財の場合も、ユーザーのニーズを把握し、設計に反映させる必要性は同様に高く、そのプロセスが異なるだけなのである。

　ユーザー・インターフェースが複雑になるにつれ、詳細な仕様書も、ユーザーが製品を選択する際の重要な判断基準をすべてカバーすることはできなくなってくる。そして、設計の微妙なニュアンスとか、ユーザーおよび製品を全体論的（ホリスティック）にとらえる見方といったことがより重要となってくる。そうなると、自動

車のケースで重要となる市場と技術との関係、すなわち、ユーザーとエンジニアが直接的、断続的なコンタクトを持つこと、製品コンセプトを強力に打ち出すこと、強力なプロジェクト・リーダーがユーザーとの関係を明確に管理すること等が、製品開発管理を効果的に行うために、きわめて大切となる。

本書の概要

　自動車の事例研究をうまく活用するよい方法は、まず新車の開発と自分の業界の製品開発とで主にどういう点が異なるかを意識しながら、自分が直面する問題に関して、自動車の場合にはどういう基本原則があるのか調べてみることである。そして次のステップは、それを自分の業界の製品にそのまま適用したり、類推したり、状況に合わせて修正を加えたりという作業である。
　本書はこのようなプロセスが進めやすいように構成されている。第2章は、製品開発についての一般的なコンセプトの基本的枠組みを概観する。第3章は、日米欧の自動車産業について競争の歴史を振り返りながら、製品開発の果たした役割を考える。第4章では、製品開発のパフォーマンスについて、特にリードタイム、開発生産性、製品の総合商品力に注目しながら見ることにする。第5章から第10章までは、製品開発で優れたパフォーマンスをもたらす要因を拾い出し、他社に差をつけるための基本原則について考察する。まず第5章で、分析の前提となる製品開発プロセスを概観しておく。ついで第6章から第9章までは製品開発プロジェクトの戦略について、技術革新、共通・共用部品、部品メーカー（以上第6章）、組織と管理手法（第7章から第9章）の観点から考察する。ここでは製造能力、調整された問題解決プロセス、そしてリーダーシップの問題にも触れることとなる。第10章では、製品開発の優れたパフォーマンスを実現するのに重要と思われる首尾一貫性の問題について見ることにする。第11章では、1990年代の製品開発のこれからのあるべき姿を論じる。
　そして、最後の章では、他の業界への応用の問題に戻ることとする。製品開発のパフォーマンスがよくなるための一般原則を要約し、他業界にどう適用していけばよいかを論じてみる。タイプの異なる業界の製品開発の実例を使いな

がら、将来これらの業界の経営者たちが直面するであろう製品開発上の問題について、自動車の研究から実際的に何を学びうるかを考えてみる。

注
1 ）資本材のケースにおける「ユーザーの体験による学習」はRosenberg(1982) 参照。
2 ）Soderberg(1989), Jaikumar(1986) 参照。
3 ）Clark(1989) 参照。
4 ）VCR産業についての詳しい研究は、Rosenbloom and Cusumono(1987) 参照。
5 ）『日経産業新聞』1989年9月20日付「米国エンジン90年代決戦へ」。
6 ）これらの産業の製品開発は、ハーバード・ビジネス・スクールのケース・スタディで調査されている。
Ampex Corporation : Product Matrix Engineering(687-002), BSA Industries—Belmont Division (689-049), Bendix Automation Group(684-035), General Electric Lighting Business Group (689-038), Sony Corporation: Workstation Division(690-031), Plus Development Corporation (A) (687-001), Ceramics Process Systems Corporation(A) (687-030), Applied Materials(688-050), Everest Computer(A) (685-085), and Chaparral Steel(Abridged) (687-045) を参照。
また、Rosenbloom and Freeze(1985) も参照。
7 ）たとえば、Marsh and Collet(1989), Holbrook and Hirshman(1982), Hirschman and Holbrook (1982), Levy(1959) 参照。
8 ）たとえば、von Hippel(1988) 参照。

第2章 研究の基本的枠組み
——情報の観点から

　ユーザーが新しいラップトップ・コンピュータ、高速包装機械、テレビ等を買って、その梱包を解くずっと前から、そして新車がショールームを飾るずっとずっと前から、設計者の頭のなかにはこれらの製品、あるいはこれらの製品の原型に関するアイデアが浮かんでいる。そして、設計者の企画書やスケッチが経営者の心をとらえ、初期の模型やコンセプトが潜在的なユーザーに好感を与えるかもしれない。だが、工場が実際の製品を生産し始めるためにはまず製品のアイデアは設計者の頭を離れて、設計図、部品、工作機械、作業マニュアル、生産設備、生産工程等のいわゆる生産に必要なハードウエア、ソフトウエアの形で具体化される必要がある。企業が何をすべきか（製品戦略）、それをどう実行するか（製品開発の管理）ということが、その製品の市場での評価を決めてしまう。企業がいかに早く、効率的に、質の高い製品を開発しうるかによって、製品の競争力が左右されるのである。

　では製品開発のパフォーマンスを決定する要因は何だろうか。戦略や競争環境はどの程度重要なのだろうか。経営のやり方、組織の違いはどの程度影響するのか。ある企業が他の企業と比べて効果的な製品開発を実現できるのはなぜか。本書では、こうした疑問について考察を試みている。だが、製品開発は複

雑なプロセスで、企業内では多くの人間が関わり、幅広い企業活動のうち、戦略設定、設計、マーケティング、エンジニアリング、製造、顧客サービス等の多くの部門に関係してくる。したがって、研究の基本となる枠組みを決めておかないと、細部にばかり注目して、何が重要なのかを見失ってしまうおそれがある。

本章では、製品開発に関する研究において私たちが用いる概念的枠組みについて述べることとする。ここでは、私たちが製品開発を競争や組織との関係から幅広く研究しようとしていることを明確にし、私たちの研究の判断基準となる「情報処理の観点」について紹介する。そして後に結論として、この「情報処理の観点」から3つのテーマを導き出し、以後各章を通じてこれらのテーマを追いかけていくこととする。3つのテーマは次のとおりである。

・将来の生産と消費のシミュレーションとしての製品開発プロセス
・製品開発において細部に至るまで整合性を確保することの重要性
・製品の首尾一貫性が競争力に与える影響

パフォーマンス、組織、競争環境

私たちは製品開発を、そのパフォーマンス、競争環境、そして企業の内部組織といった幅広い問題との関わりにおいて研究することとする。これらの問題については図2-1に相互の関係が要約されている。すなわち、製品開発のパフォーマンスは、企業の戦略や組織と深く関わっており、最終的には総合的な競争力に影響を及ぼす重要な要素である[注1]。

製品開発プロジェクトのパフォーマンスは、企業の製品戦略によって、また、製品開発プロセスおよび製品開発組織の総合力によって決まってくる。しかしながら、企業の総合力と競争環境との関係はダイナミックに変化しており、その企業が歩んできた過去、つまり歴史に深く根差しているものである。たとえば、製品開発が競争のなかで果たすべき役割は、時間の経過とともに市場環境の不確実性、多様性に応じて変化するのである。製品開発のパフォーマンス、ひいては競争力を保持し、強化していくためには、メーカーは周囲の環境に合

図2-1 ● パフォーマンス、組織および競争環境

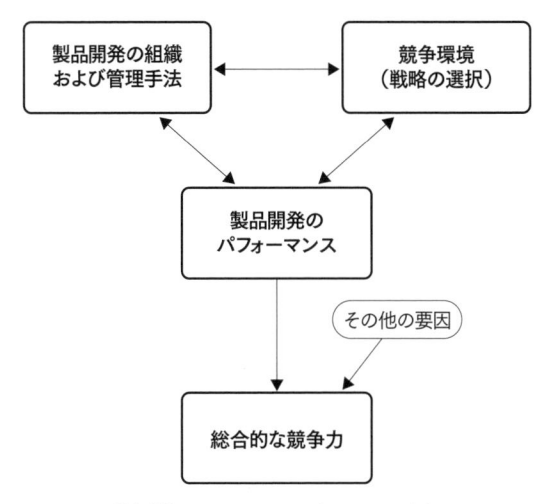

```
┌──────────────┐      ┌──────────────┐
│ 製品開発の組織 │ ◄──► │  競争環境     │
│ および管理手法 │      │ (戦略の選択)  │
└──────┬───────┘      └──────┬───────┘
       │                      │
       ▼                      ▼
       ┌──────────────┐
       │  製品開発の    │
       │ パフォーマンス │
       └──────┬───────┘
              │         ┌──────────┐
              │     ◄── │その他の要因│
              ▼         └──────────┘
       ┌──────────────┐
       │ 総合的な競争力 │
       └──────────────┘
```

（注）単純化のため、フローの一部については省略。

わせて組織や管理手法を変えなければならない。だが、製品自体が市場環境の形成に一役買うこともある。新しい製品やサービスによって消費者も競争企業も学習し、市場環境の性格が変わってしまうのである。組織と環境はこのように相互に適応しあうことで、ともに変化していく。

　本書で扱う製品は有形のものである。目で見て、手で触れて、実際に使うことができる。物理的に存在する材料で組み立てられるよう設計されており、どれだけうまく機能するかは実際に自分の手でテストしてみて確かめられる。そういう点からは、製品の物理的な側面、たとえば部品や工作機械、生産設備といった製品に不可欠な要素の開発の問題や、ユーザーが製品を使用する際の問題に注目するのが自然ではないかと考える向きもあろう。

　だが、製品開発管理について理解を深めるには、別の観点、すなわち情報に注目するほうがより有益である。本書においては、製品開発プロセス全体を1つの情報システムとしてとらえ、情報処理の観点に立って重要と思われる問題を洗い出すことにした[注2]。情報がいかにつくられ、伝達され、使われるかに注目することで、組織内部の、また、組織と市場相互間の重要な情報の結びつき

が浮き彫りにされる。そうすることで、製品開発が競争のなかで果たす役割をより幅広い観点から明確化できるようになる。

製品を企業およびユーザーと結びつけてみることは、製品開発について考えをまとめ、研究を進めるうえできわめて有効である。私たちの設定したモデルにおいては、製品開発、製造工程、ユーザーによる最終消費等はすべて、情報の創出および交換に関わる総合システムの観点でとらえられる。この考え方に立てば、製品開発は、市場機会および技術的可能性に関するデータを製品の商業生産のための情報資産に変換するプロセスと表現することができる。製品開発のプロセスを通じて、これらの情報資産は、さまざまなメディア――たとえば人間の頭脳、書類、コンピュータのメモリー、ソフトウエア、物理的素材等――の間で、創造され、選別され、蓄積され、組み合わされ、分解され、また、移転される。最終的には、細部が決定された1つの製品や製造工程の詳細設計として、青写真やCADのデータベースに保管され、工場の生産ラインに乗せられることとなる。

私たちのこのような情報の観点からの考察は、基本デザインや製品エンジニアリングの部門に限らず、製造、マーケティングといった他部門や消費者行動にまで応用することができる。**図2-2**は、企業活動全体を情報の流れでとらえる見方と、従来型の物の流れでとらえる見方を対照したものである。後者の従来型の見方では、部品メーカー、製品メーカー、販売業者、ユーザーを結びつける、いわゆる「食物連鎖」が表現され、製品開発は2次的な、あるいは補助的な活動にすぎない[注3]。一方、情報の流れに注目すると、製品開発、生産、マーケティング、消費者とつながって、また製品開発に戻る循環が描かれ、製品開発が前面に押し出される[注4]。

情報に注目することは、単にフローチャートを修正する以上のインパクトをもたらす。製品メーカーとユーザーについての考え方を根本的に変えるものである。消費者行動を例にとってみよう。情報の枠組みにおいては、ユーザーは、物理的な製品そのものを消費するのではなく、製品によってもたらされる体験を消費するのである。この体験は、ユーザーが製品から受け取る情報、そして製品が使用される環境におけるユーザーの行動という形で表れる。

たとえば自動車を運転する際、ユーザーは自動車の動きに関するメッセージ

図2-2●情報の視点 対 物の視点

物に着目した見方（従来型）

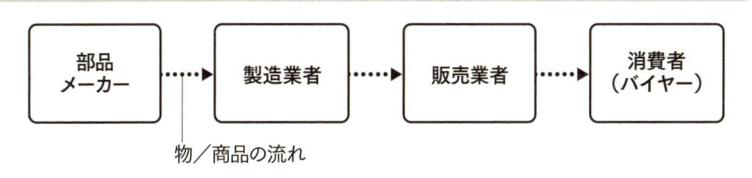

部品メーカー → 製造業者 → 販売業者 → 消費者（バイヤー）

物／商品の流れ

情報システムに着目した見方

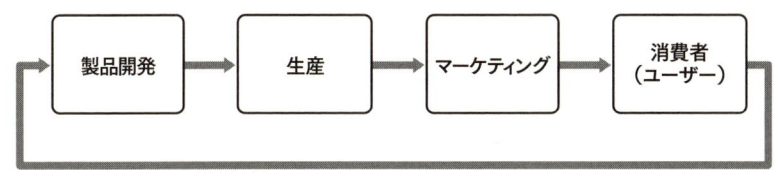

製品開発 → 生産 → マーケティング → 消費者（ユーザー）

情報の流れ

（注）単純化のため、フローの一部については省略。

——ハンドルの反応、アクセルの感触、エンジン音、風の音、ラジオ、ダッシュボードのきしみ、外の景色、他の車、歩行者、同乗者がこの車について話す声等々——を次から次へと受け取っていく。ユーザーは、これらのメッセージを解釈して、それぞれに意味を付加し、それが製品体験についての満足度、不満感につながってくる。

　この枠組みでは、「マーケティング」とは、メーカーとユーザーの間のコミュニケーションと表現できる。広告、カタログ、セールスマン、製品自体といったメディアを通じて、製品の特徴、価格、効用等を盛り込んだメッセージをつくり、伝えるのがマーケティング担当者の役目だが、そうしたメッセージによってユーザーに製品体験の解釈の仕方を教えたり、ユーザーの解釈そのものに影響を及ぼしたりすることができれば成功である。

　生産サイドについて情報の観点から見てみると、製造現場における生産工程から実際の製品への情報伝達が注目される[注5]。ここで重要なポイントは、製品開発が完了した時点においては、製品の設計に関する情報が完璧に、生産工程の各要素（たとえば、工作機械、工場設備、労働者の技能、作業マニュアル、数値

制御＝NCシステムの記録テープ等）に具体化され終わっていなければならないということである。生産活動とは、製品の設計を実際の製品に用いられる材料、部品に転写することを意味する。皿洗い器の部品であるタブをつくる鋳型を例にとれば、それはタブの設計に関する情報を満載している。プラスチック樹脂が注入成型工程を経る間に、この情報は皿洗い器のタブの形に転写されるのである。

　情報の枠組みにおいては、企業の最大の目的はユーザーとのコミュニケーションであると考えられる。モノとしての製品は、ユーザーに対して製品体験と企業のメッセージを伝達する単なるメディアにすぎない。製品開発は、製造部門が実際の製品に具体化し、マーケティング部門がターゲットとなるユーザーに向けて発信する付加価値のついたメッセージを創造する作業であり、ユーザーは製品に具体化された情報を解釈することを通じて、満足あるいは不満足な体験を得ることとなる。製品開発、製造、マーケティング、ユーザー体験等を、一貫して情報の観点からとらえることにより、それぞれの重要な相関関係を理解することができるのである。

効果的な製品開発に関する3つのテーマ

　効果的な製品開発ができるかどうかは、ユーザーに肯定的な製品体験を与える設計能力の有無にかかっている。この能力は、製品に関する情報をユーザーから受け取り、技術部門へ、さらに製造部門、販売部門へと伝達し、またユーザーへ投げ返すという複雑な翻訳をこなす能力である。本書では、そのような情報翻訳・伝達を迅速に、効率的に、かつ正確に行うことのできるいくつかの企業を取り上げ、その戦略、管理手法、組織能力等にスポットを当てるために、情報の観点を用いることとする。

　情報の枠組みのなかで製品開発を研究するにあたっては、3つのテーマを追ってみる。すなわち(1)将来のユーザーが使用することを念頭に置いたリハーサルとしての製品開発、(2)製品開発プロセスの細部にわたり整合性を確保することの重要性、(3)製品の首尾一貫性（product integrity）が競争力の強化に与える

影響の3つである。これらのテーマはそれぞれ、製品開発を情報の観点でとらえることにより見出されたものであり、どれも経営上の重要な問題に関わるテーマである。

ユーザー体験のシミュレーションとしての製品開発

　新製品を開発するには、新しい設計コンセプトの創造、試作品の製作およびテスト等が必要である。この製品開発プロセスのなかでエンジニアがやるべきことを理解するには、ある製品の設計が魅力的であるか否かをエンジニアがどう判断するかについて考えてみるのも1つの方法だ。エンジニアがさまざまな技術的仕様書や確立されたテスト基準に従って判断するのはもちろんだが、枝葉を捨象するならば、判断の核心部分において彼らは将来のユーザーが体験することをシミュレートしているのである。**図2-3**は、将来のユーザーが得る製品体験のリハーサルとして製品開発をとらえたものである。図が示すように、製品開発、生産、消費は統合されて大きなシステムに組み込まれ、このシステム全体を情報が流れていく。

　このテーマは、製品開発管理に関して、多くのことを教えてくれる。たとえば自動車のエンジニアとプランナーから成る典型的な開発グループが1990年にプロジェクトを始めたばかりとしよう。図2-3の上半分が1990年から1994年までの製品開発段階（コンセプトの創造から工程設計まで）を表している。他方、図の下半分は、生産期間を6年、製品寿命を10年と仮定して、1994年から2010年までの間の工場生産段階と市場における使用段階を表している。

　図の上半分と下半分の対称性は大変興味深いものがある。製品開発プロセスは、生産・消費のプロセスと鏡映しの関係にある。製品コンセプトは将来のユーザーの満足を期待して創り出され、製品計画が製品の機能を決定する。同様に、製品の設計は製品の構造を表し、工程設計は生産工程を表す。

　この対称性でわかるように、製品開発は、細部のレベルにおいても、生産と消費のシミュレーションである。製品開発は将来の消費プロセスの各要素の代わりとなるような情報資産を創出するのである。たとえば、試作車は将来の新車の代わりだし、テスト・ドライバーは将来のユーザーの役目を果たす。テスト・トラックは実際の道路コンディションをシミュレートするために設計され

図2-3●消費のシミュレーションとしての製品開発

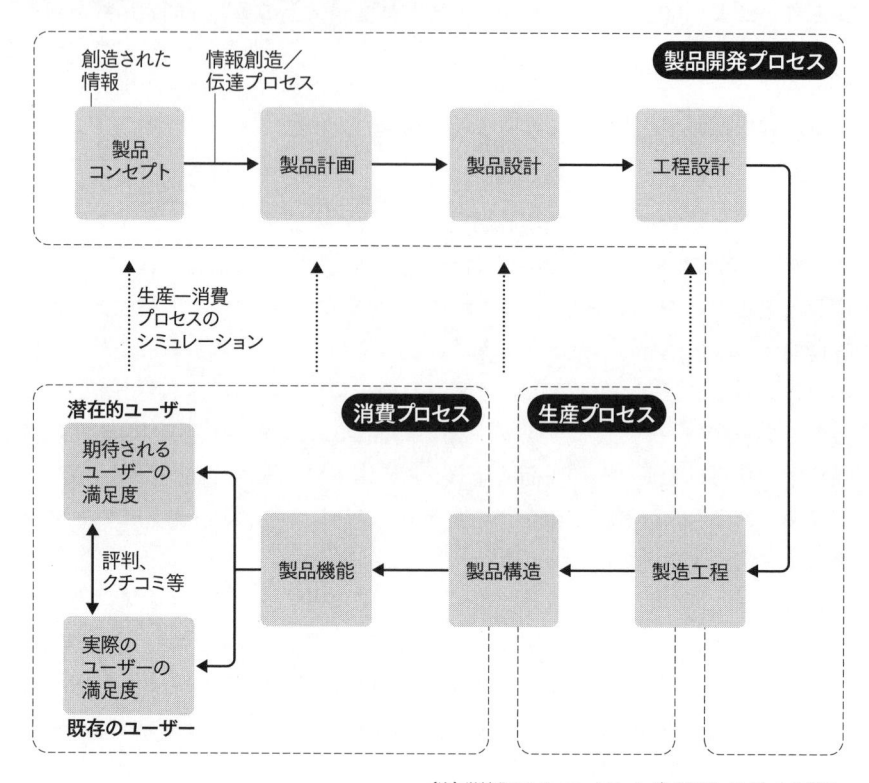

```
[製品開発プロセス]
創造された情報 → 製品コンセプト → 製品計画 → 製品設計 → 工程設計
             情報創造/伝達プロセス

生産-消費プロセスのシミュレーション

[潜在的ユーザー]
期待されるユーザーの満足度
  ↕ 評判、クチコミ等
実際のユーザーの満足度
[既存のユーザー]

[消費プロセス] 製品機能 ← 製品構造 ← [生産プロセス] 製造工程
```

（注）単純化のため、マーケティングに関するインプットは省略。

ており、CAE（コンピュータ支援エンジニアリング）プログラムは走行時の力学を再現するためのものである。また、製品プランナーはユーザーが期待するものを予測し、数年後のユーザーのニーズを具体化しようと努める。

　ターゲットとなるユーザーをいかに上手にシミュレートできるかは、製品開発グループにとって、自分たちの任務である製品開発を効率的に遂行するためにきわめて重要である。将来の消費に関する情報源であるユーザーと市場と製品開発とをうまく結びつけることが大切なのだ。ユーザーの行動と製品開発とを同時に分析しなければならない理由はまさにそこにある。ユーザーのニーズと評価基準が変われば、製品開発を効率的に行うための方法も変わる。製品開

発活動をユーザー体験に適応させようという企業の努力を、私たちは「外部統合」と呼ぶことにする[注6]。

　ユーザーのニーズを認識し、明確化することが容易な場合には、ユーザー体験をシミュレートする能力よりも、内部的な効率性、有効性が大きな役割を果たすかもしれない。他方、市場のニーズが予想しがたく、明確化することが困難な場合は、ユーザー体験をシミュレートする能力のいかんが企業の競争力を左右する。

　たとえば、ユーザーの判断基準がスピード、価格、馬力、サイズ等、はっきりしたものに重点を置いている限りは、製品コンセプトや製品計画を設計図やCADのデータファイルを通じてすべて技術的に表し、効率的に伝達することが可能である。製品開発における情報処理の容易さは、ユーザー行動における情報処理の容易さを反映するのである。他方、ユーザーが、外観のデザイン、個性、ライフスタイルとの適合性といった、もっと微妙な製品の特徴、計画書や仕様書のなかで明確に表現することが困難な特徴に重点を置いて判断する場合には、フェース・ツー・フェースの打ち合わせや試作品がコミュニケーションのメディアとして重要性を増すこととなる[注7]。

　以上を要約すれば、情報の枠組みを用いることにより、製品開発は将来のユーザー体験を細部にわたって正確にシミュレートするものであることがわかる。ユーザーの選択が複雑で、明確に表現することが難しく、変わりやすいような場合には、正確なシミュレーションも難しい。だが、ユーザーの要求するもの、期待するものは予想するのが困難であり、よい製品かどうかを企業自体が決めることは不可能に近いので、正確なシミュレーションに努める必要がある。新製品を開発する際、開発プロセスとユーザーの消費プロセスを細部に至るまで適合させておくことが最も重要な仕事といえよう。

細部にわたる整合性

　私たちの研究が取り組むべき第2のテーマは、製品開発プロセスの細部にわたり整合性を確保することの重要性である[注8]。私たちは特に、設計者、エンジニア、マーケティング担当者等が日常業務において問題点をどう掘り起こし、解決していくのかに注目してみたい。だからといって、個々の問題について、

より大きな全体像を念頭に置かず独立して解決しうるというわけではない。効果的な製品開発を行うためには、全体と部分の両方に注意を払うことが必要である。有能な指揮者が、優れたシンフォニーをつくり上げるために、全体のハーモニーと個々のサウンドの両方に気を配らなくてはならないのとまったく同様に、優秀なマネジャーは、成功する製品を開発するために開発システム全体と個々の活動とを同時に考慮しなければならないのだ。

情報システムの枠組みを用いることは、詳細な分析に便利である。この枠組みにより、製品開発のステップごとに情報資産が創出され、結合され、移転され、修正される過程をつぶさに観察することが可能になり、一貫した視点で製品開発の細部をとらえ、分析できるのである[注9]。製造部門でよく用いられる工程フロー分析を情報の観点で行うわけだ[注10]。私たちはまず、重要と思われる情報資産とその創出プロセス、さらに全体のパフォーマンスを左右する伝達プロセスを洗い出す。そして次に、効果的な情報の創出、伝達が行われるようなプロセスの改善方法を探ることにする。

図2-4の情報資産系統図（マップ）は、製品開発プロセスを単純モデル化したものである。これを見れば、加工組立型製品の典型的な開発活動の流れが概観できるが、化学品、紙、アルミニウムといった装置型の産業についても共通部分が多い[*1]。このモデルによれば、製品開発は大きく4段階に分けられる。すなわち、コンセプトの創出、製品プランニング、製品エンジニアリング、工程エンジニアリングの4段階である[注11]。実際には製品開発プロセスというのは多くのループ、並行ステップ、不明確な境界線等があって、直線というにはほど遠い形状となっているが、技術の都合上プロセスは直線連続的なものとしてここでは表現している。

将来の市場ニーズ、技術的可能性その他の条件についての情報は、コンセプト創出段階において、製品コンセプトの形に「翻訳」される[*2]。ここで設計者、プランナーが直面する問題は、どうしたら将来のユーザーを引きつけるコンセプトを創り出せるかである。強力な製品コンセプトには、単なる寸法表や仕様書以上のものが備わっている。強力なコンセプトは、製品の特色をユーザーの視点に立って決定しているのである。製品コンセプトは結局のところ、予測されたユーザー体験であり、ターゲットとなるユーザーを満足させることを期待

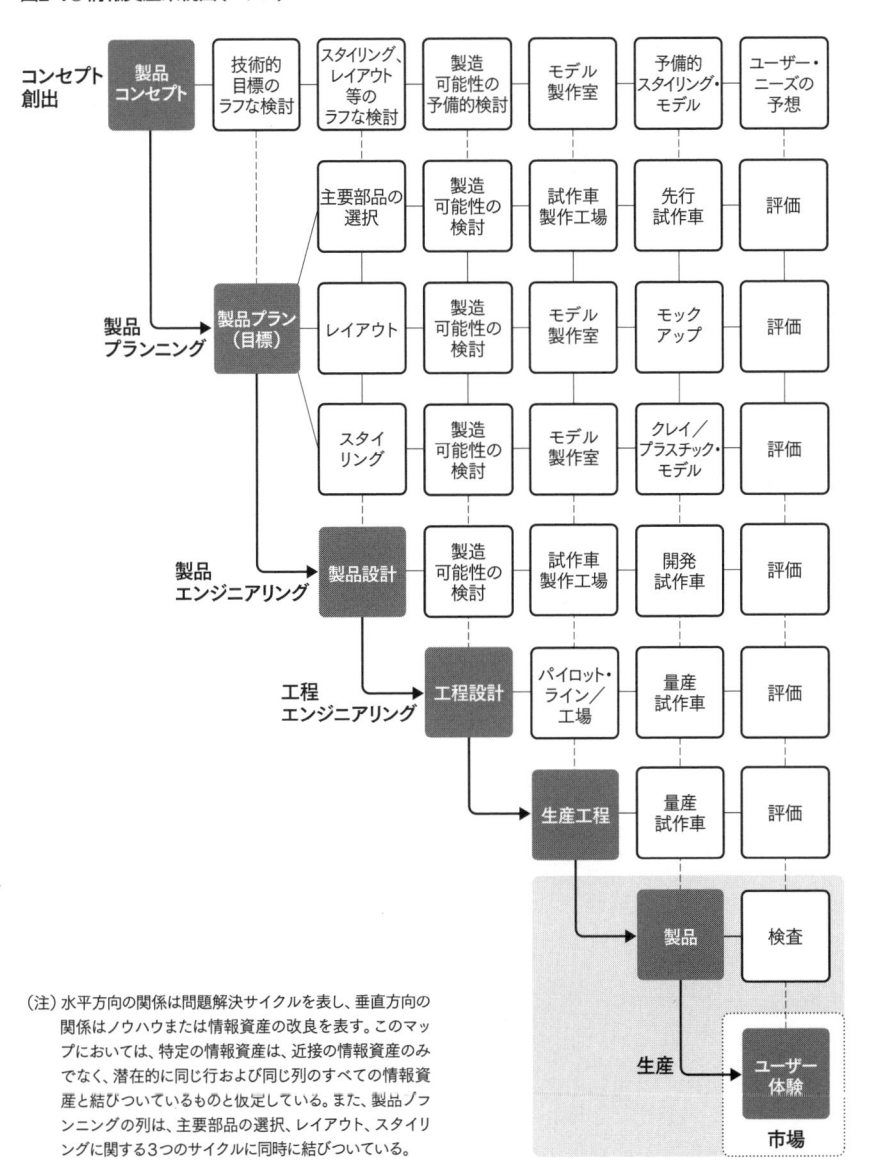

図2-4●情報資産系統図（マップ）

コンセプト創出	製品コンセプト	技術的目標のラフな検討	スタイリング、レイアウト等のラフな検討	製造可能性の予備的検討	モデル製作室	予備的スタイリング・モデル	ユーザー・ニーズの予想	
			主要部品の選択	製造可能性の検討	試作車製作工場	先行試作車	評価	
製品プランニング	製品プラン（目標）		レイアウト	製造可能性の検討	モデル製作室	モックアップ	評価	
			スタイリング	製造可能性の検討	モデル製作室	クレイ／プラスチック・モデル	評価	
製品エンジニアリング	製品設計			製造可能性の検討	試作車製作工場	開発試作車	評価	
工程エンジニアリング	工程設計				パイロット・ライン／工場	量産試作車	評価	
	生産工程					量産試作車	評価	
生産	製品						検査	
							ユーザー体験	市場

（注）水平方向の関係は問題解決サイクルを表し、垂直方向の関係はノウハウまたは情報資産の改良を表す。このマップにおいては、特定の情報資産は、近接の情報資産のみでなく、潜在的に同じ行および同じ列のすべての情報資産と結びついているものと仮定している。また、製品プランニングの列は、主要部品の選択、レイアウト、スタイリングに関する3つのサイクルに同時に結びついている。

して新製品が発信するメッセージの複合体である。その表現方法としていちばん多いのが言葉であるが、しばしば視覚の助けを借り、簡単な技術仕様を用いることもある。

　製品のプランニングは、製品コンセプトを詳細な製品設計に必要な具体的特性の形に「翻訳」するものである。具体的特性としては、スタイリング、レイアウト、主な仕様、コストと投資目標、技術的選択等が挙げられる。この段階における問題の中心は、競合するいくつかの目的、要請を互いにどう調和させてプランを立てるかである。このプランニング段階においても、創出される情報資産の多くは無形のものであるが、エンジニアやデザイナーは、スタイリングを評価するためにクレイ・モデル（小型模型）、また、インテリアやレイアウトを評価するためにモックアップ（実物大模型）、さらにスタイリングやレイアウトの評価のほか、構成部品のテストを行うために初期の試作車等を用いる。製品プランニングは製品コンセプトを具体的な形に表現する最初の機会ということになる。

　製品エンジニアリングは、製品プランニングの情報を詳細設計図に「翻訳」するものである。製品エンジニアが直面する問題は、製品コンセプトを、コストや投資といった経済的側面からの要請を満足させつつ、実際の部品や半製品として具体化することである。製品のターゲットや製品に課せられる制約は、まず詳細設計のために部品の形に分解され、設計図やCADシステムのデータベースに情報として蓄積される。そして、設計図から試作部品が製作されるが、大量生産用の機械は使わないものの、最終製品と同じ材料で製作されるのが普通である。部品は組み立てられて試作車となるが、これが製品の設計を初めて完全な形で具体的に表現したものである。試作車は、部品のレベルで、また1個の完成車としてのレベルで、設計が当初のターゲットやコンセプトと一致しているかどうかテストされる。テストの結果によっては設計図が変更されることもある。「設計―試作―テスト」のサイクルは製品の詳細設計が最終的に承認されるまで繰り返されることとなる。

　工程エンジニアリングは、製品の詳細設計を工程の設計に、そして最終的には実際の工場における生産工程の形に「翻訳」するものである。この段階の初めのほうで創出される工程エンジニアリングの情報には、全体のプラント設計

(原材料の流れ、プラントのレイアウト等)、ハードウエア設計(旋盤等の機械、治具、金型、その他設備等)、ソフトウエア設計、(NCプログラミング等)、そして作業設計（標準作業マニュアル等）が含まれる。その後、工程エンジニアリングの情報が実際の生産要素、たとえば金型・治工具・その他設備、NC用テープ、熟練工等の形に変換され、大量生産工場に配備されることとなる。これらの要素のパフォーマンスは、個々の機械設備のレベルでのトライアウト（金型の試し打ち）および全体の生産ラインのパイロット・ラン（量産設備を使った試作）によってテストされる。その結果、製品、工程両方の設計変更が行われる場合もある。

　情報資産系統図（マップ）は、製品開発に関わる4段階について、各段階の内部および段階相互の重要な結びつきの様子を明らかにする。

　図のなかで縦の結びつきは、主要な情報資産が各段階を経るごとに一歩一歩洗練化されていく過程を示している。また、横の結びつきは、各段階内部における問題解決サイクルを示すものである。それぞれの問題解決サイクルのなかで、左端のボックスは解決法の選択肢を表しており、右端はこれらの選択肢の評価結果を表している。その中間にあるボックスは、さらに深い知識を得るための実験やシミュレーションで使われる情報資産を表す。シミュレーションは、製品の開発—生産—消費システムのなかで、後に来る段階のリハーサルと言うこともできる。製品コンセプトの創出のような前の段階のサイクルの結果が、図の上で対角線上の結びつきを通じて、後の段階のサイクルの目的や前提となるのである。

　縦に見ると、知識や情報資産の改良過程が、いちばん上の粗い初歩的な情報から、いちばん下の最終的な、あるいは完成したアウトプットへと進んでいくのがわかる。たとえば、コンセプト創出段階ではスタイリング縮小模型を使って表現した情報は、製品プランニング段階ではクレイ・モデル、先行試作車（メカニカル・プロトタイプ）、（さまざまな角度から見た）モックアップ等となり、最後には、開発試作車（エンジニアリング・プロトタイプ）の形で自動車全体が表現されることとなる。さらに量産試作車や量産ライン上での試作車が、実際の工場で使われるのと同じ機械工具を使って開発されていく。このステップ・バイ・ステップの情報改良化過程によって、模型は少しずつ「本物」らしくな

り、実際の商品に近づいてくるのである。各開発段階間を移動する知識の縦の動きこそ、こうしたさまざまな実験手段に具体的な本物らしさを加えていくためにきわめて重要である。

　情報資産系統図によって開発プロセスを概観してみると、細部における情報の正確さの重要性がいっそうよくわかる。多様な情報が結びつくタイミングやその情報同士の融和の仕方が全体のリードタイム、生産性に影響を及ぼす。情報の横の結びつきの質や強さは、各段階内部における問題解決のスピード、効果を左右する。また、縦の結びつきは、各段階相互の知識移転の有効性、すなわち、いかに初期の段階で実際の生産や市場の状況をシミュレートできるか、いかに後の段階で前につくった設計やプランを具体化しうるか等を決定する。

　今日のCADの技術をもってすれば、部品の3次元モデルのための線図を作成することは比較的容易である。だが同時に、明確にとらえることが難しいユーザーの好みを明確な製品コンセプトに表し、さらに言葉で表されたコンセプトを視覚的なスタイリング・デザインや数的な仕様に具体化することは、依然として困難な作業である。同様に、試作車の製作、金型・治工具の製作等、重要かつ近接した段階での問題解決のタイミング、また、設計—試作—テストというサイクルの繰り返しの多さが全体のリードタイムや開発の生産性に影響を及ぼす。情報の枠組みを開発プロセスの細部のレベルにまで適用することで、成功する製品を開発するのに必要な情報の結びつきを体系的に知ることができるのである。

｜製品の首尾一貫性の競争

　一般的に言って、何が競争の焦点となるかは産業によって異なるし、時間の経過とともに変化するものである[*3]。新しいハイテク産業の場合、競争の焦点は核となる技術のパフォーマンスそのものとなろう。一方、非常に成熟した産業の場合には、コストが競争優位性を決定づける第一条件かもしれない[注12]。

　だが、現代の多くの産業——そのなかには自動車、家庭用電化製品、その他の家庭用耐久消費財、医療品、コンピュータ、食品、写真用品等が含まれるが——においては、部品のパフォーマンスもコストも唯一の条件とはなりえない。これら産業では、製品の首尾一貫性が競争の焦点となっているのである。これ

らの産業で使われる技術は複雑で、かつ、進歩しており、1つの技術だけで競争に勝つことはできない。たまにある大きな技術革新に加えて、製品や生産工程の「迅速かつ少しずつの技術革新」によって、製品の優秀性を評価する基準は常に高められているのであり、新製品開発は競争に勝つための重要な能力となっているのである。

「製品の優秀性」は、基本となる機能的、技術的パフォーマンスよりももっと広い概念である。ある製品について経験を蓄積し、多様な角度からの微妙な違いに敏感になったユーザーは、製品の数多くの特色——たとえば、基本的機能、美的概観、ネーミング、信頼性、経済性等——が全体としてバランスよく備わっていることを求める。製品が全体としてこのバランスを有し、ユーザーを魅了し、満足させることのできる度合いが、製品の首尾一貫性を測る尺度と言えよう。

製品の首尾一貫性は、内的側面と外的側面を持つ。内的首尾一貫性は、製品の機能と構造の間の整合性のことである。部品同士はピッタリ合っているか、半製品同士は相性よく作動するか、レイアウトは最大限効率よく空間を利用しているか。外的一貫性は、製品の機能、構造、ネーミング等がユーザー側の目的、価値観、生産システム（ユーザーが製造企業の場合）、ライフスタイル、使用パターン、自己の個性等とどれだけ適合しているかを測る尺度となる。

市場が製品の首尾一貫性を重視する場合、効率的な製品開発を行うためには、製品開発プロセス自体の内的・外的一貫性を重視しなければならない。組織面から言えば、開発プロセスが内的一貫性を確保するためには、主に企業内部および部品メーカーとの間における部門横断的な調整を行う必要がある。簡単に言い換えれば、ピッタリ合ってうまく作動する部品は、緊密に連携がとれ、調整力のある組織でないと製造できないのである。外的一貫性は、ユーザーとメーカーの結びつきの質に関わりがある。製品コンセプトはユーザーのニーズと製品の設計との間を橋渡しする重要な媒体であるから、メーカーが製品コンセプトを創出し、設計のなかに反映していくプロセスは、外的一貫性を確保するために特に重要なものである。後の章では、優良企業がどうやって内的・外的一貫性を確保しているかについて、読者の理解を深めたいと考えている[注13]。

自動車産業を中心として

　本書では、製品開発が競争のなかで果たす役割、優れたパフォーマンスの源となる経営上・組織上の要素等を理解するために、製品開発に対する幅広いアプローチを試みている。本書で概観した基本的枠組みは、その成果を十分に上げているようだ。この枠組みによって、ユーザーや市場、競争を考える際に、製品開発のための組織、管理体制を考えるのと同じ視点を保つことができる。情報のパラダイムを用いることによって、管理手法の重要な側面に着目することが可能となり、また、この管理手法と競争力との間の関係を明確かつストレートにとらえることができるのである。

　こうした研究を行う分野として自動車産業を選ぶのも目的にかなっているようだ。市場が大きく、ダイナミックで、どんどん国際化している。ユーザーの行動は複雑で、市場環境は変化が激しい。さらに、業界には世界でも最も大きく、最も複雑で、最も興味深い企業群が含まれている。ダイムラー・ベンツ、トヨタ、BMW、フォード、日産自動車、GM、ホンダ、プジョー、フォルクスワーゲン（VW）、その他多くの企業における製品開発の状況を詳細に分析することにより、各社が組織や管理体制に対してそれぞれ異なったアプローチをとっているそのやり方について、豊富な情報が得られる。このように自動車産業は経営的、競争的観点からの情報を豊富に得られるから、これから私たちが製品開発の優れたパフォーマンスをもたらす要因を考察しようとする場合に、研究分野として実り多い産業となりうるのである。

＊1）本書の目的に沿って、製品開発にはコンセプト創出、製品プランニング、製品エンジニアリングのほか、生産工程をつくる工程エンジニアリングを含める。Lawrence and Dyer(1983, Chapter10) も同様の図を用いている。
＊2）技術的可能性を調べることを目的とした基礎研究や先行開発は、一般的には本研究の範囲外である。
＊3）本研究における競争の焦点とは、企業の製品またはサービスについて、ユーザーが関心を払い、各企業間に顕著な能力の差異が存在するようなポイントを指す。言い換えれば、影響力の大きい競争上の要素である。

注　1）本モデルは、組織研究や戦略的経営論のコンティンジェンシー理論によっている。古典的な例として、Lawrence and Lorsh(1967), Child(1972), Galbraith(1973), Miles and Snow(1978), Chandler(1962) 参照。他にScott(1987), Miles(1980) 参照。
　　2）本書で言う情報のパラダイムはいろいろな学問分野にその根源が見られる。情報処理の枠

組みはR&D管理論の文献に見られる標準的なアプローチである。たとえばMarquis(1982), Allen(1977), Freeman(1982) 参照。情報処理を強調する枠組みは、製造や組織の理論や消費者行動やマーケティングの研究でも、重要なパラダイムであった。組織はGalblaith(1973), Tushman and Nedler(1978) 参照。マーケティングはKottler(1984) 参照。消費者行動はEngel, Blackwell and Kollat(1987), Bettman(1979) 参照。ただし、既存の文献では全分野にわたっての統合性に欠けている。情報のパラダイムをそれぞれの分野がそれぞれの問題を研究するために別個に用いているため、開発、生産、マーケティング、消費体験の統合的な分析が無視されてきたのである。私たちの情報の枠組みは、古いパラダイムを新しく応用したものである。情報の枠組みについてさらに言及したものとしてFujimoto(1989, Chapter3) 参照。
3) Porter(1985) のバリューチェーンのコンセプトを参照。
4) 図2-2と同様のダイヤグラムはMaidique and Zirger(1985), Urban, Hauser, and Dholakia(1985, Chapter5) にも登場する。
5) Fujimoto(1983, 1986) も参照。
6) 組織理論における同様のコンセプトは組織と環境の相互関係に言及した「境界の橋渡し」である。Thompson(1967, pp.19-23), Aldrich and Herker(1977, p.219), Miles(1980, pp.330-335), Tushman(1977) 参照。これらの著者たちは緩衝作用やスクリーニングといった相互関係の受動的側面を強調する傾向がある。
7) 情報のあいまいさとメディア選択との関係についての議論はDraft and Lengel(1986) 参照。
8) 開発プロセスの細部にわたる整合性の重要性については、Burgelman and Sayles(1986)参照。
9) 組織理論では、情報創造に重きを置く著者もいる。Weick(1979), Nonaka(1988a)参照。一方、情報伝達に重きを置く著者として、Galbraith(1973), Tushman and Nadler(1970) 参照。ここでは情報創造と情報伝達の両面に注意を払っている。
10) R&D組織のコミュニケーションの構造について、詳細で体系的な研究があるが（Allen, 1977参照）、それは、ある時点でのコミュニケーションの頻度やコミュニケーション・ネットワークのさまざまな役割に焦点を当てている。ここでは、製品開発管理を時間とともに進行するプロセスとして扱っている。私たちが関心を持っているのは情報の流れとコミュニケーションの動学である。
11) これらの開発段階は大まかに言えば、技術管理論の文献に言う技術革新プロセスすなわち、アイデア創造、問題解決、実行の標準的な記述と一致する。企業のなかにはコンセプトの創出と製品プランニングを一緒にしているところもある。
12) 競争と産業進化のパターンについてはAbernathy(1978), Abernathy and Utterback(1978), Abernathy, Clark, and Kantrow(1985) 参照。
13) 内的・外的統合についてはFujimoto(1989) 参照。

第3章 世界の自動車産業における競争

　1990年の時点において、世界の自動車市場は、すでにかなりの程度洗練され、国際化、無国籍化が進んでいたといえよう。日本でホットな人気のある車の1つは、ドイツのバーバリアで設計され、製造された高性能セダン、BMW3シリーズであった。この車種はアメリカ市場ではホンダのレジェンド（初代）と競争関係にあるが、レジェンドはホンダとブリティッシュ・レイランドとの共同開発プロジェクトで生まれた設計である。アメリカでは、日本の厚木などで設計された日産300ZXが大変な人気を呼んでいたが、これはスポーツ・カー分野におけるポルシェの従来のヒット車種にとって直接のライバルであった。ドイツでよく売れているクライスラーの前輪駆動のミニバンは、アメリカでも人気の車種だが、ルノーのバン型車であるエスパスと激しく競争していた。

　それぞれ別の国で設計され、開発され、出荷される車種同士が直接競争するという状況は、1950年代後半から1960年にかけて低価格車種でまず生まれたが、最近では高性能、高価格のセグメントにおいても普通に見られるようになってきた。まさにそれは戦後早い時期の競争の状況とは別世界の観がある。

　1958年にアルフレッド・スローンは40年近くも務めたGM会長の座を退いた。彼は、大成功を収めた「どんな収入、どんな目的のユーザーにも、それに合っ

た1台を提供する」という製品戦略や、同様に有名な「調整は本社で、管理は事業部で」という経営システムの創始者として知られる。彼が後に残したGMは、その当時業界の盟主として君臨していた。世界で最大の市場であるアメリカにおいて、GMの主要なライバルであるフォードとクライスラーは、新車のスタイリングや中身についてGMに追随することが多かった。

　当時はまた、輸入車は市場にわずかなシェアを占めるにすぎなかった。VWは一部の物好きが乗る車だった。日産とトヨタのエンジニアたちは、初めて輸出した車がロサンゼルスのフリーウェイでなぜ壊れたのかを調査するのに大忙しだった。ホンダに至っては、まだオートバイしか製造していなかった。

　アメリカ市場は大きく、しかもかなり均質的であった。シボレーの普及車種のように人気のある車は150万台近くも売れたが、その設計は、デザインの華麗さ、クロム・メッキ、馬力を強調したものだった。エンジン、トランスミッション、駆動システム等のパワートレインに使われているような基礎的技術は、従来から確立されており、比較的標準化されたものであった。

　その後、3つの大きな力が世界の自動車産業を大きく変えることになる[注1]。その第1は次第に激しさを増し、国際化が進む競争環境である。1950年代の終わり頃には、世界的な自動車メーカーは4つか5つを数えるのみであった。それが今日では、世界的規模で競争力を有する企業が20以上も存在する。

　第2の力は市場の多様化である。アメリカ市場で今日最もよく売れる車種でも40万台そこそこで、1950年代末には150万台も売れていたのと比べると大きな違いである。世界の主な自動車市場に共通しているのは、車種の数が多くなったことと車種当たりの販売台数が減ったことである。

　第3の力は、目覚ましい技術革新である。1970年代には、全生産台数の80％は基本的に同じパワートレインの技術を使っていた。すなわち、水冷式、キャブレター付きのV型8気筒のエンジンを縦に搭載し、3速オートマチック・トランスミッションと後輪駆動システムに接続したものである。1970年には、アメリカの自動車メーカーすべてを見渡しても、パワートレインの組み合わせはわずか5種類しかなかった。それが1980年代半ばには、35の組み合わせ、つまり7倍増に多様化した。これにエレクトロニクス、新素材、新しい部品における技術革新を加えて考えれば、その成長ぶりはさらに著しいものとなる[注2]。

これら3つの力は、かつてきわめてローカルな性格を有していた各市場に大きな変化をもたらした。地理的な違いは、異なった道路事情（カンザス州の大平原、スイスの山岳地帯、東京の都心部をドライブすることを想像すればよい）、異なったユーザー（自動車は金持ちが持つぜいたく品で、運転することが1つの技術と考えられていたヨーロッパに、アメリカの大衆市場向けの車種が入ってきたのはかなり後のことである）を生み、これらの違いに応じて異なった製品設計が行われるようになった。1960年代を通じて、ヨーロッパのメーカーのなかには、洗練された第3世代のユーザーを対象とした車を設計するところがある一方、日本のメーカーは多くの初めての購入者を対象に車を売ろうとしていた。

　世界の自動車メーカー各社は、それぞれの母国で厳しい競争を戦ううちに実力を培い、伸ばして、世界市場に乗り込んできた。その実力は、多大な時間と努力によってしか変えることのできないもの、たとえば国民の物の考え方、社会システム、組織の意思決定過程等に根差して育ったものである。したがって、ローカルな競争がグローバルな競争にまで拡大していった1980年代の変革期において、厳しい競争のプレッシャーの下でも、各メーカーの実力の中身にはかなり大きな相違点を見出すことができた。

　この実力の違いは、競争を勝ち抜くための重要なポイントとなる。自動車産業において、メーカー同士が競争しながら相互に及ぼしあう影響、各メーカーの競争の成果等を理解するためには、まず自動車産業の持つ歴史的背景を理解する必要があるということだ。各メーカーは、競争に勝つために重要かつ決定的な実力、能力とは何かを判断するにあたって、その能力が何を基礎として生まれるのか、環境の変化を生じさせている要因はどのようなものか等について分析してみる必要があるのである。

　私たちは、まず競争環境、市場環境における地域ごとの相違点について、製品開発の果たす役割に特に着目しながら概観する。次いで、量産車メーカーと高級車専門メーカーとの戦略的行動に見られる歴史的相違点を検証する。最後に、競争の国際化、グローバル化の状況、また、各地域、各戦略グループにとってこの国際化が持つ意味等について簡単に述べることにする。

地域における競争および基本的市場構造の違い

　1940年代後半から1970年代の、2度のオイルショックに至る時期における自動車産業の競争の状況は、ヨーロッパ、日本、北米それぞれにかなり異なった展開を見せた。基本的な製品の構造や使用法は同様なのであるが、価格、ユーザーの所得水準、地理的条件、歴史的背景等における違いが、製品コンセプトやユーザー行動、さらには競争状況全体にも際立った違いをもたらしたのである。これらの地域間の相違は、製品に用いられている技術だけでなく、製品に対する基本的な考え方にも明確に反映されている。

　製品コンセプトは、メーカーがユーザーに対して、よい製品とはこういうものから成り立っていますよ、と伝えるメッセージである。コンセプトは、まず製品プランナーによって考え出され、製品の企画書や設計図面の形で明確化され、最終的には製品そのものとして具体化されるものである。人々は製品の消費体験を通じて製品のコンセプトあるいはメッセージを「読み取る」のである。コンセプト自体は、メーカーが技術を習得し、ユーザーのニーズを把握していくにつれ、また、ユーザーが製品に対する見方、考え方を進歩させていくにつれて、時間とともに進化を遂げていく。自動車メーカーにとっては、製品コンセプトの特徴を形成していくうえで、母国の市場が大きな役割を果たしてきた。**表3-1**は3大市場における伝統的な製品コンセプトを比較したものである。

　第2次大戦後から1970年代半ばまでのアメリカ市場で支配的だった製品コンセプトは、全目的型のロード・クルーザーというものであり、大きな車体と大きなエンジン、多彩なオプション装備、快適な車内空間、ソフトな乗り心地といった特徴を有していた。

　たとえば1972年型のシボレー・インパラなどはそうした車の典型であった。この車は、122インチ（約3.1m）のホイールベース、大きなトランク、長いボンネットを持ち、全長220インチ（約5.6m）とかなり突き出した形状であった。排気量5リットルのV型8気筒エンジンを搭載して、レスポンスはよいが燃費効率が悪かった。またソフトな乗り心地、ゆったりとした車内空間、そして数多

表3-1 ● 伝統的な製品コンセプト：アメリカ、ヨーロッパ、日本

カテゴリー	アメリカ	ヨーロッパ	日本
レイアウト	穏やか、大きな内装・外装	コンパクト、効率的な空間利用	コンパクト、効率的な空間利用
スタイリング	箱型、長いノーズとトランク、大きさを重視	丸型、短いノーズとトランク、空気力学と空間の効率利用を重視	セグメントにより異なる、ヨーロッパおよびアメリカのスタイリングの影響
エンジン／車体	大きく馬力のあるエンジン、重い車体、遅いレスポンス	小さいエンジン、軽い車体、燃費効率を重視、鋭いレスポンス	小さいエンジン、軽い車体、燃費効率を重視、鋭いレスポンス
操縦性／乗り心地	スムーズで、ソフトで、快適な乗り心地	堅い乗り心地、コントロールが正確、道路の感触を重視	セグメントにより異なる
付加価値の源泉	オプションと付加的特徴	全体的なバランス	オプション、多くの付加的特徴を標準装備化
全体のイメージ	全目的型のロード・クルーザー、大きく、快適で、強力	ドライビング・マシン、レスポンスがよく、正確で、洗練されている	折衷主義、セグメントにより異なる

出典：Clark and Fujimoto, "The European Model of Product Development: Challenge and Opportunity," 1988年5月、MIT国際自動車プログラムの第2回国際政策フォーラムで発表

くのオプションが用意されていた。この「アメリカ流のコンセプト」は、エネルギー価格が安く、長距離運転が多く、広くてまっすぐな道路網があり、「大きいこと」を評価する文化を持っているという土地柄を反映した独特の製品体験に基づいてできたものである。

　アメリカ車は、ヨーロッパや日本の設計者が直面した多くの制約条件とは無縁であった。エネルギー価格が安いために、車の重量、エンジンの馬力、燃費効率の間のトレード・オフ関係があまり重要な問題ではなく、大きな車体によって空間に融通性が生まれたので、レイアウト（パッケージング）の問題も重要でなかった。アメリカのメーカーは、「走るリビング・ルーム」を車に実現

させる自由があったために、新車の開発に際して構成部品相互の調整をあまり行う必要がなかったのである[注3]。

ヨーロッパの車はまったく異なった体験をユーザーにもたらす。きわめて多種多様ながら、そこにはヨーロッパ車に共通したテーマを見出すことができる。たとえば1974年に導入された最初のVWゴルフは、「ヨーロッパ流コンセプト」を体現した車である。この初代ゴルフは、世界中でサブコンパクト・ハッチバックのスタンダード車となった。ゴルフのコンセプトは「優れた操縦性とエンジン性能」という明快なものである。この車は、経済性、利便性、居住性、快適性のバランスを高レベルに確保している。ヨーロッパ車は、ゴルフのような小さい車種であっても、空間と燃費の効率がよく、オプション装備は比較的少なめで、加速が鋭く、しっかりとした乗り心地、正確な操縦性、洗練された機能といった特徴を有する、言わば「走るための機械」であった。

日本の製品コンセプトは、高度経済成長のプレッシャーを反映したものであった。1970年代までの日本のメーカーは、欧米を必死に追いかけている段階であり、その製品コンセプトもアメリカやヨーロッパから借りてきたものであった。ユーザー数が急速に増加し、その多くが初めての購入者であるという状況下では、ユーザーの好みも変わりやすく、不安定である。その結果、アメリカやヨーロッパの伝統を受け継いだ異なったタイプの車がいろいろと製造されることになる。たとえばトヨタの3世代目のカローラは、エンジンの馬力、車体の大きさ、緊密なレイアウトにおいてはヨーロッパ車並みだが、オプション装備の多様さや車内の快適性においてはもっと大きなアメリカ車に近いものであった。カローラの操縦性、乗り心地はヨーロッパ車のコンセプトに似ていたが、同じ日本車でも他のセグメント向けのものでは、ソフトで、大通りを走るようなアメリカ車の乗り心地を目指したものもあった。一言で言えば、日本車の製品コンセプトは折衷主義であったといえよう。

表3-1に見られる製品コンセプトの違いは、新車が開発されるヨーロッパ、アメリカ、日本のそれぞれの社会的、経済的状況の違いを反映したものである。**表3-2**は、これら3大市場の市場環境、競争環境を概観したものだが、地域による相違は明白である。日本では、多数のライバル企業が、比較的小さくて、変化しやすい国内市場で競い合ってきた。また、ヨーロッパでは、同様にメーカ

表3-2●地域別製品・市場パターンの概要

製品・市場パターン	地域		
	アメリカ	ヨーロッパ（EC）	日本
年間自動車販売台数 （1985年）	1090万	950万	310万
年間自動車販売台数 （1975年）	830万	760万	270万
販売台数の 平均年間成長率 （1975〜1985年）	2.8%	2.3%	1.3%
主要国内自動車 メーカーの数 （1987年）	4	旧西ドイツ：6 フランス：2 イギリス：5 イタリア：3	9
上位3社の 生産台数シェア （1985年）	95%	旧西ドイツ：76% フランス：100% イギリス：90% イタリア：100%	71%
輸入車のシェア （1985年）	28%	16%（EC合計）	2%
自動車のモデル数 （1982〜1987年平均）	28	77	55
新しく開発された モデル数 （1982〜1987年）	21	38	72
主要モデル・チェンジの 平均インターバル （1982〜1987年）	8.1年	12.2年	4.6年

（注）出所および詳細は付録参照。

一の数は多いが、市場はそれほど変わりやすくない。アメリカ市場は、GMを先頭に寡占的で、新車開発やモデル・チェンジの頻度はヨーロッパと日本の中間に位置する。これらの市場における競争状況の違いが、製品開発の特徴にも大きな影響を及ぼしているのである。まず、ヨーロッパの状況を見ることにしよう。

ヨーロッパにおける競争

ヨーロッパは自動車発祥の地である。ヨーロッパの自動車メーカー、特にドイツやフランスのメーカーは、車がまだ金持ち用のオーダーメイド品であった時代に、生産台数や技術の面においてトップを走っていた[注4]。ヨーロッパ車の、標準化や低コストよりも多様性、技術的洗練性を重視する伝統は、19世紀の終わり頃から始まったものである。大きくて同質的な市場がないヨーロッパにおいては、異なった国の異なった会社が多様なコンセプトと個性を持った車を開発してきた。

たとえばドイツ車は、曲がりくねった道路を高速で飛ばすことができるように、ロード・ホールディング性能の高いハードなサスペンションを備える傾向にある。またフランス車は、比較的でこぼこの道に対応するため、ソフトなサスペンションとシートを備えているのが普通である。したがって、「どこか1社がヨーロッパ市場を支配したり、どれか1つの設計思想が圧倒的優位となることはきわめて困難である。どんな時代にも、多様な車種と多様な国民の好みがあるために、大衆市場向けメーカーが劇的な需要シフトを起こすことはできない[注5]」のである。

企業の強い個性　ヨーロッパにおける伝統的な競争状況および製品差別化の様子が図3-1に表されている。この図では、個々の製品コンセプトが、横軸に表される企業間、あるいは縦軸に表される製品セグメント間において、いかに互いに反応しあい、また、グループを成しているかがわかる。それぞれの黒丸が製品を表しており、網がけされている部分は共通のテーマ、コンセプトを有する製品群を表している。そして、縦のつながり（すなわち、コンセプトの類似性）があれば、メーカー全体として製品の個性を有することが示され、横のつ

図3-1 ◉ 地域別の伝統的コンセプト群

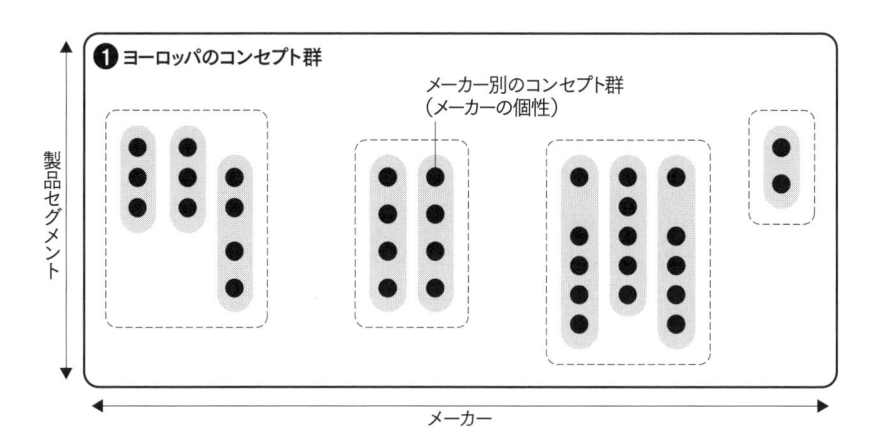

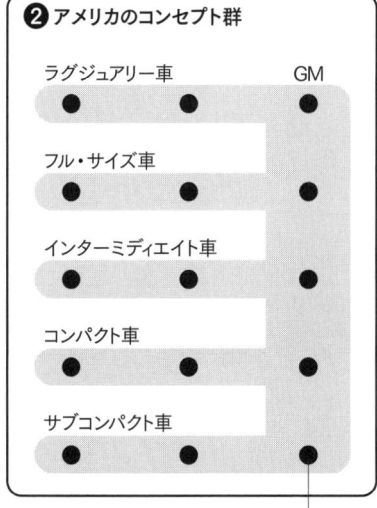

❶ ヨーロッパのコンセプト群

製品セグメント ↕
メーカー ↔

メーカー別のコンセプト群
（メーカーの個性）

❷ アメリカのコンセプト群

- ラグジュアリー車　　　GM
- フル・サイズ車
- インターミディエイト車
- コンパクト車
- サブコンパクト車

GMのコンセプトに関するリーダーシップ

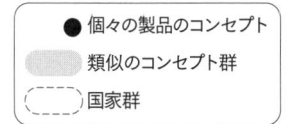

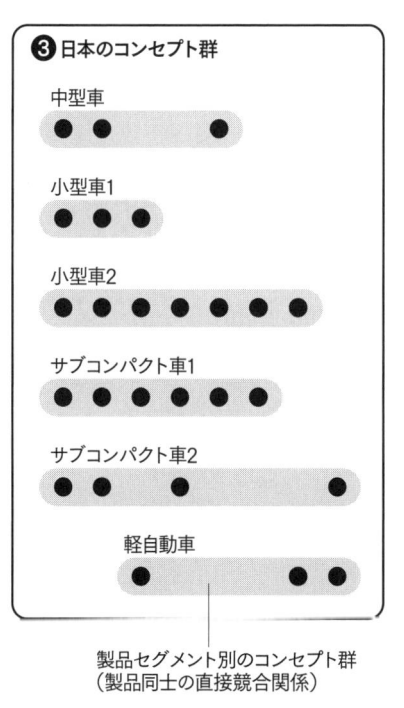

❸ 日本のコンセプト群

- 中型車
- 小型車1
- 小型車2
- サブコンパクト車1
- サブコンパクト車2
- 軽自動車

製品セグメント別のコンセプト群
（製品同士の直接競合関係）

凡例：
- ● 個々の製品のコンセプト
- 類似のコンセプト群
- 国家群

第3章　世界の自動車産業における競争

ながりがあれば、セグメント内部で激しい競争が行われていることが示されるのである。企業間でコンセプトの類似性があれば、ユーザーは製品同士をもっと直接的に比較するようになることを意味しているわけだ。

　図3-1は、各地域ごとにコンセプト群の伝統的なパターンがいかに大きく異なっているかを教えてくれる。

　ヨーロッパでは、アメリカや日本よりも縦のつながりが強く、メーカーの個性（corporate identity）が強くなりがちであり、1つのメーカーの製品ライン全体に共通の設計思想を適用する傾向にあることがわかる。ヨーロッパの各メーカーは、よい車が何であるかについてそれぞれ別に定義づけ、そのコンセプトをいつでも、どんなセグメントにでも用いようとするのである。

　ヨーロッパ市場においては、ユーザーの側もこのコンセプト群のパターンを反映していた。ユーザー側は、その製品セグメントと関わりなく、それぞれのメーカーにそれぞれ異なった期待をするようになった。たとえば、フィアットの車には「フィアットらしさ」とでもいうような際立った個性を求め、それは「フォルクスワーゲンらしさ」や「メルセデスらしさ」、あるいは「シトロエンらしさ」とは大きく異なるものであった。

　その結果、ヨーロッパのユーザーは、車を評価する場合に、他のメーカーの車と直接比較するのではなく、その車のメーカーに期待しているものと比較する傾向がある。そして、その期待に沿うものである限りは、ヨーロッパのユーザーは特定のメーカーのひいきであり続ける傾向もあった。製品設計とユーザーの好みとの間に相互作用が働いて、ますますその傾向は強まった。製品コンセプトが安定的で一貫しているため、ユーザーは設計、機能、コンセプト、そして美的感覚について、それぞれの車種、それぞれのメーカーごとに洗練された、また複雑な期待を持つようになった。それに対してメーカー側も、製品の細部に至るまできわめて高いレベルの改良を加える一方、ユーザーの期待を混乱させないようコンセプトの持続性を維持する政策を持つ必要が生じた。この相互作用のプロセスは、一方で要求水準は高いがメーカーに対してロイヤルティの高いユーザー、他方で強烈な個性を有し、洗練度の高い製品設計が組み合わさった結果なのである。

　BMWの場合を例にとってみよう。1917年に航空機エンジン・メーカーとし

て創立されたBMWは、1933年、自社で初めて303モデルを開発した[注6]。戦前のBMWの各モデルに見られる特色は、いまでも明確に受け継がれている。すなわち、シャープな操縦性を持ったスポーティ・セダンで、スムーズな直列気筒エンジンを搭載し、有名な「キドニー・グリル」をはじめとするすっきりとしたスタイリングといった具合である。

　1960年代のBMW車と1980年代のそれとの間には、基本的なコンセプトや設計の面で特筆すべき継続性があり、そのことが人々を驚かせる。1962年型のBMW1500モデルが持っていた、機能面、機械面、そして形状面の特色、たとえば、均整のとれた直列気筒のオーバーヘッド・カムシャフト・エンジン、マクファーソン・ストラットのフロント・サスペンション、セミ・トレーリング・アームのリア・サスペンション、フロント・グリル、ボンネット、クォーター・ピラー等の個性あるスタイリング、操縦性や乗り心地全体といったものは、今日のBMW車にも共通しているものである。また、基本的に4モデルのライン・アップ、すなわち、小型、中型、大型の各セダンと中型クーペの組み合わせも変わっていない。

　製品コンセプトの継続性については、世界で最も古い自動車メーカーであるダイムラー・ベンツにさらに顕著に見られる。今日のダイムラー・ベンツ（メルセデス）の乗用車は、高級車から小型車に至るまで、1920年代あるいはそれ以前から有していた特徴を今でも受け継いでいるのだ。すなわち、機能的な優秀性（例：時速200km走行時におけるパフォーマンスと安全性）、技術的な洗練性（例：マルチリンク・サスペンション）、高い製品イメージ（例：ステータス・シンボル）、スタイリングの強い個性等である。大きくて高出力のエンジン、自動車レースやスピード記録への取り組み、特徴あるラジエーター・グリル、製品の洗練性に裏打ちされた高いステータス・イメージ等は、1920年代あるいはそれ以前からすでに存在していたのである[注7]。

　間接的な製品間のライバル関係　図3-1に示されたコンセプトの縦のつながりは、セグメント内の製品同士の間接的な競合関係をも意味している。全社的に強い個性を打ち出して製品の差別化を行うことは、ライバル製品と基本的な性能において対抗しなければならないという競争圧力を軽減する効果を持つ。ユーザーは異なったメーカーに異なった期待を抱くため、製品自体が直接の比

較の対象となりにくくなる。そしてユーザーが特定メーカーの製品コンセプトをひいきにしている限り、そのメーカーは製品の性能で他社の製品に対抗する必要はない。したがって、シトロエンの設計者にとって重要な問題は、ルノーのモデルに対抗することではなく、ユーザーのシトロエンに対する期待に応えることなのである。

ヨーロッパにおける製品開発の基本的な考え方は、製品コンセプトの継続性を維持しつつ、洗練され、要求水準の高いヨーロッパのユーザーたちにアピールできる性能や価値を提供する新製品を開発することである。そうした姿勢は、比較的長い製品ライフサイクル、技術的な優雅さや洗練性の重視、設計思想の継続性等の伝統を生んだ。頻度そのものは少ないモデル・チェンジには、技術や性能の点で大きな変化が組み込まれることが多い。

アメリカにおける競争

ヘンリー・フォードのモデルTの登場によって、アメリカは自動車生産のリーダーとしての地位を築いた。このモデルは、大衆市場志向で高度に標準化された設計の車として初めてアメリカ市場に投入された。モデルTの時代の競争は、規模の経済の追求、生産コストの低減、設計の安定性の確保、ディーラーのネットワークの拡大の問題であった。フォードはすべての面で優れていた。だが、1920年代に業界は劇的に変化した。それは、ユーザーが多様性、快適性、性能のよさを求めるようになったからである。GM（あるいはアルフレッド・スローン個人）は、フォードの基本的なやり方を踏襲しつつ、スタイリング、色、性能等にバラエティを持たせた。スローンは、シャーシの設計は共通にし、車体のスタイルや色には変化とバラエティを加える（つまり生産現場において溶接部門と塗装部門に融通性を持たせる）開発・生産システムと、価値の高さと製品ラインの幅広さを強調するマーケティング政策をつくり上げた[注8]。

スローンは、標準化された製品でコストを下げるよりも、質がよく、価格は若干高めの製品でフォードと競争する方法を選んだ。シボレーは、モデルTよりも価格が高いが、車種と色の数は多く、より斬新なスタイルを誇った。実際のところ、スローンの戦略は、自動車に対する考え方を田舎の実用車(モデルT)から、車輪のついたリビングルーム（多目的型ロード・クルーザー）へと定義し

直すものであり、見た感じを新鮮に保ち、アピール度を高めるために毎年モデル・チェンジした。ファッションとスタイルを大量生産の製品と組み合わせるというこの新しい考え方は、自動車産業の性格をいっそう資本集約的なものにした。つまり、大量生産に加えて、毎年変わる部品やボディ・パネルを生産するための設備・治工具も頻繁に変える必要が生じたのである。1930年代には、高度に寡占化されたアメリカ自動車産業のなかで、GMは支配的な地位を確立していた。スローンの戦略とGMの支配は第2次大戦後まで続き、そのことがアメリカにおける競争、そして製品開発の果たす役割を、ヨーロッパや日本で見られるものとは大きく異なった性格にしていった。

GMのリーダーシップ アメリカの自動車産業において、ほとんどの面でリーダーシップをとっていたのはGMである。ビッグ・スリーと呼ばれるアメリカの自動車メーカーのうち、他の2社はGMの大きな意味での製品コンセプトと製品ラインに追随していた。すなわち、長いボンネット、大きなトランク、強力なエンジン、快適な車内空間、スムーズな乗り心地の大型車を中心としたコンセプトと車種のライン・アップである。だが、スタイリングの面ではGMは群を抜いていた[注9]。スローンは、業界で初めて自動車のスタイリング専門のデザイン部門を設置し、それは長い間業界で唯一のものであった。

伝説的な人物ハーリー・アール率いる「アート・アンド・カラー部」は、2つの点で業界のリーダーシップを握っていた。第1に、同部は戦後の重要なスタイリングのトレンドを数多く生み出した（例：テイル・フィン＝車体後尾の垂直板、彫りの深いボディ・サイド、クロム・メッキの多用等）。そして第2に、フォードやクライスラーで働くようになった多くのデザイナーは、最初にアールのグループで技能を学んだのである。

このようにGMは自動車設計に多大な影響を与えてきたが、既存の各セグメント内部で、また、新しいカテゴリーを創出するにあたって、他社との戦術的な競争関係があった[注10]。たとえば1960年代にはフォードが、従来の標準的なフォード車からすると小型の新モデル、フェアレインを導入した。これによって中型車という新しいクラスができたことで、すぐにシボレーからシェベル、プリマスからベルベデールといった新車がこのクラスに参入してきた。また、1964年にフォードが、小型で比較的廉価なスポーティ・2ドア・クーペのマス

タングを発売すると、クライスラーはバラクーダ、シボレーはカマロ、ポンティアックはファイアバードで後に続いた。どちらのケースも、市場にニッチを見つけようとする戦術的な動きに対して、ライバル会社は類似の新車によって対抗してきた。その結果、どんなセグメント、カテゴリーにおいても、各車の製品コンセプトが比較的似てしまうこととなった。

アメリカ市場においては、かなりの程度標準化されたものを受け入れる素地がユーザー側にあり、競争関係にあるメーカーの数が少なく、GMが市場のリーダーシップをとっているという条件の下で、セグメントごとに製品コンセプトの共通性が業界全体に及ぶ一方、GMの製品ライン戦略はセグメントを超えた共通性を持つようになった。したがって、図3-1では、製品カテゴリー（高級車、大型車、中型車、小型車、サブコンパクト車）ごとにコンセプトのかたまりができ、GMについてはそれが縦にもつながっている。アメリカ市場における製品同士の直接のライバル関係は、ヨーロッパより激しいが、日本ほどではないことがわかる。

形状の多様性、機能性の均一性　アメリカ市場においては、製品開発および競争に関し、規模と経済と製品のバラエティをどう調和させるかが1つの中心的なテーマとなっている。低コストを実現するには大量の標準化された部品を使わなければならないが、同時にアメリカのユーザーはヨーロッパのユーザーよりは標準化されたものを受け入れやすいものの、ある程度の多様性、さらには注文生産を望む声がある。このような考え方に基づいて生産戦略は立てられた。GMが優れていたのは、部品の標準化によって規模の経済を実現する一方、スタイルや色にはバラエティを持たせ、オプション装備という形で注文生産の要望に応えた点にある。

GMの戦略は、市場のニーズに合っていたばかりでなく、製品コンセプトや基本的な技術にも適したものであった。1970年代に至るまで、アメリカの自動車は、フレームの上に車体を載せる構造（ボディ・オン・フレーム）に基づいて設計されていたため、最もスタイリングの変更が起こりやすい車体の開発とパワートレインやシャーシの開発とを、両者のインターフェースの調整を除けば、別個に扱うことが可能であった。さらに、アメリカ車は大型で、制約条件が少ないことから、スタイリストはプレス成型上の力学的制約を受ける以外は

自由にデザインを考えることができた。これを極端に進めていくと（実際1950年代後半の設計のなかには極端なものがあった）、形状と機能の関係が希薄になっていった。たとえば、ジェット戦闘機や高速艇をイメージしたスタイルに、基本的なV型8気筒エンジン、後輪駆動、オートマチック・トランスミッションのパワートレインやシャーシを組み合わせるという具合である。

アメリカ人は、毎年モデル・チェンジして、選択の幅を広くするというアメリカ流のコンセプトが好きだった。大量の需要と大きな利益を生むコンセプトだった。小型の輸入車がこの製品コンセプトに挑戦しようとすると、アメリカのメーカーは、完成度の高い効率的な小型車で対抗するのではなく、基本的なアメリカ流大型車のやや小型版（たとえばダッジ・バリアント）で対抗した。

安いガソリン価格、設計の自由が利く大型の車体、大きい馬力を好むユーザー等の条件が揃っているために、部品を狭い空間にレイアウトする必要性、高度なテクノロジー、洗練された走行性能等は、ヨーロッパにおけるほど重要ではなかった。アメリカ市場で成功するためには、独創的なスタイリング、多彩な色とクロム・メッキの使用、基本的技術の改良が必要であった。したがって、設計者はスタイリングにいっそう凝り、エンジニアはより大きな馬力と快適性、より利益の上がるオプション装備等を追求して、限られた分野に絞り込んでいったのである。

日本における競争

日本の自動車メーカーが、小さくて遅れた存在から、一躍業界のリーダーにのし上がったことは、過去15年以上にわたって自動車産業の競争を研究する場合の中心的テーマであり続けた。しかし、欧米の研究者は、日本のメーカーが、その戦略と組織を外国市場で効果的に戦えるように整備し、アグレッシブに輸出を行ってきたとの見方をとりやすい。そのような見方は一面で当たっているが、日本のメーカーにとって最も重要な競争の場が日本市場であったことを見過ごしている。日本の国内市場で生き残れないメーカーは、輸出も大量にすることができないのであり、日本市場における競争の実態はユニークなものである。日本は、新車を設計・開発する場として、ダイナミックで、複雑で、競争が激しい市場なのである。

セグメントごとに形成されるコンセプト群　図3-1を見ると、日本市場における製品コンセプト群のあり方は、ヨーロッパやアメリカとはきわめて対照的である。日本には明確なコンセプト・リーダーもなく、強烈な個性を全社的に有するメーカーもないため、日本におけるコンセプト群は製品セグメントごとに形成されている。日本の製品コンセプトは時間の経過とともに変わりやすいが、それは日本の自動車メーカーが1950年代、1960年代、さらには1970年代を通じて、技術的に他の先進国メーカーに追随する状態であったこと、また、日本のユーザーが車を持ち始めて日が比較的浅かったこと等が理由として考えられる。さらに、細かく分けられたセグメントにはそれぞれ多くのメーカーが存在し、セグメント内の競争が激しくなった。各メーカーは、ライバル企業たちがそれぞれのモデルで新しく導入した設計や性能のレベルに素早く対抗した。設計思想の継続性を車種の違いにかかわらず長期にわたって確保することは、他国のライバルに比べると重要な問題ではなかったのである。

　コンセプトと設計の変わりやすさ　日本での乗用車の大量生産は第2次大戦後に始まったが、日本の自動車技術は、車全体のレベルでも、また部品のレベルでも、長年にわたり遅れた状態が続き、日本の各メーカーはアメリカやヨーロッパから技術を輸入する必要があった[注11]。このため、コンセプトの継続性に欠ける結果となった。企業レベルで強烈な個性を持つメーカーは日本には存在しなかった。たとえば日産の車から「日産らしさ」を感じ取ることは難しかったのである。

　ユーザーの好みの変わりやすさ　製品コンセプトが変わりやすいこと、また、1950〜1970年の時期には日本のユーザーが車を持ち始めて日が浅かったこともあって、ユーザーの好みも変わりやすかった。どういう車がよい車なのかという確たる考え方が固まらなかったため、ユーザーは何でも新しいもの（新しいメカニズム、新しい特徴、新しいスタイリング、新しい性能のレベル等々）に飛びつきやすかった。そしてユーザーのロイヤルティは個々のディーラーやセールスマンに向けられたのである。

　製品コンセプトやユーザーの好みが変わりやすい結果として、セグメント内部の競争が激しかったため、新しいモデルの販売パターンが独特なものとなった。**図3-2**は、特定のモデルの日本車について日本市場とアメリカ市場の売れ

図3-2●モデル・チェンジの売れ行きに対するインパクト──日本のモデルの例

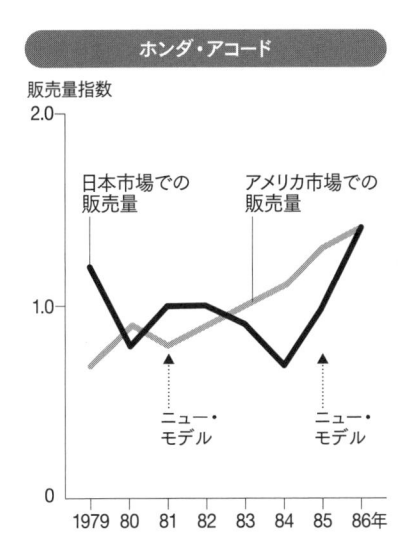

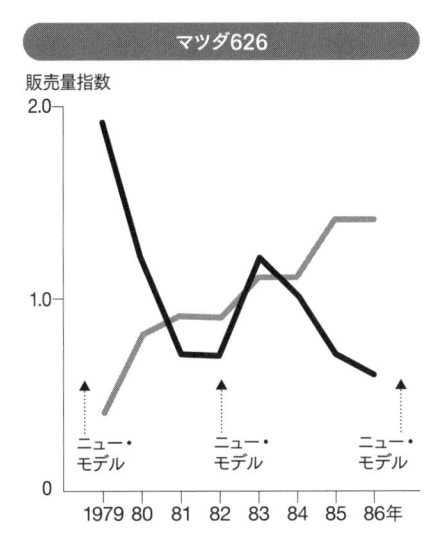

ホンダ・アコード

販売量指数。日本市場での販売量、アメリカ市場での販売量。ニュー・モデル:1981年、1985年。1979〜1986年。

マツダ626

販売量指数。ニュー・モデル:1979年、1982年、1986年。1979〜1986年。

トヨタ・セリカ

販売量指数。ニュー・モデル:1981年、1985年。1979〜1986年。

日産300ZX

販売量指数。ニュー・モデル:1979年、1983年。1979〜1986年。

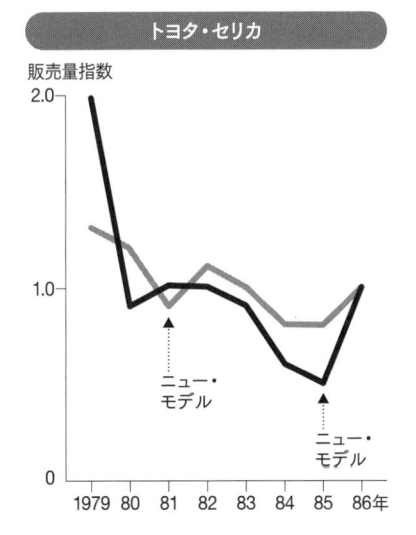

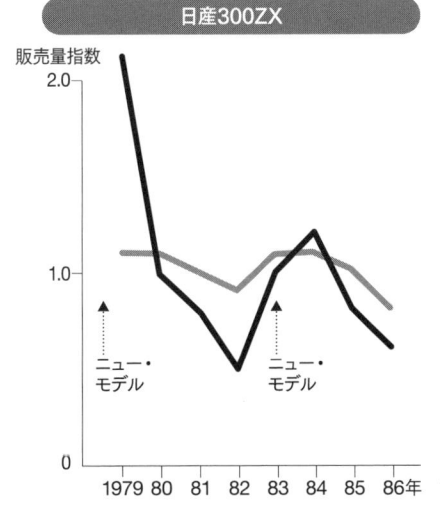

（注）販売量指数は、1979〜1986年の平均年間販売台数を1として算定。

行きを比較したものだが、日本市場では特定のモデルについて販売台数の波動が大きいことがわかる。日本での売れ行きは、新しいモデルが登場した当初は大きくはね上がるが、その後次の新しいモデルが出るまで急速に落ち込む。個々のモデルのレベルでのこうした売れ行きの変化は、自動車の国内販売台数全体としては日本のほうがアメリカよりも安定していることを考え合わせると、きわめて注目すべき点である。このような環境下で販売実績を維持するためには、ニュー・モデルは大変重要である。

激しい国内競争　1950年代においては、日本の自動車市場は発展途上国の市場とよく似ていた。ユーザーの所得は低く、道路網が整備されておらず、製品は業務用のものにほぼ限られた。自転車、オートバイ、三輪自動車、商業用トラック等が一般的であり、個人の乗用車保有は稀であり、その数が急速に増えたのは1960年代に入ってからであった。国内自動車販売台数は、1960年に10万台であったものが、1970年には240万台、そして1986年には310万台に達した。1970年代に国内市場の成長が鈍化したことに伴い、競争メーカーの数が多いこともあって競争が激化した。1965年には大量生産メーカーとして競争する企業は11社であったが、1990年においてもまだ9社が日本でも世界でも競争に参加しているのである[注12]。

激しい競争に伴い、販売要員がアグレッシブに増やされ、大幅な値引きが行われた。日本のディーラー・システムは、フランチャイズ契約や多様な販売チャネル等がある点でアメリカと似ているが、実際のセールス活動は大きく異なっている。日本のディーラー・システムの場合には、メーカーとディーラーは長期的、排他的な関係で結ばれており、訪問販売に頼ることが多く、多様なアフターサービスの提供、高いサービスの質、低い生産性等の特徴がある（**表3-3**）。大幅な値引き、高い下取り価格等が一般的に見られ、1980年代初めに慢性的な赤字で苦しんだ多くのディーラーは、メーカーからのリベートや奨励金によってやっと生き延びたのである[注13]。

製品同士の直接的な競争関係　日本の国内市場においては、個々の製品レベルにおいても、また、メーカーのレベルにおいても競争が熾烈である。市場セグメントは細かく分けられており、類似のモデル同士の比較があからさまに直接的に行われる[注14]。1960年代、1970年代、1980年代を通じて、日産とトヨタ

表3-3●日本およびアメリカの自動車ディーラー・システムの比較

特徴	日本	アメリカ
法的関係	フランチャイズ契約	フランチャイズ契約
契約執行状況	柔軟	厳格
排他性	1つのディーラーが排他的商圏を持った1つのチャネルを取り扱う	複数のチャネルを持ったディーラーが一般的
メーカー所有のディーラー	存在する	存在しない
関係の安定性	安定的（関係が変わることが少ない）	不安定（ディーラー契約の変更が頻繁）
目標	長期的	短期的
国内市場におけるチャネル数	複数（トヨタ5、日産5、マツダ3、ホンダ3）	複数（GM5、フォード3、クライスラー3）
ディーラーの平均的規模	大きい（従業員約180人*）	小さい（従業員約30人**）
ディーラー当たりのショールーム数	複数（平均8*）	多くは1つで営業
主な販売方法	訪問販売（営業担当者がユーザーを訪問）	窓口販売（ユーザーがショールームを訪問）
ユーザーと営業担当者の関係	アフターサービスを通じ、長期的	短期的
ディーラーの自動車関連サービスへの多角化状況	多角的（修理／保守、部品、検査、保険、手続き代行、事故処理）	多角的でない（一部は修理工場を兼業）
営業要員の技術的能力	高い（多くの営業担当者が整備士の免許を有する）	低い（営業専門）
給与体系	月給とコミッションの併用	コミッションのみ
アフターサービス	広範かつ中身が濃い	低レベル
営業要員の生産性	低い、1970年代から1980年代へあまり向上せず	高い

出典：下川（1981、1985）、著者独自の研究、その他による
*は1984年時点、**は1983年時点の数字

図3-3●コロナ対ブルーバードの販売競争

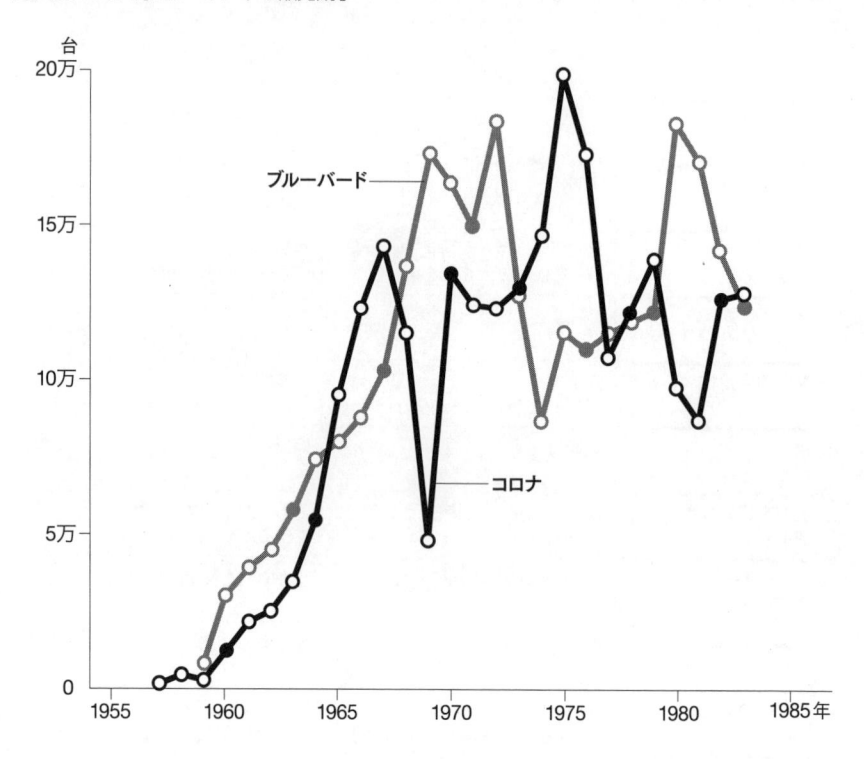

出典：樋口（1984）
（注）黒い円は、ニュー・モデルが導入された年を表す。

の主力車種であるブルーバードとコロナの競争は有名である。両車種は、それぞれ1959年と1960年に発売されて以来、車の出来、販売台数で互いに激しく競い合ってきた[注15]。どちらも4年ごとに大きなモデル・チェンジを実施してきた。そしてニュー・モデルの成功・不成功に応じて、国内販売台数はシーソー・ゲームを展開してきたのである（**図3-3**）。

　ダイナミックなユーザー市場、激しい競争、製品同士の直接的な競争関係等の条件の下で、日本の設計者、製品開発者たちが取り組むべき課題は明らかである。すなわち、既存モデルの新鮮さと競争力を保ち、競争相手のメーカーが弱いセグメントに新しいモデルを投入することである。生き残ったメーカーは、

それを迅速に実行したのである。1960年代、1970年代を通じて、モデル・チェンジの間隔は5年を切っている。モデルの数（小さなバリエーションは計算に入れず、共通する部品が半分以下の基本モデルないしプラットフォームの数を計算）は、1960年に10以下だったものが、1970年代には40に達した。

量産車メーカーと高級車専門メーカーの戦略の違い

地理的相違、国情の違いは、すべてのメーカーの発展に大きな影響を与えてきた。しかし特にヨーロッパでは、戦略の違いも重要である。高価格、高性能の高級車を専門にしてきたヨーロッパのメーカーは、量販市場をターゲットとするメーカーとはまったく異なるユーザー、まったく異なる市場環境に対応している。競争の状況も「高級車専門メーカー」と「量産車メーカー」では異なる。異なった市場、異なった競争に対応するメーカーは、製品開発能力においても、そして戦略においても異なるのである。

歴史的背景

高級車専門メーカーと量産車メーカーの区別ができたのには、長い歴史がある。業界関係者や自動車メーカーの経営者の見方は、すべての日米主要メーカー（例：アメリカのGM、フォード、クライスラー、日本のトヨタ、日産自動車、マツダ、三菱自動車、ホンダ、いすゞ、ダイハツ、富士重工業、スズキ）が量産車メーカーであることで一致している。一方、ヨーロッパの主要メーカーには、量産車メーカー（例：VW、PSA、フィアット、欧州フォード、欧州GM、ローバー・グループ）と高級車専門メーカー（例：ダイムラー・ベンツ、BMW、アウディ、ポルシェ、ジャガー、ボルボ、サーブ）の両方が存在する。

高級車専門メーカーの伝統は、ヨーロッパの自動車市場の誕生とともに始まった。1940年より前の時代のクラシック・カーには、フランスのブガッティ、デラージュ、スペインのインペーノ・スイザ、イタリアのイソッタ・フラシーニ、アルファ・ロメオ、ドイツのダイムラー・ベンツ、ホルヒ（後のアウト・ウニオン）、マイバッハ（後のBMW）、そしてイギリスのロールス・ロイス、ベ

ントレー、ランチェスターなどがある。これらの車は、内装、外装のデザインが洗練されているだけでなく、性能も優れていた。この考え方は今日の高級車専門メーカーにも受け継がれている。これらのメーカーが高性能を重視してきたことは、レーシング・スポーツへの深い関わり方を見ればわかる。第2次大戦前のレーシング・スポーツの世界でのメルセデス、ブガッティ、アルファ・ロメオ等の活躍は有名である。

　第2次大戦後、ヨーロッパの自動車産業は急速に成長した。西ヨーロッパの自動車生産は、1950年の160万台から1960年には610万台へと伸び、北米の生産台数（1960年に830万台）に匹敵するレベルにまで達した。すっかり成長した量産車メーカーが「国民車」であるVWビートル、シトロエン2CV、ルノー4CV、フィアット500、モーリス・マイナー等を製造し始めた[注16]。初期のアメリカのコンセプトを真似て、ヨーロッパの量産車メーカーも低価格で基本的な輸送機能を提供することに努めた。だが、大量生産が始まっても、洗練された技術の高性能車というヨーロッパの伝統が損なわれはしなかった。多くの高級車専門メーカーも、量産車メーカーとの明確な差別化を行い、独立企業体として生き残ったのである。

　アメリカにおける状況は大きく異なっていた。アメリカ市場を支配していたのは大量生産の論理である。高価格の高級車に特化したアメリカのメーカー（例：キャデラック、リンカーン、デューセンバーグ、マーモン、パッカード）は、大戦後1つも独立会社として生き残らなかった。あるものは消え、あるものはビッグ・スリーに吸収されていった。高級車もGMのコンセプトに追随したのである。もし生き残ろうとすれば、量産車メーカーの生産ラインに組み込まれ、かなりの部分の構成部品と技術思想を量産車と共通のものにしなければならない。アメリカの高級車はこうして量産車の延長として位置づけられたのである。

　日本においても同様の考え方がとられた。大型の高級車も全体の生産ラインの一部を構成するものとして扱われたのである。高級車と量産車は同じ組織で設計され、製造された。この論理は広告にまで持ち込まれる。たとえばトヨタの高級車クラウンのキャッチフレーズは長い間、「いつかはクラウン」であった。その意味は、「乗り始めはカローラ、次にコロナへ格上げして、いつかはクラウンを買えるようになろう」というものである。ユーザーは、常にトヨタの車

表3-4 ● 自動車産業における2大競争戦略の概要

戦略要素	戦略のタイプ	
	量産車メーカー	高級車専門メーカー
地域	アメリカ／日本／ヨーロッパ	ヨーロッパ
目標の優先度	市場シェアまたは販売台数	利益、高価格の維持
主な価格帯 （1987年米ドル価格）	低～中価格帯 （5000～1万5000ドル） しばしば値引き	高価格帯 （2万5000ドル以上） 値引きはまれ
引き渡しまでの時間	短い	長い
生産能力	設備過剰の傾向	設備不足の傾向
利益	不安定	より安定的
製品の差別化	●ユーザーのライフスタイル／イメージ／フィーリングに合わせた全体コンセプトにより差別化 ●コスト、基本性能においてライバル製品に対抗	●確立された機能条件での高性能性による差別化（例、極端な高スピードでの安全性） ●製品コンセプトの安全性と一貫性を維持

出典：Fujimoto（1989）Chapter6より引用

を買わされるわけなのだ。

競争行動

　第2次大戦後の量産車メーカーと高級車専門メーカーの競争行動もかなり異なっていた。この2つの戦略グループを対照してみたのが**表3-4**である[17]。この表が示すように、両グループの戦略は、価格、ユーザーへの引き渡し時期、生産、製品の差別化等においてパターンが異なっている。量産車メーカーは、主として低・中価格帯（1987年の小売価格で5000ドルから1万5000ドル）で、自動

車購入者の過半数をターゲットに競争を展開する。低価格で販売量の損益分岐点が高めに設定されることもあり、販売量あるいはマーケット・シェアが利益に大きく影響を与える。売り損じの機会費用を最小限にとどめるため、ユーザーへの引き渡しまでのリードタイムをできるだけ短くし、予想される販売量が製造能力を超える場合には能力を増強するのが量産車メーカーのやり方である。その結果、業界全体が深刻な利益額の変動と製造能力の過剰に悩まされることとなる。

他方、高級車専門メーカーは、ほとんど例外なく高価格帯（1987年価格で2万ドル以上）で競争し、金持ちの購入者をターゲットにしている。高級車の場合、ほとんどすべてが設計・製造にかかる固定コスト、変動コストいずれも高いため、高価格を維持することが利益の確保にとって重要だ。製造能力はだいたいの場合、意図的に需要よりも小さく抑える結果、受注残が多く、引き渡しまでのリードタイムが長くなる。このことが生産量と利益額の安定に寄与するのである。

製品の差別化

量産車メーカーと高級車専門メーカーの違いは、市場のとらえ方、製品の差別化の仕方にも表れる。量産車メーカーは、世界の3大主要市場のいずれにおいても、同様の差別化戦略をとっている。当然コストがきわめて重要である。メーカー間の価格の差はわずかであるが、利ザヤはメーカー間でかなり差があり、したがって価格競争への対応力にも差が出る。大規模かつ効率的な製造能力を持ち、原材料、部品等の調達がうまいことが競争に勝つポイントである。

だが、量産車メーカーの競争はその点にとどまらない。製品自体についても差をつけようと努めている。性能のよさと価格の手頃さをどうバランスさせるかが特に重要なポイントである。各メーカーは、燃費効率（特に日本とヨーロッパにおいて）、加速性能、速度、ブレーキ性能、操縦性、快適性等の組み合わせをセグメントによって差別化しようとする。これらの分野のすべてにわたって、技術上の競争と進歩による改良が重ねられており、結局製品の差別化がうまくいくかどうかは、ライバル企業以上に速いペースで技術改良できるかどうかにかかっている。そして改良のペースはユーザーの特性やコストによって制

約を受けることとなる。したがって、量産車市場においては、性能の新しい評価基準をつくり出すような画期的な、あるいは前衛的な装備等はあまり魅力的なオプションとはならないのである。

　今日の量産車に比べると、大戦後間もない頃の車はシンプルで、明快であった。振り返ってみると、その頃はいろいろと特徴づけがしやすかった。特にアメリカと日本の市場において、また、ヨーロッパの市場においても、各メーカーは利便性、快適性、さらには新しさを追求していた。あるメーカーが新しい特徴づけで成功すると、その成功は長続きしないが、新しいアイデアを次々に呼び起こす効果を持った。そうした新しいアイデアとしては、押しボタン式のオートマチック・トランスミッション、サンルーフ、チルト・ハンドル、パワー・ウインドー、電動シート、2方向から物が出し入れできるトランク、エアコン、カー・オーディオ、ドリンク台、地図入れポケット、コイン入れ等がある。これらの特徴のうち、あるものは価値を付加することができて生き残ったが、あるものはそれができずに消えていった。

　外観のよさについても同じことが言える。自動車は「社会的に重要な」製品となった。使用されているときは、製品もその購入者も他人から見られる存在であり、そのために見栄えが重要な問題となる。1920年代以来、各メーカーはスタイルとファッションで差別化に努めた。大戦後においては、ユーザーの好みの多様化が進んだが、どの市場においても視覚的、触覚的なアピール度が競争力に結びつくのである。次々に新しい種類と色の塗装（ツートン・カラー、ディープ・ラスター、メタリック、クリアコート）、新しい車体（ハッチバック、エコノボックス、5ドア・セダン）、新しい形（テイル・フィン、スポイラー）、新しい素材（ビニール、ビロード、レザー）等が現れた。ファッション志向の市場では、新しいデザインは一時的に人気を呼ぶだけだが、売り上げに与えるインパクトは大きい。1960年代における新技術の重要性を評して、リー・アイアコッカは次のように述べている。「レザーを使えば、ユーザーはにおいでわかる」

　高級車の差別化戦略はまったく異なる。高価格を正当化するために、高級車専門メーカーは性能についての既存の評価基準に従って、その機能的優秀性で差別化しようと努めてきた。イメージや美しさも重要だが、ハードウエアの明確な優秀性に裏打ちされたものでなければならない。高級車専門メーカーは、

操縦性、ロード・ホールディング性能、安定性、安全性、乗り心地といった基本的性能について、一般のドライバーにも技術的な優位性がはっきりわかるような極端な条件の下で、全体としてバランスがとれるような設計を重視する。

高級車専門メーカーは、モデルの別を超えて、時間を超えて、製品コンセプトの不変性、一貫性を保持し、既存の技術的優位性、既存のユーザーのロイヤルティを守ろうとする。優秀性とは何かという考え方をユーザーに信じ込ませようとする。すなわち、彼らは、自分たちのつくった優秀な車の定義を理解できるユーザーだけを相手に商売するのである。メーカーの側の製品コンセプトの不変性は、ユーザーの側の期待の不変性を意味する。高級車専門メーカーの戦略は、次のようなコメントによく表れている。

「(他のメーカーがいまもって差を縮められないのは、我々が)我が道を行くことを常に心がけてきたからだと思います。……(それが正しい道なのか)それはだれにもわかりません。ベテランのエンジニアにもわからないのです。わかるのは5年先、10年先です。自分の価値観に基づいて全力を尽くしているだけなのです。……しかし、私たちの選択が正しいかどうかは、神のみぞ知ることです[注18]」

「わが社の車の性能のよさは、低速で走っていてはわかりません。しかし、時速200kmで走れば、安定性、ロード・ホールディング性能、安全性等について、違いがはっきりわかるのです[注19]」

「(我々は)生産台数を増やすだけの目的で大幅な値引き販売をするようなことはしたくない。むしろ購入希望者のウエイティング・リストがたまっている現状が望ましいと考えている。トヨタや日産、GMのような(大量生産を志向する)道を歩むつもりはない[注20]」

量産車メーカーと高級車専門メーカーは、大きく異なった市場セグメントを対象に、まったく異なった競争行動パターンをつくり上げてきた。だが、1980年代になってから始まった市場、技術、競争の質的変化に伴い、これら2つの戦略グループの間の境界はあいまいなものとなりつつある。1990年代に入り、環境の変化が各地域の市場の性格にも変化をもたらしている事実は、自

動車産業における競争が新しい時代に突入したことを告げるものである。

グローバルな競争

　競争の激化、市場の細分化、目覚ましい技術革新等の結果として、これまでの地域競争主体で国際貿易は若干行われている程度という状態から、製品と製品がグローバルに直接競争する状態へと移行している。国際貿易が著しく拡大し、基本的な製品の特徴、コンセプトが同一の、真にグローバルな市場セグメントが生まれて、製品同士が厳しい競争関係に立つこととなった。それぞれの地域、それぞれの戦略グループは違った形でこのような競争状況の変化の影響を受けてきたが、いずれも不変のままであることはできなかったのである。

グローバルな競争と地域の市場

　アメリカにおける市場環境がきわめて劇的に変化したのは、1970年代の2度のオイルショックによってであった。ヨーロッパおよび日本においては、ガソリン価格は常に高かったので、これらの地域では他の長期的かつ強力な要因により起こされた変化をオイルショックがさらに増幅する役割を果たした。たとえば、ヨーロッパではEC市場の統合、日本からの輸入車の増大等が競争状況を変化させたのである。

　日本車に対抗する戦略をとるヨーロッパの量産車メーカーの車は、次第に日本車だけでなく他のヨーロッパ車とも直接競合するようになってきた。フランス、イタリア、スペインを除き、1970年代後半から1980年代にかけて、日本からの輸入車のシェアが急激に伸びた[注21]。日本車の製品コンセプト、洗練度がヨーロッパ車のそれに近づいてくるにつれ、国際的競争関係が激化していった。**表3-5**は、スイス市場においてヨーロッパと日本の各メーカーが投入している小型車の比較表だが、基本的な性能、価格帯がどれも似通っていることがよくわかる。

　製品セグメンテーションが企業単位、国単位でなくなり、より国際化してくるに従い、ヨーロッパのメーカー・ユーザー間の関係の安定性も弱まってきた。

表3-5 ● ヨーロッパ市場における小型車の比較

メーカー	モデル	価格（スイス・フランス）	馬力	エンジン排気量(cc)	重量／馬力比(kg/hp)	加速性能 (0から100km/hの到達秒数)	最高速度(km/h)	燃費効率(ECE方式)
オペル	アスコナGT2.0i	21,225	115	1997	8.9	10.0	187	6.1/7.4/10.2
欧州フォード	シエラGL	21,925	101	1993	9.2	10.6	190	6.5/8.4/10.8
VW	パッサートGL2.2	23,690	115	2225	10.5	9.4	185	6.1/7.8/10.9
ルノー	21RX	21,990	110	2165	9.1	9.7	200	5.8/7.1/10.0
プジョー	305GTX	20,580	100	1905	10.8	9.3	182	5.8/7.6/9.2
シトロエン	BX19TRI	21,850	104	1905	9.5	10.0	185	6.0/7.6/9.5
フィアット	クロマie	24,950	115	1994	9.3	9.9	192	6.0/7.6/9.2
トヨタ	カムリ2.0GLi	24,490	120*	1995	9.3	9.4	190	6.4/8.8/9.8
日産	ブルーバード2.0E/SGX	23,950	104	1974	10.6	n.a.	175	n.a.
マツダ	626 2.0GLX	21,990	92	1998	9.2	n.a.	183	6.4/8.1/9.8
ホンダ	アコード・セダンEX2.0	24,690	102	1954	8.6	n.a.	189	6.1/7.8/9.3
三菱	ギャラン2000GLS	21,690	90	1997	10.6	n.a.	180	7.7/8.7/12.5

出典：*1987 Katalog der Automobil Revue*, Hallwag, Switzerland.
＊日本工業規格に基づき測定した純馬力

　ロイヤルティが低くなったユーザーを相手にして、いまやヨーロッパのメーカー各社は、ライバル車のコスト、性能に対抗しつつ、製品コンセプトをユーザーの好みに合わせていかなければならないのである。ヨーロッパの量産車メーカーの競争行動は、従来からの製品の個性、性能の定評を維持しながらも、グローバルな量産車メーカーの競争行動に近づいていくことになろう[注22]。

　変化がもっと劇的だったアメリカ市場においては、設計思想の他市場との同質化はいっそう重要なテーマである。1970年代のオイルショックによって、アメリカのメーカーは、初めは大型車のダウンサイジング、後には新技術(例：新素材、エレクトロニクス、前輪駆動)による燃費効率の改善に力を入れることとなった。伝統的なアメリカ製品をあらゆる面で変えることとなる、このよう

な設計思想の変更を余儀なくされた背景には、新しい世代の自動車購入者の登場、また、ヨーロッパや日本のメーカーのアメリカ市場における絶え間ない攻勢があった。したがって、石油価格の高騰という目先の要因が消えた後も、新しい競争状況は続いたのである。

　燃費効率のよい車へと設計思想が変化したことを契機に、製品同士の競争のポイントはさらに変化していった。燃費効率の国際的な格差は、アメリカ車のダウンサイジングにより急速に縮まったが、製品内容における他の格差はいっそう明確になった。1980年代前半において、ヨーロッパ車や日本車に対抗して設計されたアメリカ車は、基本的に「アメリカ流コンセプト」の小型版であった（例：GMのXカー、クライスラーのKカー）。だが、ユーザー、特にベビーブーム世代のユーザーが、より小型のセグメントで長い間支配的であったヨーロッパ流コンセプトを好むことが明らかになると、アメリカのメーカーはよりヨーロッパ的な製品コンセプトへと移っていった。GMのロバート・ステンペル社長（当時）は次のように説明する。「……GMはよりいっそうの小型車導入が必要であると、1982年当時までは考え、その線に沿って巨大組織の効率化と海外事業の組織体制整備に努めた。（中略）その後の事態は市場環境が我々の予想以上にドラマチックな変化をこうむり、燃費志向、小型化志向から製品コンセプトをめぐる競争に焦点が移ってしまった[注23]」。燃費効率は、コスト、品質、基本的性能等と同様、すでに競争に参加するための前提条件となっていた。いまや競争は、製品そのものによって行われるようになった。

　ヨーロッパとアメリカにおける競争の変質は、少なくとも1つの共通な要因、すなわち日本からの輸入車が背景にある。過去20年間にわたって世界の自動車市場の変化を起こすこととなった数々の要因は、日本の国内市場で成長してきた各メーカーを有利に導いた。日本市場においては、過当競争が繰り広げられ、ユーザーは気まぐれで要求水準が高い。また、ガソリン価格はアメリカよりも高く、製品コンセプトはアメリカとヨーロッパのそれぞれの特徴を取り入れたものであった。さらに、少なくとも1960年代までの国内市場はかなり保護されたものであった。世界的に見て、その頃の日本車は、欧米の一流車と堂々と渡り合うにはまだ早かった。そして、アメリカやヨーロッパで明確となった変化の要因は日本においてもまた現実のものであった。自国および外国で成功

するためには、新たな能力が必要だったのである。

　オイルショック、政府規制、そしてユーザー側の活発な動きによって、1970年代の日本車は燃費効率、排ガス処理、安全性等を同時に改善することを余儀なくされた[注24]。日本車はこれ以上の小型化をする必要はなかったが、それでも大変な苦労であった。日本の基礎的な自動車技術はかなり育っていたが、依然として欧米の技術に追随したものであり、業界は若く、技術の蓄積も少なかった。そのような逆境はかえって急速な技術の進歩を特に小型エンジンの分野にもたらしたが、日本の各メーカーがやっと排ガスと燃費効率の目標を達成したと思ったときには、他の要素、たとえば馬力や走行のスムーズさが損なわれてしまった。日本のメーカーが排ガス処理、燃費効率、馬力のバランスを回復したのは1980年代初めになってからであった。

　日本のメーカーはヨーロッパやアメリカで積極的に国際競争を展開していったが、日本市場での国際競争が始まったのは1980年代の後半である。1978年に輸入関税が廃止されたが、排ガス規制、車検等の政府規制が厳しく、また、大型車に不利な国内税制、複雑な流通システム、効果的なマーケティングの努力の欠如等もあって、1980年代半ばまで輸入車の売れ行きは伸び悩んだ。1970年代後半から1980年代前半を通じて、輸入車の販売台数は年間5万台程度（国内市場の1～2％）にとどまっていたが、1985年から1987年までの間に約10万台へと倍増した。1989年には輸入車は約20万台へと増え続け、業界関係者のなかには、1990年代半ばまでには輸入車のシェアが10％に達すると予想する者もいる。輸入車の多く、特にドイツ車は、日本市場で強烈なイメージをつくっていった（BMWとメルセデスは、TV番組、格式の高いイベント、その他購入者が意見を述べるような集まりで呼び物となった）。1987年における輸入車の95％以上はヨーロッパ車（そのうち約75％がドイツ車）であるが、アメリカ車も日本市場でニッチを見つけて定着しつつある（フォードのトーラスやプローブ、そしてホンダのオハイオ工場で生産されたアコード・クーペは、いずれも1988年に日本に輸入された）。

グローバルな競争と戦略グループ

　自動車産業の競争を地域的なものからグローバルなものに変えた市場、ライ

バル企業、技術等の変化に直面して、量産車メーカーと高級車専門メーカーの対応はかなり異なっていた。ヨーロッパの高級車専門メーカーはヨーロッパ流の戦略を徹底して追求した。すなわち、メーカーとしての強烈な個性、技術的優秀性、機能の優越性、ロイヤルティの高いユーザー等である。日本やアメリカには真の高級車専門メーカーがいないこともあり、ヨーロッパの高級車専門メーカー同士で高性能志向のユーザー向けに国際的な競争が展開されてきた。

　量産車メーカーにとっては、変化がいっそう劇的であった。技術の進歩によって、規模の経済性は以前より価値がなくなった。メーカーは、より小規模で高品質の生産から利益を上げるようになり、規模の重要性が小さくなったのである。しかも市場の細分化により、特定のモデルの販売台数もかなり少なくなった。製品ミックス、ライバル企業への対応、財務体質の強さ等の各面における融通性こそが、量産車メーカーにとってのキーワードとなった。今日、少し気の利いた量産車メーカーは、設備の拡張をするよりも、既存のシステムのなかで対応しようとするだろう。コストは依然として重要なファクターではあるが、その構造自体は変質している。需要なのは、間接コスト（例：原材料・部品の調達コスト、管理コスト）、そして間接コストを押し上げる要因となる製品自体の複雑さおよび生産・流通過程の複雑さをどのようにうまく管理するかである。新製品をいかに早く市場に届けることができるかが競争に勝つための大切なポイントとなってきている。

　量産車メーカーにおいては製品に対する考え方も変わってきた。1980年代の半ばから終わりにかけて、ユーザーのニーズはますます予測しにくく、とらえどころがなく、個別の特徴というより全体的なイメージに左右されるものとなっていった。つまり基本的な輸送機械としての機能が満たされれば足りるのではなく、社会的なシンボル性、自己表現性、娯楽性に対するニーズが強まったのである。ライバル企業には、コストや技術的性能の面ですぐに追いついてくる実力が蓄えられてきており、基本的な技術的性能（例：燃費や加速性能）やコストで長期間優位性を維持することは困難となった。したがって、量産車メーカーは、「乗り物としてのトータルなコンセプト」——すなわち、1個の乗り物全体として、ユーザーのライフスタイル、感性、使用パターン、美的感覚、哲学といったものに適合させること——によって製品を差別化しようと試みた。

もちろん基本的性能やコストがライバル車と遜色ないことは必要だが、こうした従来の基準に照らして有利でも、製品そのものの市場での成功が保証されるわけではない。マツダの元会長、山本健一氏は、次のように説明する。

「昔はただ軽くつくるとか、安くつくるとか、エンジン何馬力だとか、開発目標としての数字が出たわけです。ところが、そんなものでお客さんは満足しなくなってきました。乗ってみるとあれは違うとか、口で言えない1つの切り口があるのです。数字でブレーキの距離がどうとか、加速がどうだということでは同じだけれども、あの車が違うというのがあるんですよ。これこそ感性です[注25]」

また、トヨタで長年製品開発に携わり、カローラやその他数多くのモデルを担当していた、揚妻文夫氏はこう見る。

「生活の基礎的なものは、すべて満たされているいまの『豊かさのなかでの選択』の時代に、ヤングはいろいろのモノを所有するという豊かさではなく自分の生活をどう演出するかという『新しい豊かさ』を求めている。このことは、ヤングが車を選択するとき単に価格が安いとか、品質や機能が優れているというだけで商品の価値を評価するのではなく、『都会的感覚』『ハイテク感覚』……等といったソフト的な価値が付加されないと彼らに魅力のある商品とはならない[注26]」（傍点ママ）

その結果、クライスラー社長ロバート・ルッツ氏によれば――

「私たちは、個々の構成部品ではなく、自動車全体を重視しなければならない。もし自動車全体に見どころがあれば、それは個々の部品の総和に勝るものである。これまで、特に日本のメーカーと競争する場合、個々の部品の総和は全体に勝るという考え方でやってきた。だが、個々の部品について少しずつ優れた工夫をしても、それらを全部組み立ててみると、思ったほど車全体としてよくならないものなのだ[注27]」

以上のことからわかることは、伝統的な2つの戦略グループである量産車メーカーと高級車専門メーカーの区別は、将来においてよりあいまいになっていくだろうということである。高級車専門メーカーの成功は、高利益の上がる市場のニッチを探す量産車メーカーにとっても注目すべき事実である。量産車メーカーも製品のデザイン、性能を急速に改善し、両グループの間の性能の格差は縮まってきた。たとえば、日本のメーカーは、輸出数量の規制や新興工業国の低価格セグメントへの参入等にも影響されて、高価格の高級車を開発するようになった。1980年代後半に発表されたトヨタ・レクサス（セルシオ）、日産インフィニティ、ホンダNSX等はその例である。これらの車種は、ヨーロッパのダイムラー・ベンツ、BMW、ポルシェあるいはフェラーリといった高級車専門メーカーに深刻な脅威を与えるものである。

　高級車専門メーカーも手をこまねいているわけではない。高級車市場への新規参入メーカーに対抗して、性能格差を維持しうる新車の開発に多額の投資を行っている。これらの将来のニュー・モデルの多くは、技術および性能の面で大きく進歩したものであり、少なくとも市場導入後しばらくは量産車メーカーを圧倒することができるだろう。

　だが、長期的に見れば、製品の性能は収れん化する傾向にある（これは極端な条件での性能改善に限界が見えてきたことも一因である。アウトバーンを時速300kmで飛ばす車が考えられるだろうか）。メーカーの個性や製品のイメージによる際立った差別化は今後も残ると考えられるが、明確な性能の優秀性に裏打ちされなければ、長期にわたってそのような差別化を強調し続けることはできないだろう。

　もし本当に、高級車専門メーカーと量産車メーカーの戦略が収れん化してくるとすれば、それぞれの戦略グループが競争上求められる要件はまったく異なったものとなろう。高級車専門メーカーは、製品開発のリードタイムを短縮し、製品開発の生産性を改善することにより、ライバル車の攻勢に迅速かつ効果的に対応することが必要となる。他方、量産車メーカーは、各モデルを通じて製品のデザイン、性能に首尾一貫性を実現するとともに、エンジニアリングについて、技術的洗練性、厳しい製品検査体制を強調するような姿勢をとることが求められるだろう。

本章のまとめ

　1980年代は、世界の自動車産業にとって変革の時期であった。エネルギー価格や貿易構造の変動、ベビーブーム世代の影響力の増大、アメリカ車のダウンサイジングと日本車の高級化、製品コンセプトの世界的な「ヨーロッパ化」、ユーザー・ニーズの洗練度の高まり等々、多くのファクターが各市場セグメントのグローバル化を促進していった。競争は単に激化しただけでなく、より直接的なものとなった。どのセグメントにおいても、製品同士が国際的な競争関係に立つことが一般的となった。1980年代後半のユーザーは、サブコンパクト・クラスでVWゴルフ、トヨタ・カローラ、フォード・エスコートを、小型車クラスでホンダ・アコード、シボレー・コルシカ、ルノー21を、中型車クラスでアウディ100、フォード・トーラス、日産マキシマを、高級大型車クラスでリンカーン・コンチネンタル、トヨタ・レクサス、メルセデスSクラスをそれぞれ比較するのが普通のことになったようである。

　市場および競争の面でこうした変化が起こったため、異なったルーツ、異なった実力を持ったメーカー同士が正面から競い合わなければならなくなった。効果的な新車を導入することが、ある場合には業界での生き残りの成否を決することとなり、またすべての場合において競争の焦点となっており、各社の製品開発は活発化し、また重点的に行われるようになった。

　1980年代のような時期を研究することにより、製品開発を考えるうえで多くの有益なことを学び取ることができる。もし、企業が歩んできた過去が大きな意味を持ち、製品開発能力を一夜にして育てることが困難であるとすれば、異なった地域で異なった戦略を追求している企業は、新たな時代の要請に対しまったく異なった対応を示すであろう。たとえば、日本のメーカーは新製品を比較的早く開発することができるが、これは当然のことながら、国内市場において短い開発リードタイムが必須であったことと関係している。だが、他の地域のメーカーとさまざまなデータを比較することで、さらに深い分析が可能となる。まず手始めに、メーカーの製品開発のパフォーマンスのなかでもどうい

う点が地域に共通する能力に基づくもので、どういう点は個別メーカー特有の能力に基づくものかを理解してみることにしよう。さらに重要なこととして、迅速で効率的で、かつ効果的な製品開発に結びつく管理手法がどういう性格のものかを理解してみよう。これらの点を理解するためには、まず実際のメーカーを観察し、彼らのパフォーマンスを測定してみる必要があると考えられる。

注

1) これら3つの力とデータの出典についての詳しい議論はAbernathy, Clark, and Kantrow (1983) 参照。
2) 同pp.147-149参照。
3) 同様の文脈でSobel (1984, p.36) は従来のアメリカ車を、全体論的（ホリスティック）に対する原子論的（アトミスティック）と特徴づけた。
4) ドイツやフランスは19世紀末には世界の自動車台数全体の半分以上を生産していた。Laux (1976) および *World Motor Vehicle Date* 参照。
5) Altshuler et al. (1984, p.195)
6) BMWの歴史については、たとえば、両角（1983）参照。
7) *Daimler-Benz Museum,* Daimler-Benz AG, 1987.
8) この話はすでに何度か紹介されている。GMについてはSloan (1963) 参照。フォードについてはNevins and Hill (1957) 参照。
9) アメリカの自動車デザインについて、GMで開発されたシステムに特に注目した詳しい議論はArmi (1983)。
10) この期間の競争はWhite (1971) に論評されている。
11) 日本の自動車メーカーへの技術移転についてはCusumono (1985) 参照。
12) 通産省は、自動車メーカーの数を大幅に減らそうという長期ビジョンを持っていた。1961年通産省の審議会は、自動車産業は2社の〝量産車メーカー〟と3社の〝高級車メーカー〟と3社の〝軽自動車メーカー〟に限制して「合理化」すべきとの答申を出している。通産省は、同一セグメント内の製品競争を制限し、規模の経済を働かせることで、日本のメーカーが国際競争に生き残れるようにしようと考えていた（日本の自動車産業は1970年代初めまで輸入や資本投資の点で外国との競争から守られてきた。その後も輸入車は、1985年の全販売台数のたったの1.7％にすぎず、微々たる存在であった。――出典・日産自動車『自動車産業ハンドブック』）。結果的に、通産省のビジョンは業界にまったく無視されたのである。たとえば大島および山岡（1987）参照。
13) 1980年代初め、日本のメーカーは、生産性の優位、非常に低い円の価値、新車小売価格を引き上げるための自発的な日本車の輸出規制などが相まって、アメリカ市場で利益を上げていた。これがリベートや奨励金の資金となったのである（業界関係者の推計によれば1980年代初め、日本の自動車産業の利益の半分以上は、アメリカへの輸出から生まれていた。そしてメーカーからディーラーへのリベートや奨励金の総計は、3000億円にものぼっていた。それでも、約半数のディーラーは赤字経営だった。たとえば、下川〔1985〕参照）。この日本のメーカーの「過当競争」のパターンは、1980年代後半に急激な円高のためアメリカ市場での利益のほとんどがなくなり、国内市場に頼らざるをえなくなるまで続いた。
14) 1980年代半ば頃に一般的に使われていた業界の分類法は、サブコンパクトⅠ（日産マーチ）、サブコンパクトⅡ（トヨタ・ターセル）、サブコンパクトⅢ（トヨタ・カローラ）、小型車Ⅰ（日産スタンザ）、小型車Ⅱ（トヨタ・コロナ）、小型車Ⅲ（トヨタ・クレシーダ）、中型車（日産セドリック）である。

15) ブルーバードとコロナの競争についての詳細は、碇義朗（1985）参照。
16) このモデルのなかには、基本デザインが戦前にまでさかのぼるものもある。
17) 戦略グループのコンセプトはPorter(1980)参照。本研究の組織サンプルは、ここで挙げた企業の大多数をカバーする。どの企業を実際に調査したかは、秘密保持のため明らかにしない。経験データに基づく2つの戦略グループの詳しい分析は、Fujimoto(1989 Chapter 6)参照。
18) ダイムラー・ベンツのマーケティング担当重役。『NAVI』第2巻第10号（1985年10月号p.37）。
19) ドイツ高級車専門メーカーのR&D部門のマネジャーへの筆者のインタビュー。
20) サーブ社のマーケティング担当重役。「躍進する北欧企業」『日経産業新聞』1987年8月27日付。
21) 1986年の日本の乗用車の市場シェアは以下のとおり。イギリス11％、旧西ドイツ15％、フランス3％、イタリア0.5％、オランダ24％、ベルギー21％、ルクセンブルク14％、デンマーク36％、アイルランド44％、ギリシャ28％、スペイン0.6％、ポルトガル10％、スウェーデン21％、フィンランド40％、ノルウェー35％、スイス27％、オーストリア28％、（出典・日産自動車『自動車産業ハンドブック』1987年）。
22) ヨーロッパの製品開発モデルについては、Clark and Fujimoto(1988a) 参照。
23) 法政大学教授下川浩一氏によるインタビューから、『日刊自動車新聞』1987年10月14日付。
24) 日本の排ガス規制は、1975年から78年に設定されたが、その基準はカリフォルニア州と同等に厳しく、世界でも最も厳しいものの1つである。
25) 「山本健一マツダ社長、感性経営を語る」『日刊自動車新聞』1987年10月16日付（肩書きは当時）。
26) 『トヨタマネジメント』1985年10月号。
27) *Motor Trend*(January 1989) p.62.

第4章 パフォーマンスの尺度
——リードタイム・品質・生産性

　自動車産業が生まれたときから、新製品の開発は競争上重要であった。新車はいつも人々の注目を集めてきた。最新モデル同士のロード・レースの結果が1900年代初頭においても新聞の第1面を飾っていた。フォード社が1927年10月にモデルAを発表したときは、デトロイトのショールームに10万人の群衆が押し寄せ、クリーブランドやカンザスシティでも半ば暴動のような状態になったという。アルフレッド・スローンがGMで導入した毎年モデル・チェンジする戦略は、まさに新製品の持つ魅力を利用したものであった。スローンは、新車発表をりんごジュースや落ち葉掃除と同じように、秋の風物詩の1つとしてしまったのである。さらに1980年代においては、性能と信頼性の点でかつてないほど優れた新車が多数、未曾有の速いペースで次々と発表された。
　激しい競争、新しい技術、新世代のユーザー等によって、世界の自動車メーカーを取り巻く環境は不安定なものとなった。この環境のなかで有利となるのは、高性能で全体としてのアピール度も高い新製品を多様に揃えることのできるメーカーである。アメリカ、日本、ヨーロッパのメーカー各社は、それぞれ異なった実力を持ち、市場へのアプローチの仕方もさまざまだが、製品開発の面で優位に立とうとしている点ではどれも共通している。では、1990年代に

入った世界の自動車産業にとって、優れた製品開発パフォーマンスとは何だろうか。各自動車メーカーの製品開発はどれだけうまくいっているのか。各社間のパフォーマンスにはどれだけの格差があるのか。

これらの疑問に対する答えを見出すことは難しい。メーカーの数は多いし、製品自体も複雑で種類が多く、パフォーマンスに関してはさまざまな立場からの意見が広く流布している。2、3のプロジェクトを研究したり、業界関係者にインタビューしたりするだけでは十分ではない。ここで必要とされるのは、ヨーロッパ、アメリカ、日本の主要自動車メーカーの製品開発プロジェクトについて、確かなデータを幅広く集めることである。私たちはそうしたデータを、20社の29のプロジェクトから収集した。製品開発のリードタイム、生産性、設計品質に関して集めたこれらのデータを分析することにより、いくつかの注目すべき点を明らかにすることができた。

たとえば、日本のメーカーと欧米のメーカーとの間には、リードタイムや生産性にかなり大きな差があることがわかった。日本のメーカーは、アメリカのメーカーに比べて、平均で開発生産性が約2倍であり、同様の製品を1年も早く開発することができるのである。だが、日本のメーカーに共通するこうした優位性だけで話が終わるのではない。製品の総合商品力（TPQ）の点では、ヨーロッパのメーカー数社が非常に優れており、日本のメーカーのなかにも品質の劣るところがいくつかある。残りの日本のメーカーは3つの点すべてに優れていることがわかる。

本章では、製品開発に関する各社の特徴およびパフォーマンスについての基礎データを簡単に紹介する。そして次章以降では、製品開発の各パターンについて、そのようなパターンを形成する要因を探る。ここでそれぞれのパターンを比較して調べようとしているのは、歴史的発展過程を背景にした地域間の違いと、企業ごとの能力の違いが与える影響についてである。こうした製品開発のパフォーマンスに関するデータを調べることは、先に挙げた疑問に対する答えを見出すのに役立つだけでなく、製品開発の優れたパフォーマンスをもたらす要因を探るうえでも有益と考えられる。

製品開発のパフォーマンスの評価要素

　自動車メーカーが新車を開発しようというとき、その目的は、ターゲットとなるユーザーの関心を引き、満足させることであり、しかも利益を上げなければならない。自動車は製品としてのライフサイクルが長く、メーカーは数多くの車種を開発し、市場導入していくので、ユーザーの満足が長期にわたって持続するものでないと困る。メーカーのライバル企業に対する相対的な競争力は、宣伝広告、ディーラーの質、納期の迅速さ等の要素にも影響されるが、製品そのものの競争力、つまりユーザーの関心を引き、満足させる力が何といっても決定的である。

　そして、このユーザーの関心を引き、満足させる力に影響を与えるのが、製品開発プロセスから生じる3つの要素である（詳細については付録参照）。

　第1は、製品の全体としての品質水準、すなわち総合商品力（TPQ＝Total Product Quality）と呼ぶものであり、製品がユーザーの要求を満足させる程度を表すものである。TPQは、加速性能や燃費効率といった客観的な数字と、美観、スタイリング、運転する際の全体的なユーザー体験といった主観的な評価の両方に左右される。そして製品開発の仕方は、TPQに2つのレベルで影響を及ぼす。1つは設計のレベル、設計品質と呼ぶものであり、もう1つは設計を生み出すメーカーの能力のレベル、適合品質と呼ぶものである[注1]。

　さて、製品開発のパフォーマンスを評価する第2の重要な要素は、リードタイムであり、メーカーがいかに早く製品コンセプトを製品の形にして市場に導入することができるかを示すものである。仮に製品開発プロジェクトの開始時点を製品コンセプトの創出作業が始まったときと規定すれば、リードタイムとは、製品コンセプトを創出し、それを設計図に具体化し、製品として市場に導入するまでに必要とする時間と定義することができる。リードタイムの長さは、設計自体の出来栄えに影響を及ぼすと同時に、設計に対する市場での受けのよさにも影響を与える。

　プランニングとコンセプトはプロジェクトの早い時期に創出されなければな

らず、こうした活動の質のよしあしはいかに将来のユーザーのニーズ、ライバル製品の開発状況等を正確に予測しうるかにかかっている。したがって、プロジェクトのリードタイムは、将来予測の正確さということを通じて間接的に製品のユーザーに対するアピール度にも影響を与えることになる。たとえば、もし寿命が6年の製品を開発するためのリードタイムが6年かかったとすれば、製品プランナーは6年から12年後の将来を予測しなければならない。もしリードタイムと製品寿命がそれぞれ4年なら、予測は4年から8年後の将来についてなされればよいことになる。世の中の不確実性が高まれば、リードタイムにおける2年の差はきわめて大きなものとなりうるのだ[注2]。

　市場における受けのよさ（market acceptance）の反意語は市場における陳腐化（market obsolescence）である。これがモデル・チェンジのインターバルを考える場合の、業界としての最低ラインを決めることとなる。このため、ユーザーが製品に期待するものが変わったり、ライバル企業が積極的に新製品で優位に立とうとしているような状況下では、リードタイムが長いか短いかによって、そのモデルの新鮮さが維持されるかどうかも影響を受けることがありうるだろう。競争環境の変化が激しいときには、4年に1度というモデル・チェンジ・サイクルのメーカーは、6年に1度のサイクルのメーカーに比して著しく有利となる。だが、早ければよいと決まっているわけでもない。あまりに短すぎるリードタイムは、「未熟な」技術によって製品の性能を危うくしかねない。製品に使われている技術が洗練されており、2年の間に技術レベルでライバルに十分な差をつけることができるなら、そしてユーザーがこの差を認識できるなら、長いリードタイムはそのまま製品の競争力の強さにつながるわけである。したがって、最適のリードタイムは技術レベルと市場の環境との兼ね合いで決まることになる。

　製品開発のパフォーマンスを評価する第3の要素は開発生産性、すなわち製品コンセプトの創出から製品の商業生産開始に至るまで、製品開発プロジェクトを進めていくのに必要な資源量を示すものである。資源のなかには、労働時間（設計時間）、試作車製作に使用された原材料、その他メーカーが使用する設備、サービス等を含む。開発生産性は1台当たり生産コストに対して直接影響を及ぼすものの、その程度は比較的小さい。もう1つ、現有の限られた資源

図4-1●製品開発のパフォーマンス

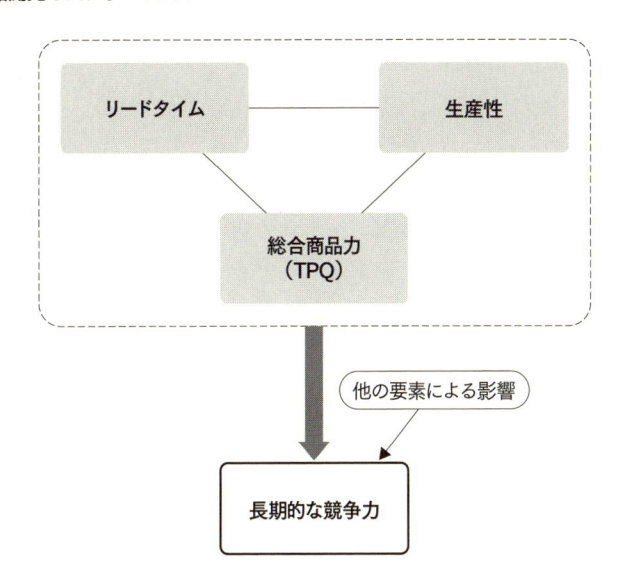

```
┌─────────────────────────────────────────┐
│   ┌──────────┐         ┌──────────┐     │
│   │ リードタイム │─────────│  生産性   │     │
│   └──────────┘         └──────────┘     │
│          \             /                │
│           \           /                 │
│         ┌──────────────┐                │
│         │  総合商品力    │                │
│         │   (TPQ)      │                │
│         └──────────────┘                │
└─────────────────────┬───────────────────┘
                      │   ┌──────────────┐
                      │   │他の要素による影響│
                      ▼   └──────────────┘
              ┌──────────────┐
              │  長期的な競争力  │
              └──────────────┘
```

でこなせる開発プロジェクトの数も開発生産性の影響を受ける。同じ人員、原材料、財源でも、各メーカーの開発生産性のレベルによって新製品プロジェクトの数およびタイプは異なってくるのである。

　開発生産性が優れていれば、それをいろいろな面で有利に生かすことができる。頻繁な製品のモデル・チェンジもできようし、モデル・チェンジの頻度はそこそこでも幅広い製品ラインでバックアップすることも可能だ[注3]。市場が細分化されているような状況下では、開発生産性の長所を、新たなセグメントの設定、ニッチの開拓によってビジネス・チャンスに結びつけていくことができる。生産性の高い製品開発グループを擁していると、メーカーは1台当たりコストを低減しうるばかりでなく、多様なユーザーのニーズにより的確に対応した製品を市場導入できることとなるのである。

　図4-1は、製品開発のパフォーマンスを評価するこれら3つの要素相互の関係を表したものである。この相互関係の細かい部分は、それぞれのメーカーの製品開発に関する組織、管理体制のあり方、市場環境、経営戦略等によって異なる。だが、図4-1のような模式図を使うことにより、製品開発のパフォーマン

スが、新製品を開発する際のメーカーの目的——すなわち長期にわたって利益を上げながらユーザーの関心を引き、満足させることとどのように関わるかを明確にすることができる。この模式図は製品開発のパフォーマンスを、メーカーの長期的な競争力を反映したものとしてとらえるのである。

製品開発のパフォーマンスを分析する場合に私たちがとるべき最初のステップは、3つの要素それぞれについて測定するための尺度を決定することである。リードタイムについては、製品コンセプトの創出作業が開始されてから製品を市場導入するまでの経過時間で測定することとする。また、生産性については、私たちの最大の関心が人的資源の重要性にあることから、プランニングとエンジニアリングに要する時間をその尺度として考えることとする。

さて、リードタイムと生産性に関する尺度がいずれもメーカー内部の問題に限定されるのに対し、TPQは数多くの要素を外部から評価したものである。つまり、乗り心地、操縦性、デザイン、快適性といった製品の特徴に対するユーザーの評価、ユーザーの満足度や製品の信頼性に関する調査結果、長期的な市場シェアの変動等、多様な指標を使ってTPQを測定することとなる。これらの尺度を総合的に眺めてみると、メーカーごと、地域ごとの相違点を明らかにすることができる。

次にとるべきステップは、私たちが特定のプロジェクトを観察して得た結果と、メーカーの長期的な競争力との間の関係を明確化することである。そのためには、長期間にわたってメーカーの製品開発活動を調べてみる必要がある。ニュー・モデル導入の頻度、モデル・チェンジの割合、製品ラインの拡張等に関するデータを収集するのである。もし、私たちの集めるパフォーマンスのデータがメーカーの基本的な能力を反映するものであるとすれば、製品開発プロジェクトのパフォーマンスとメーカーのそうした能力の市場での生かし方——新製品をより頻繁に導入したり、製品ラインをより早く拡張したり——との間に強い相互関係が見出されるはずである。

私たちの分析の最後のステップは、製品開発のパフォーマンスをメーカーの競争力と関係づけることである。市場シェアの変化を調べることは、メーカーの成功・不成功を知るために不可欠なテスト方法である。私たちは長期的な問題に関心があるので、市場シェアの長期間にわたる変動状況には特に注目して

みたい。ここで最も重要なのは、リードタイム、生産性、TQPの3つの評価要素で表されるパフォーマンスが、メーカーの競争力に影響を及ぼすかどうかという問題である。

パフォーマンスに関するデータの比較

　ここ数年間で、自動車メーカーのパフォーマンスを比較した論文が多数発表された。公式・非公式のデータを用いた数多くの研究は、各メーカーのコスト、生産性、品質、利益率等について分析を加えている。しかしこれらの研究の大部分は、製造面のパフォーマンスに注目したものである。製品開発が競争において果たす役割はきわめて大きいにもかかわらず、製品開発について分析したものはほとんどない。これは、公的なデータが揃っていないこと、製品開発の複雑なプロセスを測定することが本質的に難しいこと等によるものである。製品開発は1つの部門でできるものではなく、多くの部門をまたがって遂行され、何カ月も継続し、何百人というスタッフが必要である。さらに、それぞれのメーカーで独自の方法がとられ、こうした活動全体の目的物である製品そのものも複雑かつ個性的なものである。

　製品開発のパフォーマンスに関する確たる数字のデータを得るためには、実地調査するしかなかった（私たちのデータ収集・分析に関する手法および詳細については付録参照）。また、私たちの研究の進むべき方向を定めるため、基本的枠組み（フレームワーク）を設定する必要もあった。本調査においては、部品全体の半分以上を新たに設計し直す、いわゆる主要新車開発プロジェクトに焦点を絞ることに決めた。このため、製品開発のパフォーマンスが測定しやすくなると同時に、それぞれのプロジェクトの性格の違いに応じてデータを補正することも可能になった。私たちが研究した20社（アメリカ3社、日本8社、ヨーロッパ9社）の29プロジェクトは、大型セダンからミニバンや軽自動車までさまざまで、希望小売価格も4300ドルから4万ドル以上まで幅広いため、そのようなデータの補正はきわめて重要なのである。

　ここでは、まず最初に生のデータを紹介し、次にプロジェクトの内容の違い

に応じて補正を加えてみることにしよう。

　エンジニアリングの生産性、リードタイム、TPQ、その他のプロジェクトの特徴に関する生のデータは、地域ごと、戦略グループごとに**表4-1**に整理されている。私たちが取り上げたサンプルの平均では、新車の開発には延べ250万時間の開発工数[*1](engineering hours)、4年半のリードタイムを要する。だが、こうした平均値だけでは、地域によってパフォーマンスに大きな違いがある点を見過ごしてしまう。日本のメーカーは、アメリカやヨーロッパのメーカーに比べると、開発工数が約3分の1、リードタイムが約3分の2でプロジェクトを完成させる。そして、アメリカとヨーロッパのメーカーは平均値ではどちらの指標も同じような数字だが、ヨーロッパの高級車専門メーカーはリードタイムがはるかに長いのである。

　TPQでは、ヨーロッパの高級車専門メーカーが明らかに優れている。量産車メーカーのなかでは、日本のメーカーの品質が若干よく、アメリカとヨーロッパは似通っている。また、同じ地域でも各メーカーのパフォーマンスには大きな格差があることがわかる。たとえば日本では、TPQ指数が23から100までまちまちであり、他の地域でも同様の傾向が見られる。メーカー間の格差は明らかに存在するのである。

　こうしたパフォーマンスの格差は、組織上、管理体制上の能力の違いを反映したものかもしれないが、戦略の選択の違いをも反映していると思われる。表4-1は、平均小売価格、同一モデルにおけるボディ・タイプ（車型）の数、サイズ等のデータも示している。ここでわかるのは、戦略グループや地域ごとの伝統的な相違点がこれらのデータにそのまま反映されているということである。ヨーロッパの高級車専門メーカーが、比較的大型で高価格の、技術的に洗練度の高い製品を専門にしているのに対し、アメリカの量産車メーカーは、大型で中程度の価格帯の製品を得意としている。ヨーロッパと日本の量産車メーカーは小型車に特化している。特に日本のサンプルでは、3つの軽自動車が含まれており、日本車の平均価格が安くなっている原因の1つとなっていることがわかる。

　非常に低い価格、非常に小型の車を取り扱っているため、日本のメーカーの開発プロジェクトそのものもきわめて単純なものになりそうに思える。もしそ

うであれば、リードタイムや生産性の点で日本のメーカーが有利なことも説明できるかもしれない。だが、日本車はボディ・タイプの数が比較的多く、個々のモデルのために設計された部品が多い点は、開発プロジェクトを複雑化する要素となる。したがって、プロジェクトの複雑度の違いが日本のメーカーの優位性を減殺するものであるとしても（そして高級車専門メーカーの相対的な位置づけも同じように変わるとしても）、補正をどの程度加えればよいかは明確ではない。

　また同じようなことは、開発プロジェクトの守備範囲についても言える。たとえば、当該プロジェクトで新しい部品を開発するのに要した作業量の全体に対する割合等は、部品メーカーがどれだけ開発に関与しているか、既製の部品をどの程度用いるか等によって決まってくる。表4-1からは、日本の自動車メーカーが製品開発において部品メーカーを深く関与させており、自動車メーカー自体の開発プロジェクトの守備範囲が狭くなっていることがわかる。プロジェクトの守備範囲について補正を加えることにより、日本のメーカーの優位性はそのぶん減殺されることとなる。

開発生産性

　表4-1のデータは生のものであり、そこに示された生産性に関するパフォーマンスの大きな格差は、単に異なった種類の車を開発しているため、あるいは、プロジェクトの守備範囲が異なっているために生じたものかもしれない。こうした各メーカー独自の選択は興味深いが、製品開発のパフォーマンスに対して各メーカーの組織力、経営力が与える影響度を測定するためには、もっと同じベースの比較を行う必要がある。私たちが求めているのは、もし各メーカーが同じようなプロジェクト——同種の車、同程度の新設計部品比率等々——を遂行する場合に、生産性がどうなるかを比較しうるようなものである。

　この問題を解決するため、私たちは2つの方法をとった。1つは、エンジニアリング的手法で、業界の経験則、エンジニアリングの実体験（例：ボディ・タイプが2種類になると、1種類の場合より作業量が20％増える等）に基づいて生データに補正を加えるものである。もう1つは統計学的手法で、回帰分析を用いながら、サンプル・プロジェクトの守備範囲や複雑度の違いがパフォーマンス

表4-1●製品開発のパフォーマンスおよびプロジェクトの内容に関するデータ

	事項	日本 量産車 メーカー	アメリカ 量産車 メーカー	ヨーロッパ 量産車 メーカー	ヨーロッパ 高級車専門 メーカー	計
パフォーマンス	組織数	8	5	5	4	22
	プロジェクト数	12	6	7	4	29
	市場導入年	1981-1985	1984-1987	1980-1987	1982-1986	1980-1987
	開発工数（100万時間）av.	1.2	3.5	3.4	3.4	2.5
	min.	0.4	1.0	2.4	0.7	0.4
	max.	2.0	7.0	4.5	6.5	7.0
	リードタイム（月）av.	42.6	61.9	57.6	71.5	54.2
	min.	35.0	50.2	46.0	57.0	35.0
	max.	51.0	77.0	70.0	97.0	97.0
	TPQ指数 av.	58	41	41	84	55
	min.	23	14	30	70	14
	max.	100	75	55	100	100
プロジェクトの複雑度	小売価格（1987年 米ドル）	9,238	13,193	12,713	31,981	14,032
	車の大きさ（プロジェクト数）					
	軽自動車	3	0	0	0	3
	サブコンパクト車	4	0	3	0	7
	小型車	4	1	3	1	9
	中・大型車	1	5	1	3	10
	ボディ・タイプの数	2.3	1.7	2.7	1.3	2.1
	地理的市場（プロジェクト数）					
	国内のみ	3	3	0	0	6
	マイナー輸出車	1	2	2	0	5
	メジャー輸出車	8	1	5	4	18
プロジェクトの守備範囲	共通部品率	18%	38%	31%	30%	27%
	部品メーカー開発関与度（対部品コスト比）					
	部品メーカー市販部品（SP）	8%	3%	10%	3%	7%
	承認図部品（BB）	62%	16%	38%	41%	44%
	貸与図部品（DC）	30%	81%	52%	57%	49%
	部品メーカー・エンジニアリング率	52%	14%	36%	31%	37%
	プロジェクトの守備範囲指数	57%	66%	62%	63%	61%

(注) 各事項の定義は、次のとおりである。
市場導入年：そのモデルの最初のバージョンが市場に導入された暦年。
開発工数：プロジェクト（工程エンジニアリングを除く）に直接費やされた作業時間。
リードタイム：プロジェクトの開始（コンセプトの研究）から販売開始までの時間。
TPQ指数：品質および市場シェアに関する各種データから作成（付録参照）。
小売価格：各モデルの主要バージョンの平均希望小売価格（1987年米ドル）。
車の大きさ：業界の慣行に基づく著者の主観的分類。
ボディ・タイプの数：ドアの数、側面のシルエット等において顕著に異なる車体のタイプ数。
地理的市場：「国内のみ」とは、国内市場でのみ販売されたモデル、「マイナー輸出車」とは、輸出されたが、主要市場（アメリカ、ヨーロッパ、日本）のいずれにも輸出されなかったもの、「メジャー輸出車」とは、少なくとも1つ以上の主要市場へ輸出されたもの、をそれぞれ言う。
共通部品率：他のモデルまたは旧モデルと共通の部品の割合（部品の設計図の割合で算出）。
部品メーカー市販部品：すべて部品メーカーにより開発された部品。
承認図部品：基本設計を自動車メーカー、詳細設計を部品メーカーが行った部品。
貸与図部品：すべて自動車メーカーにより開発された部品。
部品メーカー・エンジニアリング率：部品についての総開発工数のうち、部品メーカーの作業が占める割合。インタビューの結果、部品メーカー市販部品については、100％、承認図部品については70％、貸与図部品については0％が部品メーカーの作業に関わるものと推定。
プロジェクトの守備範囲指数：全プロジェクト作業量のうち、社内で設計された新規部品に関わるものの推定割合。

図4-2 ● 価格1万4000ドル、2ボディ・タイプの小型車の開発に要する開発工数

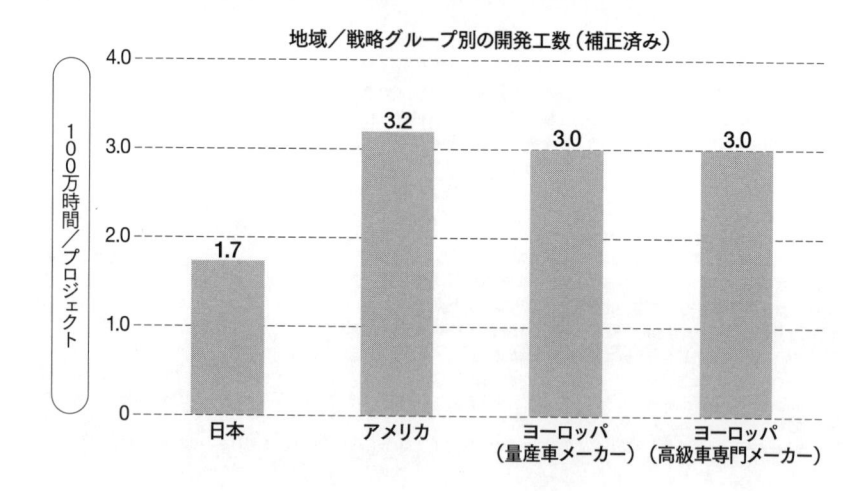

地域／戦略グループ別の開発工数（補正済み）

100万時間／プロジェクト

- 日本: 1.7
- アメリカ: 3.2
- ヨーロッパ（量産車メーカー）: 3.0
- ヨーロッパ（高級車専門メーカー）: 3.0

出所：回帰分析に基づく（詳細は付録参照）

（注）補正済みの開発工数は、各地域／戦略グループの平均的メーカーが平均的な車を設計・開発するのに必要とする時間を表す。

にどういう影響を与えるかを推定するものである。その結果、統計学的手法のほうが首尾一貫しているため、この手法による数字だけを紹介することとした。**図4-2**に示されている分析結果は、価格1万4000ドルの小型車（例：ホンダ・アコード、マツダ626等）を、ボディ・タイプを2種類にして開発するという標準的なプロジェクトについて、各メーカーが必要とすると推定される開発工数である[2]。

　プロジェクトの守備範囲や複雑度を考慮に入れると、日本のメーカーの優位性は明らかに減殺される。日本の量産車メーカーの平均開発工数は、生データだと120万時間だが、補正を加えると170万時間となる。アメリカのメーカーは補正により開発工数が約40万時間減ることとなり、日本のメーカーとの差は230万時間から140万時間に縮まる。同じように、ヨーロッパのメーカーについても差が縮まるのである。また、ヨーロッパについては、プロジェクトの守備範囲と複雑度を考慮に入れて補正すれば、高級車専門メーカーも量産車メーカーも開発生産性が同程度であることがわかる。一般的に言って、日本のメ

表4-2●個別メーカーの製品開発性ランキング（開発工数補正済み）

ランキング	地域		ランキング	地域
1	ヨーロッパ（高級車）		12	ヨーロッパ（量産車）
2	日本		13	ヨーロッパ（高級車）
3	日本		14	アメリカ
4	日本		15	アメリカ
5	日本		16	ヨーロッパ（量産車）
6	日本		17	ヨーロッパ（量産車）
7	日本		18	ヨーロッパ（高級車）
8	ヨーロッパ（量産車）		19	ヨーロッパ（量産車）
9	日本		20	アメリカ
10	アメリカ		21	アメリカ
11	日本		22	ヨーロッパ（高級車）

出所：ランキングは回帰分析に基づく（詳細は付録参照）

ーカーの優位性は減殺されるが、まったく消えてしまうわけではない。生データに見られる日本のメーカーの優位性のおよそ40％は、プロジェクトの守備範囲や複雑度に起因するものであるが、残りは組織や管理体制についての地域差を反映したものなのである。

図4-2に示される地域ごとの平均値では企業間の格差はわからないが、統計学的な補正手法を用いることにより、標準的なプロジェクトを完成させるときの生産性によって各メーカーをランクづけすることも可能である（**表4-2**参照）。予想されたことではあるが、日本のメーカーが上位半分に固まって並んでいる。大部分のヨーロッパとアメリカのメーカーはリストの下のほうに位置しているが、若干日本のメーカー群とオーバーラップしている部分もある。欧米のメーカーのなかには地域としての平均値をはるかに上回ったパフォーマンスを達成しているところもあり、高い生産性の原因を探る場合には個々のメーカーの能力に着目することも重要であることを裏づけている。

開発リードタイム

リードタイムは、メーカーがコンセプトの創出から製品の市場導入に至るまでの間に必要な多種多様の活動をいかに早くこなせるかを測るものである。これらの活動は、種類によって並行的に行われることもあり、個々の活動ごとの

リードタイムを単純に合計したものが全体としてのリードタイムとなるわけではない。その点は開発工数と異なる。リードタイムは、個々の活動にどれだけかかるかと、複数の活動をどの程度並行的にこなすかの双方の要素で決まってくるのである。本研究においては、全体としてのリードタイムが第一の関心事ではあるが、個々の活動のリードタイムの状況も、全体としてのリードタイムに関する地域間、企業間の格差を考えるうえで重要である。

　図4-3は、製品開発プロセスの各段階ごとに、リードタイムの地域平均を詳しく調べたものである。調査の過程で、プロセスの前半（コンセプトの創出、製品計画の策定）とプロセスの後半（試作車の製作、テスト、商業生産のための治工具、設備、工場等の準備）を分けてリードタイムを測定するのが有効であることがわかった。図のなかでは、コンセプトの創出の開始から製品プランニングの終了までの時間をプランニング・リードタイムとし、製品エンジニアリングの開始から製品販売の開始までの時間をエンジニアリング・リードタイムとして示してある。全体としてのリードタイムにはかなり大きな地域差があることはすでに見たところである。そして、図4-3でわかることは、アメリカやヨーロッパのサンプル・プロジェクトに比べて、日本のプロジェクトのリードタイムの平均値は、プランニングにおいてもエンジニアリングにおいても相当短いということである。プランニング・リードタイムは、日本が14カ月であるのに対し、欧米は22～23カ月、エンジニアリング・リードタイムは、日本が30カ月であるのに対し、欧米は40～42カ月となっている。そして、アメリカとヨーロッパについては、全体的に似通ったパターンを示している[注4]。

　製品開発プロセスの段階ごとにリードタイムのデータを調べてみると、日本の優位性は迅速なプランニングと迅速なエンジニアリングの双方によってもたらされていることがわかる。だが、各段階の並行処理のパターンを見ると、プランニングとエンジニアリングでは、日本の優位性の原因が異なっていることも推測される。たとえば、プロセスの前半においては、コンセプトの創出と製品プランニングの並行処理の状況に地域差は見られない。異なっているのは、各段階に要する時間の長さである。

　このことから、日本のメーカーは、プランニングの際の課題がより単純であるか、プランニング段階の処理がより効果的であるかのいずれかであることが

図4-3●プロジェクト各段階別の平均的スケジュール

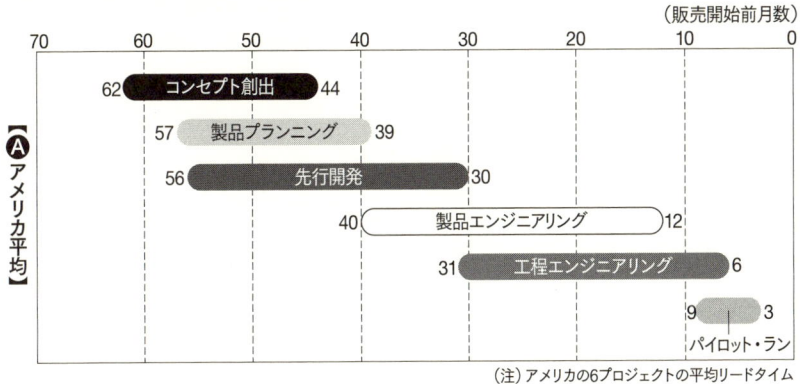

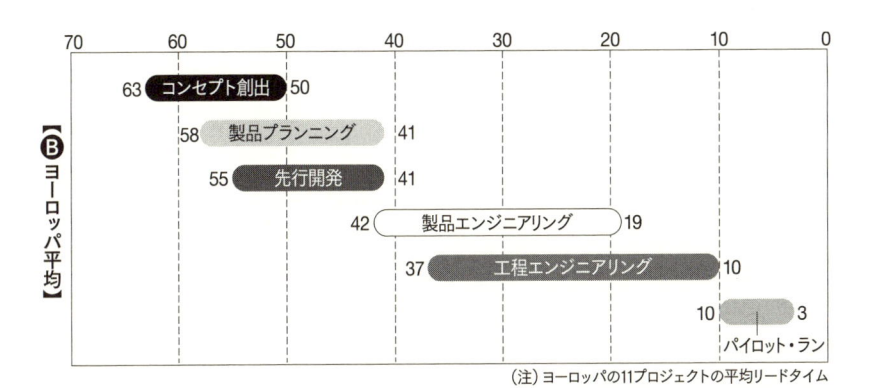

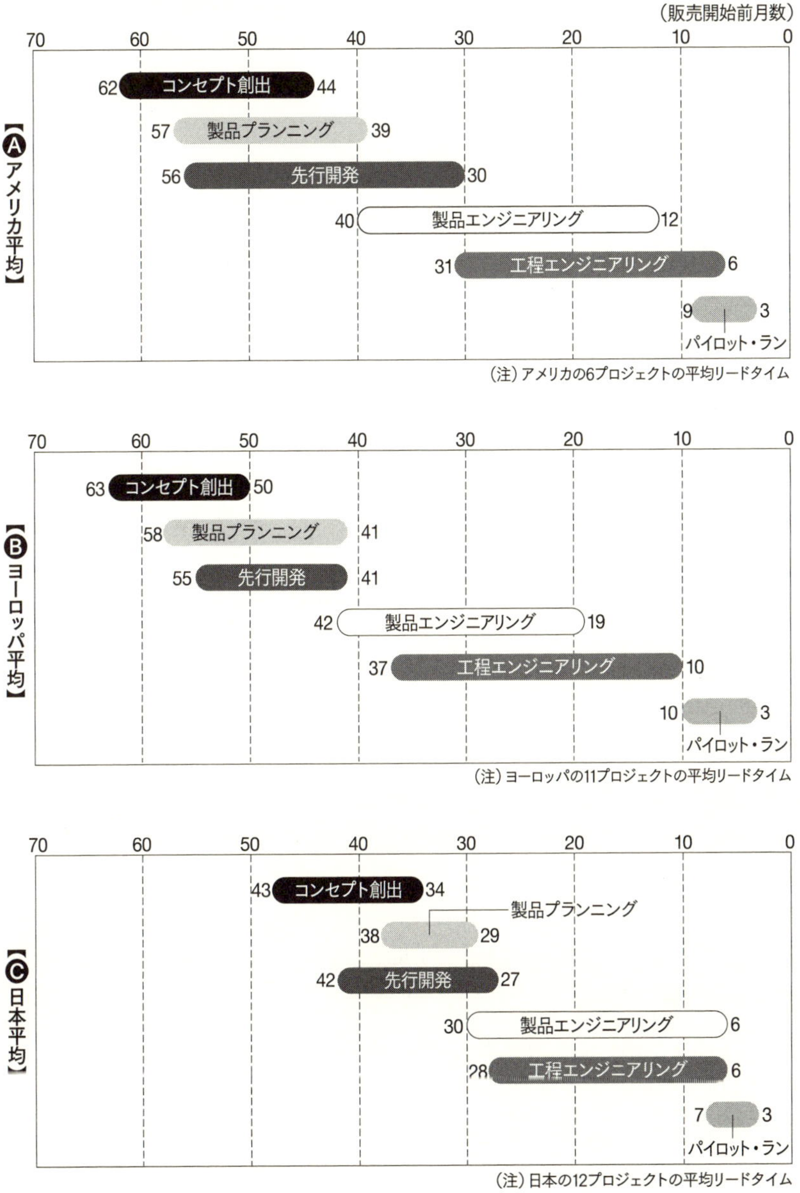

（販売開始前月数）

【A　アメリカ平均】

- 62　コンセプト創出　44
- 57　製品プランニング　39
- 56　先行開発　30
- 40　製品エンジニアリング　12
- 31　工程エンジニアリング　6
- 9　パイロット・ラン　3

（注）アメリカの6プロジェクトの平均リードタイム

【B　ヨーロッパ平均】

- 63　コンセプト創出　50
- 58　製品プランニング　41
- 55　先行開発　41
- 42　製品エンジニアリング　19
- 37　工程エンジニアリング　10
- 10　パイロット・ラン　3

（注）ヨーロッパの11プロジェクトの平均リードタイム

【C　日本平均】

- 43　コンセプト創出　34
- 38　製品プランニング　29
- 42　先行開発　27
- 30　製品エンジニアリング　6
- 28　工程エンジニアリング　6
- 7　パイロット・ラン　3

（注）日本の12プロジェクトの平均リードタイム

第4章　パフォーマンスの尺度——リードタイム・品質・生産性

想像される。

　それと対照的に、製品エンジニアリングと工程エンジニアリングの並行処理状況は、エンジニアリング・リードタイム全体の地域差に直接結びついている。製品エンジニアリング、工程エンジニアリング、それぞれのリードタイムの長さにおける地域差は2、3カ月にすぎない。だが、日本のメーカーが製品エンジニアリングと工程エンジニアリングをほぼ同時期に開始するのに対して、アメリカのメーカーは、工程エンジニアリングを製品エンジニアリングより9カ月遅れて開始し、6カ月遅れて終了している。ヨーロッパのメーカーの場合は、製品エンジニアリングに要する時間は最も短いのだが、工程エンジニアリングは製品エンジニアリングより5カ月遅く開始され、9カ月遅く終了している。こうしたパターンの比較から、エンジニアリング・リードタイムの地域差は、複数の作業を効率的に並行処理する能力の有無によって生じることが理解される。

　全体としてのリードタイムおよび製品開発プロセスの段階ごとのリードタイムについては、日本のメーカーが相当優位に立っている。この優位性のうち、どれだけが製品開発プロジェクトの守備範囲と複雑度の違いによるもので、どれだけが組織や管理体制の違いによるものかを知るために、付録で詳述する統計学的分析手法を用いて生データを製品の内容および開発プロジェクトの守備範囲の観点から補正してみた。その結果は**図4-4**に示されているが、リードタイムの差は縮まるものの、依然としてかなりの格差が残ることがわかる。量産車メーカーで比較すると、私たちの想定する平均的なプロジェクトを完成する場合、日本は46カ月、約4年を必要とするのに対し、アメリカとヨーロッパは約60カ月、5年を必要とするのである。生データでは18カ月の格差だったものが補正によって約1年となったわけだ。また、高級車専門メーカーの場合には、生データでは日本のメーカーとの格差は29カ月であったが、プロジェクトの守備範囲や複雑度の要因が約1年分に相当することから、補正後は18カ月という結果であった。個々のメーカーをリードタイムでランクづけしてみると、こうした格差を反映して、地域ごとに固まる傾向が見られる。

　表4-3は、平均的なプロジェクトを完成させる場合の各社のリードタイムによるランクを示している。開発生産性のときと同様、地域間で若干オーバーラップする部分もあるが、日本のメーカーが上位を独占していることははっきり

図4-4◉価格1万4000ドル、2ボディ・タイプの小型車の開発に要するリードタイム

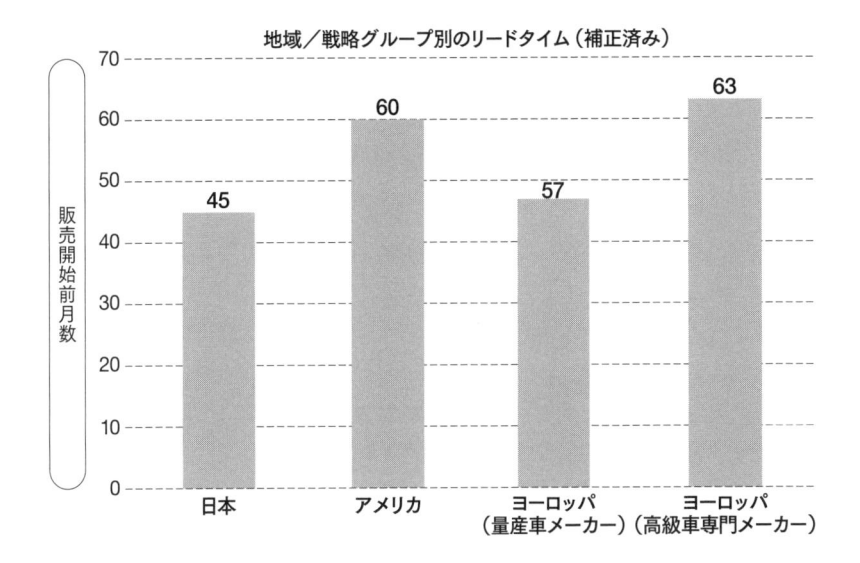

地域／戦略グループ別のリードタイム（補正済み）

販売開始前月数

- 日本: 45
- アメリカ: 60
- ヨーロッパ（量産車メーカー）: 57
- ヨーロッパ（高級車専門メーカー）: 63

出所：回帰分析に基づく（詳細は付録参照）

（注）補正済みリードタイムは、各地域／戦略グループの平均的メーカーがコンセプト創出から市場導入まで、プロジェクトを完了するのに必要な時間を表す。

表4-3◉個別メーカーの製品開発リードタイム・ランキング（プロジェクトの内容に応じ補正済み）

ランキング	地域	ランキング	地域
1	日本	12	アメリカ
2	日本	13	ヨーロッパ（量産車）
3	日本	14	アメリカ
4	日本	15	アメリカ
5	日本	16	ヨーロッパ（高級車）
6	ヨーロッパ（量産車）	17	アメリカ
7	ヨーロッパ（高級車）	18	ヨーロッパ（量産車）
8	日本	19	ヨーロッパ（高級車）
9	日本	20	ヨーロッパ（量産車）
10	日本	21	ヨーロッパ（高級車）
11	ヨーロッパ（量産車）	22	アメリカ

出所：ランキングは回帰分析に基づく（詳細は付録参照）

第4章　パフォーマンスの尺度——リードタイム・品質・生産性

としている。したがって、メーカー間の格差は多少あるものの、迅速な製品開発ができるという特徴は、日本のメーカーにかなりの程度共通した能力に基づくものと考えられる。このことは、日本市場において一般的に見られる競争状況とも一致している。つまり、競争で生き残ったメーカーは共通した特徴を持つ傾向があるということである（第3章参照）。

　製品開発プロジェクトの守備範囲と複雑度の影響を補正してリードタイムを眺めてみると、迅速な製品開発を行うために不可欠な能力として各メーカーに共通するのは、製品エンジニアリングおよび工程エンジニアリングに関する能力のようである。プランニング・リードタイムとエンジニアリング・リードタイムでは、補正がもたらす影響度がまったく異なる。たとえば、プランニング・リードタイムの場合には、補正後の数字は量産車メーカーであれば地域差がほとんど見られない。したがって、プランニング・リードタイムにおける差異は、プランニングに関する組織や管理体制の違いによるものというよりは、プロジェクト戦略そのものの違いによるものと考えられる。しかしながら、エンジニアリングについては話が別である。プロジェクトの守備範囲や複雑度がエンジニアリング・リードタイムに与える影響は非常に小さい。日本のメーカーが平均的なプロジェクトにおけるリードタイムの点で優位に立つのは、したがってエンジニアリングの手際のよさの違いに基づくものであるはずである。この問題については第6章でさらに深く掘り下げてみることにする。

TPQ

　リードタイムや生産性に関するデータを調べてみて、日本の量産車メーカーが構造的に優位に立っており、アメリカとヨーロッパのメーカーはほぼ互角であることがわかった。だが、製品の全体的な品質、つまりTPQに関するデータについてはかなり様子が違ってくる。表4-1に戻って、ヨーロッパの高級車専門メーカーは、私たちが用いるTPQの尺度に照らして高い評価がなされ、日本のメーカーは全体的にはよい評価ながら、メーカーによって差異がかなり大きい。1980年代半ばになって、製品の品定めをする場合に微妙で全体論的（ホリスティック）な評価基準が重視されるようになった。このため、日本のメーカーにとっては、共通して得意な分野であったと思われる製造技術面の基準、たとえば部品同士

のなじみ具合、製品の仕上げ状態といったものだけでは、なかなかユーザーの関心を引くことは難しくなってきている。

図4-5は、適合品質（conformance quality　すなわち、ユーザーに届けられた製品が製品設計あるいは仕様どおりにつくられているか。たとえば、信頼性、実際の使用時における欠陥、部品同士のなじみ具合や仕上げ状態、耐久性等の点でどれだけ整合しているか）および設計品質（design quality　すなわち、製品設計そのものがユーザーの期待にどれだけ応えているか）の指標を示したものである。また、ユーザーの満足度調査結果（TPQの指標の1つ）および市場シェアの長期的な変動状況も合わせて示している（TPQに関する詳細な定義および統計学的分析は付録参照）。製品が設計と完全に適合しているときには、設計品質とTPQは同じものとなる。

図4-5からわかるのは、日本のメーカーが適合品質の点で断然トップであり、ヨーロッパのメーカーは設計品質が強いということである。どちらにも強いのは、ヨーロッパの高級車専門メーカーと日本の2、3の量産車メーカーだけである。ヨーロッパの量産車メーカーは適合品質が比較的弱く、日本とアメリカの量産車メーカーは設計品質に弱さがある。これらのことは、ユーザーの満足度調査結果におけるランキングや市場シェアの変動状況とも符合している。つまり、すべての品質指標で好成績を上げているメーカーが1980年代を通じて市場シェアを伸ばしているのである。

こうした傾向は、図4-5の最後の欄にあるTPQ指数からも明瞭にわかる。高級車専門メーカーといくつかの日本の量産車メーカーは、設計品質と適合品質の両方に強く、TPQ指数も高い。さらに、メーカーごとにTPQの差異が大きいことが指数に表れている。

TPQ指数による各メーカーのランキングを表4-4に示すが、その結果は先ほどのリードタイムや生産性のランキングとは大きく異なっている。先ほどのランキングでは、地域（特に日本）によって固まる傾向があったが、表4-4にはそれが見られない。すべての地域のメーカーがランクのどのレベルにも散らばっており、表4-1で日本がTPQに比較的強かったのは、適合品質にも設計品質にも優れた一部のメーカーの抜群の成績に引っ張られたものであることがわかる。競争力の弱いメーカーは、日本でも他地域でも、適合品質が強くても設計品質

図4-5 ● 総合商品力（TPQ）の各種指標に基づくランキング

地域および戦略	❶総合商品力ランキング			❷適合品質ランキング		
	コンシューマー・レポート(1)	コンシューマー・レポート(2)	J.D.パワー	J.D.パワー(1985年)	J.D.パワー(1987年)	コンセプト
日本（量産車メーカー）	●	●	●	●	●	●
	◐	●	◐	●	●	
	●	●	●	●	●	◐
	●	●	●	●	●	●
	◐	◐		◐	◐	
				n.a.	n.a.	
	n.a.	n.a.	n.a.	n.a.	n.a.	●
	●	●	●		●	
アメリカ（量産車メーカー）			◐	◐		
	◐	◐	◐	●		●
	◐	◐	◐	●		●
						●
ヨーロッパ（量産車メーカー）	●	◐	n.a.	n.a.	n.a.	●
	n.a.	n.a.	n.a.	n.a.	n.a.	
	●					●
	◐	◐		●		●
ヨーロッパ（高級車専門メーカー）	●	●	◐	●	●	●
	●	●	●	●	●	●
	●	◐	●	◐	●	●
	●	●	●	●	●	●

❸設計品質ランキング						❹ユーザー・ベースのシェア変化	❺TPQ指数
スタイリング	パフォーマンス	快適性	経済性	総合順位	価値補正後の総合順位		
◐	●	●	●	●	●	●	100
		◐					40
●	◐	●	●	●	●		80
●	●	●	●	●	●		100
							25
●							23
●	◐	◐	◐	◐	◐	◐	58
							35
		●					15
		◐					24
	●	●	●	●	●		75
●	●	●	●	●	●		75
●							14
●	●	●	●	●	●	●	47
●	●	●	●	●	●		39
●		●					30
		●					35
		◐				●	55
●					●		70
	●						73
●	●	●	●	●	●		93
●	●	●	●	●	●	●	100

(注) 図に掲げた記号の定義は次のとおり。

1-3：総合商品力ランキング（3指標）、適合品質（2指標）、設計品質（7指標）
　　●＝上位3分の1　◐＝中位3分の1　無印＝下位3分の1
　4：ユーザー・ベースのシェア変化は長期的市場シェアの4つの尺度に基づく。
　　●＝ユーザー・ベースのシェア増加
　　◐＝シェアの維持　無印＝ユーザー・ベースのシェア減少
　5：品質に関するすべての指標を通じたランキングを要約した指数（詳細は付録参照）。

定義、判断基準のさらに詳細はFujimoto（1989, Chapter5, Table5.2）参照のこと。

表4-4●個別メーカーのTPQ指数ランキング

ランキング	地域	得点	ランキング	地域	得点
1	ヨーロッパ(高級車)	100	9	ヨーロッパ(量産車)	47
1	日本	100	10	日本	40
1	日本	100	11	ヨーロッパ(量産車)	39
2	ヨーロッパ(高級車)	93	12	ヨーロッパ(量産車)	35
3	日本	80	12	日本	35
4	アメリカ	75	13	ヨーロッパ(量産車)	30
4	アメリカ	75	14	日本	25
5	ヨーロッパ(高級車)	73	15	アメリカ	24
6	ヨーロッパ(高級車)	70	16	日本	23
7	日本	58	17	アメリカ	15
8	ヨーロッパ(量産車)	55	18	アメリカ	14

出所：ランキングは図4-5のデータに基づく(付録参照)

が弱かったり、その逆であったりと一貫していない。競争力がきわめて強いメーカーが他のメーカーと異なっているのは、TPQに関するすべての基準に照らして一貫して強いという点である。表4-4のランキングに示されているように、TPQのよしあしは地域的特性の問題というより、各メーカーの能力の問題なのである。

リードタイムと生産性の関係

これまで、製品開発のパフォーマンスについて、個々の評価基準（生産性、リードタイム、TPQ等）ごとに地域による影響、個々のメーカーの能力等を見てきた。今度は、各メーカーが複数の評価基準についてどのような成績を上げるかを同時に見ることにする。たとえば、品質で高いレベルの成績を上げるメーカーが迅速で効率的な製品開発ができるか、あるいはこれらの評価基準相互間には重要なトレード・オフ関係があるのか等を調べることによって、製品開発の優れたパフォーマンスをもたらす要因を探るきっかけとなるかもしれない。

ここで、リードタイムはエンジニアリング資源を追加投入することにより短縮できるという考え方に立ってみよう。エンジニアリング資源というのは、R&Dの管理問題を考察するためのモデルにはよく使われる要素であり、しばしば企業の行動に影響を及ぼす[注5]。さて、この考え方に立てば、もしエンジニアリ

図4-6◉リードタイムと製品開発生産性の相関関係

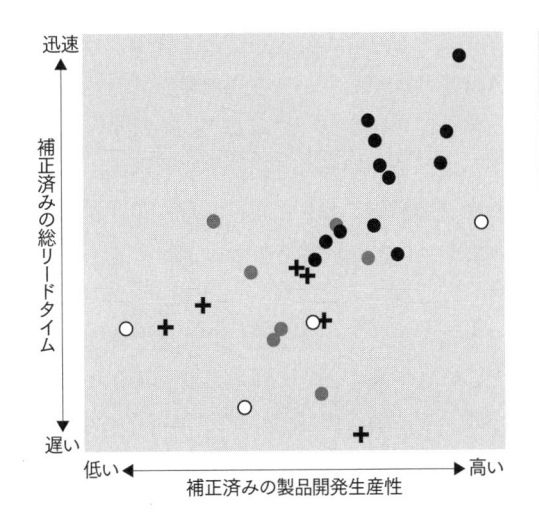

```
縦軸：補正済みの総リードタイム（迅速／遅い）
横軸：補正済みの製品開発生産性（低い／高い）

凡例：
● 日本のメーカー
＋ アメリカのメーカー
○ ヨーロッパの高級車専門メーカー
● ヨーロッパの量産車メーカー
```

(注) 座標軸は、「遅い」がリードタイムが長い状態、「低い」が開発工数が多い状態を表すように逆方向にしてある。

ング資源であるエンジニアの数を増やせば、仕事を分業することができ、リードタイムを決定するクリティカル・パス上の作業を並行的に処理することが可能となる。ただしエンジニアの数を増やせば、調整が複雑化し工数が増える。したがって、開発工数が多いほどリードタイムは短くなるはずなのだ。ところが、平均的な日本のメーカーは、生産性が高いうえにリードタイムも短いことは見てきたとおりである。そこには何か別の要因が働いていると考えられる。

図4-6でリードタイムと開発工数の関係を調べてみると、各メーカーのパフォーマンスからはマイナスの相関関係ではなく、むしろプラスの相関関係が見られ、特に日本のメーカーについてその傾向が強かった。つまり、製品開発が迅速なメーカーは生産性も高く、遅いメーカーは生産性も低いのである。こうした関係が現れる背景には2つの要因があると考えられる。1つはエンジニアの仕事のやり方であり、もう1つは個々のエンジニアリング活動相互間の密接な連携である。

私たちが研究で取り上げた製品開発プロジェクトにおいて、世界中共通して

行われていたのは設計変更である。どの国のどのメーカーにおいても設計変更は例外的なものではなく、むしろ日常的に行われる。そして、この設計変更作業にエンジニアリング資源のかなりの部分が投入されるのである。エンジニアは、設計を何度もやり直す傾向があり、そのまま放っておくといつまでたっても完成しない。どんどん時間だけが経ってしまう。したがって、ある作業に関するリードタイムはだいたい締め切りの日程で決まることになる。この場合、リードタイムが長ければ、開発工数も多くなってしまう。さらに、複数の作業が密接に関連していれば、1つについて設計をやり直せば、他についてもやり直しが必要となる。

　こうした影響は、日本でよく見られるように、人材が特定プロジェクトに専念する体制をとればとるほど増幅される。社内体制にあまり余裕がなく、なかなか別のプロジェクトに人材を移していくことができない場合には、1つの作業の遅れが全体の遅れにつながることとなる。確かにリードタイムが開発工数を決めるという関係があるが、だからといって生産性を向上させるために締め切り日を変えたり、リードタイムを短くするために1つのプロジェクトに携わる人間の数を減らしたりするだけではいけない。こうしたことも効果があるかもしれないが、図4-6のデータは、労働者の技能、メーカーの能力、社内体制等を反映しているものともいえる。たとえば、日本のメーカーにリードタイムと生産性との間の強い相関関係が見られるのは、部門間の連携を緊密にし、複数の作業の並行処理を多く実施することによって、短いサイクルでニュー・モデルの開発ができるような体制をつくり上げてきたことを反映したものと考えることもできよう。このような能力がないのに締め切りを早くしたり、人員を削減したりすれば、深刻な結果をもたらすことになるかもしれない。

TPQとの関係

　図4-7は、TPQ指数とリードタイムおよび生産性との関係を座標上にプロットしたものである。ここでわかるのは、TPQと生産性の間には目立った相関関係が存在しないということである。グラフには明確なパターンが見られず、地域にも関わりなく各メーカーが座標上に散らばっている。戦略グループごとに見ても、最も競争力のある高級車専門メーカーの生産性は相対的に低いが、

図4-7●TPQ、リードタイムおよび製品開発生産性の関係

TPQと製品開発生産性

縦軸：TPQ指数（低い〜高い）
横軸：補正済みの製品開発生産性（低い〜高い）

- ● 日本のメーカー
- ＋ アメリカのメーカー
- ○ ヨーロッパの高級車専門メーカー
- ● ヨーロッパの量産車メーカー

TPQとリードタイム

縦軸：TPQ指数（低い〜高い）
横軸：補正済みの総リードタイム（遅い〜迅速）

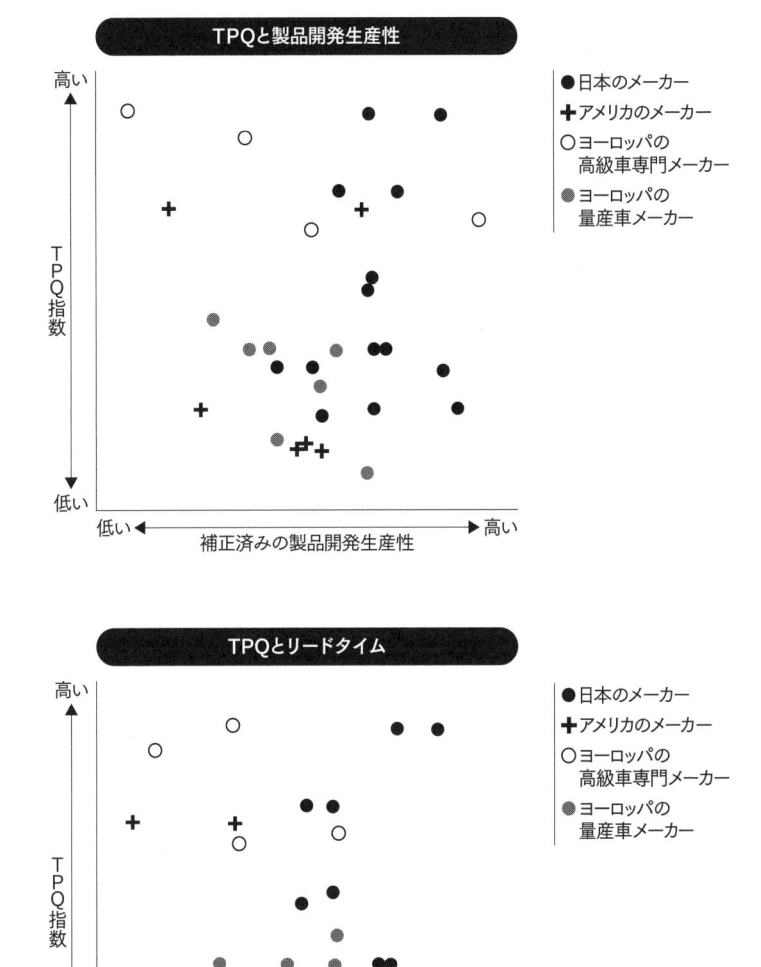

- ● 日本のメーカー
- ＋ アメリカのメーカー
- ○ ヨーロッパの高級車専門メーカー
- ● ヨーロッパの量産車メーカー

第4章　パフォーマンスの尺度——リードタイム・品質・生産性

量産車メーカーには決まったパターンがない。TPQとリードタイムの関係も、非常にTPQが優れた車を製造するメーカーについては興味深い関係が見られる以外は、同様のことが言えそうだ。競争力がトップにランクされる2つの高級車専門メーカーは相対的に製品開発のスピードが遅く、生産性も低いが、これらより競争力の弱い高級車専門メーカーのリードタイムはまちまちである。あるメーカーは製品開発のスピードが速く、比較的生産性も高いが、別のメーカーは生産性が平均並みで、スピードがやや遅いという具合である。どちらのメーカーも適合品質、設計品質、ユーザー満足度の点でトップ・クラスからはかなり離されており、優れた高級車専門メーカーの強いTPQは、時間とコストのかかる製品開発プロセスから生まれるものであることがわかる。

一方、優秀な量産車メーカーについても特異なパターンが見られる。日本のメーカー2社はTPQがきわめて強く、製品開発も迅速かつ効率的だが、同様に製品開発が迅速で効率的な他の日本メーカーは、トップ・クラスのメーカーのTPQには及ばない。迅速で効率的な製品開発と優れたTPQとの間の相関関係が働くためには、これらの会社に特有な何かが必要であるらしい。

パフォーマンスと競争環境との関係

本章でこれまでに見てきたことは、第3章の分析でわかった市場環境、競争環境における地域差と符合するものである。日本のメーカーは、他地域のメーカーに比べ、迅速で効率的な製品開発を行っている。ヨーロッパのメーカー、特に高級車専門メーカーは、製品の内容、TPQに強みがある。また、アメリカのメーカーは、1980年代に過渡期を迎えていたこともあり、製品開発のパフォーマンスに関するどの評価基準をとっても目立った成績を上げていない。さらに、こうした地域差の問題に加えて、個々のメーカーの能力の問題も見てきた。特にTPQにおいて、また、他の評価基準においても、同じ地域のなかでメーカーごとに大きな格差が見られる。これは、私たちが研究対象としたメーカーが実際のプロジェクトを遂行する際に投入したと思われる基本的な能力の違いを反映したものである。

表4-5 ● 地域別の製品バラエティおよびモデル・チェンジのパターン（1982-1987年）

パターン		アメリカ	ヨーロッパ	日本
	平均モデル数	28	77	55
	開発された ニュー・モデル数	21	38	72
	主要な モデル・チェンジの 頻度（年）	8.1	12.2	4.6
製品バラエティの拡大／モデル・チェンジ（地域平均）	ニュー・モデル 導入指数	123	73	198
	拡大指数	59	12	66
	更新指数	65	62	132

出所：付録参照

表4-5は、モデル・チェンジと製品ラインのバラエティに関するデータを示したものだが、メーカー間の格差がより直接的に表れている[注6]。1982年から1987年までの間に発売されたニュー・モデルの数を比べてみると、日本のメーカーと欧米のメーカーの間には際立った違いがあることがわかる。アメリカとヨーロッパのメーカーがそれぞれ21と38のニュー・モデルを発売したのに対し、日本のメーカーは72のニュー・モデルを発売しているのだ。このような大きな違いが生じる原因として、日本のメーカーが欧米のメーカーに比べてはるかに多額の製品開発費をつぎ込んでいるか、あるいは圧倒的に大量の車を生産しているか、どちらかだろうと考える人もいるだろう。ところが、どちらも違うのだ。生産量を比べてみると、日本とアメリカはほぼ同程度、ヨーロッパは日本よりずっと多い。また、研究開発費も、同じような傾向にある。実際には、日本のメーカーがニュー・モデルを数多く発売することができるのは、製品開発の生産性に原因があるのである。

モデルの寿命に関するデータを見ると、日本のメーカーの平均は5年足らず

だが、アメリカは8年、ヨーロッパは10年以上となっている。このデータによって、日本のメーカーの製品開発のスピードが速いということだけでなく、製品開発リードタイムとモデル・チェンジ戦略に地域差があることもわかる。仮にモデル・チェンジが順序立てて行われる場合（すなわち、ニュー・モデルの開発を、現モデルが発売された後に開始する場合）、製品開発のリードタイムはモデル・チェンジ・サイクルの下限を決定するにすぎない。とすると、メーカーのモデル・チェンジ・サイクルが長くなるのは別の理由によるとも考えられる。現にヨーロッパの場合、リードタイムは5～6年であるが、モデル・チェンジ・サイクルは10年以上となっている。日本の場合には、リードタイムとモデル・チェンジ・サイクルはほぼ似通っている。日本のメーカーは、ニュー・モデルを迅速に市場導入することができ、その能力を生かしてモデルの寿命を短くし、頻繁なモデル・チェンジを行うことができる。

　こうしたデータから見て、製品開発のパフォーマンスと長期的な製品戦略の間には強い関連性があると考えられる[注7]。この関連性をさらに深く調べるために、表4-5で製品戦略の3つの指標を見ることにしよう。まず、ニュー・モデル導入指数は新製品の開発活動の活発さを全体として示すものである（この指数は、1982年から1987年までの間に発売されたニュー・モデルの総数を1981年時点で市販されているニュー・モデルの数で割ったものである）。この指標は、さらに製品ラインの多様性を示す拡大指数と、製品の更新状況を示す更新指数に分解される。

　予想どおり、日本のメーカーがニュー・モデルの市場導入に最も積極的であり、アメリカのメーカーも製品ラインの拡大には日本のメーカーと同様積極的であった。一方、ヨーロッパのメーカーの多くは、1980年代に製品ラインを整理しており、あまり拡大されていない。モデル・チェンジの頻度については、日本のメーカーはアメリカやヨーロッパのメーカーと比べてはるかにアグレッシブであった。欧米のメーカーが1982年から1987年の間に、1981年時点の製品ラインの約3分の2をニュー・モデルと入れ替えたのに対し、日本のメーカーは同時期に1981年時点の製品ラインほぼ全部を1度、場合によっては2度入れ替えている。したがって、アメリカのメーカーが製品ラインの拡大を日本のメーカーと同じペースで行おうとしても、日本のメーカーは生産性やリードタ

イムの強みを生かしてモデル・チェンジの頻度を高められるのだ。

製品開発のパフォーマンスと市場でのパフォーマンス

　これまで紹介したデータやその分析を通じて、製品開発のパフォーマンスはメーカーごと、地域ごとに大きな格差があり、その格差は長期的な能力に原因があることがわかった。では、こうしたパフォーマンスの格差は、メーカーの競争力にどれだけの、そして、どのような影響を与えるのだろうか。この疑問に答えるため、本章の初めに概観した基本的枠組みに戻ってみよう。そこでは、競争力とはいかにユーザーの関心を引き、ユーザーを満足させられるかの問題であると規定した。ユーザー満足度に関しては若干のデータがあり、製品の魅力度についてはユーザーの購買行動と結びつく。もし、リードタイム、生産性、TPQ等のパフォーマンスが優れていることがユーザーの関心を引くのに効果的であるなら、その結果は市場シェアのデータに表れるはずである。

　製品開発のパフォーマンスと製品の魅力度との間の関係を調べるため、各メーカーの1981～1986年の国内市場累積シェアを1975～1980年の累積シェアおよび1975～1986年の全期間の累積シェアと比べてみよう（詳細は付録参照）。これによって製品の魅力度に関するトレンドのラフなイメージをつかむことができよう。

　図4-5でわかるように、ヨーロッパの高級車専門メーカー3社と日本の量産車メーカー3社が1980年代半ばまでに国内シェアを伸ばした以外は、本研究で取り上げたメーカーの多くは同時期に国内シェアを落としている。このような国内シェアの減少は、1980年代に進展した自動車市場のグローバル化と符合するものである。特にヨーロッパとアメリカでは、グローバル化は輸入車の増加を伴って進展し、平均的なメーカーでも国内市場のシェアを維持することが難しくなった。最近のようなグローバル市場への転換期においては、国内シェアを減らしたことは市場でのパフォーマンスが平均以下であったことを意味するものではなく、逆に国内シェアを増加させたことは市場でのパフォーマンスが飛び抜けて強力であったと解釈すべきであろう。

表4-6●パフォーマンスと長期的な市場シェアの関係

パフォーマンスの要素	メーカーの種類		長期的に市場シェアを減らしたメーカーの平均
	長期的に市場シェアを増やしたメーカーの平均		
	量産車メーカー	高級車専門メーカー	
補正済みの開発工数（時間）	2,463.3	3,912.5	2,500.0
補正済みのリードタイム（月数）	54.5	68.7	53.0
TPQ指数	83.8	88.7	40

出所：回帰分析の推定値をもとに計算（付録参照）

　表4-6を見ると、1980年代に市場シェアを伸ばしたメーカーのデータから、競争力と製品開発のパフォーマンス、特にTPQとの間の強い相関関係が明らかになる。シェアを伸ばした高級車専門メーカーと量産車メーカーはいずれも、TPQ指数が83〜88.7で、トップ・クラスを占める。これに対して、サンプル全体の平均値は40にすぎない。ユーザーの満足度と製品の魅力度の間に強い関連性があるのは、今の時代の、特に自動車のような製品の場合には当然といえよう。クチコミの宣伝が重要な役割を果たし、ユーザーが比較的洗練されており、もし長期にわたって新しいユーザーの関心を呼ぼうとすれば、まず既存のユーザーを満足させなければならないからである。

　リードタイムや生産性と製品の魅力度との間の関係はそれほど明確ではない。高級車専門メーカーにとっては、市場と製品コンセプトが安定的だからこそ、デザインと技術の洗練性に磨きをかけることに専念できる。製品開発の迅速性や製品ラインの幅広さは、優れた高級車専門メーカーが相対的に製品開発に時間がかかり、生産性も高くないこともあって、それほど重要なポイントではない。ここで何より重要なのはTPQなのである。量産車メーカーにとっても、製品開発のスピードや効率性だけでは市場において成功することはできない。短いリードタイムと少ない開発工数を誇る日本のメーカーのなかにも、高レベルの設計品質を達成できずに1980年代に市場シェアを減らしたメーカーがあ

る。他方、製品開発のスピードが最も速いメーカーのなかには、その開発時間を少し長くすることで市場シェアを改善したものもあるが、必ずしも高い設計品質が市場シェアの増加を保証するわけでもない。設計品質の優秀さで有名なヨーロッパの量産車メーカーのなかにも、1980年代に市場シェアを減らしたところが数社ある。こうしたメーカーは、製品開発のスピードが相対的に遅く、トップ・クラスと比べて開発工数も多い傾向にある。さらに、適合品質も低いレベルにとどまっている。結局、技術的な設計のレベルは高いが、製造性、首尾一貫性、製品ラインの幅広さ等とのバランスがうまくとれていなかったのである。

　1980年代に市場でのパフォーマンスがよかった量産車メーカーに共通しているのは、バランスのとれた優秀性である。きわめて競争の激しい時代にあって、量産車メーカーは、製品開発が迅速かつ効率的であるとともに、既存のモデルを常に新鮮で魅力的に保ち、新しいセグメントやニッチを開拓し、高品質の製品を市場に送り続けなければならない。市場シェアを増加させたメーカーはほんのわずかにすぎないが、そうしたメーカーは並外れた能力を有している。量産車市場でのパフォーマンスがよかったのは日本のメーカーが多いが、すべての日本のメーカーがよかったわけではない。単なる「日本効果」が原因とは言えない。地域的な共通性にとどまらず、個別メーカーの戦略や能力へと視野を広げていかないと、優れたパフォーマンスの要因を探ることはできないのである。

本章のまとめ

　本章においては、まず世界の自動車市場における製品開発のパフォーマンスの性質に関する問題に触れた。そしてその答えを見つけていく過程で、リードタイム、生産性、TPQにおける地域差が明らかになった。日本のメーカーは、アメリカのメーカーに比べて約1年、ヨーロッパのメーカーに比べて2倍も早く新製品を開発できることがわかった。最後に、ヨーロッパのメーカー、特に高級車専門メーカーは設計品質に強みを発揮し、日本のメーカーは適合品質が

優れており、こうした要因から、これらのメーカーはTPQで若干優位に立っていることもわかった。

　製品開発のパフォーマンスにおける地域差は、1980年代を通じて製品戦略の違いにも影響を与えた。日本の量産車メーカーは、欧米のライバルたちと比べると、はるかに多数のニュー・モデルを発売し、短いモデル寿命を維持し、製品ラインをずっと速いペースで拡大していった。他方、ヨーロッパの高級車専門メーカーは、発売するモデルの数は少ないが、常に優れたTPQを保ってきたのである。このようなパフォーマンスの傾向は、1980年代における個々のメーカーの基本的な能力を反映したものであること、その能力の違いが競争力の違いに結びつくものであることに触れた。市場のグローバル化に直面しながら国内市場シェアを増加させた量産車メーカーは、一般的に製品開発が迅速かつ効率的で高品質の車を市場に送り出している。また、優れた高級車専門メーカーは真に「高級」であり、洗練されたエンジニアリングと絶対的に優秀な製品設計に裏打ちされた車を生産している。

　これまで、製品開発のパフォーマンスに関するデータを調べることにより、製品開発が競争力に果たす役割が明らかとなり、優秀なメーカーに共通するパフォーマンスのパターンが浮き彫りにされた。そこで次に、優れたパフォーマンスの基礎となる個々のメーカーの能力について、その性質と源泉を理解するために、メーカー20社をサンプルとして抽出し、製品開発の実態をつぶさに研究してみた。基本的な方向づけに必要なデータが集まり、それらを比較して大筋がわかったところで、今度は優れたパフォーマンスに共通する管理体制、開発作業のやり方、組織構造、戦略の特徴的なパターンについて詳しく調べることにしよう。

＊1）開発工数は、製品開発プロジェクト内部で費やされた延べ作業時間を指し、単位は正確には人・時である。詳しくは付録参照。

＊2）5％の有意性のある両側検定の臨界値が0.42であるとき、エンジニアリング的手法と統計学的手法の結果のスピアマン順位相関は0.76である。

注　1）設計品質および適合品質の概念は、たとえばJuran, Gryna, and Bingham, Jr.(1975), Juran and Gryna(1980), Fujimoto(1989, Chapter 5) 参照。
　　2）Clark and Fujimoto(1989a) 参照。

3）さらに詳しい議論は、Sheriff(1988) 参照。
4）プランニング・リードタイム、エンジニアリング・リードタイムの詳しい分析は、Clark and Fujimoto(1988b) 参照。
5）時間とコストのトレード・オフの概念に基づく経済モデルについては、Kamien and Schwartz (1982), Waterson (1984) 参照。
6）詳しい分析はSheriff(1988) 参照。
7）Clark and Fujimoto (1989a) およびFujimoto and Sheriff (1989) 参照。

第5章 製品開発のプロセス
——製品コンセプトの創出から市場導入まで

　東京でもパリでもデトロイトでも、自動車エンジニアがいつの日も、その本来の仕事、つまり自動車の設計・開発に追われているのは同じことである。製品コンセプトを創出し、クレイ・モデルをつくり、試作車をテストし、パイロット工場での問題解決にあたり、商業生産に対応できるように準備する。すべてのエンジニアは、最新のコンピュータ・システムを用い、多くの同じ部品メーカーと共同作業を行い、同じエンジニアの協会に所属し、多くが同じ学校を卒業している。

　このようにいろいろな面で類似性がありながら、それぞれの製品開発努力がもたらす結果ははなはだ異なったものとなる。コンセプトや設計といった本来差別化が期待されるものだけでなく、製品を市場に導入するまでの時間、製品開発生産性、品質等の実際的なパフォーマンスにおいても異なった結果が生じる。これこそ私たちの関心の対象となるものである。第4章で述べたような製品開発のパフォーマンスの顕著な格差が生じる要因は何かを調べてみたい。

　ここで詳細な分析に入る前に、まず製品開発プロセスの性質について概観してみたほうがよいだろう。新車が開発される過程にあまり詳しくない読者のために、製品開発の組織と管理体制について述べておこう。これによって、製品

開発作業を進める際にメーカーが直面する選択の問題が明らかになり、後の章で分析を行う際の視点が定まる。このため、本章では製品開発プロセスの概略を説明する。第2章で述べた情報の枠組みを用いながら、4つの主要な製品開発活動――すなわちコンセプトの創出、製品プランニング、製品エンジニアリング、工程エンジニアリング――の1つひとつについて、形成されるべき情報資産と管理されるべき各活動間の連携関係を明らかにするのが目的である。そして、本研究の中心的なテーマであるメーカー間の格差の問題については、本章では注意を払うにとどめ、この格差が製品開発のパフォーマンスに与える影響等の詳細な分析は後の章に譲ることにする。

組織のパターン

第2章で紹介した情報資産系統図（マップ）によって、製品開発の主要な4つの段階――コンセプト創出、製品プランニング、製品エンジニアリング、工程エンジニアリング――が明確に示され、各段階内部および相互間の重要な連携関係が浮き彫りにされる。私たちが取り上げた各メーカーは、いずれもこの4段階を経て新車を開発するのであるが、4段階の内部および相互間の連携関係をつくり出し管理する方法は異なっている。こうした連携関係を効果的に管理するには、①コミュニケーションのチャネルをつくり上げる能力、②共同作業に対する姿勢、③エンジニアの技術力の3つが大きくものを言う。だが、メーカーがいかに製品開発の組織をつくり、いかに作業を分業化、共同化するかということも、同じように決定的なインパクトを与える。製品開発プロセスを概観するにあたって、私たちはまず組織の2つの側面、分業化と部門間連携について見てみよう。

分業化

主要なメーカーはみな、エンジニアリングとプランニングの専門家を部門各部長（例：チーフ・エンジニア）の下に別々のグループとして組織する。製品開発の組織は、名称はしばしば異なるが、部品の種類ごと、個々の製品開発活動

ごとに部をつくって構成するのが普通である。たとえば、車体設計部、シャーシ設計部、パワートレイン設計部、生産技術部、開発管理部、製品企画部、デザイン部、先行開発部といった具合である。それぞれの部門およびその下部組織が特定の部品、特定のシステムや開発段階に対応した情報資産を創造し、コントロールする。こうして製品開発の組織構造は情報資産系統図にピッタリと重なってくる[注1]。

　一般的にはどのメーカーも似たような組織構造だが、メーカーごとに違いも見られる。こうしたメーカーごとの違いをわかりやすく表し、製品開発プロセスと組織との関係を明らかにするために、**図5-1**においては製品開発活動の順序に従って並べ直した4つの異なった組織図を作成してみた。そこでは、製品開発の各段階が図の上部に示され、それぞれの部が主としてどの段階に関与しているかが見やすいようにしてある。これらの図から、メーカーごとの組織構造の違いが大まかに明らかになる。たとえば、規模の大きいメーカーは、細分化された専門分野ごとに多くの部をつくる傾向にある。ヨーロッパのメーカーは、エンジニアリングの専門分野を重視して、高度に理詰めで縦型の組織構造を持つ傾向がある。また、日本のメーカーの組織構造はよりシンプルで、よりフラットなものが多い。さらに、アメリカのメーカーの場合には、一般的により複雑で、部ごと、地理的管轄ごとに多くの下部組織や課をつくり、ピラミッド型の構造になっている。

　さらに詳細に見ると、製品開発の組織構造にはメーカーごとにもっと微妙な個性があることがわかる。たとえば、試作車などをテストする実験部は、設計と実験の密接な連携関係を重視して設計部に統合されている場合もあれば、両者のチェック・アンド・バランス機能を重視して独立した部のままで置く場合もある。同様に、試作車工場も、製品開発部門に置いて設計—試作—テストのサイクルを迅速に実行できるようにするか、生産技術部門のなかに置いて試作段階と商業生産段階との間で情報が共有しやすいようにするかは個性の問題である。パッケージング（例：車全体のレイアウト）なども、それぞれのメーカーがどの情報の結びつきを重視するかによって、先行開発部、車体設計部、デザイン部、プロジェクト・マネジャー室等の組織のいずれにやらせるかはさまざまである。

図5-1●4つの異なるタイプの組織図（製品開発活動の順に合わせて再構成）

(1) ヨーロッパ高級車専門メーカー

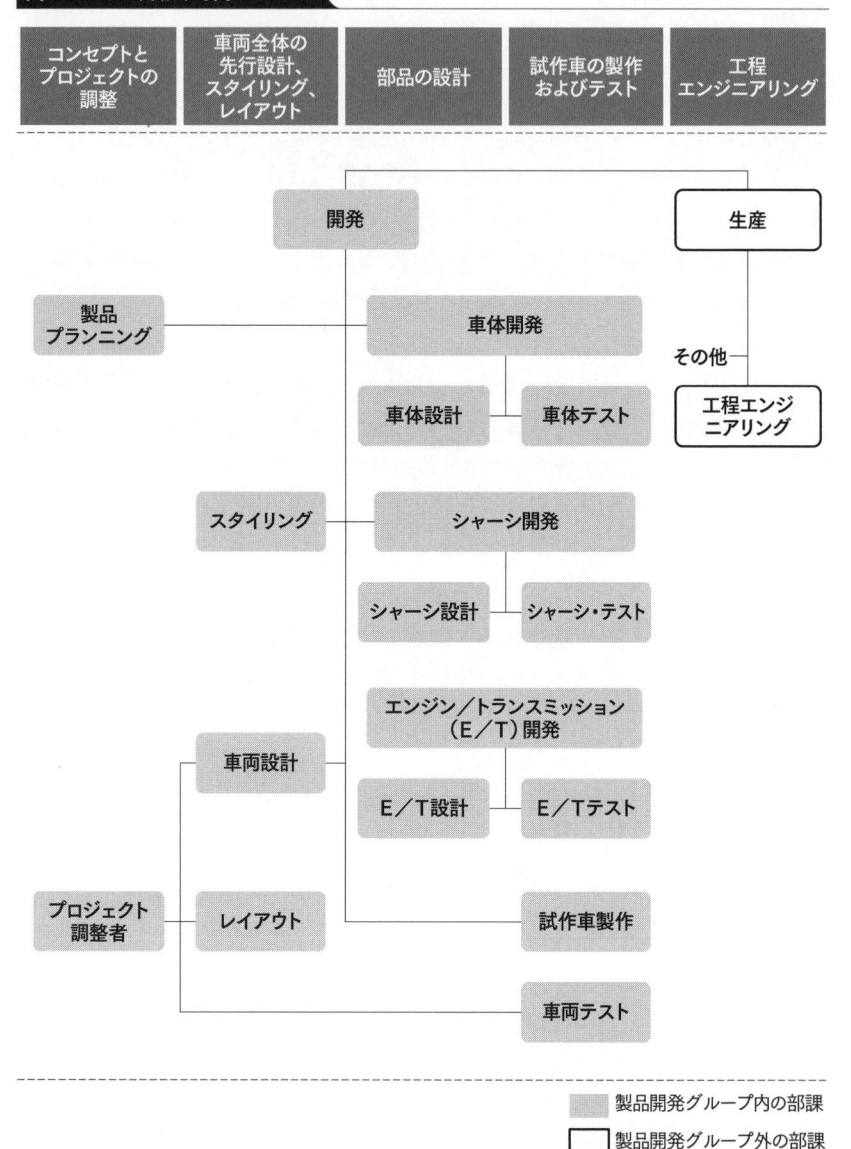

| コンセプトとプロジェクトの調整 | 車両全体の先行設計、スタイリング、レイアウト | 部品の設計 | 試作車の製作およびテスト | 工程エンジニアリング |

- 開発
  - 車体開発
    - 車体設計
    - 車体テスト
  - シャーシ開発
    - シャーシ設計
    - シャーシ・テスト
  - エンジン/トランスミッション（E/T）開発
    - E/T設計
    - E/Tテスト
  - 試作車製作
  - 車両テスト
- 生産
  - その他
  - 工程エンジニアリング

- 製品プランニング
- スタイリング
- 車両設計
- プロジェクト調整者
- レイアウト

■ 製品開発グループ内の部課
□ 製品開発グループ外の部課

(2) ヨーロッパ量産車メーカー

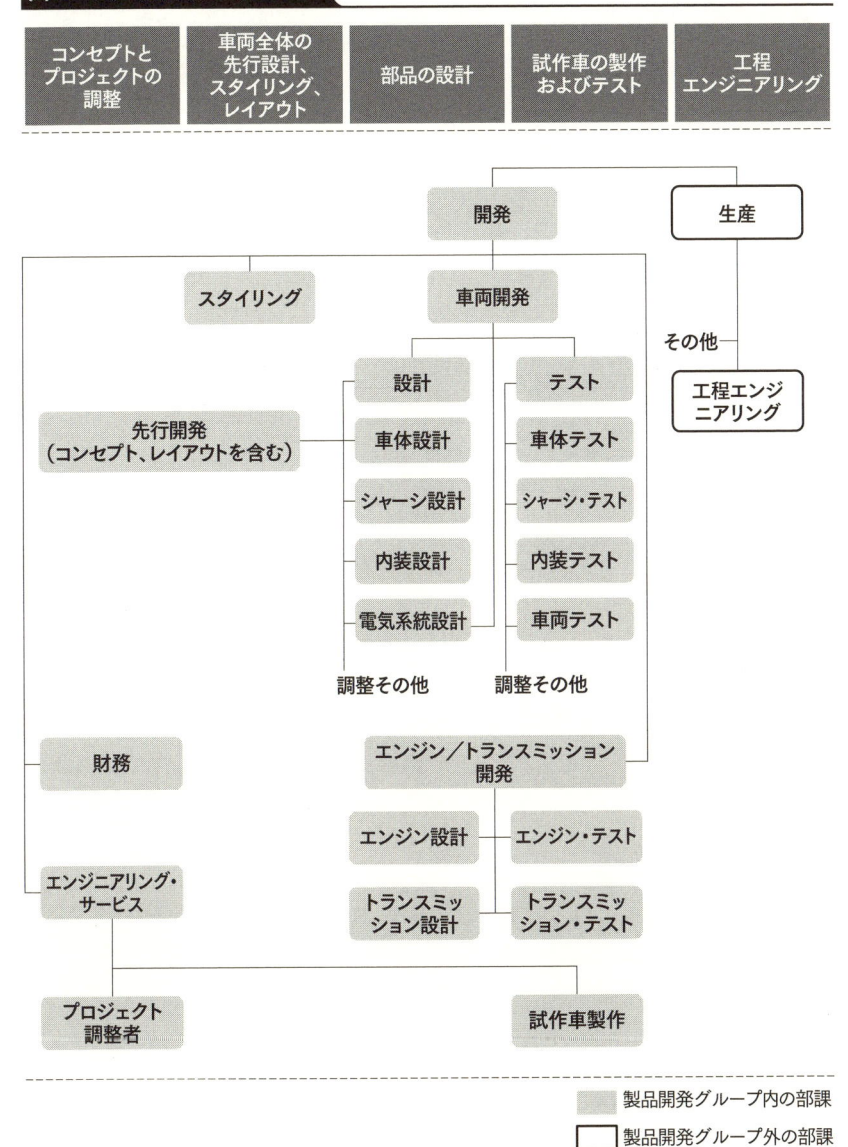

コンセプトと プロジェクトの 調整	車両全体の 先行設計、 スタイリング、 レイアウト	部品の設計	試作車の製作 およびテスト	工程 エンジニアリング

```
                                            開発                              生産
                                             │                                 │
                      ┌──────────┬───────────┼──────────────┐                  │
                      │          │           │              │                 その他
                  スタイリング    │      車両開発            │                  │
                                 │           │              │            工程エンジ
        ┌────────────┤           ├───────────┤              │            ニアリング
        │            │          設計        テスト           │
   先行開発          │       車体設計     車体テスト          │
(コンセプト、レイアウトを含む)  シャーシ設計  シャーシ・テスト    │
        │            │       内装設計     内装テスト          │
        │            │      電気系統設計   車両テスト          │
        │            │       調整その他   調整その他          │
        │            │           │                           │
        │            │     エンジン／トランスミッション        │
       財務          │              開発                       │
        │            │           │                           │
        │            │      エンジン設計  エンジン・テスト      │
エンジニアリング・    │      トランスミッ  トランスミッ          │
    サービス         │      ション設計    ション・テスト        │
        │            │                                        │
    プロジェクト                              試作車製作
      調整者
```

□ 製品開発グループ内の部課
□ 製品開発グループ外の部課

第5章 製品開発のプロセス――製品コンセプトの創出から市場導入まで

(3) アメリカ量産車メーカー

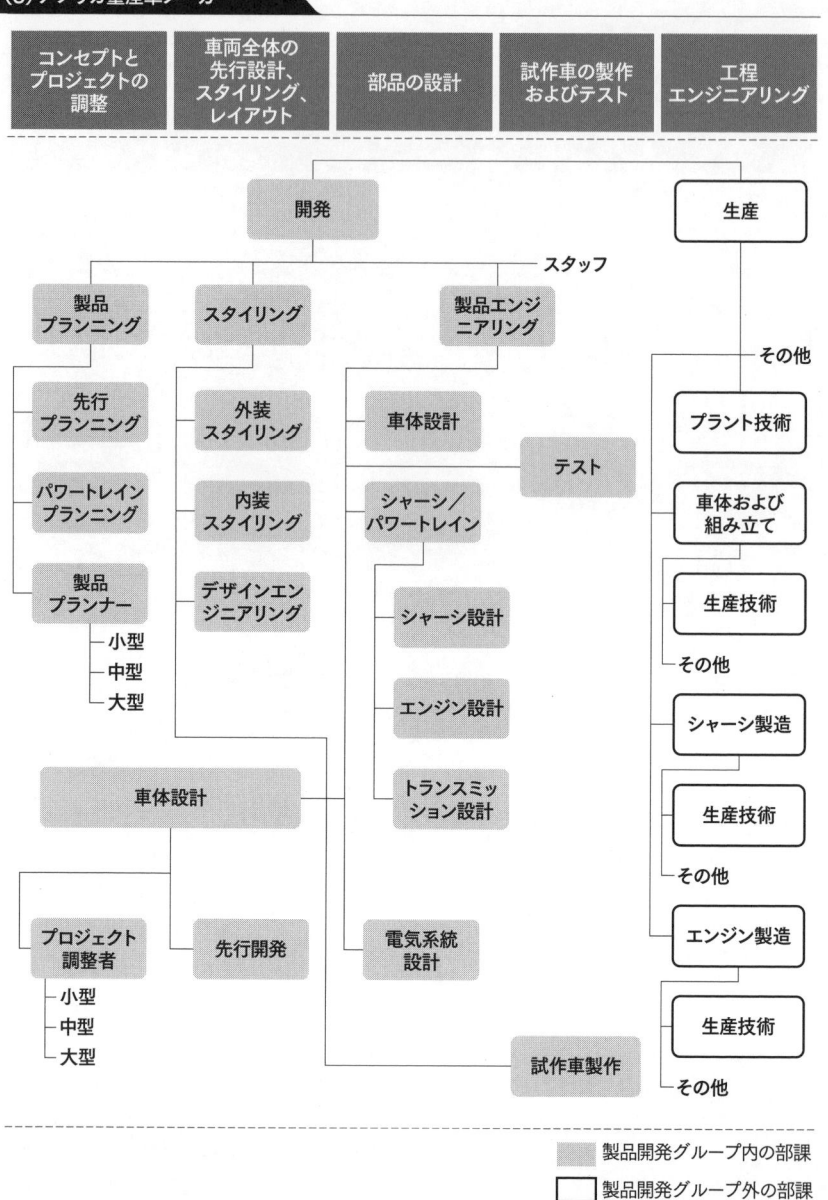

コンセプトと プロジェクトの 調整	車両全体の 先行設計、 スタイリング、 レイアウト	部品の設計	試作車の製作 およびテスト	工程 エンジニアリング

```
                                    開発
                                     │
        ┌────────────────┬───────────┴──────────┐         スタッフ          生産
        │                │                      │                            │
    製品              スタイリング           製品エンジ                       ├── その他
    プランニング                            ニアリング                        │
        │                │                      │                        プラント技術
    先行             外装                     車体設計                        │
    プランニング      スタイリング                                         車体および
        │                │                    シャーシ/      テスト       組み立て
    パワートレイン    内装                    パワートレイン                   │
    プランニング      スタイリング                │                        生産技術
        │                │                   シャーシ設計                    │
    製品             デザインエン                 │                       ── その他
    プランナー        ジニアリング             エンジン設計               シャーシ製造
      ├ 小型                                     │                          │
      ├ 中型                                 トランスミッ                 生産技術
      └ 大型                                 ション設計                      │
                                                                         ── その他
    車体設計                                  電気系統                   エンジン製造
        │                                    設計                           │
        ├─ プロジェクト     先行開発                                      生産技術
        │   調整者                            試作車製作                    │
        │   ├ 小型                                                      ── その他
        │   ├ 中型
        │   └ 大型
```

▨ 製品開発グループ内の部課
□ 製品開発グループ外の部課

(4) 日本量産車メーカー

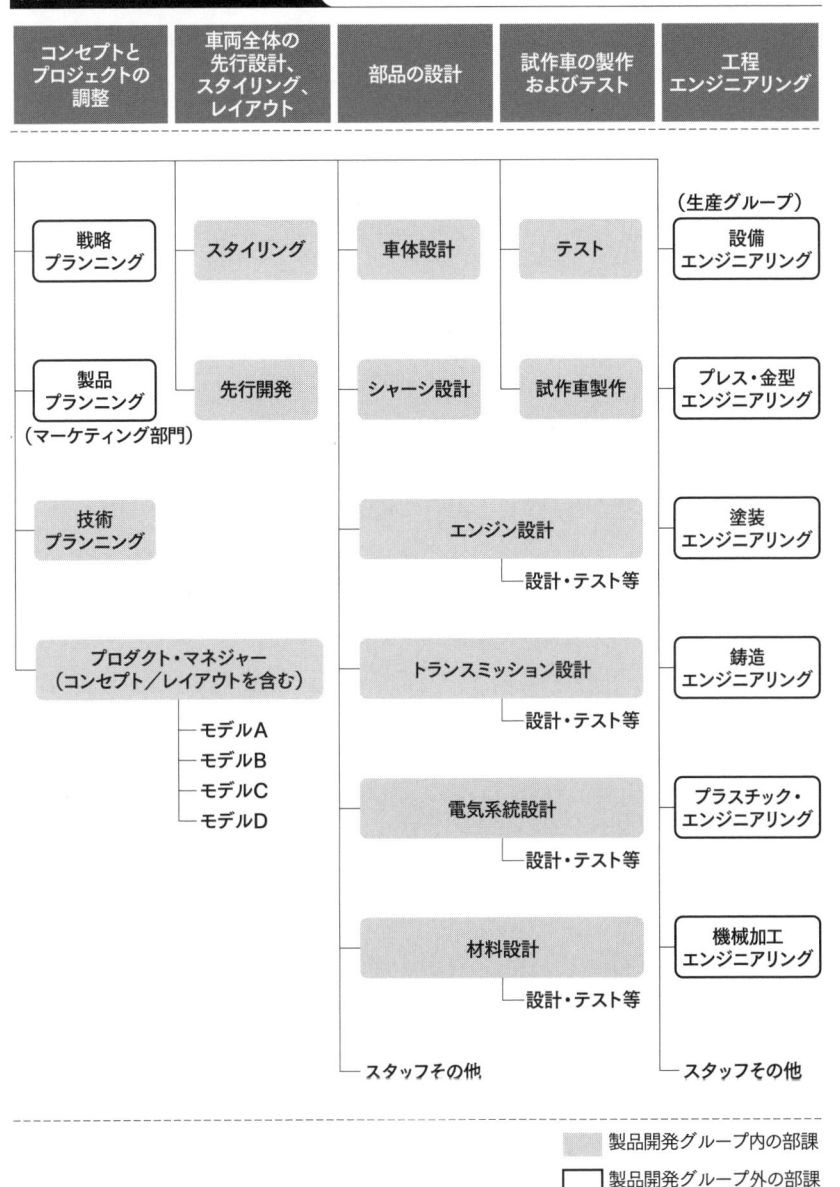

コンセプトとプロジェクトの調整	車両全体の先行設計、スタイリング、レイアウト	部品の設計	試作車の製作およびテスト	工程エンジニアリング

- 戦略プランニング
- 製品プランニング（マーケティング部門）
- 技術プランニング
- プロダクト・マネジャー（コンセプト／レイアウトを含む）
  - モデルA
  - モデルB
  - モデルC
  - モデルD

車両全体：
- スタイリング
- 先行開発

部品の設計：
- 車体設計
- シャーシ設計
- エンジン設計
  - 設計・テスト等
- トランスミッション設計
  - 設計・テスト等
- 電気系統設計
  - 設計・テスト等
- 材料設計
  - 設計・テスト等
- スタッフその他

試作車の製作およびテスト：
- テスト
- 試作車製作

工程エンジニアリング（生産グループ）：
- 設備エンジニアリング
- プレス・金型エンジニアリング
- 塗装エンジニアリング
- 鋳造エンジニアリング
- プラスチック・エンジニアリング
- 機械加工エンジニアリング
- スタッフその他

凡例：
- ■ 製品開発グループ内の部課
- □ 製品開発グループ外の部課

部門間の連携

　製品開発の組織構造は、純粋な機能別組織からもっと部門間が連携したものへとシフトしているのが最近のトレンドである。1960年代の純粋な機能別組織は、1980年代後半までには部門間の調整のためのフォーマルなメカニズムをすっかり組み込んでしまった。どこのメーカーでも、ある部（たとえばシャーシ設計部）と別の1つまたは複数の関連部（たとえば車体設計部、エンジン設計部、生産技術部等）との連絡調整を主な仕事にしているエンジニアが見受けられた。この「リエゾン（連絡担当）エンジニア」は、自分が所属する部の要求を他の部に知らせ、関係のある情報を所属の部に持ち帰るのが任務であり、頻繁にフォーマルなミーティングで集まって情報交換や調整活動を行う。こうしたミーティングは、製品開発プロセス全体のスケジュール管理や調整活動を所管する組織（たとえばスケジュール管理室）が主催することが多い。複数部門にまたがる問題解決チームや、部品ごと、特定の問題ごとの小グループが組織されることも一般的であり、本書で取り上げたメーカーの多くが製品開発プロジェクトと全体の調整を専門に行う「プロダクト・マネジャー」を置いている。

　どのメーカーも製品開発の組織構造は全般的に似通っている。このため、各メーカーごとの連携調整の程度やパフォーマンスの違いに大きな影響を与えると思われる組織や管理体制の問題を解明するには、個々のメーカーの行動、慣習、姿勢、価値観、技術力といったもののより微妙な違いを調べる必要がある。たとえば、フォーマルな組織図には決して表れないが、製品の首尾一貫性（product integrity）にとってきわめて重要な連携調整の方法もある。それは現場の担当エンジニアとマネジャーとのインフォーマルなフェース・ツー・フェースの接触である。フォーマルな組織構造は全体のシステムの一部分にすぎない。製品開発にとって効果的な組織のパターンを探ろうとすれば、製品開発が実際にどう進められているかを詳細に分析する必要がある（より体系的な分析は第9章に譲る）。私たちが解明しなければならない問題の性格と、解明に必要とされる分析手法について、わかりやすい2つの例を紹介してみよう。

プロダクト・マネジャーとは何か？　プロダクト・マネジャーというポスト

は、ほとんどすべての自動車メーカーが設置しているが、メーカーごとにその行動や姿勢は大きく異なっている。私たちが研究したあるヨーロッパのメーカーにおいては、プロダクト・マネジャーは自分たちを中立的な「調整者（コーディネーター）」あるいは「紛争調停マネジャー」と考えている。相対的に彼らの地位は低く、インフォーマルなレベルでの影響力も弱い。エンジニアリング部門内部での調整を行うだけで、しかも実務担当エンジニアに対しては連絡会議の場を通じて影響力を行使するにすぎない。製品計画の作成には権限がなく、多くの時間をデスク・ワークに費やすのである。

　それと対照的に、ある日本のメーカーでは、プロダクト・マネジャーはチーフ・エンジニアと同格の高い地位を与えられている。インフォーマルなレベルでも強いリーダーシップを発揮し、製造部門やマーケティング部門も含めた製品開発プロジェクト全体の調整を行う。必要があれば現場担当エンジニアにも直接影響力を行使し、製品コンセプトや製品計画の決定権を持つ。そして、現場技術者、デザイナー、工場の監督者やディーラー、ユーザー等とのコミュニケーションのために、オフィスの外での活動に多くの時間を割く。彼らは、一般的に自分たちのことを、単なる調整者ではなく、製品開発プロジェクトの最高責任者であり、社内企業家であると考えているのである。どちらのケースも、肩書きはプロダクト・マネジャーとなっているが、その機能や人のタイプはかなり違う。さらに重要なのは、彼らがつくり出す連携関係の性格や質も大きく異なるであろうということである。

　製品開発チームとチームワーク　部門横断的なプロジェクト・チームは、かなり一般的に見られるが、必ずしも効果的な製品開発を保証するものではない。「チームワーク」がよいというだけでは十分ではないのだ。たとえば、あるアメリカのメーカーは、非常にまとまりのよい「プロジェクト・チーム」を設置し、メンバーもきわめて高いチーム意識を持っている。だが、チームは実は各部門の連絡担当者だけで構成されており、1人として実際に設計図の作成や試作車の製作に責任を持ったエンジニアが加わっていない。この連絡チームは、結局のところ実務担当のエンジニアたちから疎外されがちな孤立集団になってしまっている。実務担当のエンジニアたちは連絡担当者のことを「チームの連中」と呼ぶのである。連絡担当者レベルで高度の統合が実現しているために、

製品開発組織全体に統合性が欠如している事実が見えにくくなっており、このことがわかるにはかなり詳細な研究が必要であった。

このように、製品開発に効果的な組織のパターンというのは、フォーマルな組織構造と高度の統合性だけでなく、企業行動、企業文化やインフォーマルな組織および人間の関係等が全体として深く関わっていることがわかった。今度は、この後者の要素について、製品開発プロセス全体に関する実地研究のなかで詳しく調べてみよう。まず、コンセプト創出や設計といった製品開発活動の川上部分について私たちの研究成果を紹介することにする。

競争上の強力な武器——自動車全体のコンセプト

自動車の開発は、コンセプト創出で始まる。この段階においては、将来の市場ニーズ、技術的可能性、経済的な商品性等に関する情報は融合して、ユーザーにもたらされる体験を具体化した製品の説明書き、つまりコンセプトに翻訳される。製品コンセプトは、自動車全体の基本的機能、構造、メッセージがいかにターゲットとなるユーザーの関心を引き、満足させるかを規定するものである。製品のよしあしが少数のわかりやすい客観的な基準で判断されるのであれば、製品コンセプトも一般的な製品の種類と1組の仕様で表されることになる。「わが社の次世代機種、製品Xは、500馬力で燃費が従来の半分です」という具合である。一方、製品が複雑で、ユーザーが全体的な製品体験を主観的に評価する場合には、製品コンセプトは、ユーザーが製品を全体としてどのように体験するかを予測しなければならない。製品コンセプトには、その製品の性格、個性、イメージが含まれる必要がある。

例として、小型のスポーティ・モデルのコンセプト創出を考えてみよう。基本的なコンセプトは「ポケット・ロケット」という短いキーワードで表されるとする。肉づけすれば、「ポケット・ロケット」とは、小さくて、軽くて、非常に速い車でなければならないということである。だが、それと同時に、迅速で反応のよい操縦性、斬新なスタイリングも必要である。この車の価格は、普

及モデルに比べると高めの設定となるが、手の届く価格でなければならない。そして、運転体験は楽しいものとなることも条件である。——出足が速く、カーブでも敏捷で、直線では高スピードが出せる。もちろん、こうした目標を達成するには、スタイリングやエンジニアリングに必要な細部について他に多くのことを決めなければならないが、「手の届く価格で、運転するのが楽しいポケット・ロケット」という基本コンセプトは、創造的なアイデアや意思決定を引き出すための拠りどころとして大変重要と考えられる。製品開発プロジェクトを始めるにあたり、魅力的で、首尾一貫した、特徴あるコンセプトを決めておくことは、市場での成功のために必要不可欠なのである。

しかしながら、製品コンセプトというのはとらえどころのない、あいまいなものである。プロジェクトの参加者に対し、自分たちの開発した車のコンセプトが表そうとするユーザーにとっての価値とはどのようなものかと尋ねれば、きわめて多様な答えが返ってくるだろう。製品コンセプトとは製品が「何をするか」を示すものだと考える人は、性能や技術的機能の観点からコンセプトを説明しようとする。一方、製品コンセプトとは製品が「何であるか」を示すものだと考える人は、全体のレイアウト、基本構造、主要部品技術の組み合わせで説明する。また、製品コンセプトとは製品が「だれのためのものか」を示すものだと考える人は、ターゲットとなるユーザー層で答えるだろう。さらに、製品コンセプトとは製品が「ユーザーにとってどういう意味を持つか」を示すものだと解釈する人は、その車の性格、個性、フィーリング、イメージといった基本テーマで説明することになろう。

強力な製品コンセプトであるためには、これらすべての観点が含まれる必要がある。製品コンセプトは本来多面的なものだからである。ただ、メーカーによって製品コンセプトのどの面を強調するかは異なる。そして、その強調する面がどれかによって、製品自体の性格も変わってくる。したがって、製品コンセプトの創出は、製品の競争力に重大な影響を与えるのである。効果的な製品コンセプトを創出するためには、コンセプトの創出プロセスへのインプットと、そのプロセス自体とを、両方効果的に管理していかなければならない。

コンセプト創出プロセスへのインプットの管理

　製品コンセプトの創出プロセスへのインプットを効果的に管理するためには、製品コンセプトのクリエーターと重要な情報・アイデアのソースとの間の微妙なバランスをとることが必要である。インプットのソースとしては、市場情報、戦略計画、先行開発の成果の3つが中心となろう。

　市場情報　市場情報は、コンセプト・クリエーターが市場で直接収集することにより、また、マーケティング部門の専門スタッフが集めた市場調査や消費者テストの結果、ディーラーからのフィードバック等をコンセプト・クリエーターが間接的に入手することにより得られる。メーカーによっては、市場情報を得るために両方の方法を用いているところもあるが、多くはどちらかに重点を置いている。マーケティング部門を重視するメーカーは、この部門が入手する市場情報に信頼を寄せている。そうしたマーケティング部門は普通、公式な定量的市場調査のための予算も専門能力も十分に与えられている。たとえば、フォーカス・グループ（商品について消費者にグループ討議させる場）を組んだり、消費者テストを実施したり、詳細な統計学的分析を行ったりといった具合である。マーケティング部門内にいる製品プランナーは、ターゲットとするユーザーのイメージをつくり上げ、そうしたユーザーにとって魅力的な製品コンセプトは何かを決めていくために、市場調査の結果を活用する。ユーザーが製品体験を豊富に持っている市場においては、ユーザーの嗜好を知るうえで、公式な市場調査は強力な武器となる。

　一方、製品コンセプトの創出の責任をプロダクト・マネジャーに持たせている（だいたいは製品プランニング・スタッフの補佐を得る）メーカーでは、ユーザーと製品の間の関係が本来 動的(ダイナミック) なものである点を重視する。プロダクト・マネジャーも、市場調査結果をインプットとして用いるが、既存のユーザーや潜在的なユーザーとの直接のパイプを別に持っていることが多い。彼らは自分たちの役割を「コンセプト・クリエーター」と考えている。彼らの使命は、過去にどんなものが売れたかを振り返ることではなく、今後のトレンドを予測し、将来の姿を描き出すことにある。このような役割は、製品が複雑でユーザーの

嗜好が変わりやすい市場で重要となろう。

戦略計画　全製品にわたる長期的な戦略計画は、しばしばサイクル・プランと呼ばれ、プロジェクト間で新製品発売のタイミングがしっかり調整されるように定期的に作成され、見直される。サイクル・プランの作成にあたっては、プロジェクトに投入される資源の制約、市場のトレンド、技術および部品の利用可能性等がすべて考慮に入れられるが、その計画期間は普通10年程度である。また、価格帯、市場での位置づけ、製品のイメージ、エンジンの種類、ターゲットとなるユーザー等々の細かい内容も戦略計画に盛り込むことができる。製品コンセプト創出段階の他の作業と同様、戦略計画の策定にもバランスをとるという難しさがある。首尾一貫した戦略計画を持てば、円滑で迅速な個別商品コンセプトづくりや、プランニングが容易になるとともに、メーカーの個性や各モデルを通じた首尾一貫性といった製品の競争力の強化に役立つ重要要素を製品ライン全体に保ちやすくなる。だが同時に、首尾一貫した戦略計画は過度の制約条件となり、個々のコンセプト・クリエーターの創造性や想像力を押さえつけてしまう可能性もある。もしコンセプト・クリエーターがやる気をなくし、変化する多様な市場ニーズに対応できなくなれば、製品の個性、多様性に問題が生じよう。

したがって、効果的な戦略計画とは、全体的な戦略の方向性と個別の市場セグメントにおける競争状況に対応した柔軟性との間のバランスをうまくとることである。従来から多くの自動車メーカーは、生産能力を予測し、市場導入のタイミングを計るためにサイクル・プランを用いてきたが、個々のプロジェクトを推進するにあたって、それ以上の用い方がされていたわけではない。市場環境がより不安定になってくるに従い、また製品ラインがより複雑になってくるに従い、もっと詳細で首尾一貫した計画を持つことの重要性が増してきたのである。

技術情報　技術の進歩は製品コンセプトの創出に大きな影響を与えうる。たとえばマルチバルブの高性能V型8気筒エンジンが高級車に搭載できるようになれば、より小さいV型6気筒エンジンでつくられたものとは、製品体験もイメージも異なったものとなる可能性があるのだ。したがって、ある技術が利用可能であることを知っていれば、製品プランナーやプロダクト・マネジャーが

新製品のコンセプトを考える際に役立つこととなる。

　逆に、製品コンセプトが技術の開発を促すこともある。たとえば、軽量だが丈夫で剛性の高い車体を必要とするコンセプトがつくられれば、新素材の開発や車体の新たな製造工程の開発を迫られることもある。ユーザーが製品の首尾一貫性に敏感で部品の技術が製品コンセプトの重要な部分を構成するような場合には、製品コンセプト主導型の技術開発が有効である。しかしながら、コンセプト主導型の技術開発は、技術開発のリードタイムが、必要とされる製品開発のリードタイムよりも短い場合にのみ可能である。たいがいの先端技術の場合そうなのだが、技術開発のリードタイムのほうが長い場合には、新製品開発の作業が始まる際にすでに技術は開発済みか開発中の状態でなければならない。

　技術開発のリードタイムが長いという問題を克服するために、しばしば各メーカーは技術開発を先行して行い、技術の「冷蔵庫」にいったん貯めておく方法をとる。この場合、冷蔵庫の中の技術と、新製品が要求する技術とがミスマッチを起こさないように、あらかじめ技術開発を行う際に将来の製品コンセプトを予測しながら行う必要がある。したがって、製品コンセプトの創出段階でインプットされる技術情報を管理するということは、先行技術開発の始めと終わりに、新技術を将来の製品と結びつけることだ。すなわち、技術開発の作業が開始される際に将来の製品を見据える必要があると同時に、プロダクト・マネジャーは技術開発の成果を常に把握しておく必要もある。

コンセプト創出プロセスの管理

　製品コンセプトの創出は、個人の知的創造性に依存して進められるプロセスである。そして、コンセプトを創出するうえで難しいのは、個人の創造性を組織全体のコンセンサスや支持を得るための条件にうまく適合させる方法を見つけることである。これを個人のレベルから見れば、最も重要な問題は、「だれが責任を持つか」ということなのである。本研究では3つのケースが見られた。

　(1)特定部門にスペシャリストを置くケース。マーケティングあるいは先行開発といった特定部門内に、メーカーの全車種のコンセプト創出に責任を持つスペシャリストを置くものである。このケースでは、全車種を通じて首尾一貫し

たコンセプトの質を確保しやすくなる。しかしながら、スペシャリストは、コンセプトの提案を川下の部門に渡したら、ほとんどアフター・ケアもせずにそのプロジェクトから離れるため、川下の部門との連携が弱くなる可能性がある。

(2)製品プランナーを置くケース。特定の車種のコンセプト創出を専門に担当する製品プランナーをマーケティング部門(場合によってエンジニアリング部門)に置くものである。このケースは、メーカーがニッチを見つけて、互いに十分に差別化された製品群を売っていこうという場合に適切である。しかしながら、川下の部門との連携が依然として弱いため、製品コンセプトはよいのにでき上がった製品は平凡で、市場に投入するのも遅すぎたという結果になるおそれがある。

(3)プロダクト・マネジャーを置くケース。コンセプト創出に関するすべてのリーダーシップを各プロダクト・マネジャーに委ねるものである。このケースは、プロダクト・マネジャーが市場に太いパイプを持っている場合には、市場環境が不安定な状況下で優位性を発揮する。さらに、プロダクト・マネジャーが川下の各部門の活動においても中心的な役割を果たすのであれば、コンセプト創出に際して川下の部門との連携が確保されやすい。一方、全車種を通じてメーカーの個性、コンセプトの首尾一貫性を保持することは難しくなるという短所もある。

　コンセプト創出プロセスで最大の問題は、リーダーシップと個人の創造性との間のバランスをうまくとり、組織内の他部門をいかに幅広く巻き込むかという点である。情報資産系統図が示すように、製品コンセプトを創出するには、すべての川下の活動——すなわち、製品設計、レイアウト、部品の選択、スタイリング、製造性、生産上の制約条件、コスト設計、商品性等——が関係してくる。そして、これらの川下の活動はユーザーの満足度に影響を与えるので、川下へ流れてくる情報を前もって共有するために、川下の部門に属する人々がコンセプト創出プロセスに関与することが望ましい。だが、川下での制約条件を無視してコンセプトをつくると大きな失敗を招くとはいっても、あまりにも幅広く川下部門の関与を認めるのも製品コンセプトの首尾一貫性や個性を失わせるおそれがある。強力な部門同士が交渉しあい、争い合うことによって、政

治的な妥協や寄せ集めの解決がもたらされ、結局特徴のないコンセプトができ上がってしまう可能性があるのだ。私たちがインタビューした多くのプロジェクト・リーダーたちは、コンセプト創出に関して明確なリーダーシップのない民主主義は、個性ある製品を生み出すうえで最大の敵となると主張する。

　本研究で取り上げたメーカーの多くは、部門横断的な関与を優先するか、明確なリーダーシップを優先するかを選択している。いくつかのメーカーでは、マーケティング部門等の内部に専門チームを置いてコンセプト創出の責任を持たせ、川下の部門には関与させない方式をとっている。また、別のいくつかのメーカーでは、プロジェクトを始めるにあたって、重役レベルで部門横断的な交渉を行わせている。前者のやり方では製品コンセプトと実際の製品との間に不一致が生じやすく、後者のやり方では個性のないコンセプトができやすい。

　さらに別の複数のメーカーは、コンセプト創出に関する強力なリーダーシップと川下部門の幅広い関与とを組み合わせている。そのうちの1社では、コンセプト・クリエーターとアシスタントから成る少人数のチームに約半年の時間を与え、部門横断的な交渉が始まる前に製品コンセプトやプランをつくらせる。こうすることで、コンセプト・リーダーがコンセプトの芽を育てることのできるいわば懐胎期間を持つことになる。また、別のあるメーカーでは、最初から川下部門を幅広く関与させる部門横断的なコンセプト・チームを設けるとともに、そのトップに他のメンバーを統轄し、明確なリーダーシップをとるコンセプト・クリエーターを据える。プロジェクトの最初の数カ月間において、明確なリーダーシップを確立し、他部門の幅広い関与を認めることは、効果的なコンセプト創出を行うために特に重要と考えられる。

製品プランニング

　でき上がった製品コンセプトは、今度は、製品エンジニアリングのためのもっと具体的な前提条件——コストや性能の目標値、部品の選択、スタイリング、レイアウト等——の形に翻訳される。この製品コンセプトと製品設計とを結びつける段階のことを、しばしば製品プランニングと呼ぶ。この段階の終わりに、

首脳陣によってプランが承認されると、製品エンジニアリングの活動が全面的に開始されることとなる。

製品プランニングが成功するためには、2つの大きな問題を解決する必要がある。第一に、仕様、部品の選択、スタイリング、レイアウト等には、製品コンセプトの意図を性格に反映させなければならない。製品コンセプトは結局のところユーザーが何を魅力的と感じるかについて述べたものであるから、製品プランを製品コンセプトと調和させるということは、外的一貫性を実現することである。もちろん、仕様、部品の選択、スタイリング、レイアウト等を相互に調和させる内的一貫性も重要である。しかし、外的および内的一貫性を同時に実現させることは、次の例が示すように容易ではない。

ファミリー・セダンのプランニング　ある日本のトップ・メーカーが、特色のあるファミリー・セダンの開発を始めた。この車のコンセプトは、乗客にとってのスペースと視界の最大化、メカ部分のスペースの最小化、幅広で低く美しいボディ、優れた操縦性と安定性、優れた燃費効率等であった。車体のスタイリングにおいては、デザイナーはこのコンセプトを、極端に低いボンネットという形に翻訳し、これがサスペンションを選択する際の制約となった。従来のフロント・サスペンション方式、たとえばマクファーソン・ストラット・タイプのサスペンションは、高さの関係で採用できない。このため、解決策として用いることになったダブル・ウィッシュボーン・タイプのサスペンション（垂直方向に短くて、通常の道路条件でのロード・ホールディング性能に優れている）は価格が高く、コスト・オーバーが問題となった。さらに、このサスペンションは水平方向のスペースをとるため、エンジン・ルームが内側に押し出される形となった。また、車体重量を軽くして燃費効率をよくしようとする要求は、車体剛性を上げて安定性を持たせようとする要求とトレード・オフ関係に立つ。これを解決するため、車体の内部構造は薄いシート・メタルを用いた複雑なものとなり、エンジン・ルームがさらに内側に押し出されることになった。キャビンの側では、ボンネットを低くして視界を広げようとしたためにガラス面積が大きくなり、エアコンを強力にする必要が出てきた。それは今度はエンジンの馬力増強の必要という形ではね返ってきた。それから、長くて低い車内空間

に押される形で、前輪駆動のエンジンを前方いっぱいに配置する必要が生じ、重量のバランスが前が重い形となって、エンジン自体を軽量化しないと操縦性に支障が生じるおそれが出てきた。したがって、このモデルのために特別に、高出力、軽量、小型のエンジンを開発しなければならず、コストが高くついてしまったのである。

　製品プランニングにあたっては、コンセプト、仕様、部品の選択、コストの目標値、レイアウト、スタイリング等の間で複雑なトレード・オフ関係が絡み合う。新車のプランニングは、多次元方程式を解こうとするようなものである。組織同士の対立や困難な交渉事が生じるのは避けられない。先のファミリー・セダンの例では、ボンネットの高さが主戦場であった。デザイナーやコンセプト・リーダーはボンネットを低くしようとした。エンジン担当エンジニアはそれを高くする方向に動いた。その間に挟まって、車体担当エンジニアは車体構造部分のスペースがもっと欲しいと主張した。彼らの戦いにおいては、ボンネットの高さはミリメートル単位で上がったり下がったりした。そして、そのほかにも、部品担当エンジニア、デザイナー、プロダクト・マネジャー、テスト担当者、会計担当者、工場マネジャー、金型エンジニアその他関係者を巻き込んだ対立が、数多くの分野で生じたのである。

　製品プランニング段階の終わりに、高度の内的・外的一貫性を実現するためには、プランニング・チーム相互間、またプランニング・チームとコンセプト・クリエーターとの間で緊密な連絡調整が行われることが重要である。メーカーがさまざまな活動をどう分割し、各部門、各チームにどう振り分けるかは、製品全体の首尾一貫性に大きく影響する可能性がある。そのなかで、スタイリング、レイアウト、部品の選択の3つの活動が特に重要である。

スタイリング

　車体およびインテリアのスタイリングは、通常独立したデザイン部が担当する。典型的なデザイン部は工業デザイナー、クレイ・モデル作成スタッフ、下級技術者（テクニシャン）、空気力学や人間工学のエンジニア等が集まっている。スタイリング・プロセスは、デザイナーが2次元で表現したアイデア（例：ス

ケッチ、レンダリング、テープ図）を3次元のもの（例：クレイ・モデル、プラスチック・モデル）に翻訳するプロセスである。スタイリングの情報は、最終的にはCADのデータとして蓄積され、車体の開発のために用いられる。

　製品プランニングの他の要素と同様、デザインも製品コンセプトと詳細設計の橋渡しとして重要な役割を果たす。その役割を効果的に果たせたかどうかは、コンセプトの創造段階とエンジニアリング段階との間の連携のよしあしで判断されるわけだ。まず、コンセプトの側から見てみよう。ユーザーの期待に応えるためには、デザインのテーマは技術的観点およびマーケティング的観点からのコンセプトと十分調整される必要があり、デザインは車全体のコンセプトの一部分として位置づけられなければならない。しかし、そのような調整は容易に実現できるものではない。したがって、組織面からは、コンセプト・クリエーターとデザイン・チームとの間には、プロジェクト開始時から両者の意向が正確に反映されるように、緊密な双方向コミュニケーションが必要となろう。

　そして、デザイナーとコンセプト・クリエーターがコミュニケーションをとる際には、お互いの主張がどれだけ正確に伝えられるかが問題となる。製品コンセプトは抽象的で言葉に頼ったものであるが、スタイリングは本来視覚的で3次元のものであり、言葉に表すのが難しい。コンセプトの微妙なニュアンスを書面だけで伝えるのは不可能であるから、コンセプト・クリエーターとデザイナーは頻繁にフェース・ツー・フェースの接触を持つことが重要である。また、適切なキーワードを選んだり、製品のイメージを表現する短いストーリー（イメージ・リハーサルと呼ばれる）をつくったりすることも役立つ。デザイナーに関して言えば、上司の趣味に合わせるよりもユーザーの顕在的あるいは潜在的な嗜好に合わせる必要があろう。要約すれば、コンセプト・クリエーターとデザイナーは、組織の壁を乗り超えて、同じ言語、同じ価値観を共有しなければならないのである。

　今度はエンジニアリングの側から見てみよう。各メーカーがデザインを管理する際に選択を迫られる重要な問題は、デザイナーとエンジニアとをどこまで区別するかということである。デザイナーは、製品カテゴリーに分かれたデザイン・スタジオに配属されることが多い。これについては、地域差が顕著である。たとえば、アメリカのメーカーのデザイン部は、エンジニアとデザイナー

の間に、使用する言語、態度、服装、ライフスタイル等のさまざまな面において顕著な差異があることを反映している。たいていエンジニアは、これといって特徴のないオフィスや、小部屋、研究室で働くが、デザイナーは、まるで社内のプライベート・ルームのように工夫を凝らして設備された環境で働く。

一方、ヨーロッパでは、デザイナーとエンジニアはもっと緊密な連携をとりあう。このような地域差は、車のデザインに関する伝統の違いに根差していると思われる。ヨーロッパでは、「形は機能によって決まる」というバウハウス的な考え方に固執し、デザイン（すなわち形）とエンジニアリング（すなわち機能）が緊密な関係に立ちやすい。他方、アメリカでは、毎年モデル・チェンジを行う必要から、スタイリングが独立した役割を果たし、フレームの上にボディを載せるというアメリカ車の基本構造によって、スタイリングが開発設計から独立することになった。日本では、デザイン部門は車体設計の1セクションとしてスタートし、現在でも他の設計部と同様の取り扱いを受けている。

レイアウト

レイアウトあるいはパッケージングというのは、機械部品、車体構造、荷物や乗客のスペース等の配置プランを立てる作業を指す。レイアウトとスタイリングは骨と皮のように密接な関係がある。レイアウト作業は、まず基本的な部品の配置（例：前輪駆動）や主要な寸法（例：軸距、ヒップポイント、車高、フロントガラスの角度等）の決定から始まり、この骨格に基づいて修正を加えていく。

レイアウトは、スタイリングほど目立たないが、車の個性に決定的なインパクトを与える。座席やキャビンのちょっとした変更で、ドライバーが持つ空間の広さ、視界、運転の感覚についての印象を大きく変えることができる。また、エンジンの重心を前の車軸から少しずらすだけで、操縦性の特徴も変わりうる。レイアウトは、車全体のコンセプトを物理的に直接表現するものであり、スタイリングと比べてもより重要である。本研究で取り上げたメーカーの多くが、基本的なレイアウトをスタイリングの前に行うのもこのためである。

レイアウトが製品の基本的なメッセージ、考え方を伝えるものだとすれば、それは製品の長期的な行く末を決定する大きな要因ともなりうる。いくつかの伝統的なヨーロッパ車——たとえばビートル、シトロエン2CV、ゴルフ——が

成功したのも、画期的なレイアウトによるところが大きいし、日本の軽自動車の開発に際しても、数mm単位で足元や頭上のスペースの余裕（レッグルームやヘッドルーム）を競うためには優れたレイアウトが不可欠である。クライスラーのミニバンが大成功を収めた最大の理由は、スタイリングや性能のよさというより、キャビンの床を低くする等のレイアウトにあった。車は、レイアウトによって成功もするが失敗もする。何よりもレイアウトのまずさで評判を落とした車の例は数多い。

　こうしたことから、組織をつくるにあたっても、レイアウト、特に基本的なレイアウトの責任をどこに持たせるかは重要な選択となる。メーカーのなかには、基本的なレイアウトの責任をコンセプト・クリエーターに持たせ、コンセプトとレイアウトの連携を重視するところもある。また、特に日本のメーカーのように、プロダクト・マネジャーにレイアウトの責任を持たせるところもある。これは、部品相互間の調整手段としてのレイアウトの役割を重視するものである。さらに、基本的なレイアウトをデザイン部の一セクションにやらせて、スタイリングとレイアウトの相互依存関係を重視するところもある。もう1つ、レイアウトを先行開発や車体設計といった特定の開発設計部にやらせるところもある。

部品の選択

　製品の技術というものは、その多くが主要部品に生かされていることが多いため、主要部品を決定することは製品に採用する技術を選択することでもある。部品の選択は主に3つの分野、すなわち新しい部品を使うか既製の部品を使うか、部品メーカーの開発力を使うか自社開発か、そしてどの基礎的部品技術を採用するかに分けられ、これらの選択が多くのトレード・オフ関係を通じて製品の競争力にも影響を与える。既製の部品（例：他のモデルと共通の部品あるいは古いモデルから流用する）を使えば、新たな生産設備や設計にかかるコストを節約し、信頼性の問題が生じるリスクも減らすことができる。だが、そうすることによって、車全体のバランスの観点からは最適な部品とはいえないものを使用し、設計品質を落とす危険性もはらんでいる。同様に、部品メーカーの開発資源を活用することで、部品の品質を高め、自動車メーカーにおけるプラン

ニングとエンジニアリングとの間の調整に要する労力を軽減しうる。が、他方で、基礎的な技術力が低下し、中核となる部品の技術まで失ってしまうことで、部品メーカーに対するバーゲニング・パワーが弱体化するおそれも生じる。

　部品の技術に関して、トレード・オフ関係を示すよい例がリア・サスペンションの選択の問題である。今日の自動車では、従来型の固定車軸方式と並んで、独立サスペンションが一般的に使われている。そのなかで、セミトレーリング・アームは、走行時のノイズを減らし、チューニングの融通性に優れている。マクファーソン・ストラット型サスペンションは操縦性に優れているが、垂直方向にスペースをとりすぎる。そして、ダブル・ウィッシュボーン型サスペンションはロード・ホールディング性能に優れているが、重くて価格も高い傾向にある。どのサスペンション技術を採用するかは、車全体のコンセプト、コストと性能の目標値、駆動装置の配置、レイアウト、スタイリング等によって決まってくる。部品の選択には、部品担当設計エンジニアとテスト担当エンジニアの両方が関与するが、部門ごとに重視するポイントが異なることが多いため、部門間の対立がよく生じる。こうした対立を建設的に解決するには、コンセプト・クリエーターが強いリーダーシップを発揮することと、エンジニアがユーザー志向の考え方に立つことがキーポイントとなる。

　車全体を考える場合、さまざまな角度からのトレード・オフ関係が複雑に絡み合い、多くの調整を要する。コストや性能の目標値、仕様、レイアウト、スタイリング、部品の選択等は、同時に最適化されなければならないのだ。自動車メーカーは、車全体の首尾一貫性を内的にも外的にも、効率的かつ迅速に実現しなければならない。コンセプト創出サイドの強いリーダーシップ、関係者間の緊密なコミュニケーション、製品のユーザー志向等が、この段階で効果的な作業をするための重要な要素ということになる。

製品エンジニアリング

　製品プランが経営首脳陣の承認を得ると（あるいはその少し前に）、詳細な製品エンジニアリングが始まる。この時点では、製品の全体設計についてはすで

にかなりの作業が進んでいる。クレイ・モデルは承認されており、インテリアのモックアップも完成している。コストや性能の目標値も設定され、車全体のレイアウトも決まっている。そして、基本的な部品の選択も済んだ。となると、製品エンジニアリングでやるべきことは、プランを実行に移すだけであるように見える。

　もし事がそれほど単純なら、製品開発の際の緊張やプレッシャーは大いに軽減されるだろう。だが、実際にはそうはいかない。当初は十分明確に表現され、しっかりとでき上がっているように見える全体設計だが、実際には、大まかな、あるいはあいまいでさえある製品コンセプト、どんどん変更されるラフに設定された仕様、複数の、しばしば矛盾する達成困難な目標値等で組み立てられていることが多い。製品は常に複雑であり、プランニング・プロセスも詳細部分に注意を払ってはいるが、すべての矛盾点や問題点をあらかじめ発見することができるわけではない。たとえば、「新しい高級セダンのドアは閉まるときに堅固な、かつ安全な感覚を与えなければならない」という目標を達成するためには、技術力を駆使し、また、車体、電気系統、プレス成型、組み立て等の各担当エンジニアと交渉を繰り返さなければならず、かなり難しい作業が要求される。結局、製品プランニングは、全体の方向性、大まかな設計を決めるものであるが、製品エンジニアリング段階でもまた、個々の部品システムの細部では数多くの矛盾点、トレード・オフ関係が生じるのである。

製品エンジニアリングの組織

　各メーカーは、製品エンジニアリングに関する困難を克服するため、同じような組織をつくっている。製品エンジニアリングの意思決定は、「設計―試作―テスト」という業界共通の一連のサイクルのなかで行われる。すなわち、詳細な設計図が個々の部品ごとに（また、主要なシステムごとに）作成され、試作図に基づいて部品と車全体の試作品が製作される。そして、これらの試作品は設定された目標値に照らしてテストされる。さらにテスト結果は分析評価され、必要ならば設計に変更が加えられる。このサイクルは性能が受容できるレベルに達するまで繰り返されることとなる。

　各メーカーは、製品エンジニアリングの複雑さを克服する手段として、プロ

ジェクトを管理可能な単位に分割する。車全体のレベルで見れば、作業は社内の開発部門、外部のエンジニアリング専門業者、部品メーカーで分割される形となる。このうち、社内の開発部門においては、作業プロセスの段階ごと、あるいは部品ごとに分かれて作業が進められる。設計とテストはどのメーカーでも分けられる。また、車体、シャーシ、パワートレインはそれぞれ別の部になるのが普通である。実際に部をどう設置するかは、設計とテストを専門の部として独立させるか、あるいは部品別の部内で統合するか、2つの考え方のどちらを重視するかによって決まってくる。

　個々の作業のレベルで見れば、さらに細かい分業化がなされる。エンジニア1人ひとりは、製品エンジニアリングの作業段階ごと、あるいは部品ごとに担当を決められる。ヨーロッパでは、大学の工学部を卒業して、基本設計のみを担当する「エンジニア」と、詳細設計図面を描くことのみを担当する下級技術者である「ドラフター」(図面工)が分化している。基本設計、詳細設計図面の作成、テスト、分析といった作業段階ごとに分業化するのが一般的なのである。対照的に、日本のメーカーでは、こうした形の分業化はほとんど見られない。日本では、エンジニアと下級技術者との間に明確な区別はなく、教育レベルにかかわらず、新人のエンジニア兼下級技術者が設計図面の作成を担当させられ、年月を経て徐々に部品の機能設計、組み立て前の全体設計を担当させてもらえるようになる。

　部品ごとに細かく分業化が進むほど、専門知識は深まるが、車全体としての調整が難しくなるという状況は、欧米のメーカーに共通したものである。部品担当エンジニアが過剰に専門化され、たとえば「左側のテール・ライト担当エンジニア」まで現れたいくつかの欧米メーカーでは、調整が困難となり、作業が重複して非効率が生じ、ユーザー志向の考え方や車全体からの視点が失われる結果となっている。高級車専門メーカーは、製品コンセプトや部品の設計が安定的で、細部にわたって専門化が進んでも車全体からの視点を損なわせるようなことはない。だが、他のヨーロッパのメーカーやアメリカのメーカーのほとんどは、過去の反省から、なるべくエンジニアに担当させる分野を広げ、専門化の度合いを緩め、ユーザー志向の考え方を個々のエンジニアに徹底させようとする傾向にある。

このように、部の設置の仕方や個々のエンジニアの担当、そして分業化の度合い等の違いは重要な問題であるが、もっと重大なのは、メーカーが作業をどう処理し、分業化にあたっての考え方をどれだけ実際の作業において貫いているかである。ここで製品エンジニアリングの3つの観点——コンセプト創出と製品エンジニアリングとの関係、試作車の製作とテストとの関係、設計変更の管理——から、実際の作業にあたって基本的な考え方を貫くことの重要性について明らかにしてみたい。

コンセプト創出と製品エンジニアリング

　今日の洗練されたユーザーは、細かい部品の性能のレベルに至るまで、コンセプトの一貫性が保たれているように求めるため、車全体のコンセプトの微妙なニュアンスも、すべての部品に浸透させておく必要がある。こうしたことから、部品の設計とテストの担当者も含めた製品エンジニアとコンセプト・リーダーとの間で緊密な連携をとることが必要となってくる。だが、実際には、コンセプト・リーダーと設計現場のエンジニアとが緊密に連携をとりあうことは稀である。両者が連携をとることを求めるプロセスを設けるとか、強力なプロダクト・マネジャーを置くとかしない限り、両者の関係は弱くなりがちである。プロダクト・マネジャーは、常日頃から製品開発（設計）部門のオフィスとは、連絡調整の目的で接触を保っており、コンセプト・サイドとエンジニアリング・サイドとのコミュニケーションを円滑化するのに役立っているが、プロダクト・マネジャーが設計実務担当エンジニアと直接接触することはあまり行われていない。もっと一般的なのは、連絡担当者を通じた間接的な接触である。

　コンセプトと製品の詳細部分との間の緊密な連携を実現するためには、少なくとも2つの方法がある。1つはプロジェクト・リーダーを通じる方法、もう1つはエンジニアリングの伝統に基づく方法である。プロジェクト・リーダーによる連携は、実務作業レベルに直接干渉することから始まる。たとえばサスペンション・チューニングのような特に重大な問題については、強力なプロダクト・マネジャーは設計やテストの細部にまで直接関与するようになる。私たちがインタビューしたプロダクト・マネジャーの1人は、自分の考えているコンセプトについて実務レベルのエンジニアと話し合う機会をつくるために、わざ

わざ部品の設計に異議を唱えることもしていた。この直接のコミュニケーションは、このメーカーのコンセプト・リーダーが細部のレベルに至るまで製品の首尾一貫性を保つのに役立っているようである。

　テストについてもコンセプトを徹底することが重要である。特に商品性のテスト担当者は、車全体をユーザーの視点で評価するため、なおさらそれが求められる。テスト担当者の目がユーザーの目の代用たりうるかどうかは、試作車が実際の完成車の代用たりうるかどうかと同様、大切なポイントである。あるメーカーのテスト部門のトップは、「テスト担当エンジニアがターゲットとなるユーザーの嗜好を直接感じることができなければ、よい車を開発することはできない」と話す。「私のポリシーは、よい製品をつくるため、製品コンセプトを心から理解できる人材だけをテスト・チームに配属することである」。商品性テスト担当者は、市場とのパイプとユーザー志向の考え方を持ち続けることが大事だが、それに加えて、ユーザーが期待するものは何かについての見解をコンセプト・リーダーと共有している必要があるのだ。

　連携を保つために2番目の手段であるエンジニアリングの伝統の共有は、高級車専門メーカーでより一般的である。高級車専門メーカーでは、製品コンセプトやエンジニアリングについての哲学が世代を超えて安定的であり、全車種を通じて一貫している。このため、設計実務担当エンジニアもすでに、そのメーカーの製品や部品についてのイメージや望まれるパフォーマンスを達成するための方法等を共有している。こうした環境があるから、コンセプトとエンジニアリングとの間のコミュニケーションの重要性をあまり強調しなくても、製品の首尾一貫性を維持することが可能なのである。それはちょうど、レパートリーは少ないが熟練したオーケストラは、指揮者がそれほど引っ張らなくても統一された、優れた音楽をつくり出すことができるのに似ている。一方、コンセプトとエンジニアリングの密接な連携を強調しなければならないメーカーは、レパートリーが広くて新しいものをどんどん取り入れるオーケストラにたとえられる。このようなオーケストラでは、音楽にコンセプトの首尾一貫性を持たせるために指揮者の積極的な関与が必要となってくるのである。

試作車の製作とテスト

　エンジニアが詳細な設計を仕上げてしまえば、製品エンジニアリングの次のステップは試作車を製作し、テストすることである。試作車の製作は、部品の設計図をもらうことから始まり、通常2つか3つのロット（すなわち、同じバージョンの設計図からつくられた一団の試作車）に分けて実施される。第1次試作車が完成すると、テストが始まる。テストの結果は設計にフィードバックされ、次のロット（第2次試作車）が導入される前に設計変更がなされる。

　試作車の製作とテストはCAEによるシミュレーションで行われるようになってきたが、ユーザーの嗜好がますます洗練されてきているため、実際の試作車を使って製品全体の品質を詳細に評価することの重要性はさらに増している。そして、エンジニアリングに関する問題点を早めに摘出し、設計変更のコストが高くならないうちに設計品質の改善を図るためには、試作車製作の迅速性、効率性、量産車再現性（representativeness：量産車の代用としての適格性）が要求される。

　試作段階で一般的に見られる問題点は、リチャード3世の馬のひづめと蹄鉄の話を思い出させる。設計チームからの設計図の引き渡し（出図）が締め切りまでに行われず、また、部品の納期が遅いと、最初の試作車の完成時期も遅くなり、仕上がりもまずくなる。初期の試作車の出来がよくないと、テストを急がなければならず、不完全で、ユーザー体験の代用として役に立たなくなる。徹底的かつ効果的なテストができないと、設計に問題点が隠れたままにされてしまう。さらに、メーカーはしばしば、情報資産系統図の縦のつながり、すなわち試作チームと製造部門との連携をつくり上げることに失敗する。試作部品は部品メーカーと関係ない試作部品の専門メーカーが製作するため、試作車の組み立てに際して発見された潜在的な製造上の問題は、試作チームから製造部門に引き継がれることはめったにない。したがって、製造工程のシミュレーションとしての試作車の製作をうまく管理できないメーカーは、製造上の問題を早い時期に解決する絶好のチャンスを失ってしまうのである。

　試作車が設計の意図を正しく反映していない場合、効果的で徹底的なテストができない場合、また試作チームと製造部門との連携がうまくとれない場合、

製品の設計および製造上の多くの問題は、パイロット・ランまで、あるいは実際の製造にとりかかるまで発見されないままとなる。その結果、製品開発プロジェクトの終わりになって大きな設計変更が必要となり、コストが高くついてしまったり、生産の立ち上がりおよび市場導入時期が遅れてしまったり、発売後も品質上の問題、クレーム、リコール等が続出したりする。そして、その製品の評判や売れ行きが落ち、製造上の問題を改善するために工場のダウンタイム（非稼働時間）も長くなる。

　試作とテストの管理については、まったく異なった考え方と前提に基づいて2つのアプローチがある。1つ目のアプローチは、試作車の製作過程を問題解決サイクルの中心に位置づけて、設計を評価するためだけでなく、商業生産が始まるまでに解決しなければならないもろもろの問題を発見するために役立てるというものである。このアプローチは、締め切りの順守と迅速性を優れたパフォーマンスのカギと考える。設計図の引き渡しや試作部品の供給について締め切りを守り、最初の試作車を早く仕上げ、試作とテストの回数を多くし、テストを早期に、かつ迅速に実施し、設計の改良をできる限り早めに行うことが要求される。また、試作車が設計の意図を正しく反映し、問題発見のために量産車再現性を十分確保することが求められる。さらに部品メーカーに試作部品を製作させ、試作チームと製造部門との間のコミュニケーションを円滑化して、情報が共有できるようにし、製造が始まる前に製造上の大きな問題点を解決しうる体制をとることが必要となる。

　2つ目のアプローチは、ヨーロッパの高級車専門メーカーで採用しているところがいくつかあるが、完全主義的色彩を帯びている。このアプローチは、きわめて高品質の試作車を多数製作し、非常に熟練したテスト担当者が徹底的なテストを行い、製造部門への最終的な設計図の引き渡しは彼らの承認がなければできないようにする。製品の性能については、製造上の問題を解決するという口実での妥協を許さない。ある高級車専門メーカーの工程エンジニアリング担当マネジャーは次のように語る。「試作車は量産車よりも設計の仕様に正確に準拠している。試作段階が終わると、試作チームのメンバーは製造部門のメンバーにその車の製造の仕方を教えるのだ」。このやり方だと、きわめて高い品質を確保しうるが、コストと時間がかかり、高級車専門メーカーにしかとれ

ない選択肢となっている。

設計変更

　設計変更——部品の変更およびすでに製造部門に引き渡された設計図の変更——は、製品開発に際して例外的なものではなく、むしろ日常的なものである。製図上のミスに起因する単純な変更のようなものはそもそも無用であり、なくさなければならないが、多くの変更は製品を改善するために重要であり、これらをすべてなくそうとする努力は望ましくなく、また、現実的でもない。むしろ、必要な設計変更については、その内容、時期、方法等を上手に管理することが大事なのである。

　いくつかのメーカー、特にアメリカとヨーロッパのメーカーのなかには、設計変更のプロセスをリスクとコストの観点から管理しているところがある。彼らは、設計変更を行う前には、その承認のために複数のサインとステップを要求する等、かなり慎重な手続きを設けている。だが、製品が複雑で設計変更が多くなってくると、そうした複雑さに対処し、混乱が生じないようにするため、人や組織も増やさざるをえず、システム自体が面倒で非効率的になってしまう。

　一方、これに代わるアプローチをとっているメーカーは、特に日本に多く見られる。日本の自動車メーカーが最終設計図を製造部門に引き渡した後は設計変更をしないという噂は、つくり話にすぎない。私たちが比較研究したところでは、日本のメーカーのプロジェクトでも欧米のメーカーの場合とほとんど同じくらい多くの設計変更が行われている。アプローチの違いは、数の差ではなく、その変更のやり方と内容にある。設計変更の手続きはもっと簡単で、チェック・アンド・バランスよりも迅速な変更の実施を志向したものとなっている。その結果、遅くなってからよりも早い時期に、不必要な変更よりも意味のある変更を、ゆっくりやるより迅速にやることを重視する。設計変更は、コストと時間の圧力が比較的小さいうちに実施される。不注意なミスやコミュニケーション不足による設計変更の数は極力減らされ、製品の価値を高めるような設計変更だけを行うようにする。そして、設計変更が必要となれば実務レベルでインフォーマルな協議が行われ、書類手続きが煩雑にならないようにしながら迅速に対応するのである。

工程エンジニアリング

　製品設計に関する情報は、工程エンジニアリング段階で、治工具や機械設備、工程管理のソフトウエア、労働者の技能、そして標準作業マニュアルといった製造工程に必要な情報資産に変換される。工程エンジニアリングは一般的に製造部門の仕事であり、製品エンジニアリングとは別の組織で扱われる（しかしながら両者を小グループあるいは個人のレベルで統合して処理しようとする試みも見られる）。工程エンジニア（生産技術者）は、鋳造、旋削、プレス、溶接、塗装、最終組み立て等の主要な工程の種類ごとに組織され、製造現場に、あるいは製品エンジニアとともに技術センターに、また本社にとさまざまな場所に配置される。

　工程エンジニアリングも製品エンジニアリングと同様、設計—試作—テストのサイクルの連続である。通常の作業の流れは、まず生産システム全体のプランを作成し、次に個々の工程（たとえば車体の溶接）のプランを作成する。そして治工具や機械設備の詳細設計を行い、それらの調達、製作、配備を実施する。治工具や機械設備のトライアウト、パイロット・ランが行われ[*1)]、製品および工程の設計の修正、改良のサイクルを経て、商業生産段階への移行が承認され（この承認はしばしば「作業終了（サイン・オフ）」と呼ばれる）、商業生産が開始される（しばしば「一番仕事（ジョブ・ワン）」と呼ばれる）。生産が開始されるのは普通、発売より数カ月先行するが、これは流通経路に新車が行き渡るようにしておくためである。

　工程エンジニアリングは、製品と工場を結びつけるものであるから、製品の性能と製造のしやすさという異なった要求の間に緊張関係が生じ、工程に関する意思決定を行う際に、しばしばそれが極限に達する。さらに、工程エンジニアリングの作業がフルに進められる頃には、市場導入の日、すなわち経営首脳陣が本当の締め切りと考える日が視野に入ってくるようになる。したがって、工程エンジニアリングが効果的に行われるかどうかは、技術的な熟練度とともに、製品エンジニアと工程エンジニアとがうまく連携できるかどうかにかかっているのである。この連携のとり方としては大きく3つが考えられる。製品エ

ンジニアリングと工程エンジニアリングの並行処理、両者間のコミュニケーションと対立の解消、ランプアップ（生産の立ち上げ）時の工程開発と大量生産との統合がそれである。

製品エンジニアリングと工程エンジニアリングの並行処理

　各メーカーは、実務レベルにおいて、製品エンジニアリングと工程エンジニアリングをどの程度並行的に処理するかを決定する必要がある。たとえば、後尾灯の設計、製造、組み立てを考えてみよう。工程エンジニアリングは、論理的には製品エンジニアリングの川下に位置する。そこで、工程エンジニアが選択しうるオプションの1つは、製品の設計が完了してから作業にとりかかるというものである。こうした順序立てた対応をする場合には、完成した製品設計を工程エンジニアリングのためのインプットとして用いながら、レンズとランプ台をつくり、車体に取りつける方法を考えることになる。こうした順序立てた作業の進め方は、製品設計が変更された際の混乱を避け、エンジニアが自分たちの専門分野に集中できるようにするために有効だが、かなり時間がかかる。

　もう1つのオプションは、製品エンジニアリングと工程エンジニアリングを同時に行うやり方である。このやり方はリードタイムを短縮するのに役立つが、工程エンジニアは混乱したり、非効率になったりするリスクにさらされる。早めにスタートすることによってレンズの金型が早く仕上がるかもしれないが、その後にレンズの設計が変更されてしまえば、仕事のやり直し、でき上がった型の廃棄等、コストを増大させ、生産開始が遅れる結果となる。仕事のやり直しが極端な場合、順序立てたやり方と比べて同程度か、あるいはそれ以上の時間を食うことになりかねない。

　したがって、並行処理によるやり方をとる場合、製品エンジニアリングと工程エンジニアリングとの間の調整、コミュニケーションがきわめて重要となる。製品エンジニアリング側はその設計が製造性に与える影響を十分理解する必要かあり、工程エンジニアリング側は工程を設計する際の制約条件と選択の余地を明確に認識し、製品設計プロセスにおいて避けがたい設計変更に柔軟に対応するためのよい方法を考えておくことが必要である。製造性を重視すれば、製品の品質は改善され、コストも低減しうるかもしれないが、工程エンジニアの

姿勢や技能に柔軟性がないと製品の競争力にとってかえってマイナスになる可能性がある。工程エンジニアは、製品エンジニアが製品開発プロジェクトの早い段階で製造性を十分考慮に入れて設計し、その設計を変更しないでいてくれることを願うものである。だが、こうした願望については、ある製品エンジニアの言葉を紹介しておこう。「製造サイドの声ばかりを聞いて新車を設計すると、工場では扱いやすくてよいが、市場では全然売れないだろう」

製品サイドと工程サイドのコミュニケーションと対立の解消

　製品エンジニアリングと工程エンジニアリングの間に対立がしばしば生じることは、新車を設計・開発し、その生産工程を設計・開発していくうえで本来避けがたい部分である。多様な目的、多くの制約、市場の反応の不確実性等により、しっかりとした目的と動機を持った最高の人材が集まっても、それぞれものの見方が異なってくる。難しいのは、理解不足による対立を生じないようにし、また、解消することである。そのためには、予備段階の製品設計に関する情報を早めに川下に流したり、製造性に関する情報を早めに川上にフィードバックする等、絶えず双方向のコミュニケーションを図ることが必要である。

　コミュニケーションによって効果を上げるには、製品サイド、工程サイド両者の姿勢が根本的に改められる必要がある。典型的な製品エンジニアは、製品の性能に関しては完全主義者であり、スケジュールが許す限り性能向上のために設計を変更しようとするが、後から製造サイドの注文で仕事をやり直すことは極度に嫌う。他方、典型的な工程エンジニアは、製品設計の製造性を重視し、製造性に関係するもの以外は、遅くなってからの設計変更が大嫌いである。次に紹介するのは、同じメーカーの工程サイドと製品サイドのコメントであるが、実際に作業を担当している典型的なエンジニアの声を代表している。

　「設計にこれで終わりということはないんだ。だから、もし車体設計エンジニアに時間を与えればその分だけ余計に設計を変更しようとするだけのことさ。そして、ほとんどの設計変更は性能や外観に関するものになってしまう。我々はある程度は我慢するよ。だけど、金型・治工具が半分ぐらい仕上がってたら、設計変更はストップしてもらうように要求する。金型・治工具が完

成するまでは新たな設計変更は許さない。金型・治工具が完成してから本当に必要な変更だけは認めるんだ。いい加減なところでストップを宣言しないと、いつまでたっても作業は終わらないからね」

「今度の新車については、試作車でとてもうまくいったんだけど、工場へ持っていったらものすごい数の設計変更を求められることは確実だね。我々が持っている生産可能性の情報は、いわゆる『質の高い情報』じゃない。我々は、よい情報を十分早めにもらうことができないんだ。工程エンジニアは、生産開始の3年前に『生産可能』と言うかもしれないけど、それは実際の組み立てラインで実際の作業員が1時間に60台の車をこなすという意味で『生産可能』と言っているわけじゃ必ずしもないんだ」

こうした雰囲気(他の多くのメーカーでも同様であった)のなかで部門間のコミュニケーションという手段を用いても、従来からの部門間の溝を深める結果になりかねない。たとえば、製品エンジニアに対して、工程エンジニアに準備段階の設計に関する情報を早めに流すよう求めても、工程エンジニアにとっては設計の不安定性がますます顕著になる。もしそのことで工程エンジニアが非難すれば、製品エンジニアは情報を渡すことに臆病になるだろう。製品エンジニアにすれば、早期にコミュニケーションを持つことは、工程エンジニアが早めにケチをつけて、一方的に製造性の名の下に制約条件を課してくるようになるだけだということになる。そうなると、製品エンジニアリングのサイドでは「彼らには早くから教えるな」という姿勢が助長されてしまう。他方、工程エンジニアリングのサイドでは、早期の情報はどうせ後で変更されやすいから真剣な考慮に値しない、という考え方を持つようになり、「待って様子を見よう」という姿勢が助長される。効果的なコミュニケーションが図られるための基本は、製品サイドも工程サイドもユーザー志向、共同責任、相互信頼の姿勢を持つことである。

コミュニケーションがうまくいくのは、ユーザーを満足させる製品をつくってタイミングを逸さずに発売するという目的意識を両サイドが持った場合である。コミュニケーションの効用について抽象的に議論したり、それぞれの部門のために製造性や性能の問題を互いに主張しあっているだけでは、製造サイド

と工程サイドの対立は解消されない。さらに言えば、コミュニケーションがうまくいっているときは、両者の対立は迅速な行動のじゃまにならなくなる。たとえば、製品エンジニアリングの図面の受け渡しが遅れたときに、工程エンジニアリングはとにかく作業を開始し、川上の部門とコミュニケーションをとって準備段階の情報を何とか手に入れようとし、後からの変更のリスクをうまく管理してしまうという具合である。

　要約すれば、競争の現実についての認識やユーザー志向の考え方を現場レベルに至るまで浸透させることが重要と考えられる。コミュニケーションは、こうした企業文化の変革の結果として生まれるものにすぎない。企業文化の変革なしで、トップダウン的に製品サイドと工程サイドとの間のコミュニケーションをよくしようとキャンペーンを張っても、焦点のボケた会議ばかりが増え、エンジニアの創造的な時間を奪い、生産性を低下させるだけである。

工程エンジニアリングと商業生産

　製品設計と生産工程はパイロット・ランで一体化される。機械設備や金型・治工具の適格性が確認され、工程のパフォーマンスが許容できるレベルに達すれば、生産開始が公式に承認され、責任は製品開発サイドから製造サイドへ移る。こうした活動の順序だけを追うと、最終の量産試作車の製作をもって終了する製品開発段階と、そこから始まる商業生産段階とはまったく隔絶しているように見える。

　しかし現実には、製品開発段階と商業生産段階とは切り離せない関係にある。商業生産段階での制約条件は、工程設計活動に影響を与え、開発段階での未解決な問題は生産開始時の問題となりうる。つまり、より現実的に考えれば、製品開発段階は徐々に商業生産段階へと発展していくのである。だが、製品開発の論理と商業生産の論理は大きく異なるため、数多くの困難も生じる。

　新しい設計を生産ラインに乗せるという作業を考えてみよう。もしこの新しいモデルが古いモデルと技術的に大きく違っていないなら、コストを低減し、工場のスペースを節約するために、既存の施設、機械設備等のほとんどは新しいモデルに持ち越され、すでに実績のある生産ラインが最大限活用される。となると、古いモデルがまだ生産されているうちに、新しいモデルのパイロット・

ランが始まってしまうため、工程エンジニアリングにとっては問題が生じる。

　パイロット・ランをどこで実施するかについては、メーカーによって3つのパターンに分類できる。第1のパターンは、専門技術者を配属したパイロット工場を別につくるというものである。この方法は、稼働中の生産設備への支障を最小限にとどめることができるが、パイロット工場が実際の商業生産工場の代用として適格でないと問題となりうる。第2のパターンは、同じ工場構内の商業生産ラインの隣にパイロット・ラインを設置するものである。このやり方では、パイロット・ランは商業生産における作業と近いものとなるが、商業生産ラインへの支障が大きくなるおそれがある。第3のパターンは、商業生産ラインをそのまま使ってパイロット・ランを行うものである。この方法を採用するメーカーは、商業生産への支障を少なくするため、週末やバケーションの時期を利用して機械工具を切り替え、新モデルのパイロット・ランと現モデルの商業生産を同時に行えるよう融通性を持たせたラインにする。1つのラインで同時に複数のモデルを生産する「混流モデル生産」の経験を積んだメーカーは、新モデルと旧モデルのスムーズな世代交替が可能だ。このタイプのメーカーは、製品開発段階から商業生産段階への移行を日常の生産技術の応用として行うことができる。

本章のまとめ

　これまで、優秀な製品を迅速かつ効率的に開発するためには、多様な専門分野にわたる技術知識が必要であるが、その専門技術知識をいかに応用し、統合していくかがより重要であることを見てきた。各メーカーは、組織構造、作業手続き、人の配置、コミュニケーションの方法等について、数多くの政策決定を迫られる。各開発段階の内部および相互間で、整合性を保ちつつ、バランスを考えながら、重要な連携をとっていくことができるかどうかが、効果的な製品開発の鍵を握る。効果的な製品開発を行うことは、R&D部門の専属的な仕事ではなく、戦略、製品企画、購買、販売、マーケティング、開発、財務、製造などの各部門がそれぞれ最善を尽くすことを要求される、部門横断的な活動

なのである。

　本章では、製品開発の優れたパフォーマンスをもたらす要因をさらに詳細に分析するための背景説明を行った。本章以降では、優れたパフォーマンスの基になっている政策や仕事のやり方にスポットを当てるため、これまで製品開発プロセスについて述べたなかで出てきた4つのテーマを詳しく掘り下げてみたい。

(1) 複雑さへの対応の仕方

　プランニングやエンジニアリングのパフォーマンスは設計作業に不可避的に伴うトレード・オフ関係の数および困難さ、また、調整を要する事項の性格によっても左右される。製品およびその開発プロジェクトの複雑度は、トレード・オフ関係の困難さや調整すべき問題の中身によって決まってくるのである。たとえば、技術革新の程度、特色、性能の目標、価格クラス等の製品内容は、エンジニアリングで要求される努力のレベル、トレード・オフ関係の性質、各方面との関係を処理する際の困難さ等に影響を与える。また、部品メーカーをどれだけ関与させるか、既存の部品をどれだけ使うかの選択は、どれだけの作業が社内で行われ、どのような制約条件がエンジニアに課せられ、だれがだれと調整を図らなければならないかに影響する。こうした理由から、製品開発のパフォーマンスを考えるうえで、プロジェクトの複雑さにどう対応するかが重要な問題となるのである。

(2) 製造能力

　製品開発プロセスにおいては、「設計―試作―テスト」のサイクルが核心を占める。そして、試作とテストについては、そのメーカーの製造能力が応用されることになる。治工具や金型を試作し、製品を商業生産に持ち込むことが上手なメーカーは、製造能力が高いのである。世界一流の製造システムを持つメーカーの条件である自己規律性、簡潔性、目的の明確性は、製品開発においても重要である。

(3) 問題解決の統合化

　製品の複雑さや時間の制約から、エンジニアリングの並行処理は不可欠である。だが、製品開発を効果的に行うためには、並行処理以上のものが必要である。つまり、川上と川下の各エンジニアリング・チームが問題解決に共同で当たることが必要なのである。各エンジニアリング・チームの作業をうまく調整

していくには、コミュニケーションの方法、各チームの姿勢、メンバーの熟練度等にポイントがある。

(4)組織とリーダーシップ

製品の首尾一貫性――社内における各作業の内的一貫性および製品体験とユーザーの期待との外的一貫性――は製品開発のパフォーマンスの高さを示す証である。そして、製品の首尾一貫性を高め、市場への対応を迅速かつ効率的にするためには、各部門の一丸となった努力とリーダーシップが必要であり、メーカーがそうした条件を整えるには、経営陣の示す方向性と製品開発組織のあり方が重要な役割を果たすと考えられる。

これらのテーマは「製品開発に成功するための4つのステップ」的なハウツー・テクニックとして考えるべきではない。むしろ、製品開発の効果的な管理法をより詳しく研究するための仕組みのようなものである。本当に製品開発のパフォーマンスを高めようとすれば、多くの分野でバランスよく優秀性を発揮し、製品開発活動のすべての範囲にわたってこだわりと整合性を保つことが必要である。それは、結局のところ、製品開発プロセス全体を通して下される決定、とられる行動のパターンを明確化するということなのである。

＊1）プラントの割り当て、外部調達計画、全社レベルの資本投入、人員計画などを含む生産システム全体の計画は、生産計画の重要な部分を占める。したがって工程エンジニアリングは個々の工程の計画から始まるのである。

注　1）組織がプロセスに重なるという概念についての詳しい文献としては、たとえば、Thompson(1967), Minzberg(1970) 参照。

第6章 プロジェクト戦略
―― 複雑さへの対応

　製品は、ユーザーの関心を引き、満足させるための戦略の一部であるコンセプトの形でまず表現される。コンセプトを実際の製品に変換するためには、デザイナーや製品プランナーは製品内容についていくつかの選択をしなければならない。自動車メーカーの場合には、その選択の中身には、内装のグレード、エンジンと車体の組み合わせ、製品および工程に用いられる技術革新の程度、部品メーカーおよび旧モデルに使われた既存部品の役割等が含まれる。これらの選択は、メーカーが市場で製品コンセプトをどのように具体化しようとするか、また、だれが設計やエンジニアリングの作業を担当するかを決めるものである。

　自動車業界においては、直接競争関係にある製品同士でも、その選択が大きく異なっていることが多い。1920年代、当時フォードが支配的だったアメリカの自動車業界にクライスラーが参入したのが好例である。フォードは、バラエティの少ない簡単な製品ライン(「色は黒なら何でも揃います」、すなわち「黒しかつくらない」政策)で、ほとんどすべての設計・エンジニアリング作業を社内でやっており、「垂直統合」を極端に進めていた(同社は、ガラス工場、製鉄所、木材を供給する森林等を持ち、車で使う原材料を自社で調達していた)。これ

に対し、クライスラーは、製品のバラエティを多くし、技術革新を多く取り入れ、部品メーカーへの依存度を高めてフォードに対抗した。それから30年経って、1950年代の日本の自動車市場では、設計や技術開発を自社で行うトヨタと、評価の確立したイギリスの設計、技術を多用する日産とが真っ向から競い合った。

　製品内容、部品、部品メーカー等に関する選択は、製品開発プロジェクトのパフォーマンスにも重大な影響を与える。製品開発の世界では、すべての道がローマに通じているわけではない。技術革新の程度や製品のバラエティに関する決定は製品の複雑度を左右する。また、部品メーカーの開発への関与や既存部品の使用の程度で、社内で行うべきエンジニアリングの作業量、いわゆるプロジェクトの守備範囲が決まる。これらの選択が全体としてプロジェクトの複雑度に影響し、それが生産性、リードタイム、製品の総合商品力（TPQ）にはね返る。

　製品コンセプトをいかに、だれが製品として具体化するかは、そのメーカーの基本的な能力を反映し、競争力に直接の影響を与えるため、その決定は本来戦略的なものである。したがって、技術革新の程度、製品ラインのバラエティ、プロジェクトの守備範囲に関する選択を「プロジェクト戦略」と定義する。

　プロジェクト戦略とその製品開発のパフォーマンスに与えるインパクトを分析するにあたって、私たちが取り上げたプロジェクトで観察された選択のパターンをまず簡単に紹介してみよう。最初に技術革新と製品のバラエティ、次いで部品メーカーの開発への関与と既存の部品技術の利用に関する選択を調べてみることにする。そこでは、アメリカ、日本、ヨーロッパの各メーカーの間に際立った差異が認められ、特に部品メーカーの役割については大きな違いがあることがわかる。こうした選択のパターンによって製品開発のパフォーマンスに影響があるかどうかについては、プロジェクトが複雑な場合、特にプロジェクトの守備範囲が広い場合、リードタイムおよび開発工数は増大するが、TPQはかえって強化されることがわかる。結局、他の製品開発活動でも同じであるが、効果的な製品戦略とは、トレード・オフ関係に対処する際のバランスのとり方の問題なのである。

製品のバラエティ

　新車にどれだけのバラエティを持たせるかは、ユーザーの要求水準が高くて、細分化された市場においては重大な選択である。エンジン、内装、アクセサリー、色等の各要素にバラエティを持たせると、製品とユーザー側の予算、嗜好、ライフスタイル等の条件とがしっくりマッチしやすくなる。だが、バラエティを持たせるにはコストもかかる――開発工数の増加、特殊な治工具・金型の調達、そして設計段階や製造段階での混乱等を伴いやすい。バラエティが少なすぎると潜在的ユーザーにとっては魅力がない。他方、バラエティが多すぎると、複雑になって品質や利益に悪影響が出るかもしれない。

　製品のバラエティが競争力に与えるインパクトを理解するためには、基本的な部分でのバラエティと周辺部分でのバラエティとを区別することが有益である。ボディ・タイプ（たとえば、車体のシルエット、ドアの数等）に大きな違いを設けるのは、基本的なバラエティである。これはエンジニアリングの作業量が著しく増加し、ユーザーの目にもはっきりと違いがわかる。ほかにも、車体とエンジンの組み合わせ、政府の規制によって生じる特徴、たとえばエアバッグ、排ガス処理システム、右（または左）側の運転席とハンドル等は、基本的なバラエティである。一方、塗装の色、ホイール・キャップのデザイン、室内装飾、特殊なミラー、クロム・メッキの追加、バニティ・ライト等のオプションは、車の基本的な設計に影響を与えないので、周辺的なバラエティと考えられる。基本的な車体のスタイル、エンジン、トランスミッション、シャーシ等は変えずに、周辺的なバラエティの組み合わせを網羅することによって、理論的には何百万という異なるバリエーションをつくり出すことが可能だ。

　メーカーは、他の部分は全部固定しておいて、1つの面でのバラエティだけを求めるという選択も可能である。従来からアメリカのメーカーがオプションのバラエティを重視してきたことを考えてみよう。販売とマーケティングのプランナーは、ディーラーが常にバラエティを多くするよう要求してくるので、それに応えてオプションの数を増やそうとする。ある車種の生産ラインで、あ

まりにもオプションが多いために、まったく同じ車を長い間製造していないということも珍しくない。極端な場合には、周辺的なオプションのバラエティは、売上げにまったく貢献せず生産の非効率と欠陥品をもたらすこともある。近年では、ライバルの日本メーカーが、特に輸出仕様車について、オプションの組み合わせを最初から標準装備にすることにより意図的に周辺的なバラエティを制限していることに気づいて、アメリカのメーカーもいわゆる「バラエティ削減プログラム」を導入している。

図6-1は、私たちの研究で取り上げたサンプルのプロジェクトについて、ボディ・タイプ、車体とエンジンの組み合わせの平均数、および地理的販売市場（仕向地）のバラエティの状況を比較したものである。これによると、日本車も全体としてはバラエティの数が少ないわけではない[*1]。販売市場の数は、国や地域の違いによって規制や市場環境に適合するために製品バラエティを持たせる必要があることに影響するが、日本のメーカーは、アメリカのメーカーよりも販売市場の範囲を広げることに積極的であり、ヨーロッパのメーカーとほとんど同程度である。また、基本的な製品バラエティの数は、日本とヨーロッパのメーカーが多いことがわかる。ヨーロッパでは、特に車体とエンジンの組み合わせを増やすことに熱心である。他方、アメリカのメーカーは、基本的なバラエティは抑えながら、周辺的なバラエティを増やそうとしている。アメリカ車にエンジンのバラエティが少ないのは、1980年代にアメリカのメーカーが車体やシャーシの開発に集中して、エンジンの開発があまり活発でなかったことと関係している。

製品と工程の技術革新

新しい部品や生産工程に導入される技術革新の程度に関する選択によって、重要な違いがもたらされる可能性がある。部品の新技術がユーザーを熱狂させ、売り上げの増加に寄与するかもしれない。「フルタイム四輪駆動」「四輪操舵（4WS）」「16バルブ」「インタークーラー・ターボ」「ブダル・オーバーヘッド・カムシャフト」「電子制御式燃料噴射装置」「このクラス初の」といったフレー

図6-1 ● 地域別平均の製品／市場バラエティ

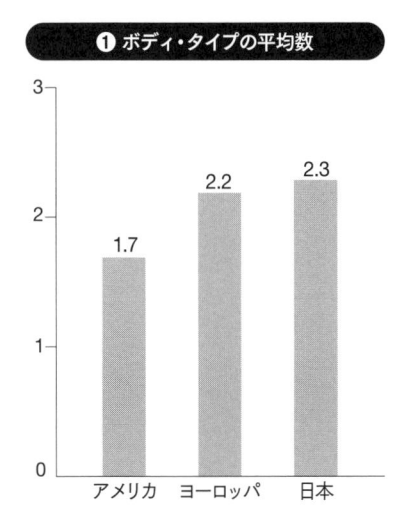

❶ ボディ・タイプの平均数

- アメリカ: 1.7
- ヨーロッパ: 2.2
- 日本: 2.3

❷ 車体とエンジンの平均組み合わせ数

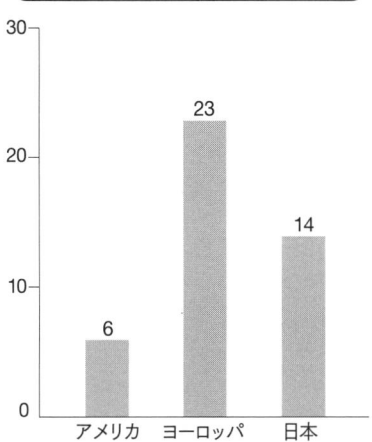

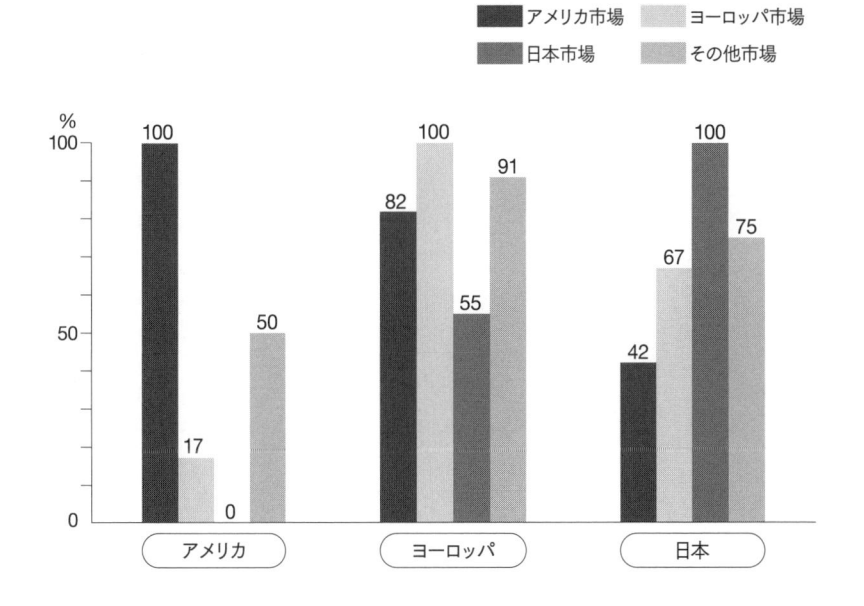

- アメリカ: 6
- ヨーロッパ: 23
- 日本: 14

❸ カバーする地理的販売市場（各市場で販売されるモデル数の比）

凡例: アメリカ市場／ヨーロッパ市場／日本市場／その他市場

地域	アメリカ市場	ヨーロッパ市場	日本市場	その他市場
アメリカ	100	17	0	50
ヨーロッパ	82	100	55	91
日本	42	67	100	75

第6章 プロジェクト戦略——複雑さへの対応

ズが、しばしばオーナーの自意識をくすぐるように車を派手に飾り、その意味が何であるか知らなくても、若いユーザーの関心を引く。「アンチロック・ブレーキ・システム（ABS）」は、値段が高くなるにもかかわらず、安全性に敏感なユーザーの心をとらえる。同様に、生産工程の新技術は、メーカーの生産性と品質を高めるのに役立つかもしれない。だが、革新的な工程、技術は、時間とコストもかかる。研究と先行開発を相当量こなす必要があり、また、既存技術で得た製品と工程との間の全体的なバランスを崩すおそれもある。先進的な技術を市場に導入するには、調整作業やテストも多く要求され、すでに実証済みの既存技術に比べて、耐久性や信頼性が損なわれるリスクを負うことになりかねない。

　各自動車メーカーは、こうしたトレード・オフ関係に対応するために、どの部分にいつ新技術を導入するかについては、それぞれかなり異なった選択をしている。メーカーによっては、新技術が使えるようになったらすぐに新モデルに導入する戦略をとっているところもある。この戦略は、ユーザーには熱狂を持って迎えられる可能性があるが、明確なコンセプトを持っていないと部品の新しさに頼りすぎて統一がとれず、ユーザーの混乱を招くおそれもある。また、もっと保守的なメーカーは、既存の技術が許容できる実績を上げている限りは、新技術の導入をできるだけ避ける戦略をとっている。たとえばダイムラー・ベンツは、新しい電子技術で導入可能なストックがたくさんあるにもかかわらず、そうした技術を商業生産ベースに乗せることには特に保守的である。

　図6-2は、製品および工程の技術の平均的な「新しさ」を地域ごとに比較して、技術革新の状況を見ようとしたものである。製品の技術については、2つの指標を用いた。1つは、同じメーカーの既存のモデルと新しいモデルを比較して、主な部品分野ごとに製品の革新度を評価するもので、基礎開発あるいは先行開発の形でどれだけそのメーカーの資源が投入されているかを反映する。もう1つの指標は、競合するモデル同士で革新度を比較するものである。一方、工程の技術については、同じメーカーの既存の生産工程と新しい生産工程を比較して新しさを評価する方法を用いる。これは、新しい工程を商業生産段階に導入するために必要なエンジニアリング資源の程度を表している。

　製品においても、工程においても、技術革新の程度が一番高いのは車体であ

図6-2 ● 製品／工程の技術革新度

❶ 既存モデルと比較した製品の技術革新度

（横軸）車体／塗装、エンジン、トランスミッション／トランスアクスル、電気／電子系統、シャシー
（縦軸）漸進的 1 — 2 — 3 革新的
系列：日本(12)、ヨーロッパ(11)、アメリカ(6)

❷ ライバル・メーカーと比較した製品の技術革新度

（縦軸）漸進的 1 — 2 — 3 革新的
系列：日本(12)、ヨーロッパ(11)、アメリカ(6)

❸ 既存設備と比較した工程の技術革新度

（横軸）最終組み立て、塗装、溶接、プレス加工、部品組み立て、機械加工、鋳造、プラスチック加工
（縦軸）漸進的 1 — 2 — 3 革新的
系列：日本(12)、ヨーロッパ(11)、アメリカ(6)

（注）カッコ内はサンプルの数。
「シャシー」には、主要部品として、ステアリング装置、ブレーキ、サスペンションが含まれる。
既存モデルと比較した製品の技術革新度指数は、次のように評点が決められる。
(1) ほとんどすべての設計図が既存モデルの設計図と共通。ユーザー・インターフェース以外設計作業がほとんど不要。
(2) マイナーチェンジ。既存の部品設計図と新しい設計図の混合。
(3) ボルト、ナットに至るまで新しい設計図を要するが、先行開発作業は少なくて済む。
(4) 相当量の先行開発作業が必要。

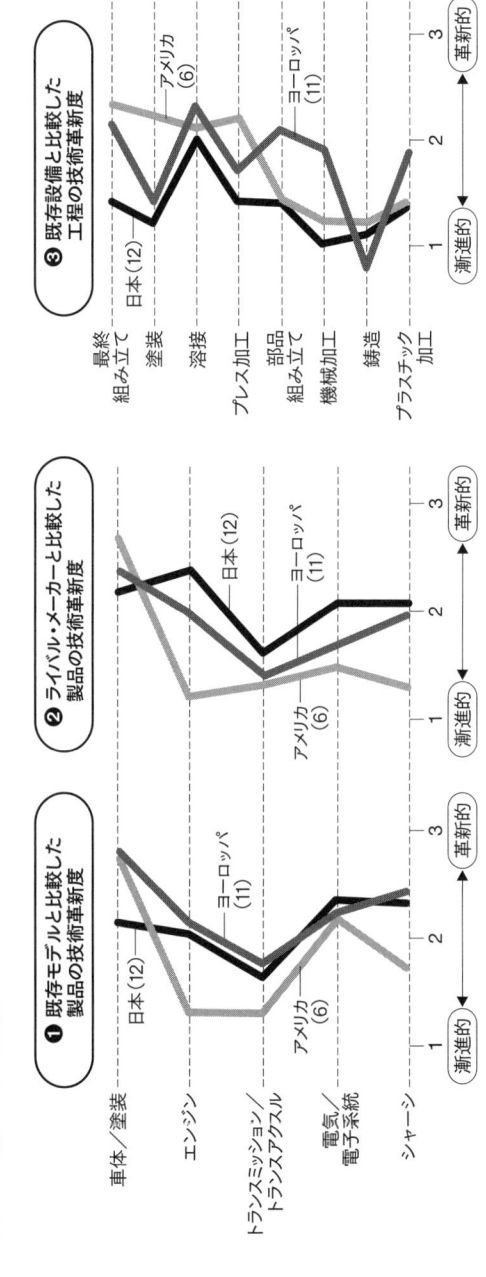

ライバル・メーカーと比較した製品の技術革新度指数は、次のように評点が決められる。
(1) 新技術の採用に慎重。ライバル・メーカーに後じんを拝す。
(2) 業界の平均程度。ライバル・モデルの約半数が新技術を採用。
(3) ライバル・モデルに比べ、新技術の採用が早い。
(4) 業界で最先端。

工程の技術革新度指数は、次のように評点が決められる。
(1) レイアウト、設備設計、金型設計は既存設計に基本的変更なし。
(2) レイアウト、および設備設計はほとんど既存のものだが、治工具、金型等は新たに設計。
(3) 基本的な工場レイアウトが変更され、設備、治工具、金型等は新たに設計。
(4) 革新的な新しいコンセプト。相当量の先行開発作業が必要。

り、電気系統とシャーシ、動力伝達装置の順に続く。そして、こうした一般的なパターンにおいても、重要な地域差がある。アメリカのプロジェクトは車体技術を重視する傾向があり、組み立て、塗装、溶接、プレス等の先進的なシステムを開発するため、かなりの資源を投入している。だが、他の分野では遅れ気味である。ヨーロッパのプロジェクトは、もう少しバランスがとれており、アメリカや日本のプロジェクトに比べて、製品面でも工程面でも革新度が高く、技術的な飛躍の程度が大きい。日本のプロジェクトは、欧米のそれとは資源の投入の仕方、革新度で際立った違いを見せている。製品技術および工程技術、特に工程技術において、日本のメーカーは革新度と資源の投入を抑制しようとしており、既存の工場で既存の機械設備を使って、漸進的な改良を加えながら、シャーシや電子技術関係の開発を実施しているのである。

　ところが、このように資源投入を抑制しながらも、日本車は、特にエンジンや電子技術関係で、他よりも先進的な(たとえば「このクラスで初」というような)技術を導入している。日本のメーカーの戦略は、ライバル企業よりも技術レベルを少しだけ高く保つために、頻繁に、しかし漸進的に製品技術を革新するというものだ。この「迅速かつ少しずつ」の戦略では、旧モデルに比べて設計の革新度は低いが、モデル更新の割合は比較的大きく、日本車はライバル車に比べて革新度は高いが、日本の旧モデルに比べるとそれほどでもないという結果と符合する。

　日本のメーカーの「迅速かつ少しずつ」の戦略は、欧米のメーカーがとっている「たまに飛躍的前進」の戦略に比べていくつかの潜在的な利点を持っている。次世代の製品設計を既存の工程コンセプトを使って生み出すため、日本のメーカーは立ち上がりの混乱を避けやすい。さらに、定期的かつ頻繁な技術の変更は、製品開発組織に開発の「リズム」を持たせ、開発プロセスを合理化し、絶えず学習し、改善していく雰囲気をつくり出すのである。

部品メーカーの開発への関与

　ひとたびターゲットとする市場が設定され、製品のバラエティと導入する技

術革新の程度が決まったら、今度はどのように、そしてだれがエンジニアリングの作業を実施するかを決定しなければならない。この決定によってプロジェクトの守備範囲、すなわち全体のエンジニアリング作業のなかで、そのプロジェクトの内部でやらなければならない新規開発作業（たとえば、新しい部品の設計や調整）の占める部分が決まってくる。プロジェクトの守備範囲を管理するには、(1)全体のエンジニアリング作業を作業の種類で分割し、プロジェクトの内と外に振り分ける、(2)プロジェクト内部の人と外部の人の活動を調整する。等が必要となる。製品開発プロジェクトについては、2種類の外部者が作業に携わる。1つは社内のほかのプロジェクト・チームであり、もう1つは部品メーカー、エンジニアリング会社、設計や試作車製作の専門企業、治工具や金型のメーカーといった社外の企業である。そして、社外の企業のなかでは、部品メーカーが最も重要な役割を果たす。

　部品メーカーは、機械1台で商売している家族工場から自動車メーカーと同じぐらい大きい多角経営の企業までさまざまである。なかには特定の自動車メーカーに専属の会社もあり、また、自動車メーカーを中心に組織されたグループ（たとえば、日本の「協力会」）に属しているところもある。さらに、まったく独立している会社もある。1次部品メーカーは直接自動車メーカーと取引を持つが、下層の部品メーカーは上層の部品メーカーに子部品を供給する。

　図6-3で見られるように、日本、ヨーロッパ、アメリカの各プロジェクトにおける部品メーカーの関与度には大幅な差異がある。日本では、アメリカに比べて、平均的なプロジェクトにおいて部品メーカーのこなす開発・設計作業量は4倍多い。ヨーロッパはその中間である。トヨタ・カムリや日産マキシマ、マツダ626等の開発プロジェクトではエンジニアリング作業の30％を部品メーカーが行っているのに対し、シボレー・キャバリエ、ビュイック・ル・サーブル、フォード・トーラス、プリマス・キャラバン等ではほとんどすべてのエンジニアリング作業は自動車メーカーがこなしているのである。

　図6-3に表れた違いは、各自動車メーカーがたまたま最終的に、そのように選択した結果として生じたものではない。それぞれの地域の部品メーカーの能力に大きな格差が存在していることを反映したものであり、さらには部品メーカーとの関係、たとえば、コミュニケーション・チャネル、契約、インセンティ

図6-3 ● エンジニアリング作業に占める部品メーカーの作業量

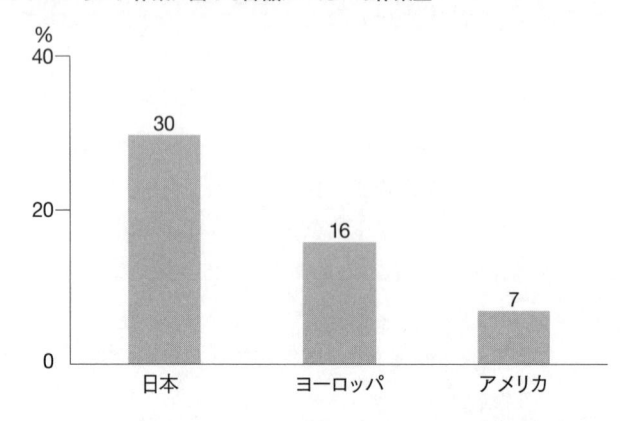

	日本	ヨーロッパ	アメリカ
%	30	16	7

出所：表6-2第4項参照

（注）数字は、全エンジニアリング作業量に占める部品メーカーの開発・設計作業量のパーセンテージを表す。製品全体の部品開発作業量に占める部品メーカーの作業量の割合および全エンジニアリング作業量に占める部品開発作業量の割合から計算。

ィブ等にも違いがあることを反映したものである。製品開発における部品メーカーの役割は、業界において部品メーカーが果たすもっと大きい役割の一部にすぎない。自動車メーカーが下すプロジェクトの守備範囲についての選択は、より大きな部品メーカー・システムとの関連においてなされるものなのである。

アメリカと日本の部品メーカー・システム

アメリカと日本の部品メーカー・システムはきわめて対照的である（ヨーロッパのシステムはアメリカのシステムにより近い）。伝統的なアメリカのシステムの特徴は、数多くの部品メーカーが自動車メーカーと短期契約ベースで直接取引を持つことである（図6-4の下段参照）。ほんの一握りの高い能力を有する会社を除いて、アメリカの部品メーカーの製品開発能力は全般的に低い。そして、部品メーカーと自動車メーカーとの関係はゼロ・サム・ゲーム（どちらかが勝てばどちらかが負ける関係）のようであるため、両者のコミュニケーションはよそよそしく、お互いに敵のように振る舞う。交換される情報は、価格と要求条件や仕様に関するデータに限られる。部品メーカーは結局生産能力の一部として扱われ、自動車メーカーは要求条件を設定し、部品メーカー同士に1年契約

図6-4●日本およびアメリカの典型的部品メーカー・システム

❶ 1980年代の日本の部品メーカー・システム

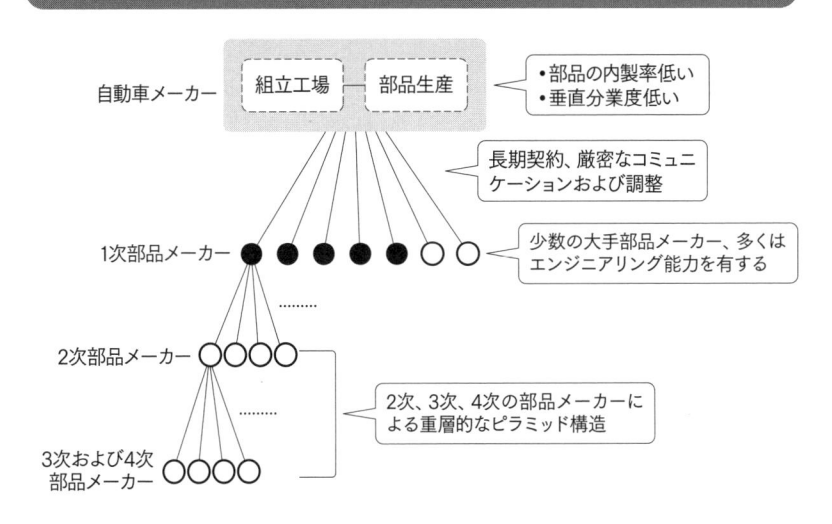

自動車メーカー：組立工場 — 部品生産
- 部品の内製率低い
- 垂直分業度低い

長期契約、厳密なコミュニケーションおよび調整

1次部品メーカー：少数の大手部品メーカー、多くはエンジニアリング能力を有する

2次部品メーカー

3次および4次部品メーカー

2次、3次、4次の部品メーカーによる重層的なピラミッド構造

❷ 伝統的なアメリカの部品メーカー・システム

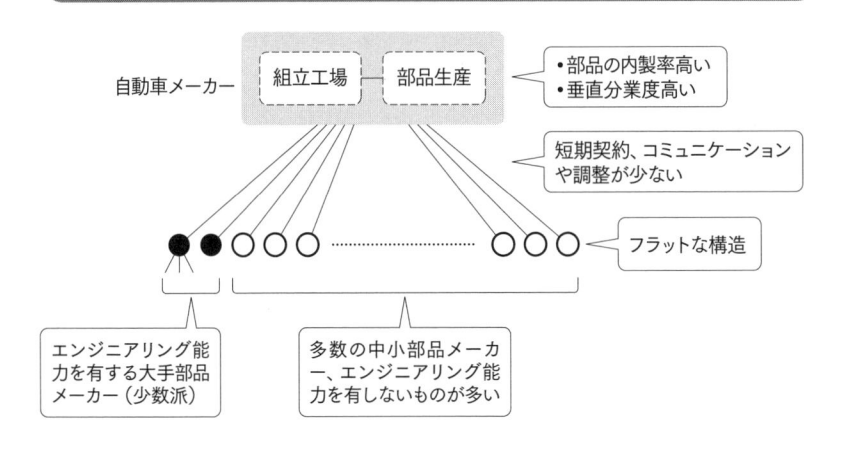

自動車メーカー：組立工場 — 部品生産
- 部品の内製率高い
- 垂直分業度高い

短期契約、コミュニケーションや調整が少ない

フラットな構造

エンジニアリング能力を有する大手部品メーカー（少数派）

多数の中小部品メーカー、エンジニアリング能力を有しないものが多い

● エンジニアリング能力を有する部品メーカー
○ エンジニアリング能力を有しない部品メーカー

（注）この図は、部品メーカーの理念型を表すためのもので、現実は多少異なる。部品メーカーの規模、数は実際のデータと異なる。すべてのケースで組立業者は1社と仮定する。

第6章 プロジェクト戦略——複雑さへの対応

をめぐって競い合わせるのである。

日本のシステムの基礎となっている前提はまったく異なる（図6-4の上段参照）。日本の部品メーカー・システムは多層構造で、長期的な関係を重視している。いくつかの高度な能力を有する「1次」部品メーカーが計器板や座席の完成品を、「下層の」部品メーカーがつくる個々のメーター、クッション、枠等の部品から製造し、組み立て用のユニットとして自動車メーカーに供給する。

日本の1次部品メーカーと自動車メーカーとの関係の特徴は、大きな責任と相互利益である。アメリカのシステムとの違いをよく表す2つの例を紹介する。

・日本のシステムでは、部品メーカーが車体の金型をつくるのにかかったコストを、モデルの寿命を通じて予想される総生産量で割り戻して、部品の代金に加えて自動車メーカーが払う。もし、寿命全体での生産量が予想より少なかった場合は、自動車メーカーが部品メーカーに残りの分を弁償し、そうすることで部品メーカーの投資リスクを吸収してやる。
・日本の自動車メーカーは、部品メーカーに対してコストと品質に関し要求水準の高い目標を課す。1年あるいは半年に1度、部品価格を値下げさせることも普通である（自動車メーカーは、部品メーカーが利益を維持できる程度に生産性を向上するという前提に立っている）。そして部品の品質には部品メーカーが責任を持つ。自動車メーカーは、届けられた部品の検査をほとんど行わず、部品メーカーが欠陥部品のペナルティと、欠陥部品の交換にかかったコストを支払う。

自動車メーカーは、部品メーカーに長期にわたる仕事の保証を与えるが、その代わりに大きな責任を持たせる。1次部品メーカーは、市場で自動車メーカーにとって問題を生じさせる可能性があるため、その責任を全うしないと下層の部品メーカーに、おそらく永久に降格させられる。このように自動車メーカーと部品メーカーは相互に依存しているため、緊密な調整とコミュニケーションが必要となる。両者は頻繁に接触し、人材を派遣することも多く、情報の流れは密である（たとえば、自動車メーカーは、部品メーカーのコストに関する情報や生産工程に関する詳細な知識を有していることが多い）。

部品メーカーと製品開発プロセス

部品メーカーは、自動車の設計・開発に多様な形で参加している。**図6-5**は、簡単な情報資産系統図（マップ）を使って、部品メーカーの関与の典型例を示そうとしたものである。この図では、特定の部品について情報資産を生み出す3つのタイプを紹介している。すなわち、部品メーカー市販部品（supplier proprietary parts）、承認図部品（black box parts）、貸与図部品（detail-controlled parts：機能部品と車体部品のケース）の3つである。いずれも車の商業生産のための部品であるが、部品メーカーの関与の仕方、開発のプロセス、開発のパフォーマンス等は大きく異なる。これらのタイプの間の相対的な比重に関するデータを見る前に、それぞれのパターンの概要と長所短所を簡単に述べてみよう。

「部品メーカー市販部品」は、部品メーカーの手でコンセプトづくりから製造までを手がけ、カタログを通じて自動車メーカーに売られる標準部品である。自動車産業がまだ幼稚な産業であった時代には、多くの小規模な自動車メーカーが、極端に少量の自動車生産を行っており、そうしたメーカーが外部の部品メーカーから標準部品を買うのが一般的であった。この方法の最大のメリットは規模の経済である。同じ部品の設計を多くの車に共通して用いることにより、固定費を分散できる。一方、デメリットは、設計品質の観点から見て、その部品に関するエンジニアリングの内容について自動車メーカーのコントロールが及ばないことである。近年、製品の首尾一貫性（product integrity）が厳しく要求されるようになっており、部品メーカーの既製部品が自動車にピッタリ適合することは少なくなってきている。バッテリーやスパーク・プラグはその少ない例の1つだが、タイヤやカー・オーディオ製品でさえ、自動車メーカーの示す仕様に合わせて開発されるようになってきた。本研究で取り上げたプロジェクトを調べてみると、部品メーカー市販部品の全調達コストに占める割合は10％以下と、比較的小さい部分を占めるにすぎないことがわかる。

部品の開発作業を自動車メーカーと部品メーカーの間で分担するのが「承認図部品（ブラック・ボックス部品ともいう）」である。一般的には、自動車メーカーがコストや性能の目標、外形、他の部品との接続部の詳細、その他部品基本設計に関する情報を、車全体のプランニング、レイアウトに基づいて創出す

図6-5 ● 部品メーカーとの間の典型的な情報の流れ

❶ 部品メーカーの市販部品

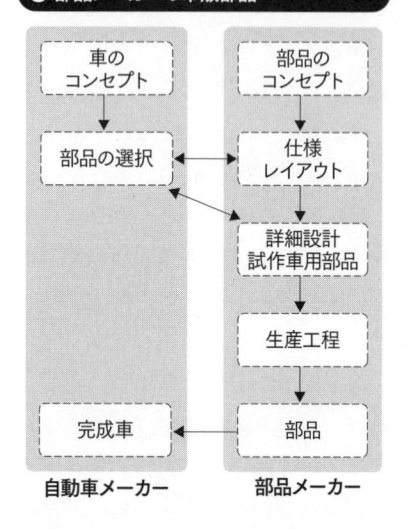

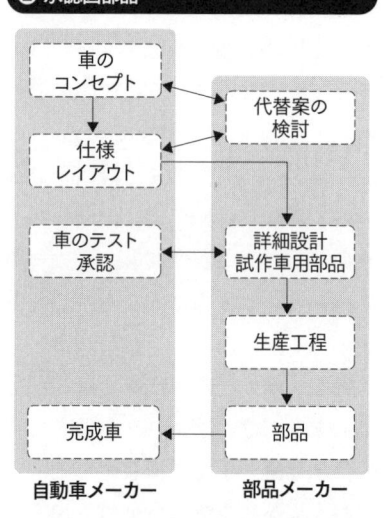

```
車の                 部品の
コンセプト            コンセプト
   ↓                   ↓
部品の選択 ←→        仕様
                    レイアウト
                       ↓
                    詳細設計
                    試作車用部品
                       ↓
                    生産工程
                       ↓
完成車 ←─────        部品
自動車メーカー        部品メーカー
```

❷ 承認図部品

```
車の                                      
コンセプト  ←──────────  代替案の
   ↓                     検討
仕様       ←──────────     ↓
レイアウト                  
                        詳細設計
車のテスト  ←──────────  試作車用部品
承認                       ↓
                        生産工程
                           ↓
完成車 ←─────              部品
自動車メーカー             部品メーカー
```

❸ 貸与図部品（機能部品）

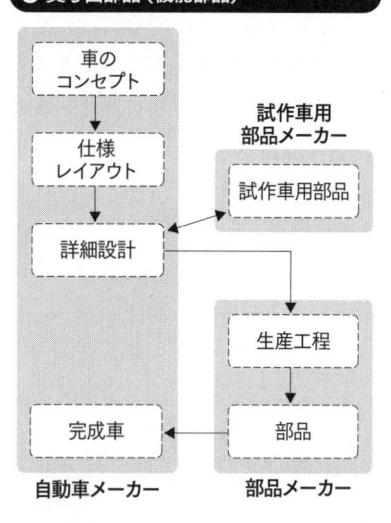

```
車の
コンセプト
   ↓
仕様             試作車用
レイアウト        部品メーカー
   ↓
詳細設計 ←──→   試作車用部品
                    ↓
                生産工程
                    ↓
完成車 ←─────    部品
自動車メーカー    部品メーカー
```

❹ 貸与図部品（車体部品）

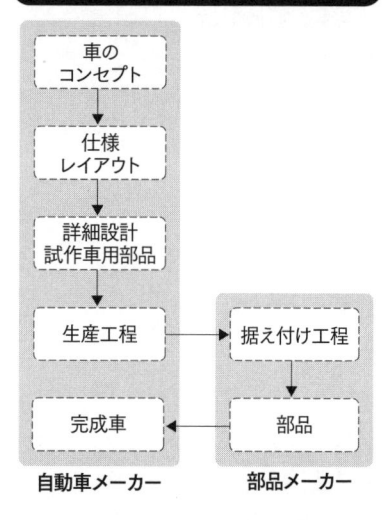

```
車の
コンセプト
   ↓
仕様
レイアウト
   ↓
詳細設計
試作車用部品
   ↓
生産工程  ──→   据え付け工程
                    ↓
完成車 ←─────    部品
自動車メーカー    部品メーカー
```

[⬚] 創造される主な情報資産　　──→ 主な情報の流れ

る。機能部品やサブアセンブリー部品はこのカテゴリーに属する。

　日本のケースでは、部品が備えるべき要求条件に関する情報は普通2、3社の部品メーカーの候補に示され、これらがその仕事の受注を競い合う[注1]。この少数の部品メーカーのグループが、特定の自動車メーカーの全車種のうち、特定の部品を開発するのが普通である。この「開発コンペ」と呼ばれる選別プロセスには6～12カ月を要する[注2]。また、ケースによっては、部品メーカーは自動車メーカーの呼びかけを待たずに、新技術や自動車メーカーの長期商品計画に関する自分たちのノウハウに基づいてみずから部品開発のイニシアチブをとったり、自動車メーカーに提案したりすることもある。そして、選ばれた部品メーカーは、製図、試作部品製作、部品単品テスト等の詳細エンジニアリングを行う。自動車メーカーは、部品の設計図をチェックし、試作車で部品をテストし、要求条件が満たされているかを確認して設計を承認する。したがって、日本ではこのような仕事の進め方を「承認図方式」と呼んでいる。部品メーカーが担当する開発作業の割合はまちまちだが、本研究の対象となった技術者は70％という数字を示している。

　承認図部品を使用することにより、自動車メーカーは部品メーカーの開発に関するノウハウと人材を活用しながら、基本設計や製品全体の首尾一貫性に対するコントロールを保つことが可能となる。部品メーカーが特定の部品の開発に関してノウハウを蓄積すればするほど、高い設計品質と低いコストで自動車メーカーが利益を得る。部品メーカーのエンジニアリングに関するノウハウの蓄積度が競争力を左右するのである。さらに、試作部品と商業生産用の量産部品の製作者が同じになることで、2つの段階間の情報交換が容易となる。部品メーカーは、商業生産に際して問題となりうる点を早めに検知して、部品の品質を改善しうることとなる。

　承認図部品方式にも問題点がないわけではない。たとえば、自動車メーカーが部品メーカーに依存しすぎると、バーゲニング・パワーを失いかねない。また、基本設計やスタイリングに関するアイデアが、部品メーカーを通じて競争相手に漏れる危険性もある。さらに、中核となる部品分野でエンジニアリングのノウハウを失えば、長期的に見てその自動車メーカーの技術力も脆弱化するおそれがあるのだ。

したがって、承認図部品方式を効果的に使いこなすには、慎重にバランスをとる必要がある。自動車メーカーは、部品メーカーとの長期的関係を重視しながらも、他の部品メーカーを「開発コンペ」に参加させて部品市場を競争的にしておく必要がある。また、重要な部品技術（たとえば電子技術）を保持して設計品質がしっかりチェックできるようにする一方で、部品メーカーに技術支援を行い、製品全体の首尾一貫性を保つために基本設計のコントロールが利くようにする必要もある。承認図部品方式を選択することは直ちに部品開発作業をすべて外注に回すことを意味するものではない。実際、専門家や研究者のなかには、自動車メーカーが部品の詳細設計についてどれだけノウハウを有するかによって、「ブラック・ボックス部品」と「グレイ・ボックス部品」を区別する考え方もある。

貸与図部品は、その開発作業のほとんどは、設計も含めて自社で行われる。この方式では、基本設計ばかりでなく、詳細設計も自動車メーカーが実施する。入札手続きで選ばれた部品メーカーは、自動車メーカーが用意する設計図に基づいて、生産準備と生産を行う。したがって、日本ではこの方式を「貸与図方式」と呼ぶ。特定機能部品専門メーカーの場合には、試作品を製作することを要求されることもある。単体部品のケースでは、自動車メーカーによっては工程設計と設備・治工具・金型の製作もみずから手がけ、部品メーカーに貸し出されることもある。このやり方だと、部品メーカーは単なる生産能力の提供者にすぎない。

貸与図方式は、特定部品分野の詳細部分に関する技術力を保持し、部品の設計と品質に厳しくコントロールを及ぼし、部品メーカーの部品価格にバーゲニング・パワーを持ち続けたいという自動車メーカーには有利である。他方必要な部品担当エンジニアをすべて社内に抱えることは、製品開発部門の組織を複雑にし、社内における部品同士の調整作業を困難にするおそれがある。また、数多くの部品の詳細設計作業を社内でやることによって、製品開発部門が車全体を眺める視点を失う危険性もある。さらに、自動車メーカーは、特定の部品技術を専門にする部品メーカーの開発部門と比べて、競争力を失うリスクも負うのである。

部品メーカーの開発関与度についての地域差

　部品メーカー市販部品、承認図部品、貸与図部品の3つのタイプはすべて、本研究で取り上げたメーカーで使用されていたが、その相対的な比重にはかなり大きな違いがある。調査対象プロジェクトの平均をとると、部品メーカー市販部品は調達コスト全体の10％以下、承認図部品が約40％、貸与図部品が約50％という構成比となっている。1980年代においては、世界的に部品メーカーの製品開発への関与度が大きくなる方向に変化していった。特に、アメリカおよびヨーロッパの自動車メーカーの多くが、開発能力のある1次部品メーカーの活用に関してリードする日本のメーカーに追随するようになり、承認図部品の人気が高まった。日本のメーカーは、数十年をかけて貸与図部品から承認図部品へとシフトしてきた。欧米のメーカーは、日本の承認図部品メーカーやその欧米進出工場（現地工場）から部品を買ったり、地元の部品メーカーのシステムに改良を加えたりして、このシフトを進めつつある。だが、この変身のスピードは遅く、1980年代の時点においても、部品メーカーのシステムには大きな地域差が見られるのである。

　図6-6は、部品のタイプによる地域平均構成比を示したものであるが、さまざまなことがわかる。本研究の調査対象においては、日本のプロジェクトは承認図部品に大きく依存しており、アメリカのプロジェクトは貸与図部品への依存度が高い。ヨーロッパのプロジェクトはその中間である。部品メーカー市販部品を加えた場合、日本のプロジェクトは購入部品全体の約70％を部品メーカーのエンジニアリングに依存しているのに対し、アメリカは約20％、ヨーロッパは50％である。ちなみに生産コスト全体に占める部品調達コストの割合は、日本が70％、アメリカが70％（部品部門からの部品調達コストを含む[*2]）、ヨーロッパが60％である。

　各地域グループ（日米欧）ごとにパターンが一貫していることから考えて、部品メーカーの能力やネットワークは、個別自動車メーカーに固有の資産ではなく、日米欧各地域に固有の資産であるようだ[注3]。主要な部品メーカーが特定の自動車メーカーを囲んで結束の固いグループ（系列）を形成する日本においてさえも、1つの部品メーカーが同時に数社の自動車メーカーと取引関係を持

図6-6●部品メーカーが製造する部品のタイプ

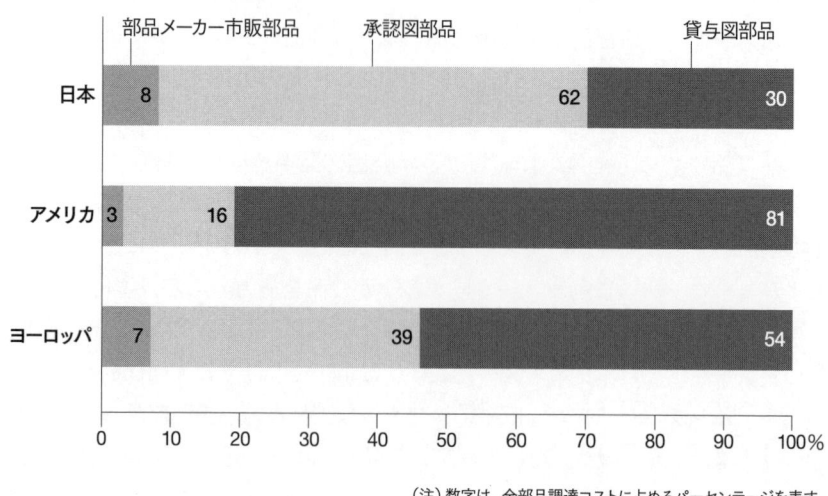

	部品メーカー市販部品	承認図部品	貸与図部品
日本	8	62	30
アメリカ	3	16	81
ヨーロッパ	7	39	54

（注）数字は、全部品調達コストに占めるパーセンテージを表す。

つことは普通である^{注4)}。各自動車メーカーの部品メーカー・ネットワークが互いにオーバーラップするという事実は、日本において部品メーカーの役割が、特定の自動車メーカーだけの資産というよりも、各自動車メーカー共有の資産であることを反映している^{注5)}。そして、日本の自動車メーカーが、部品メーカーを製品開発面で深く関与させているのは、日本の部品メーカー・ネットワークが高いエンジニアリング能力を持ち、自動車メーカーと良好な関係にあることによるものであると考えられる。

だが、部品メーカーを効果的に関与させ、特に承認図方式をうまく使いこなすためには、フォーマルな組織や契約といったもの以上のものが要求される。自動車メーカーと部品メーカーの双方がそれぞれの日常の行動や姿勢に首尾一貫性を持たせることが必要なのである。コミュニケーションを例にとろう。日本の成功したケースを見ると、自動車メーカーと部品メーカーの実務レベル同士が毎日連絡をとりあっていることがわかる。部品メーカー側のエンジニアや販売スタッフは、設計図や試作部品を手に、自動車メーカーの技術センターに絶えず出入りしている。その入口のそばには、たくさんのテーブルと椅子が置

かれた大きな談話室が設けられていることも多い。普通そこでは、設計図を広げ、仕様をチェックし、変更事項を協議し、試作品を検討するなどして、フェース・ツー・フェースの議論が行われている。コミュニケーションは、両サイドが提案や要求を行い合う双方向性のものである。技術上の問題とビジネス上の問題が同時に議論されるため、両サイドのエンジニアとともに、自動車メーカーの購買担当者と部品メーカーの販売担当者が入って協議がなされることもある。部品メーカーのエンジニアが自動車メーカーの社内で作業をすること、いわゆる「ゲスト・エンジニア」も増えている。また、問題となる部品の開発にあたっては、両サイドのエンジニアがプロジェクト・チームを組んで共同作業を行うこともある。さらに、自動車メーカーと部品メーカーとのコミュニケーションは、製品開発プロセスの早い段階でとられるようになってきている[*3]。

　部品メーカーをどれだけ関与させるかは、情報の流れの形態や内容にも影響を与える。たとえば、承認図方式が幅を利かせてくるに従い、インフォーマルなコミュニケーションがフォーマルなコミュニケーションに取って代わる傾向が出てくる。設計図のなかで明確化しないと伝わりにくい情報も、インフォーマルな議論を通じてコミュニケーションがとられるようになって、設計図が簡素化される。

　日本のある自動車メーカーは、最近アメリカに製品開発施設をつくったが、そこで発見したことがある。それは、日本で使っていた部品設計図では、アメリカの部品メーカーが必要とする仕様や許容誤差等の重要な情報が省略されているということだ。日本の部品メーカーは、自動車メーカーのエンジニアとの議論を通じてそうした情報を入手するからである。

共通部品と流用部品——既製部品の活用

　新しいモデルを製作するのに、古い部品を利用したり、別のモデルの部品を借りてきたりする戦略がとられるようになったのは、少なくとも1920年代までさかのぼらなければならない。当時、GMが初めて今日見るような鋼製の密閉式ボディのフル・ライン政策を大量生産ベースで導入した。ハーリー・アー

図6-7●新規設計部品の割合

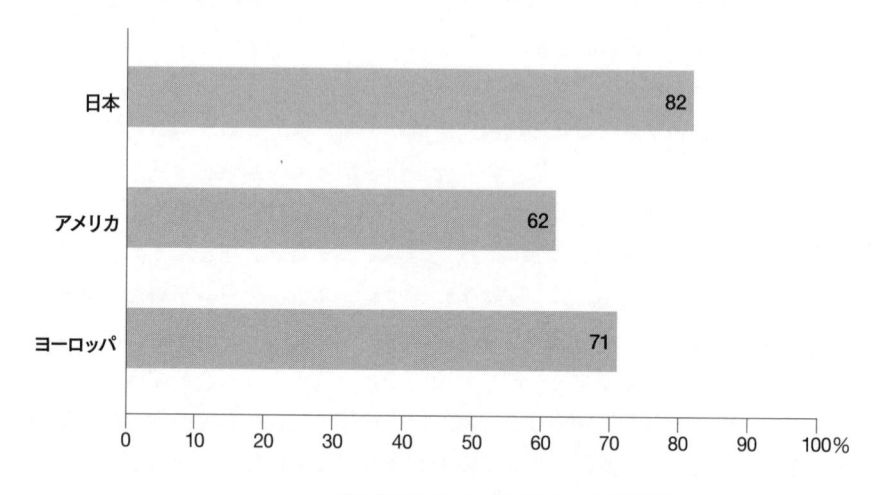

地域	割合
日本	82
アメリカ	62
ヨーロッパ	71

（注）数字は、車全体の部品数に占める新規設計部品のパーセンテージを表す。

ル率いるアート・アンド・カラー部は、車体用の設備・金型・治工具コストが高くなるのを抑えるため、GMモデル全体に共通の車体部品が使えるように大変な努力をした。他方、すべての部品をすっかり新しく専用に開発して新車を製作する戦略はさらに長い歴史を持っている。1980年代の厳しい競争環境下では、特定の製品それぞれについてこれらの戦略をどのように組み合わせるかが問題となった。新規設計部品と既製部品をどれだけ使うかの選択は、設計品質、リードタイム、開発の生産性に大きなインパクトを与えうる。

図6-7は、本研究の調査対象プロジェクトにおいて、総部品点数に占める新規設計部品の割合を地域別平均で示したものである。平均データで見る限り、アメリカでは日本の2倍の既製部品を使っており（38％対18％）、ヨーロッパはその中間に位置する。こうした顕著な地域差は、設計の柔軟性と生産設備・治工具コストや大量生産の経済性との間のトレード・オフ関係が地域によってかなり異なった様相を示していることと関わっているのである。

共通部品の使用に伴うメリット・デメリット

　既製部品を使用すれば、固定的なR&Dおよび製造コストの負担を複数のモデルに分散することができる。また、すでに市場で十分に信頼性と耐久性をテスト済みの部品を使うため、ユーザーが設計上あるいは製造上の欠陥で不満を持つリスクを軽減することが可能である。さらに、既製部品はリードタイムおよび開発工数を低減する。新車の設計と共通部品や流用部品の相性が悪くない限りにおいては、必要とするエンジニアの数も減ることになる。そのうえ、クリティカル・パス上で既製部品を使えば、製品を市場に早く導入できるかもしれない。

　だが、メリットばかりではない。特定のモデル専用に新規設計された部品でないため、それを使った親部品の特性や機能が車全体の観点から見て最適でないおそれがある。言い換えれば、共通部品を使うことによって、製品全体の首尾一貫性が損なわれる危険性がある。また、共通部品の過度の使用は、特に車体外部の部品については、製品の差別化がしにくくなる。つまり、新モデルが既存モデルと似すぎてしまうのである。そして、共通部品を使用することで、リードタイムや開発工数は低減する可能性があると同時に、増大する可能性もある。既製の部品の設計が硬直的な制約条件となって、車の他の部分について余計な開発作業が必要となりうるからである。さらに、既製部品を使用すると決定することにより、新しい技術を導入するチャンスを失い、結果として長期的には製品の競争力が弱くなることも考えられる。

　本研究の調査対象プロジェクトでは、全体の約30％に既製部品を使っていた。その内訳は、約10％が旧モデルからの流用であり、約20％は他のモデルとの共通部品である。車体部品は個々のモデルに特有のものとなる傾向にある。一方、エンジンや他の「表に出ない」機能部品は、他のモデルと共通となることが多くなる。これは、車体の場合は製品の差別化に直接影響を与えるが、機能部品の場合には自動車メーカーが既製部品を新車の設計に適合させるテクニックを向上させてきていることにも起因する。共通部品を使用することに伴うトレード・オフ関係については、製品のバラエティや首尾一貫性、個性等に対するユーザーの期待がいずれも大きくなってきているために、全体として複雑に

なっている。

　車体に共通部品を使用することは、近年車体がモノコック構造へとシフトしたため、コストへの影響が大きくなっている。車体部品は、シャーシや他のシステムにしっかりと組み込まれるようになっており、車体に大きな変更を加えれば、車全体にも大きな変更を生じるのである。アルフレッド・スローンによって導入された毎年モデル・チェンジする戦略は、今日ではきわめてコストのかかる道楽になってしまった。

　外装部分の部品は一般的にトレード・オフ関係が難しくなりやすい。今日のようにユーザーが洗練されている市場においては、車体に共通部品を使うことで、スタイリングの首尾一貫性や個性が損なわれるリスクは、少なくとも生産設備・金型・治工具コストの節約分と相殺しうる程度に大きいと言わなければならない。GMは、1970年代および1980年代において、フロア・パネル（車体の下部）や他の車体部品を積極的に共通部品に変え、燃費効率のよい車の開発にかかる巨額のコストを低く抑えようと試みたが、結局製品の差別化がうまくできなくなってしまった。他にメーカー、特にアメリカおよび日本のメーカーにおいても、1980年代に車体パネルを共通部品化することで、その副作用に苦しんだ。だが、車体パネルの共通部品化を図りながら、差別化も実現するノウハウも蓄積されてきた。最近の国際共同開発プロジェクトにおいては、異なったメーカーのデザイナーやエンジニアが、それぞれの個性、他社との違いを保ちながら、フロア・パネルや車体部品を共通化することに成功している。

｜プロジェクトの守備範囲に関する戦略——その地域別パターン

　図6-7の新たに設計される部品に関するデータを見ると、日本のメーカーはモデルごとに異なる設計の部品を好む傾向にあり、アメリカのメーカーは（そして、程度の違いはあるが、ヨーロッパのメーカーも）、設備投資を減らし、新しい設計に関するエンジニアリング作業量を抑制しようとする傾向にあることがわかる。どちらのアプローチも、それぞれの地域グループの製品バラエティ、技術革新、部品メーカーの関与に関しての戦略と矛盾しないものである。

　アメリカとヨーロッパのメーカーにとっては、1980年代において車体の技術革新がめざましく、新しい車体技術と新しい工程（たとえば、新しい塗装シス

テム、溶接設備、フラッシュ・ガラス等）への投資が資本と研究開発資源の大きな部分を占めるようになったため、新しい部品の生産設備・治工具コストを節約することは魅力的であり、また必要不可欠なことでもあったと思われる。「たまに飛躍的前進」の技術革新戦略をとる場合、新しい部品というのは本当に新しい（古い部品の設計は非常に古く、場合によっては12～15年も経っていることもある）というのが常識であり、新しい部品を使用するという決定を下すことは相当量の新たな開発作業を覚悟するということになるのである。

　それとは対照的に、日本の「迅速かつ少しずつ」の技術革新戦略をとる場合、それぞれの世代の部品は、前の世代のものと密接な関係を有しており、結果として生産工程も連続性が重視されることになるため、コストは低減化されることとなる。したがって、日本のメーカーにとって「新しい」部品を製造するということは、「迅速かつ少しずつ」の戦略をとる限り、エンジニアの作業量にも設備投資の予算にもそれほど負担をかけないのである。

　部品メーカーの役割も製品開発の作業量や設備投資予算に影響を及ぼす。既製部品を使うか、新しい部品を使うかの選択に際して、技術力が強く開発関与度の高い部品メーカーを抱えている自動車メーカーは、新しい部品の開発作業の多くを部品メーカーに下ろそうと考える。他方、そうした部品メーカーを抱えていない自動車メーカーにとっては、新しい部品を使うということは、貴重な、価値の高いエンジニアリング資源（エンジニア）を投入しなければならないことを意味する。つまり既製部品の使用と部品メーカーの関与とは、エンジニアリング資源を節約するための代替手段となるのである。

　部品メーカーの開発関与と既製部品の使用との関係は、図6-8に明確に表される。この図は、プロジェクトの守備範囲を決める2つの主要要素である社内開発依存率と新規設計部品使用率を比較したものである。それぞれのプロジェクトについて、2つの率に従って座標にプロットしたうえで、プロジェクトの守備範囲を示す簡易な指標を計算してみた。この指標は、ある製品に関わる全開発作業量のうち、当該プロジェクト内部において行われた新規開発作業量の割合である[*4]。アメリカのプロジェクトの場合には、部品メーカーの関与度が低いが、既製部品が多用されており、座標の左上に固まる。また、日本のプロジェクトは、平均してアメリカの場合より新規設計部品開発のための作業量を

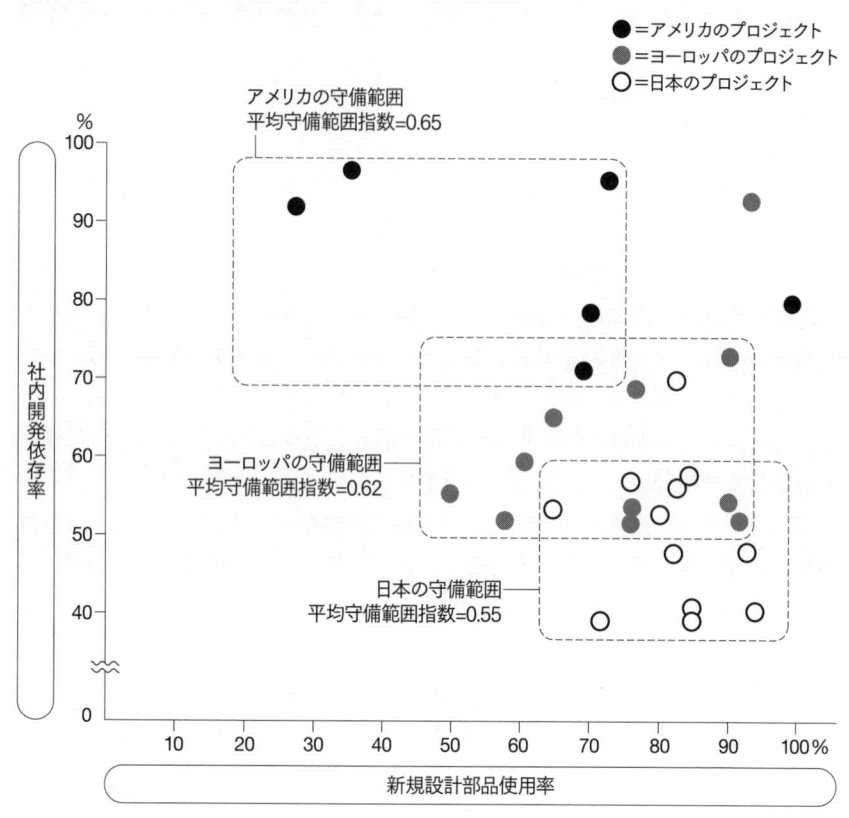

図6-8●プロジェクトの守備範囲戦略（プロジェクト別、地域別）

● ＝アメリカのプロジェクト
● ＝ヨーロッパのプロジェクト
○ ＝日本のプロジェクト

アメリカの守備範囲
平均守備範囲指数＝0.65

ヨーロッパの守備範囲
平均守備範囲指数＝0.62

日本の守備範囲
平均守備範囲指数＝0.55

社内開発依存率（％）

新規設計部品使用率

多く必要とするが、そのうち社内で行われる量は少なく、座標の右下に群れをなす。ヨーロッパのメーカーは、中庸の政策をとっており、座標の中央に群れができる。これらのデータからわかるのは、部品メーカーの開発関与と共通部品の使用とは、ともに自動車メーカーのプロジェクトの守備範囲に関する政策の構成要素として相互に関連しあっていること、そして開発作業の能力および効果的な内部調整を行う能力の限界がプロジェクトの守備範囲の限界を規定することになるということである。各自動車メーカーは、この現実を踏まえて、既製部品の設計を使用するか、追加的なエンジニアリング資源を外部の部品メーカーに求めて新しい部品を設計するかの選択をしなければならない。日本の

メーカーは後者を選ぶ傾向があり、アメリカのメーカーは前者を好み、ヨーロッパのメーカーはバランスをとろうとする。

既製部品の使用と部品メーカーの開発関与は、どちらも当該プロジェクトでの開発作業量を減らすが、製品開発のパフォーマンス全体にはかなりさまざまな影響をもたらす。日本の自動車メーカーの場合は、部品メーカーの開発能力が高く、自動車メーカーと部品メーカーが緊密に連絡調整を行っているため、適合品質（製造品質）やリードタイムの面における欧米メーカーに対する優位性を損なわずに、部品メーカーの開発作業に依存することができる。

そして、このことにより、日本の自動車メーカーと部品メーカーはそれぞれのエンジニアリング資源を新しい部品の設計に集中させることが可能となる。高い部品更新率（すなわち、プロジェクトごとの新規設計部品の割合が大きく、プロジェクト自体も頻繁に実施）は、部品技術が急速に変化し、車全体の首尾一貫性に対するユーザーの期待が高まっている時期においては有利に働く。アメリカにおいては、製品開発作業は自動車メーカーに集中しているので、プロジェクトの守備範囲の拡大を抑えるには共通部品の使用だけが唯一の手段ということになる。

プロジェクトの守備範囲に関する戦略にこのような際立った地域差があることは、どのような意味を持つだろうか。個々のメーカーの努力は無視できないが、地域における歴史的な発展過程が重要な役割を果たしていることは明らかである。日本の自動車メーカーの場合には、限られたエンジニアリング資源で、製品ラインを急速に拡張、更新する必要性に迫られて、部品メーカーの開発作業に依存するようになったものと考えられる。この状況に対応して、日本の1次部品メーカーの多くは、特定の部品に特化して、開発能力の蓄積を図った。短期的には自動車メーカーのバーゲニング・パワーが弱まったかもしれないが、部品の設計を迅速に更新しうる外部のエンジニアリング資源を持つことは長期的なメリットが大きかったと考えられる。このように、日本がプロジェクトの守備範囲の面で優位に立っているのは、主として各メーカーが長期にわたって歴史的制約条件に適応していった結果といえるのである。日本の自動車メーカーが欧米のライバル企業に勝つために、十分考え抜かれた長期戦略に基づいて部品メーカーのエンジニアリング能力を育成、強化したいという見方はつくり

話にすぎない。

プロジェクト戦略がパフォーマンスに与えるインパクト

　これまで見てきた事実から、世界の自動車メーカーの製品複雑度およびプロジェクトの守備範囲に関する戦略は、コスト、設備投資、ユーザーの要求等の間のトレード・オフ関係を反映していることがわかる。そして、これらの戦略の選択が製品開発のパフォーマンスに影響を及ぼすものと予想される。多くの特色を有し、高性能で、複雑度の高い製品は、開発工数がより多くなり、完成までの時間がかかる。同様に部品メーカーの開発力を多用すれば、開発工数を低減できる。本節では、これらの影響がどれだけ大きいか、また、ほかにもそれほど直接的ではないが同程度に重要な影響をもたらすもの（たとえば、設計品質に対してプロジェクトの守備範囲が与える影響）があるかについて、調べてみよう。そして、まず、プロジェクト戦略が製品開発のパフォーマンスに与える影響について調べることとし、最初に製品複雑度（すなわち製品の内容、バラエティ、技術革新の程度）の影響、次に部品メーカーの開発関与および既製部品の使用による影響を見てみよう。

製品複雑度と製品開発のパフォーマンス

　表6-1は、製品複雑度が製品開発の生産性、リードタイム、TPQに対してどのような影響を与えるかを、3つの指標を使って簡略に示そうとしたものである。3つの指標とは、製品価格、プロジェクトにおけるボディ・タイプ（車型）の数および技術革新の程度である。この表では、影響度がある程度強いと思われる場合に、複雑度が大きく変化することが製品開発のパフォーマンスに与える影響の大きさと方向（プラスかマイナスか）を示すことにした。たとえば、価格帯が1万ドル高くなったとき（例：1万4000ドルの中型のファミリー・セダンと2万4000ドルの高級車の差に相当）、開発工数は約30％増加する。また、ボディ・タイプを1種類増やせば、開発工数を35％増加させ、プランニングのリードタイムにもある程度の影響を与えるが、全体のリードタイムにはほとんど影響が

表6-1 ● プロジェクトの内容および守備範囲が製品開発パフォーマンスに与える影響

製品の複雑度および プロジェクトの守備範囲		開発工数	全体	プランニング	エンジニアリング	TPQ
			リードタイム			
複雑度	価格クラスを1万ドルアップ	強い +27%	弱い +7%	*	ふつう +11%	N/A
複雑度	ボディ・タイプを1つ追加	強い +35%	*	ふつう +15%	*	N/A
技術革新	先端的な部品の導入	*	*	*	*	*
技術革新	車体に関する工程技術の大幅な変更	*	*	*	強い +19%	*
守備範囲	守備範囲指数を0.55から0.65へ拡大	強い +30%	弱い +7%	強い +30%	*	強い +22%

出所：付録の回帰分析に基づく
＊顕著な影響なし

認められない。同様に影響が認められないのは技術革新の程度である。車体の技術革新がエンジニアリングのリードタイムに与える影響が概して強い（20%程度の増）以外は、影響は弱く、不明瞭である。

一般的に言って、製品複雑度は開発工数に強いインパクトを与えるが、リードタイムやTPQに対して与えるインパクトは弱い。たとえば各自動車メーカーは、複数のボディ・タイプを並行的に処理する技術を開発し、リードタイムに影響を与えずにボディ・タイプを増やすことが可能となったと考えられる。同じようなことは、より価格の高い高級車に必要な複雑なエンジニアリングについても言えよう（設計品質や適合品質を測る尺度は競合する車種同士の相対的な数字であるため、TPQの指数はすでに製品内容による格差を補正したものとなっている。したがって、表6-1ではさらなる補正はしなかった）。車体および部品の技術

革新があまり強い影響を持たないことからどの価格帯においても、1つまたは複数のボディ・タイプで、優秀だが必ずしも先駆的とはいえない部品を使って、また、優れているが必ずしも画期的とはいえない車体技術を使って、なおかつ商品力の高い製品をつくることが可能であることがわかる。このことは、先に「迅速かつ少しずつ」の戦略について述べたことと整合するものである。商品力の高い製品をつくり出すには、部品や車体についての飛躍的な技術革新は必要条件でも十分条件でもないらしいのである。

プロジェクトの守備範囲と製品開発のパフォーマンス

プロジェクトの守備範囲についての選択、すなわち部品メーカーの開発関与と既製部品の使用に関する選択と、製品開発の生産性とを結びつける論理は明快である。つまり、既製部品の多用と開発作業の外注化は、社内での開発工数の低減をもたらすはずである。また、プロジェクトの守備範囲は、リードタイムやTPQにも影響を与えよう。実際のところ、表6-1のいちばん下の項を見ると、プロジェクトの守備範囲は製品開発のパフォーマンスに係る指標のいずれに対してもかなりの影響を及ぼしていることがわかる。だが、プロジェクトの守備範囲が及ぼすさまざまな影響を、それぞれの特色の違いに着目して分析しておくことは、長期的な競争力との関係について結論を導き出すうえで重要と考えられる。

プロジェクトの守備範囲と開発工数 本研究で取り上げたプロジェクトにおいては、製品開発の生産性に最も大きな影響を与える戦略的選択がプロジェクトの守備範囲に関するものであった。プロジェクトの守備範囲が与える影響は、大きく2つの要素に分けられる。すなわち、(1)プロジェクト内の開発作業量を軽減する直接的影響、(2)新しい部品と既製部品の使用割合や社内と外注の開発作業量の割合等の違いに伴う開発生産性への相対的影響である。

図6-9は、直接的な作業量への影響について、調査対象プロジェクトの平均を用いてブロック図で表したものである。このモデルによれば、開発作業量全体（すべての部品はまったく新しく、すべての作業を社内で行うと仮定した場合に必要となる作業量）は、だれがその作業を行うかによっていくつかのブロック

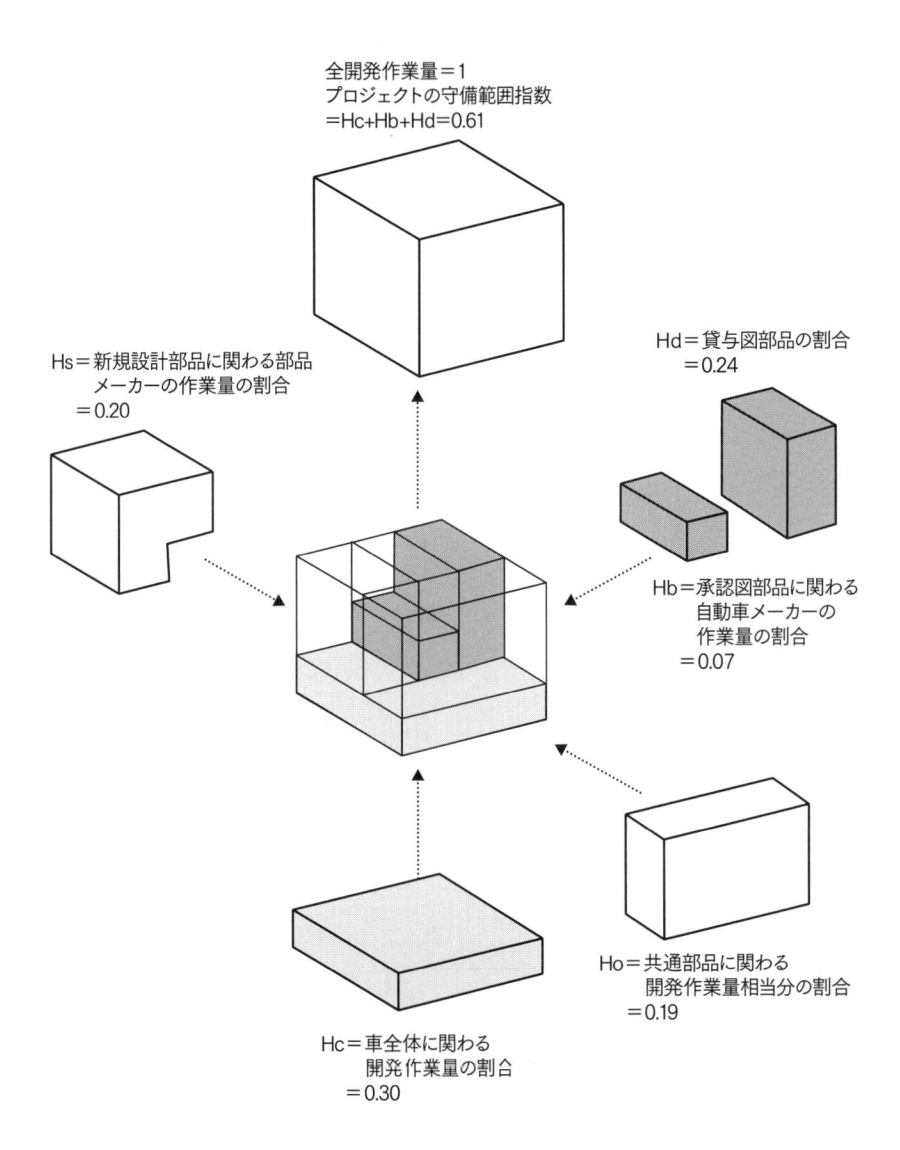

図6-9●全開発作業量の内訳(推定、世界平均)

全開発作業量＝1
プロジェクトの守備範囲指数
＝Hc+Hb+Hd＝0.61

Hs＝新規設計部品に関わる部品
　　メーカーの作業量の割合
　　＝0.20

Hd＝貸与図部品の割合
　　＝0.24

Hb＝承認図部品に関わる
　　自動車メーカーの
　　作業量の割合
　　＝0.07

Ho＝共通部品に関わる
　　開発作業量相当分の割合
　　＝0.19

Hc＝車全体に関わる
　　開発作業量の割合
　　＝0.30

第6章　プロジェクト戦略——複雑さへの対応　193

表6-2 ● 地域別全開発作業量の内訳

地域	作業量の構成要素				
	プロジェクト内部		プロジェクト外部		
	車全体に関わる開発作業 (HC)	自動車メーカーによる新規部品の開発作業 (Hb+Hd)	共通部品に関わる作業量相当分 (Ho)	部品メーカーによる新規部品の開発作業 (Hs)	プロジェクトの守備範囲指数 (Hc+Hb+Hd)
アメリカ	30%	36%	26%	7%	66%
ヨーロッパ	30%	32%	21%	16%	62%
日本	30%	27%	13%	30%	57%
平均	30%	31%	19%	20%	61%

(注)図6-9参照。

に分割される*5)。ブロックはそれぞれ、車全体の車両設計（全体作業量の30%）、新しい部品のプロジェクト内での開発(同31%)、既製部品の分の開発作業量(同19%)、部品メーカーによる新規設計部品の開発作業（20%）となっている。本研究が用いるプロジェクトの守備範囲の尺度は、最初の2つのブロックの和であり、本研究の調査対象プロジェクトの場合は平均61%ということになる。つまり、新しい部品に関わるプロジェクト内の開発作業量が、部品メーカーの開発参加や共通部品等がいっさいないと仮定したときに必要となると考えられる全体作業量に占める割合は、だれが作業を行っても製品開発の効率は変わらないという前提に立った場合、平均で61%となるのである。**表6-2**は、このブロック別の構成比に表れる地域差を要約したものである。アメリカのプロジェクトは、平均して見ると、共通部品（26%）と当該プロジェクト内で開発した新部品（36%）への依存度が高い。また、日本のプロジェクトは、部品メーカーのエンジニアリングによる新部品（30%）への依存度が高く、ヨーロッパはその中間に位置することがわかる。

　仮に、部品メーカーと自動車メーカーとの間に開発生産性の差がなく、既製

部品と新部品との間で開発の難しさが変わらなければ、表6-2のデータを使って、それぞれの地域の平均的なメーカーが、すべて新部品を使用してすべての作業を社内で行った場合に、平均的な製品を開発するのにどれだけの作業量を必要とするかを推定することが可能である。しかしながら、現実には生産性にも開発の難しさにも差がある。実際にプロジェクトの守備範囲が変化した場合どうなるかを調べてみると、開発作業を社外にシフトしたときの影響は、もし生産性や開発の難しさに違いがないと仮定した場合に、予想されるレベル以上に大きいものとなるであろうことがわかる。

　表6-1に再び戻ってみよう。プロジェクトの守備範囲の違いはかなり大きいインパクトを与える。たとえば、守備範囲指数が0.65から0.55に変わったとする（これは大雑把に言って、アメリカの平均から日本の平均に変化するのと同じである）。この場合、開発工数はプロジェクト当たり250万時間とされる平均値と比べて約30％減少する。守備範囲指数が0.65から0.55に下がると、プロジェクトの守備範囲は約15％狭くなるため、仮に部品メーカーと自動車メーカーの生産性が同等で、部品開発の難しさも同程度であるとすれば、開発工数の減少は15％となるはずである。したがって、実際には、部品メーカーの生産性はかなり高く、新規設計部品の開発は既製部品と比べ相当程度困難であろうと想像できるのである。部品メーカーの生産性が与えるインパクトは、日本において特に強い（詳細は付録参照）。この事実は部品メーカーと自動車メーカーとの間の長期的な関係、そして部品メーカーの特定部品への特化が、日本の部品メーカーのエンジニアリングの生産性を高めたという、私たちの実態調査の結果とも整合している。たしかに、付録で述べる私たちの分析によれば、既製部品の使用はどの地域についても共通してインパクトが強いのだが、部品メーカーの関与が持つインパクトの強さは日本に特有の現象なのである。

　プロジェクトの守備範囲とリードタイム　プロジェクトの守備範囲が製品開発のリードタイムに与える影響は、開発工数に与える影響と比べてあまり明確ではない。ここでいくつかの部品を社内エンジニアリングから、外部の部品メーカーへ移した場合を考えてみよう。プロジェクト全体のリードタイムはどうなるだろうか。もし、その部品がプロジェクトのクリティカル・パス上にないものであれば、何の影響も生じないだろう。プロジェクトに要する時間は以前

と同じである。一方、もしその部品がクリティカル・パス上にあるが、部品メーカーの生産性が低いか、あるいは外注化が調整に要する時間を増大させるのであれば、リードタイムは長くなる。部品メーカーがクリティカル・パス上の部品を迅速に開発し、あるいは外注化が調整に要する時間を短縮しうる場合に限り、開発作業を外部へ移すことによってリードタイムを減少させることができる。

結論としては、影響の程度は小さいが、リードタイムが減少することはする。たとえば表6-1において、プロジェクトの守備範囲を0.65から0.55に狭めることで、わずか7%だけ全体のリードタイムが短縮された。これを月数に直せば、53カ月のプロジェクトの4カ月分に相当する。さらに、全体のリードタイムをプランニング・リードタイムとエンジニアリング・リードタイムに分けて調べてみると、それぞれに対する影響の度合いが異なることがわかる。プロジェクトの守備範囲を拡大することにより、すなわち社内で開発する新部品の数を増やすことにより、プランニング・リードタイムは長くなるが、エンジニアリング・リードタイムにはほとんど影響が生じない。したがって、プロジェクトの守備範囲が全体のリードタイムに及ぼす影響の中身は、実際にはプランニング段階に及ぼす影響だったのである。

表6-1のリードタイムの結果から、いくつかのことが言える。第1に、プロジェクトの守備範囲を狭めることがリードタイムによい影響を与えるというのは、自動車メーカーがプロジェクトの重要な作業あるいはクリティカル・パス上の部品のいくつかを外部に移す場合の話だということである。自動車メーカーが重要な作業はすべて社内に残し、周辺的な作業のみを外注化する場合は当てはまらないのである。

第2に、部品メーカーが部品の開発を迅速に行うためのエンジニアリング能力は、多くの場合、自動車メーカーと比べて同程度に高いということである。さらに、開発作業について部品メーカーのネットワークを利用することは、必ずしも緊密な連絡調整を損なうものではないということも言える。自動車メーカーが部品メーカーのエンジニアリング能力を活用しても、エンジニアリング・リードタイムには支障がないと考えられるからである。このことは、部品メーカーの能力の向上に関して得られた他の事実とも矛盾しない。日本の自動車メ

ーカーが部品メーカーを選別する場合の最も重要な判断基準の1つは、「生産性のつくり込み」能力、「品質のつくり込み」能力である。どういうことかと言えば、自動車メーカーが絶えず要求する設計変更に対し、柔軟に対応しながら、コストと品質の目標を達成する能力を指すのである[注6]。要約すれば、社内で開発作業を行うことは必ずしもよりよい成果、よりよい調整を保証するものではないということなのである。

　最後に、プロジェクトの守備範囲を狭めることは、調整のネットワークを簡素化し、調整のためのリードタイムを短縮するということである。この簡素化の効果は、部品間の調整を主な任務とするプランニング作業に表れる。エンジニアリング作業は、製品全体の調整問題にリードタイムが大きく左右され、また、工程エンジニアリングの場合は個々の部品の領域に踏み込んだ作業が必要になるなど、プロジェクトの守備範囲を狭めることによる効果が表れにくい。従来の考え方からすれば、外部との結びつきができると、調整問題が制約を受けたり、複雑化したりするように思えるが、実は部品をプロジェクト内のネットワークの外へ移すことによって問題が単純化し、調整時間が減るのである。既製部品と部品メーカーの両方がこれに寄与すると考えられる。

　プランニングの調整作業に関する基本的な問題は、それぞれの部品が相互依存していながら、別々の専門化した設計各部によって開発されるという点にある。プロジェクト内部の部品間調整は、多くの異なる設計部署同士の協議を必要とするが、それぞれの部署は自分たちの担当する部品について権限を持っており、他の部署とは対等関係に立っている。極端なケースでは、1人ひとりのエンジニアが違った意見をぶつけあうということもある。したがって、ある部品の変更は、別の部品に対応を迫り、相互の調整が連鎖反応を呼んで、車全体の調整を時間のかかるものにしてしまう傾向がある。

　ところが、既製部品を使うことによって、その部品の基本的な内容が凍結され、交渉の余地のないものとして決まる。これが必要な調整事項を減らし、交渉の量も少なくするのである。同じように、もし部品メーカーが「生産性と品質のつくり込み」能力（すなわち、自動車メーカーの設計変更要求に対応しながら、コストや品質の目標を達成する能力）を備えていれば、部品を社内ネットワークから外すことが交渉過程を簡素化するのに役立つのである。実際に、部品メー

カーはみずから設定する目標を追い求めるのではないし、自動車メーカーと対等関係に立つのでもない。社内のエンジニアに比べて、部品メーカーのほうが柔軟で、要求に適応しようとする意欲がある。日本に見られるように部品メーカーの能力が高ければ、自動車メーカーは、社内での設計変更の影響を部品メーカーがうまく吸収してくれるだろうと信頼できるため、調整問題を軽減し、社内の問題に集中することが可能となるのである。

プロジェクトの守備範囲とTPQ　作業を部品メーカーのネットワークに移し、あるいは既製部品を使用することにより、開発の生産性とリードタイムは向上するが、製品の品質は向上しない。先に見たように、既製部品の使用、部品メーカーへの依存は、もしその部品が設計上の制約となり、また、部品メーカーの設計能力が低い場合には、TPQに悪影響を及ぼすおそれがある。私たちが研究したプロジェクトにおいては、まさに心配されることが起こっているようである。

表6-1は、プロジェクトの守備範囲を狭めることでTPQが低下することを示している。平均的なプロジェクトについて、守備範囲指数が0.65から0.55に変化すると、TPQ指数は51ポイントから41ポイントへと、約20％落ち込む結果となる。このことから、プロジェクトの守備範囲に関する政策決定を行うには、品質とリードタイムや開発生産性との間のトレード・オフ関係を考慮しなければならないことがわかる。部品メーカーとの関係が強く、クリティカル・パス上で既製部品が利用可能である場合には、プロジェクトの守備範囲を狭くすることによってリードタイムを短縮し、開発工数を減らすことが可能となるが、TPQを落とすという代償を払わなければならないのである。したがって、経営者はプロジェクトの守備範囲について2段階の選択を決断する必要がある。1つは、社内の作業量を決める全体的なプロジェクトの守備範囲の選択、もう1つは、構成の選択、すなわち選択された守備範囲の目標を達成するための、既製部品と部品メーカーの開発関与との組み合わせの選択である。これらの選択が効果を上げるかどうかは、リードタイム、生産性および品質のバランスがうまくとれるかにかかっており、バランスがうまくとれるかどうかは、メーカーがどの部品の外注化を選択するか、そしてその選択をどう実行するかにかかっている。

難しいのは、リードタイムと開発工数の低減による利益を享受しつつ、製品の品質の低下を最小限にとどめるよう、部品メーカーとの関係をコントロールすることである。そのためにはこれまで見てきたように、製品開発プロジェクトの初めから部品メーカーと緊密な連携関係を持ち、部品メーカーのエンジニアリング能力を意識的に強化していくことが必要とされるであろう。同様に既製部品を効果的に利用していくためには、注意深くその組み合わせを選ぶだけでなく、設計の首尾一貫性に適応する必要性を十分認識しなければならない。既製部品あるいは旧モデルからの流用部品を利用するという意思決定は、しばしば投資を最小限にしたいという動機からなされる。だが、既製部品が製品の首尾一貫性にどれだけ影響を与えるかを注意深く検討することにより、流用部品に微調整を加えるか、あるいは新部品で大幅な調整を加えるか、いずれかによって設計全体を改善するチャンスに結びつけることができよう。

本章のまとめ

　本章においてはプロジェクト戦略——すなわち、製品複雑度とプロジェクトの守備範囲についての選択——が製品開発のパフォーマンスを決定するのに重要な役割を果たしていることがわかった。また、エンジニアリングの生産性、リードタイム、TPQは、製品の内容、既製部品の使用程度、部品メーカーの開発関与度等に関する選択によって、大きな影響を受けることもわかった。さらにプロジェクトの守備範囲と製品複雑度は、製品開発パフォーマンスに見られる地域差を説明するための中心的要素であり、したがって国際競争力にとっても重要な要素であることも見てきた。特に、日本がリードタイムや開発生産性において優位に立っているのは、プロジェクトの守備範囲や製品複雑度の違いに起因するところが大きいと考えられる。
　プロジェクト戦略の各要素それぞれのインパクトの比較が図6-10に示されている。この図においては、リードタイムや開発工数について、日本のメーカーと欧米のメーカーとの間の格差を要素ごとの寄与分に分解している。パネルAを見ると、開発生産性の格差のうち約30〜40％はプロジェクト戦略の違いに

図6-10◉パフォーマンスの地域差の分析

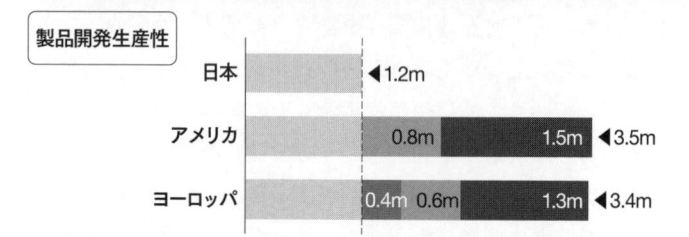

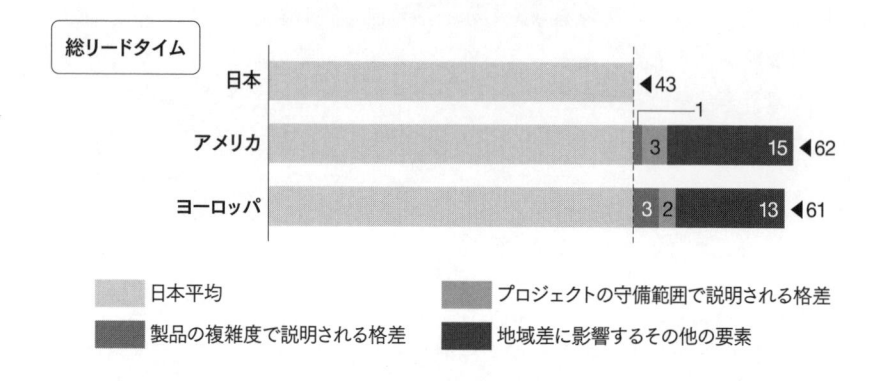

Ⓐ 製品開発生産性とリードタイム（日本を基準とする）

製品開発生産性

- 日本　◀1.2m
- アメリカ　0.8m　1.5m　◀3.5m
- ヨーロッパ　0.4m　0.6m　1.3m　◀3.4m

総リードタイム

- 日本　◀43
- アメリカ　1　3　15　◀62
- ヨーロッパ　3　2　13　◀61

凡例：
- 日本平均
- プロジェクトの守備範囲で説明される格差
- 製品の複雑度で説明される格差
- 地域差に影響するその他の要素

Ⓑ TPQ（ヨーロッパを基準とする）

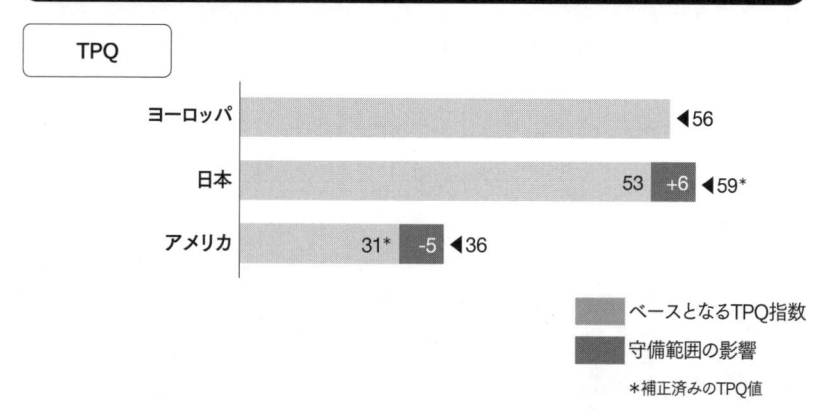

TPQ

- ヨーロッパ　◀56
- 日本　53　+6　◀59*
- アメリカ　31*　-5　◀36

凡例：
- ベースとなるTPQ指数
- 守備範囲の影響

*補正済みのTPQ値

よるものであり、なかでもプロジェクトの守備範囲が最も大きな影響を与えている。プロジェクトの守備範囲の影響度はアメリカで特に顕著であり、部品メーカーの役割や部品戦略における大きな違いが生産性の格差の3分の1以上を占める。一方、ヨーロッパにおいては、プロジェクトの守備範囲は重要だが、アメリカほど大きな影響をもたらさず、日本との格差の約4分の1程度である。ヨーロッパでは製品の複雑度も重要である。アメリカと日本の比較においては製品の内容はおおむね同様であるが、ヨーロッパの場合は高性能の高級車や高価格のファミリー・セダンが含まれており、こうした製品内容の違いが日本とヨーロッパの開発生産性の格差の約15％を占めている。プロジェクトの守備範囲と製品複雑度の影響の分を補正して、日本とヨーロッパの生産性格差を計算し直すと、その数字は220万時間から130万時間に減少する。

　プロジェクト戦略がリードタイムに及ぼす影響はもっと小さい。プロジェクトの守備範囲も製品内容も影響を与えるが、その程度は、リードタイム全体の格差である18カ月のうちわずか4カ月か5カ月にすぎない。他方、パネルBのTPQのデータについては、まったく事情が異なる。製品内容の違いがTPQ指数の地域平均値に反映され、ヨーロッパと日本のメーカーはほぼ同等で、いずれもアメリカのメーカーに対して優位に立っている。プロジェクトの守備範囲を考慮に入れてもこの図式に大きな変化はない。守備範囲の影響を取り除く補正を加えると、日本のメーカーがややヨーロッパのメーカーをリードし、アメリカのメーカーはさらに若干差を広げられる。だが、TPQについては、同じ地域内（特に日本とヨーロッパ）の各メーカー間に大きなばらつきがあり、リードタイムや生産性のデータに見られるほど地域差が明確な形で強く表れることはない点を想起すべきだ。第4章で述べたように、企業間格差はTPQの格差を説明するうえで決定的な役割を果たす。この問題については後の章でもっと詳しく検討することとする。

　これまで本章で見てきたことから、プロジェクト戦略は製品開発のパフォーマンスや競争力に対して「実質的な」影響を与えるものであることがわかった。もちろん、特にターゲットとする市場、価格レベル、ボディ・タイプといった類の選択が及ぼす影響については、同じようなプロジェクト同士で比べないと意味がない。だが、直接競争関係にある同程度の製品が、まったく異なった時

期にまったく異なった価格や品質のレベルで市場に導入されるのは、各メーカーが製品複雑度やプロジェクトの守備範囲に関して行う選択のせいであることは、これまで見てきたとおりである。次に挙げる一般的なプロジェクト戦略の例から、各メーカーのこうした選択が及ぼす影響を知ることができる。

プロジェクトA：飛躍的前進戦略と社内開発重視戦略　製品は中型のファミリー・セダンで、8年前に発売されたモデルの次の世代のモデルである。ニュー・モデルはまったく新しい部品と新しい車体の塗装・溶接技術を導入しているが、多くのアンダーボディ（車体下部）部品とエンジンは旧モデルの流用部品であり、まったく新しい部品の割合はわずか65％にすぎない。この戦略ではほとんどすべての設計開発作業を社内で行う。

プロジェクトB：迅速かつ少しずつ戦略と承認図部品戦略　製品は中型のファミリー・セダンで、8年前に発売されたモデルの3世代目である。ニュー・モデルは、基本的な部品と車体技術は旧モデルの改良型を使っているが、性能は優れている。多くの部品は旧モデルのものを改造したものだが、それを含めて85％はまったく新しく設計した部品である。部品メーカーが新部品の設計開発作業を相当量こなす。

これら2つの製品は直接競合するが、それぞれの開発プロジェクトのパフォーマンスは大きく異なるものと考えられる。これまで見てきたことから推測すると、プロジェクトAのほうがリードタイムが長く、開発工数も多くかかる。また、既製部品の割合が大きく、プロジェクトBよりも早くプロジェクトが開始される必要があることから、品質も若干低くなる可能性がある。プロジェクトAは、新部品のエンジニアリングにかなりの作業量を必要とするが、それでもプロジェクトBのパフォーマンスに差をつけるまでには至らないかもしれない。プロジェクトBは、迅速かつ少しずつ戦略によって、新しいアイデアが頻繁に市場に送り込まれ、部品メーカーも能力が高いため、部品の多くが新しく設計されるにもかかわらず、プロジェクトの守備範囲は合理的な程度に抑えられたのである。

プロジェクトAとプロジェクトBのリードタイム、開発生産性、TPQのパフォ

ォーマンスの違いは実質的なものであり、集計上の補正や製品のタイプの違いによって生じたものではない。プロジェクトBの優位性は、その一部は、製品複雑度やプロジェクトの守備範囲についての選択に本来的に伴うトレード・オフ関係にどう対処するかという問題から生じたものであるが、大部分はプロジェクト戦略の基礎を成す能力の大きな違いから生じるものと考えられる。

　プロジェクト戦略は、単なる書類や図面の上のものではなく、各メーカーの能力に関わる問題である。たとえばプロジェクトの守備範囲の場合、プロジェクトAを実施するメーカーにとって、新部品と既製部品の構成を変えることは簡単だが、部品メーカーの開発関与度をさらに高くすることはそう簡単にできない。部品メーカーの能力が高く、部品メーカーとの関係が相互に協力的でなければ、部品メーカーの開発関与度を高くしても惨たんたる結果となろう。プロジェクトの守備範囲の影響は、特に日本の優位性を説明するとき、部品メーカーが担当する部品の割合の違いにとどまらない、別の要因によって生じる。日本の優位性は、部品メーカーの能力と、部品メーカーと自動車メーカーの関係に基づくものである。日本のシステムにおいては、部品メーカーとの関係は長期的でパートナーシップのようであるのに対し、アメリカでは従来、部品メーカーはエンジニアリングに果たす役割が小さく、自動車メーカーとはよそよそしい関係にある。本章でこれまで見てきた事実や、日本のメーカーに対するインタビューの結果から、このような地域差は、部品メーカー・ネットワークにおけるエンジニアリング能力、そして自動車メーカー側の部品メーカーの能力を育て、活用する力量に深く関係していることがわかる。日本のメーカーは、実際のところ、部品メーカーのノウハウによって利益を享受しており、製品の設計、製品開発プロセスの遂行にあたって、このノウハウをより効果的に活用できるのである。

　このような自動車メーカーと部品メーカーの関係には、重要な相互利益性が存在する。自動車メーカーは、部品メーカーの能力を養成し、その能力が十分生かされるように製品開発プロセスを管理する。そのためには設備投資、ノウハウの共有、部品メーカーからの「ゲスト・エンジニア」のための作業スペースと施設等が必要となり、部品メーカーの抱える問題の解決に協力しなければならない。一方、部品メーカー側は、能力を向上させるための積極的なコミッ

トメントと、製品開発プロセスで重要な役割を引き受けることに対する意欲が必要である。優秀な部品メーカーのなかには、自動車メーカー側の設計や製品開発プロセスに関するニーズに対応するため、自社のエンジニアに絶えず新たな手法を研究させ、サービスの向上に努力しているところも多い。優秀な部品メーカーは、顧客である自動車メーカーのために価値を生み出す機会を見つけ出そうという姿勢を持っているのである。これは、最小限の努力で与えられた条件をいかに満たすかを考える姿勢とはまったく異なる。

「迅速かつ少しずつ」戦略の基礎となるのも部品メーカーの能力である。確かに、ここには何か「好循環」とでも言えるものがある。この戦略をとることにより、技術をわずかだけ前進させるのに必要なエンジニアリング作業はそれほど大きくなくて済み、迅速に作業を完了することが可能となるため、リードタイムや開発生産性に有利に働く。だがこの戦略がうまくいくためには、メーカーは頻繁に新しいプロジェクトを始め、それぞれのプロジェクトを早く完了しなければならない。さらに、作業は整合性を持って進められ、製品のTPQが高くなるようにする必要がある。したがって「迅速かつ少しずつ」戦略が実行可能となるには、開発の生産性が高く、プロジェクトのリードタイムが短く、設計品質が高くなければならない。そして、この戦略が実行されると、生産性は高くなり、製品開発は迅速かつ効果的なものとなる。これが「好循環」である。このように、プロジェクトBは、その戦略が製品開発のパフォーマンスを高める能力をつくり上げ、強化する方向に働くために成果が上がるのである。

以降の3つの章では、製品開発のパフォーマンスを高める3つの要素——製造能力、調整された問題解決プロセス、プロジェクトのリーダーシップ——を調べ、それが製品開発のスピード、質、生産性を向上させるのに中心的な役割を果たす様子を見ることにする。

---

*1) 日本のメーカーは、輸出車ではバラエティを抑え、国内市場ではバラエティを多くする傾向がある。たとえば、「特別仕様車」を特定期間、あるいは地方市場での販売促進の目的で少量販売することがよく行われる。特別仕様車のバラエティは塗装、トリム、座席カバー、タイヤ等、周辺的なものがほとんどである。

*2) 三菱総合研究所（1987）、部品部門を社内としてカウントすれば、アメリカの外製部品率は52〜55％と推定される。

*3) 三菱総合研究所（1987）の推定によれば、日本の部品開発は、主要機構部やエンジンの場合、販売開始の3〜4年前、他の部品の場合は販売開始の2〜3年前に始まる。
*4) この指標の計算に際して、新規開発作業量には、新部品の設計と車全体のエンジニアリング（たとえば、接続部の設計、全体システムのテスト等）を含む。詳細は付録参照。
*5) 単純化のため、製品開発の生産性は、自動車メーカーと部品メーカー、過去のプロジェクトと現在のプロジェクトとの間で同一と仮定する。また、本研究所のサンプルの平均的プロジェクトの全開発作業量を1と仮定して、図の上部の立方体に示してある。

注
1）三菱総合研究所（1987, p.7）参照。
2）同p.11参照。
3）松井（1988, p.124）は、1987年時点でトヨタと日産の部品メーカー・グループの間にはかなり大きな業績の差があったことを指摘している。トヨタ・グループは日産グループより収益も多く、対売り上げ比で見たR&D支出も多いという傾向があった。このことは同時期の2社のメーカーの業績の差によるものである。ネットワークの基本構造は2社のメーカーとも本質的に同じである。
4）通産省の調査によれば、ある自動車メーカーが20％以上の株式を保有している日本の系列部品メーカーは、平均して5社のメーカーに部品を供給している。三菱総合研究所（1987）参照。
5）Nishiguchi(1987) は、日本の部品メーカー・ネットワークの重複パターンを、重複した階層組織のように見えるために、「アルプス構造」と呼んでいる。
6）三菱総合研究所（1987, pp.12-13）参照。

第7章 製造能力
——隠れた優位性の源

　新車の開発について論じる場合、その設計プロセスや技術的問題の解決に話題が集中するのが一般的である。どの国の自動車雑誌を開いても、開発の初期段階のスケッチ、難しい技術上の選択、エンジニアリングに関するトピックス等の記事ばかりである。日本でも、ヨーロッパでも、そしてアメリカでも、こうした話題の主役はデザイナーであり、エンジニアである。自動車メーカーの重役ですら、製品開発は主にデザインやエンジニアリングの分野で行われる無形資産の創造であると考える。だが、単に製品開発に関わる頭のなかの作業に注目するだけでは、製造部門がきわめて実質的に貢献していることを見過ごしてしまう。

　自動車産業を研究してみて、迅速かつ効率的に物をつくること、つまり原材料を子部品、親部品、そして完成品の形に変換することが、製品開発で優位に立つための決定的な要因となることを確信した。商業生産において製造能力が重要であることは明らかである。だが、製品開発プロセスにおいても同様に、製造能力が大きな役割を果たすのである。本章ではこの役割を調べることにしよう。まず、製造能力と製品開発パフォーマンスとの関係を一般的に論じた後、製品開発プロセスに組み込まれた3つの製造活動を詳しく見る。3つの製造活

動とは、試作車の製作、車体プレス工程のための金型の製作、そしてパイロット・ラン（量産試作）やランプアップ（量産立ち上げ）における非市販車の製造である。

R&Dと製造の2分法を超えて

　自動車工場の車体製造現場に立っていると、製品開発のいちばん最初の段階といちばん最後の段階とでは驚くほど異なっていることを痛感する。大きなプレス機械が鋼板からリズミカルに車体パネルを打ち出す。多数のロボットがブンと動いて、傾き、溶接する。搬送機器が溶接された車体を正確に、規則的に運び、並べていく。この騒々しく、激しい、そして規格化されたプロセスにあって、従業員たちは工程を監視し、故障を見つけて直し、荷の積み下ろしをする。彼らのパフォーマンスは、1時間当たりの生産部品数で評価されるのである。
　これと対照的なのが、高い天井のデザイン・スタジオだ。大きな窓があって明るいが、間接照明が施されている。デザイナーたちは大きな製図板の前に座って、新しいコンセプトの素案をつくる。これが階下の模型製作室の熟練した職人たちによって、粘土、プラスチック、ファイバーグラス等を使って形に表される。階上に戻るとデザイナーたちは、モックアップを測り、入念に調べ、もう一度見直し、評価する。これらの作業は、特に経営首脳陣にプレゼンテーションを行う前には、きつくて大変なものかもしれない。しかし、ここではだれも時間当たりスケッチ何枚（あるいは別の何でもよい）などと数えたりはしない。彼らのパフォーマンスは、創造性、洞察力、新しいアイデアによって評価されるのである。
　この際立った環境の違いは、R&D部門の管理方法と製造部門の管理方法とが大きく違うからだという考え方もある。議論はだいたいいつもこんなふうに展開される。「効果的な製造管理の本質は、安定性、効率性、規律、厳格なコントロールであるのに対し、効果的なR&D管理は、ダイナミズム、柔軟性、創造性、緩やかなコントロールを必要とする。だから、2つの部門の管理は、まったく異なった方針に基づいて行われなければならない」。このR&D部門と

図7-1 ● R&D―製造スペクトル

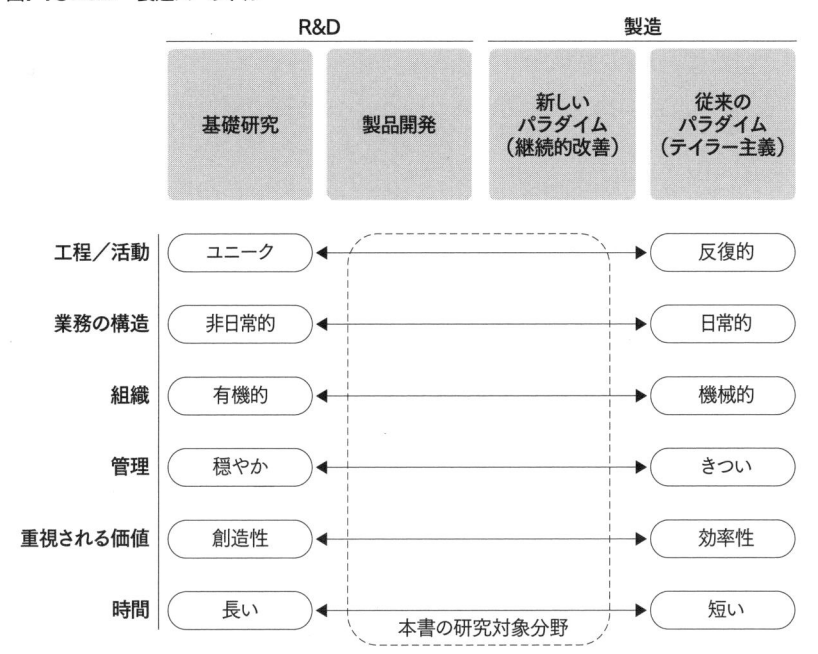

	R&D		製造	
	基礎研究	製品開発	新しいパラダイム（継続的改善）	従来のパラダイム（テイラー主義）
工程／活動	ユニーク	← →		反復的
業務の構造	非日常的	← →		日常的
組織	有機的	← →		機械的
管理	穏やか	← →		きつい
重視される価値	創造性	← →		効率性
時間	長い	← →		短い

（点線枠内：本書の研究対象分野）

　製造部門の2分法は、R&D―製造スペクトルの両極端の部分を強調する従来の考え方によっている。

　図7-1を見ると、一方の極端な例として、製造部門の管理に関するテイラーのパラダイムが示されている。このパラダイムでは、1組の最善とされる作業マニュアルによって基準が設定され、これに対する反復的な適合が重視される。ここでは、効果的なパフォーマンス（すなわち、基準の順守）を実現するためのカギは、安定性、反復性、標準化、そしてトップダウンの官僚的なコントロールである。このパラダイムにおいては、生産システムを変更してパフォーマンスを改善するのは、製造現場の外の組織の任務ということになる。

　もう一方の極端に位置する効果的管理方法は、製品をただちに商品化することを目的とした開発プロジェクトではなく、むしろ基礎研究に携わる研究所を対象に調査研究を行ってきた学者や実務家によってつくられたものである。こ

のパラダイムにおいては、効果的なパフォーマンスを実現するためのカギは、有機的組織構造、自己によるコントロール、自己による動機づけ、個人の創造性、豊富な資金である。大勢の博士が数式をつくるのと、ブルーカラー労働者が言われたとおりに繰り返し作業するのとでは、管理方法に共通点がなくても不思議はない。

しかし、世界の自動車産業の現実はこうではない。1980年代および1990年代において実績を上げるために、製造管理は非常にダイナミックなものになった[注1]。優れたパフォーマンスを上げるため、継続的な工程改善、学習、問題解決が現場レベルで行われる必要がある。それには、自己革新能力のある組織が不可欠だ。新しい製造部門のパラダイムにおいては、工程エンジニアリングと実際の製造現場とは不可分の関係にある。一方、今日の効果的な製品開発組織というのは、創造性や自由という特徴のほかにスケジュール管理や資源の活用、製品の品質等における規律・統制という特徴も有する。製品開発にあたって難しいのは、統制と自由、正確性と融通性、個人主義とチームワーク等の微妙なバランスをとることなのであり、単に有機的組織構造とか、ものわかりのよい管理スタイルとかを一方的に追い求めることではないのである。

製品開発管理と製造管理に関する新しいパラダイムはR&D―製造スペクトルの中間付近に位置し、効果的な製品開発管理と効果的な製造管理の間により多くの共通点があると考える。実際のところ、製造のパフォーマンスがよいメーカーは、製品開発のパフォーマンスもよいのである。このことは、図7-2が示している。この図では、製造部門の生産性と製品開発のパフォーマンス（開発工数およびリードタイム）の間に、若干プラスの相関関係が見られる。

網がけの部分は地域（日米欧）ごとに明確にグループが分かれることを示している。日本のメーカーは製造においても製品開発においても上位にランクされる傾向にあるのに対し、欧米のメーカーはどちらの基準に照らしてもランクが低めで、ヨーロッパのメーカーは特に製造部門の生産性が低い。それぞれの地域グループ内においては顕著な相関関係が見られないことから、製造のパフォーマンスと製品開発のパフォーマンスとの間の相関関係は、1980年代半ばにおける地域的現象と言えそうである。

図7-2◉製造生産性と製品開発のパフォーマンス

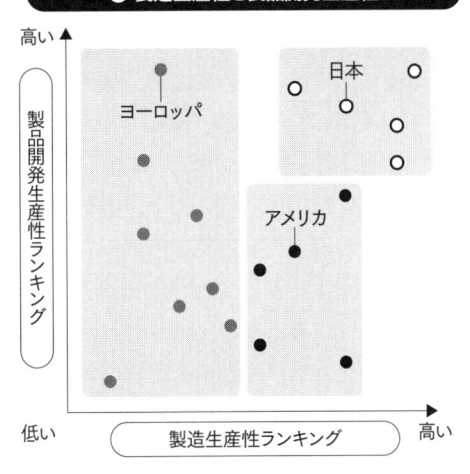

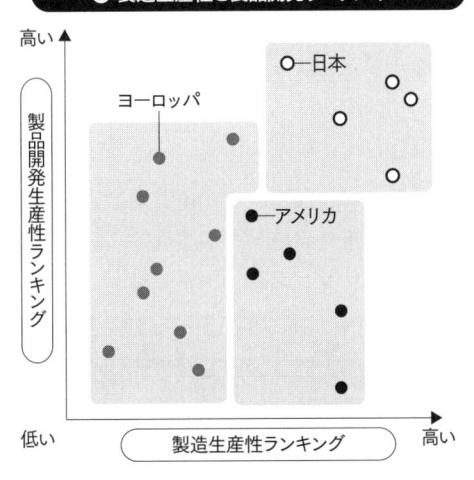

❶ 製造生産性と製品開発生産性

縦軸：製品開発生産性ランキング（低い→高い）
横軸：製造生産性ランキング（低い→高い）

グループ：ヨーロッパ、日本、アメリカ

❷ 製造生産性と製品開発リードタイム

縦軸：製品開発生産性ランキング（低い→高い）
横軸：製造生産性ランキング（低い→高い）

グループ：ヨーロッパ、日本、アメリカ

（注）ランキングは、補正済み開発工数、補正済みリードタイム、補正済み組み立て時間（／台）に基づく。組み立て時間に関するデータは、MIT国際自動車プログラムのジョン・クラフシック氏による。網がけの部分は地域グループを示す。

第7章　製造能力──隠れた優位性の源　**211**

情報生産プロセスとしての製品開発

　効果的な製造と効果的な製品開発は多くの要素を共有しているため、前者が得意なメーカーは後者も得意であることが多い。情報システムの枠組みを重視すれば、製品開発プロセスの本質は情報資産の「製造」である。したがって、効果的な製造管理の基本原則が製品開発管理にも応用できることがあろうし、またその逆もあろう。

　表7-1により、JIT（ジャスト・イン・タイム）やTQC等を導入した製造管理のパラダイムと、本研究で明らかになった製品開発管理の新しいパラダイムとの間には、いくつかの類似性が見られることがわかる[注2]。2つのパラダイムは多くの基本的特徴が共通している。たとえば、頻繁な切り替え、短いリードタイム、在庫の圧縮、川下部門から川上部門への早期のフィードバック、迅速な問題解決、品質・スピード・生産性における高いパフォーマンスの同時実現、「そもそも1回目でうまくやる」とともに予想しない変化にも対応しうる能力、幅広い作業割合範囲、絶えず改善を求める企業文化等である。

　在庫の圧縮について考えてみよう。JITの生産システムが実地に示すように、適切な管理さえ行われれば、工程間在庫の圧縮により、生産リードタイムを短縮し、製造上の問題を早めに発見することができ、製造部門の組織全体が迅速な問題解決と絶え間ない改善を志向するようになる[注3]。製品開発の場合には、エンジニアの机の上で設計変更の承認を待っている設計図は、開発プロセスの段階間の情報在庫ということになる。このような「工程間在庫」を、設計変更命令のためのフォーマルな事務手続きを簡素化する等によって減らせば、製品開発プロセスを合理化し、エンジニアリングに関する問題解決を迅速化し、製品の品質とリードタイムを同時に改善することができよう。

　また、川上部門と川下部門の間に緊密な双方向性のコミュニケーションを確保することは、各部門間の調整された問題解決やノウハウの共有を促し、製造にとっても製品開発にとっても重要である。たとえば、川下の組立工が欠陥を発見してすぐ川上にフィードバックすれば、川上の組立工はその原因となる問題を素早く解決できる。同様に、製品開発の場合でも、製品エンジニア（川上）と工程エンジニア（川下）とが絶えずコミュニケーションをとることが、潜在

表7-1 ● 製造および製品開発の新しいパラダイムの類似性

	製造（JIT/TQCパラダイム）	製品開発（新しいパラダイム）
プロセスの流れのパターン	● 頻繁な製造ラインの変更 ● 短い製造リードタイム ● 製造段階間の工程間在庫の圧縮 ● 川上部門から川下部門への頻繁な（ひとまとめではない）部品の引き渡し ● 川下部門の問題に関する情報の迅速なフィードバック ● 川上部門の活動がリアルタイムの川下部門からの要求により開始される	● 頻繁なモデル・チェンジ ● 短い開発リードタイム ● 製品開発段階間の情報在庫の圧縮 ● 川上部門から川下部門への頻繁な（ひとまとめではない）情報の伝達 ● エンジニアリング部門の迅速な問題解決 ● 川上部門の活動が川下部門の市場導入予定日に合わせて進められる
組織の能力	● 品質、納期、製造生産性の同時的な向上 ● 川上工程の初めから売れる製品をつくる能力 ● 生産量、製品ミックス、製品設計等を変更する融通性 ● より高い生産性のための労働者の幅広い職務分担 ● 継続的な改善と迅速な問題解決を求める姿勢と能力 ● 在庫（ムダな資源）の圧縮により、問題解決および改善のためにより多くの情報の流れが必要	● 品質、リードタイム、製品開発生産性の同時的な向上 ● 製品開発（すなわち川上）部門の初めから製造性の高い製品をつくる能力 ● 製品設計、スケジュール、コスト目標等を変更する融通性 ● より高い生産性のためのエンジニアの幅広い職務分担 ● 頻繁かつ漸進的な技術革新を求める姿勢と能力 ● リードタイム（ムダな資源）の圧縮により、調整された問題解決のために各段階を通じてより多くの情報の流れが必要

的な設計上の問題、特に製造性に関する問題を早期に発見するためのカギとなることが多い。

　2つのパラダイムは、品質向上についての基本哲学も共通している。どちらも「そもそも1回目でうまくやる」ことを重視する。製造の場合には、自己検査とうっかりミスをチェックするメカニズム（いわゆるポカよけ）によって、組み立て上のミスを川下の最終検査段階まで放っておくのではなく、即時に発見することだ。他方、製品開発の場合には、製品エンジニアが、部品の設計を初めから組み立てやすいようにし、後で設計をやり直したり、工場の現場や工

程エンジニアが川下で問題に対処しなくても済むように配慮することである。

　効果的な製造管理の基本原則を製品開発の問題にも適用しうるケースはほかにも数多いが、要は速いサイクルの製造が得意なメーカーは、その生産技術や生産に対する姿勢をそのままR&D部門に持ち込むことによって、速いサイクルの製品開発も得意となるだろうと考えられる。新しいパラダイムは、製造管理およびR&D管理の双方において効果があり、このパラダイムをどちらかの部門でマスターしたメーカーは、もう一方の部門でもマスターしやすい。

製品開発プロセスのなかの隠れた製造活動

　効果的な製品開発は、効果的な製造と多くが共通する基本原則の上に成り立っているため、製品開発部門においても製造能力がものを言うということはすでに述べた。だが、両部門の間にはより深く、より直接的な関係がある。つまり、製品開発プロセスには、本質的に製造活動と考えられるものが多く含まれているのである。この製品開発における「隠れた製造活動」の例としては、試作車の製作、治工具や金型の製作、パイロット・ランの実施等が挙げられる。そして、製造能力の優れたメーカーは、こうした活動についても優れている傾向がある。

　たとえば、試作車の製作を取り上げてみよう。これは、製品開発プロセスの中心にありながら、明らかに製造活動である。試作車の製作現場は、大量生産プラントとはまったく異なるが、製造作業を行うことには変わりない。ここでは少量生産に適した生産システムが用いられている。すなわち、汎用性のある機械設備、多様な技能を持つ熟練労働者、「簡易金型（軟らかい材料でつくった試作用金型）」、手作業による成形と溶接のプロセス、そしてボディ定置型の組み立てブースや速度の遅い組み立てライン等である。50から100ぐらいの試作車が2カットか3カット（2世代か3世代）に分けて組み立てられ、1世代のテストで必要となった設計変更は次世代の試作車に組み込まれていくこととなる。

　大量生産の開始に備えて治工具や金型を製作するのも隠れた製造活動の1つである。車体パネルのプレス作業に必要な金型を取り上げてみよう。典型的な自動車の車体はおよそ100～150の車体パネルに分割される。主要な車体パネルをつくるには4つも5つも金型が必要で、設計が複雑ならもっと多くなるこ

ともある。したがって、1つのボディ・タイプ（車型）に必要な金型の数は、全部で数百、あるいは1000を超えることとなる。そして、ボディ・タイプ、プレス工場、予備の金型等の数が増えていけば、全体としての必要数も増えていく。

　金型の製作プロセスは、社内の工機工場においても、外部の金型メーカーにおいても同様である。金型は、ジョブショップ（一品注文生産の作業場）で高度な汎用設備を使った熟練作業者により、鋳造または鍛造され、機械加工され、仕上げられ、組み立てられる。金型の製作には、従来型の数値制御（NC）装置、コンピュータ内蔵数値制御（CNC）装置、CADその他のコンピュータを用いた機械処理が大きく影響を与えているが、上部の金型と下部の金型の組み合わせをピッタリさせるには、高度な熟練工による精密な仕上げ作業を要するのが普通である。自動車メーカーからの厳しい要求条件を満足させ、製作途中に届く多数の設計変更に対応するために、金型製作はかなりの程度の技術的熟練と製造ノウハウの蓄積が求められる。これは、外から想像するよりもずっと洗練され、複雑化されたプロセスなのである。

　製品開発プロセスのなかの隠れた製造活動の例として最後に取り上げたパイロット・ランとランプアップは、試作車や金型の製作と比べてより大量生産に近い[1]。パイロット・ランは、実際の生産のための設備・治工具・金型を用いた商業生産の物的シミュレーションあるいはリハーサルである。ここでは生産システム全体の機能がテストされる。パイロット・ランは、地理的に離れたパイロット工場、同じ大量生産工場のなかに別に設けられたパイロット・ライン、あるいは大量生産ラインそのもの等、多様な場所、形態で行われる（最後の例は、「先行生産」と呼べるものである）。既存の生産ラインを使えば、最も実際に近いシミュレーション結果が得られるが、現在行われている商業生産に支障を及ぼす可能性があり、特に車体溶接のラインのように専用の機械設備で実施する場合には、最終組み立てラインのような汎用設備で実施する場合よりも難しくなる。パイロット・ランを実施する時点では、新モデルの商業生産のための設備・治工具がすべて揃っているわけではなく、商業生産用の設備・治工具、試作用の設備・治工具、手作業の組み合わせで実施されるのが一般的である。したがって、パイロット生産は、実際の商業生産に比べて作業スピードがずっと遅く

なる。パイロット・ランは、商業生産の立ち上げに先立って通常2、3回行われる。

ランプアップは、販売開始の平均3カ月前に始められるが、これはメーカーが販売網に新車をあらかじめ供給する時間が必要だからである。パイロット・ランの場合とちょうど同じように、新モデルのランプアップの仕方にも多様な戦略がある。ランプアップをまったく新しい工場で行うケースでは、ラインの不具合を直しながら生産スピードを上げなければならないという問題がある。そのほかに、旧モデルの生産ラインを一度に、あるいは徐々に新モデルに切り替えるケースがある。ランプアップについて異なった戦略をとれば、それぞれのメーカーは異なったリスクを抱えることになり（たとえば、旧モデルの生産を犠牲にするか、新モデルの市場導入を遅らせるか等）、そのために異なった能力を必要とする。こうした能力をどのようにランプアップやパイロット・ランで生かすかによって、市場導入のタイミング、設備投資額、エンジニアリング部門へのフィードバックの質等に影響が生じることとなる。

新車の開発は、一般にデザイン・スタジオやテスト・コースでの活動というイメージが強いが、それでは開発プロセスに隠れた重要な製造活動の存在が見落とされがちである。このような製造活動は、その規模や形態において商業生産とは異なるが、物の製造という点では共通しており、優れた製造能力を有するメーカーは、製品開発においても有利となりうるのである。そこで今度は、これらの隠れた製造活動について1つずつ詳しく見ることにしよう。

試作車の製作

新車の設計・開発の核心は、従来から「設計―試作―テスト」のサイクルの連続である。近年では、設計段階の早い時期に問題や欠陥が発見できるよう、設計プロセスの改善のために相当の努力が払われている。たとえば、ソリッド・モデリングやダイナミック・シミュレーションといった先端的なCAEシステムが開発され、迅速なテストと設計の分析が可能となったため、問題の早期発見に役立っている。いくつかの産業について調べた結果では、設計上の問題の

早期発見と予防は、川下部門で発見されるのを待つよりはるかに効果的であることがわかっている。だが、現在のコンピュータ・ツールの能力、自動車の複雑さ等を考えると、試作車の製作とテストを通じてのみテスト可能な製品属性、あるいはそれらを通じてのみ発見しうる製品および工程の問題というものが存在する。

　エンジニアは、車の設計に関する異なったチェック・ポイントごとに異なった種類の試作車を用いる。シャーシ部分の機構であるサスペンション、ブレーキ、ステアリング・ギア、駆動装置等は、製品エンジニアリングの初期段階において先行試作車でテストされる。構造、原材料、外観、機能の点で完成車を代表している最初の試作車（本格開発試作車）が製作されるのはもっと後である。クレイ・モデル、モックアップ、先行試作車等は製品の一部を代表しているにすぎない。クレイ・モデルは本物の車と外見は似ているが、動かすことができない。また、先行試作車は、ニュー・モデルの駆動、操縦性を再現することはできるが、外観部分や車体構造を再現するものではない。本格開発試作車によって、初めて車全体の性能を評価することができるのである。

　試作車によってどんな種類の情報が創出され、どんな種類の問題が解決されるかは、試作車の製作、テストのプロセスがどのような役割を果たすかによる。たとえば最終的な設計確認、つまり、広範なテストと分析を行ったのち、細部が相互にうまく作動するかを最終確認するために試作車を製作することもあろう。あるいは、設計開発プロセスを構成する一部に位置づけて、素案段階の設計ができた後、「最終的」でない試作車を製作して、まったく異なったテストを行うこともありうる。

試作車開発のパフォーマンス

　試作車開発に関する製作リードタイム、製作数および単位当たりコスト、試作車の品質等のパフォーマンスは、試作車が製品開発プロセスのなかで期待される役割によって違ってくる。だが、試作車の製作についてどのような組織をつくり、どのように管理していくか、また、どのような種類の製造能力が備わっているかにも影響される。メーカーは、異なった戦略、異なった能力によって、まったく異なったパフォーマンスを見せるというのが、本研究でわかった

図7-3 ● 最初の開発試作車製作のリードタイム

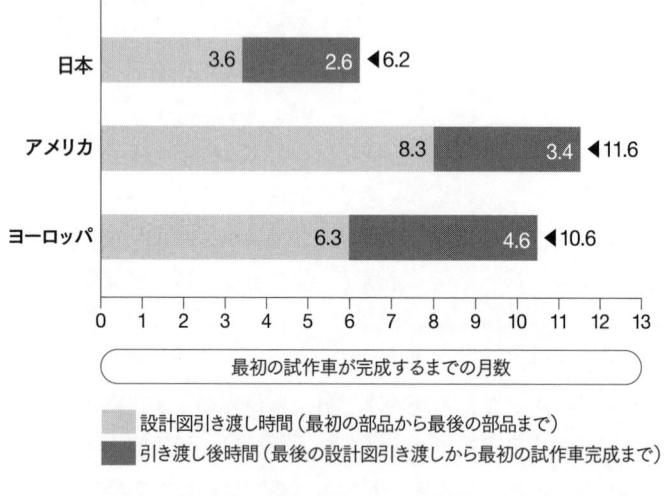

	設計図引き渡し時間	引き渡し後時間	合計
日本	3.6	2.6	◀6.2
アメリカ	8.3	3.4	◀11.6
ヨーロッパ	6.3	4.6	◀10.6

最初の試作車が完成するまでの月数

■ 設計図引き渡し時間（最初の部品から最後の部品まで）
■ 引き渡し後時間（最後の設計図引き渡しから最初の試作車完成まで）

（注）一部回答者が試作車の総リードタイムのみ回答したため、合計値が正確に合わない。

事実である。

　図7-3は、最初の試作車（1次試作車）を製作するためのリードタイムの地域別平均である。ここでのリードタイムは、試作車用部品設計図の引き渡し時間と引き渡し後時間から成る。試作車の部品設計図の試作車製作部門や試作車用部品メーカーへの引き渡し（出図）はいっぺんに行われるというよりも、1つずつ順々に行われ、その引き渡しが完了するまでの時間が設計図引き渡し時間である。この長さは、設計のためのリードタイムとともに試作車用部品の調達のためのリードタイムに左右されるかもしれない。引き渡し後時間は、最後の部品設計図の引き渡しから最初の本格開発試作車の完成までの時間である。

　データは顕著な地域差を示している。日本のプロジェクトの平均試作車製作リードタイムは、約6カ月であり、アメリカやヨーロッパの平均（それぞれ約12カ月と約11カ月）よりもかなり短い[注4]。この日本のメーカーの優位性は、設計図引き渡しのプロセスの違いと試作車製作プロセスの管理方法の違いの両方に起因しているようである。設計図引き渡し時間に大きな地域差が生じるのは、試作車用部品調達のコントロール、設計変更と試作車製作の相互作用等に違い

があるからだと考えられる。インタビュー結果によれば、欧米のメーカーにおいては、試作車製作プロセスの管理上の重要な点であるはずの時間に対する関心が比較的薄い。特にアメリカのメーカーは、試作車用部品メーカーにおいて、また、設計部門の設計図引き渡しにおいて、スケジュール順守の規律が欠如していることに苦しんでいる。さらに、アメリカのメーカーの設計部門と試作部門の間で情報があまり迅速に流れないという問題もある。日本のメーカーでは、試作車製作プロセスの途中で製品設計変更があると、設計担当エンジニアは試作車製作の現場にすぐ赴いて、現場の技術者に対して変更の内容を指示する。事務手続きなど待っていないのである。他方、アメリカでは、設計変更命令が試作車製作の現場に届くまでに、何重にもフォーマルな承認手続きが必要であり、日本とはまったく対照的である。

　製作される試作車の数およびコストに関するデータを調べてみると、ヨーロッパの高級車専門メーカーが他と際立った違いを見せる。**表7-2**に見られるように、高級車専門メーカーは他のメーカーに比べて、試作車の製作数は50％多く、単位当たりコストも2倍かけている。これは、高級車専門メーカーが広範かつ徹底的にテストすることと符合する。だが、試作車の品質水準についてまったく異なった選択を行っていることも影響しているのである。

　高級車専門メーカーおよびヨーロッパとアメリカの多くの量産車メーカーでは、試作車の評価にあたっての第1の判断基準は、どれだけその試作車が設計図と整合しているかということである。この観点に立てば、試作車は設計―試作―テストのサイクルの中心に位置づけられ、テスト・エンジニアが設計の出来具合を確認するのに役立てられる。したがって、高品質の試作車とは、設計図に表現された設計の意図を正確に反映しているものを指すことになる。高級車専門メーカーは、熟練した技能工を雇って、きわめて高品質の試作車をゆっくりと注意深くつくらせるのである。だが、試作車の品質全体から見れば、設計図との整合性というのはその一部にすぎない。将来のユーザーの視点に立てば、試作車の品質は、もしその製品が商業生産されたらどんな姿になるかをどれだけうまく再現しているかによって評価されることとなる。そして、その点でも高級車専門メーカーは優れている。

　試作車の全体としての品質を評価するうえで、（設計図に対する）適合品質と

表7-2 ◉試作車製作に関わる地域別特徴とパラダイム

特徴	日本	アメリカ	ヨーロッパ（量産車メーカー）	ヨーロッパ（高級車専門メーカー）
リードタイム	短い（6カ月）	長い（12カ月）	長い	長い（11カ月）
台数	中程度（38/車体）	中程度（34/車体）	中程度（37/車体）	高い（54/車体）
単位コスト	中程度（30万ドル）	中程度（30万ドル）	中・高程度（30万〜50万ドル）	高い（60万ドル）
再現性と設計整合性	十分な再現性と整合性	しばしばどちらも低い	十分な再現性と整合性	きわめて高い再現性と整合性
試作部品メーカー	主として本格生産用部品メーカー	主として試作部品専門メーカー	混合型	混合型
パラダイム	問題の早期発見装置としての試作車（製品・工程両エンジニアリングについて）	製品設計を実地検証するための試作車	マスター・モデルまたは製品設計の検証のための試作車	マスター・モデルとしての試作車

（商業生産車に対する）再現性の区別が決定的な意味を持つ。問題解決にとってはどちらも重要である。雑に仕上げられ、設計の意図を十分反映していない試作車をテストすると、混乱や遅延を招き、問題を見過ごす結果となりうる。これは特にアメリカのメーカーに言えることであり、私たちがインタビューしたエンジニアたちは、自分たちのテストした試作車の品質の悪さをしばしば指摘した。

だが、試作車が上手につくられすぎて、適合品質は高いが量産車再現性に欠けることも起こりうる。試作車の品質がよすぎると、実際の商業生産段階で表面化する問題が見過ごされる可能性がある。たとえば、2つの車体パネルを組み合わせながら、要求される剛性を実現しようとする際に設計上、製造上微妙な問題を生じるケースを考えてみよう。試作車工場の熟練工は、手作業でパネル同士をうまく合わせ、接続部分に追加的に溶接を施すことによって、設計図

と完璧に整合するボディ・シェルをつくることができるかもしれない。しかし、ロボットや自動化された治工具を使った高速大量生産ラインにおいては、同じレベルの整合性を確保することができない可能性があり、試作車担当の熟練工が何をやったかについてよく伝えないと、商業生産が開始されるまで欠陥が発見されないおそれがある。

　過去において自動車メーカーは、しばしば製造段階で予想される問題の発見・解決のために試作車を活用することを怠ってきた。せっかく試作車工場に貴重な情報が蓄積されても、コミュニケーションが不足して量産工場には伝えられないことが多かった。アメリカの場合、第6章でも見たように、試作部品メーカーと量産部品メーカーは別会社であることが多く、同じようなコミュニケーション・ギャップが生じやすい。

　試作車工場と量産工場との間で情報・ノウハウの移転、共有が行われることは、両者の違いに着目した場合に特に重要であると考えられる（第2章図2-4の情報資産系統図参照）。試作車工場にとっては、試作車の製作にあたって量産車再現性のない設備・治工具を用いながら、大量生産時の潜在的な問題を発見しなければならない点が課題となる。情報ノウハウの共有は不可欠である。もう一度、車体パネルのケースを取り上げてみよう。試作車の車体パネルは、かつてはハンマーを使って手たたき作業でつくられたが、今日ではいわゆる「試作用簡易金型（ソフト・ダイ）」（ある種の亜鉛の合金等加鍛性の材料でできた金型）を使ってつくられる。このような変化によって、試作車の車体は実際の生産段階により近いプロセスを経ることになったが、まだ重要な差異が残っている。たとえば、簡易金型によってゆっくり成形されていくのと、高速かつ強力なプレス機械で成型されるのとでは、鋼板の金属構造に違いを生じる。もし、簡易金型でつくられたパネルが一般的に大量生産用の金型でつくられたものより弱いという情報が、試作車製作チームと量産工場の間に共有されなければ、次のような結果を招くおそれがある。すなわち、簡易金型でつくられた車体は、衝突テストにパスしない。したがって、製品エンジニアは、簡易金型と量産用の金型との違いを知らないので、本来量産プロセスで必要とされるよりも厚い鋼板の使用を決めてしまう。その結果、新モデルの車体は重すぎるということになるのである。

本研究で調べたところでは、試作車の量産車再現性はヨーロッパの高級車専門メーカーが最も優れており、次いでヨーロッパと日本の量産車メーカーが優れている。アメリカのエンジニアは、試作車の量産車再現性のレベルについて不満を漏らすケースが多く、近年ではこの問題がアメリカのメーカーにとって大きな悩みの種になっている。

試作車開発のパラダイム

　試作車開発については2つの対照的なパラダイムがあることは、実地調査や統計等から明らかである。1つは「問題の早期発見装置としての試作車」であり、もう1つは「マスター・モデルとしての試作車」である。ヨーロッパの高級車専門メーカーは、本格開発試作車を商業生産が手本とすべきマスター・モデルとして見ている。この「マスター・モデル」のパラダイムにおいては、試作車の完全性、品質を確かなものにするためには時間とコストはいくらかかってもかまわないということになる。商業生産モデルは試作車に合わせて製造すべきものであり、その逆ではない。要するに、完璧な試作車をそれより若干劣る商業生産車がコピーするという考え方は、コストとリードタイムはいくらかかっても製品の機能の完成度を重視するヨーロッパの高級車専門メーカーの戦略によくなじむものである。

　それと対照的に、多くの日本のメーカーがとっている「問題の早期発見装置」のパラダイムは、試作車を製品開発の早い段階で設計上、製造上の問題を発見し、解決するための手段としてとらえる。試作車をテストすることによって製品および工程の問題点が明らかにされるという点で、試作車は商業生産モデルを予見するものと考えられるのである。したがって、一定程度以上の高品質と再現性があれば、完璧性は求められない。問題の発見と解決のためのチャンスは多いほどよいので、多くの試作車を迅速に製作することも重要である。「問題の早期発見装置」としての試作車は、マスター・モデル・パラダイムにおける十分成熟したマスター・モデルではなく、商業生産モデルの「下絵」と考えられる。

　表7-2に戻ってみると、日本の試作車開発の特色である短いリードタイム、一定程度以上の高品質と再現性は、問題の早期発見装置パラダイムと合致する。

試作車の迅速な製作、試作車製作部門と商業生産現場の間の緊密なコミュニケーション等によって早期かつ正確に問題を発見しやすくなる。1990年代の厳しい競争環境のなかでは、このような能力が不可欠である。試作車の開発リードタイムが短く、その量産車再現性が高ければ、テスト・エンジニアは、試作車の評価を早めに開始することができ、テストの結果生じる設計変更について設備・治工具の開発時に対応しやすくなり、そのことが設計変更の遅れによるコスト、時間、設備・治工具の品質等への悪影響を大幅に少なくすることにつながる。

本研究によれば、試作車開発リードタイムを1カ月短縮できれば、エンジニアリング・リードタイムも1カ月短くなるということがわかっている。この結果は、最初の本格開発試作車の製作がエンジニアリング作業全体のクリティカル・パス上にあるという見方を裏づけるものである。

試作車の将来

試作車を早期にテストし、分析するためには、設計上の問題をできる限り少なくし、コンピュータ支援の手段を用いることが重要であることはすでに述べた。CAEのように、コンピュータを使ったさまざまなシミュレーション手段やグラフィック手法が続々と開発されてくると、試作車が問題解決や全体設計の評価に果たす役割はどう変化するのであろうか。これについて言えば、自動車メーカーは1980年代を通じてCAEに多額の投資を行った。主要メーカーには今日少なくとも1台のスーパー・コンピュータと数百台のCADターミナルが設備され、技術的なシミュレーションやその他の開発業務に用いられている。

しかし、試作車の重要性が減ったということはない。図7-4に見られるように、全体設計を評価する際のメインとなる手段は、これだけコンピュータ技術が進歩してきても、依然として本格開発試作車である。これは、評価される要素がますます複雑化、繊細化し、全体論的(ホリスティック)な観点が重視されるようになったことと深く関わっている。そして、コンピュータが従来型の作業を人間に代わってやるようになり、人間の組織は問題解決に関する作業に大きなウエートを置くようになった。車全体の動作、騒音、操縦性等に関する問題についてシミュレーションすることは、最先端のコンピュータ・システムによっても困難である。

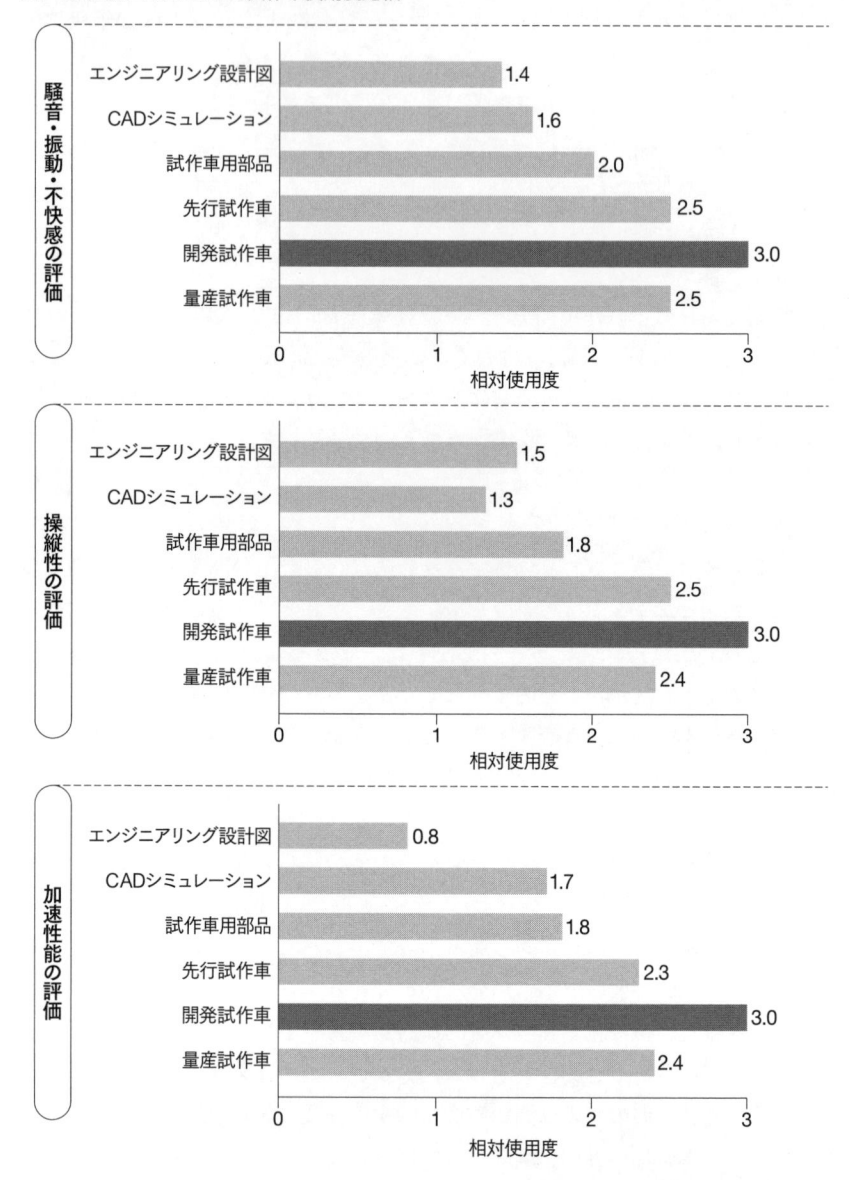

図7-4●性能テストにおける試作車使用度比較

騒音・振動・不快感の評価
- エンジニアリング設計図: 1.4
- CADシミュレーション: 1.6
- 試作車用部品: 2.0
- 先行試作車: 2.5
- 開発試作車: 3.0
- 量産試作車: 2.5

相対使用度

操縦性の評価
- エンジニアリング設計図: 1.5
- CADシミュレーション: 1.3
- 試作車用部品: 1.8
- 先行試作車: 2.5
- 開発試作車: 3.0
- 量産試作車: 2.4

相対使用度

加速性能の評価
- エンジニアリング設計図: 0.8
- CADシミュレーション: 1.7
- 試作車用部品: 1.8
- 先行試作車: 2.3
- 開発試作車: 3.0
- 量産試作車: 2.4

相対使用度

出所：アンケート調査に基づく（詳細は付録参照）

したがって、実際の試作車が1990年代においてもエンジニアリング上の問題を解決するためのメインの手段であり続ける可能性が大きい。

金型の開発

　車体プレス用の金型を製作する作業は、新車開発プログラムの総投資額のうち大きな部分を占めるとともに、製品開発プロセス全体のリードタイムに占める割合も大きい。したがって、金型製作のパフォーマンスが優れていれば、全体のパフォーマンスにとっても相当有利な材料となると考えられる。

　金型の開発プロセスは、主に計画、設計、製作およびテストの4つのステップから成る。つまり、これ自身が設計―試作―テストのサイクルになっているのである。ここではそのうちの製作段階、つまり設計および金型用ブロックの鋳造に続く切断、仕上げ、組み立て等の作業に焦点を当ててみよう。一般にこの工程は、熟練工が汎用機械を使って相当融通性のある製造システムのなかで進められる。この工程のパフォーマンスをリードタイムとコストの観点から評価してみたい。

リードタイム

　図7-5は、車体パネル用の金型を設計、試作、テストするのに必要な全体のリードタイムを地域別で比較したものである。金型の開発は、車体パネルの試作図が最初に引き渡される時点で始まり、設計図の最終引き渡しおよび製作された金型の納入等を経て、商業生産用の金型のテストが完了した時点で終わる。この工程のリードタイムは、部品の種類ごとに異なるが、日本と欧米のメーカーの地域差の大きな要因は、設計図の最終引き渡しから金型の納入までの製作段階において生じる。

　なぜ金型製作は、日本の製作現場では6カ月で済んで、アメリカやヨーロッパの製作現場では14～16カ月もかかるのだろうか。先進的なオートメーション技術はその解答とはならないようだ。事実、アメリカやヨーロッパのメーカーのなかには、日本では見られないようなハイテクの工作機械を備えていると

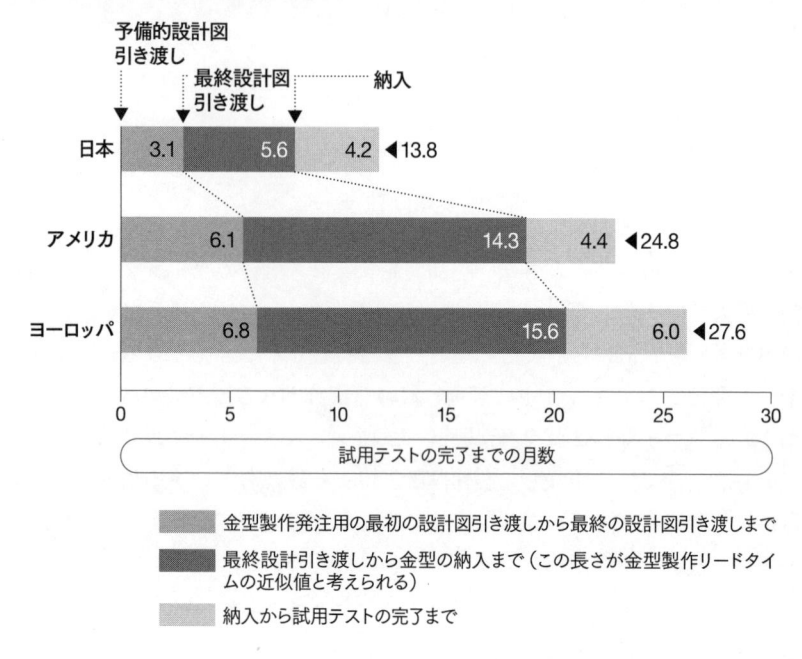

図7-5 ● 主要車体パネル用金型一式製作のリードタイム

	予備的設計図引き渡しから最終設計図引き渡しまで	最終設計引き渡しから金型の納入まで	納入から試用テスト完了まで	合計
日本	3.1	5.6	4.2	◀13.8
アメリカ	6.1	14.3	4.4	◀24.8
ヨーロッパ	6.8	15.6	6.0	◀27.6

（横軸：試用テストの完了までの月数、0〜30）

凡例：
- 金型製作発注用の最初の設計図引き渡しから最終の設計図引き渡しまで
- 最終設計引き渡しから金型の納入まで（この長さが金型製作リードタイムの近似値と考えられる）
- 納入から試用テストの完了まで

（注）一部回答者は金型に関わる総リードタイムのみを回答しているため、個々の数字の積み上げは合計値と一致しない。

ころもあった。いずれにしても、金型を彫るのに要する時間は金型製作のための時間全体のほんのわずかな部分を占めるにすぎない。製造部門によく見られるように、リードタイムを短縮するために重視すべき時間は、非稼働時間（たとえば、故障による休止時間、工程間の機械待ち時間等）なのである。私たちが実施したインタビューや実地調査の結果からは、金型製作のリードタイムにおける日本の優位性は、設計変更の管理方法その他、金型製作に関するパターン全体に起因しているものと考えられる。これらについての体系的な議論は第8章に譲ることにして、ここでは製造能力に直接関係する、JITの考え方の応用および外部の下請けメーカーの活用という2つの要素に絞って論じてみよう。

治工具および金型の製作現場におけるJIT 日本の自動車メーカーは、大量

生産プラントにおけるJIT方式の適用については長い経験を持っており、この考え方を金型工機工場へも応用している。もちろん、JIT方式による大量生産プラントによく見られるカンバン、アンドン、U型ラインその他の手段は日本の金型工場には見られないが、JITの考え方に強い影響を受けているようである。たとえば、日本の金型工場では、金型加工機の前あるいは仕上げコーナーに積まれる仕掛かり（作業途中）の金型の数がアメリカやヨーロッパに比べて少ないことが多かった。

　日本の金型工場が合理的に運営されている様子に比べ、アメリカやヨーロッパの現場はこれと対照的に従来型の考え方が一般的である[注5]。製作現場のマネジャーは、高価な工作機械を最大限稼働させることを使命と考えている。ところが、実際の作業の流れは、予測できない非反復的なものであるため、そうした不確実なスケジュールにも対応できるようにと、予備の在庫を積み上げる傾向がある。このような大量の工程間在庫はリードタイムを長くしてしまう結果につながる。

　金型メーカーのネットワーク　外部の金型メーカーのネットワークの違いも、リードタイムにおける日本の優位性の一因となっていると考えられる。アメリカの自動車メーカーは、伝統的にさまざまな作業を別々に外部の企業に発注することが多い(たとえば、鋳型は鋳型メーカーに、鋳造は鋳造専門メーカーに、加工、仕上げは金型加工メーカーに、また治具は治具メーカーにという具合である)。このように作業を細分化するために、金型製作工程の複数のステップを並行的に処理することが難しくなり、製作リードタイムの短縮も困難となる。この状況は、日本のように大手の金型メーカーがプランニング、設計、金型製作等の製品プロセス全体をパッケージにして供給するところとは対照的である。これらの金型メーカーは、工程の一部を下請けに出すことはあるが、そのネットワークが緊密かつ長期的な関係の上に成り立っているため、各作業ステップ間の連携をとり、並行的に処理することもしやすい。ここでも、部品メーカーのシステム全体が持つ製造能力の高さが、製品開発のパフォーマンスの高さにつながっている。

金型のコスト

　車体パネル用の金型のコストは、新車の開発に関する投資コストの大きな要素の1つである。別の研究で、既存のエンジン・トランスミッションと既存の工場を使ってニュー・モデルを開発、生産する場合、資本投下額の約半分を金型のコストが占めるという結果が出ているが、私たちの実地調査でもこれが裏づけられる。

　車体用金型のコストは、金型1個の平均コストと車体の製造に要する金型の数によって決まってくる。金型の平均コストと金型の総数は、金型のサイズや複雑度、バックアップ用の金型の数、車体パネルの分割パターンだけでなく、製造能力によっても左右される。パネル当たりのショット数および設計変更コストという、金型コストを決める2つの重要要素に影響を与えるからである。

　パネル当たりのショット数　鋼板は、一連のプレス作業が加えられて車体パネルになるが、特定の形にするためにいくつもの金型（たとえば、切断型、絞り型、フランジ＝鰐出し型、穴あけ型等々）が用いられる。あるパネルに必要な金型の数は、欲しい形、特性（たとえば強度）を得るために要するショット数で決まる。日本のメーカーは、絶え間ないプレス作業の改善、たとえば、作業手順、設備の改良、鋼板の表面の品質の向上、潤滑油の改善等によって、大きなプレス機械で複雑な金型をつくりながら、機械の稼働時間と製品の品質を高レベルに確保することができるようになった。その結果、典型的な日本のメーカーの車体プレス工場では、クォーター・パネルのような複雑な車体パネルをつくるのに5ショット（5つの金型と5台のタンデムプレス機械）で済むが、アメリカやヨーロッパでは普通7ショットを要する。高レベルの製造能力、この場合には商業生産における高レベルの工程管理によって、製品開発の生産性の面で大きく有利となるのである。

　設計変更コスト　金型セットのコストは、もし設計変更がなければ、金型の数、セットを1回製造するのに必要な労働、原材料、資本によって決まる。だが、車体の設計担当者が最善の努力をしても、試作車は必ずと言っていいほど、はまり具合、外観、構造上の首尾一貫性等の面で問題を生じ、金型の変更が時に

は数回も必要となってくる。

　アメリカでは金型コストに占める設計変更コストは30～50％であるのに対し、日本では多くても20％程度である。この差は、設計変更の回数（第8章で詳しく見る）と1回の変更に要するコストの違いからくるものだが、どちらも日本のほうが少ないのである。

　日本のコスト上の優位性は、賃金の安さや原材料の安さによるものではなく、設計変更に対する設計担当者や治工具・金型メーカーの姿勢、そして変更がなされる際のやり方の違いに基づくものである。日本のメーカーにおいては、設計変更コストは金型製作コストの10～20％を超えないことという暗黙のガイドラインが設定され、設計者も治工具・金型メーカーもこれに従っている。他方、アメリカでは対照的に、治工具・金型メーカーは設計変更を利益を上げるチャンスとしてとらえている。契約によっては、自動車メーカーは金型メーカーに、設計変更があるたびにあらかじめ決められた手数料を支払うことになっており、設計変更コスト全般に関するガイドラインはない。別の契約では、当初の契約価格よりもずっと高い価格が設計変更の際に支払われることになっている。

　設計変更のやり方についても、こうした姿勢の違いが表れる。日本では、金型がコストの目標値を超えそうな場合には、治工具・金型メーカーは別のものでその穴埋めをしようとする。たとえば、金型エンジニアは、あまりクリティカルでない部分について当初の設計を変えて、治工具・金型メーカーの機械加工時間や仕上げ、すり合わせの時間を短縮できるように工夫することが許されている。さらにもっと基本的な要因は、日本のシステムでは、エンジニア同士が直接一緒に作業を行う関係や長期的な取引関係が重視され、そのためにミスや仕事のやり直しが減り、設計変更の際に治工具・金型メーカーが少ない事務手続きと少ない固定費で対処しうるということである。アメリカの伝統的な自動車メーカーと下請けメーカーの関係は、よそよそしく、敵対的で、短期的、官僚主義的であり、互いに適応しあい、協力しあうことにインセンティブが働かないため、より複雑でコスト高のプロセスとなりやすい。

　ここであらためて製造能力の影響の大きさ、特に日本の下請けメーカー群の

製造能力の影響の大きさを実感することができる。高い能力を持つ治工具・金型メーカーの統合されたネットワークによって、日本の自動車メーカーは大きく優位に立っており、彼らは、このようなメーカーの能力を十分に生かせる社内作業の組織、管理体制をつくり上げている。その結果、アメリカやヨーロッパのシステムに比べて、半分のコスト、半分の時間で金型が製造できるシステムが日本にでき上がったのである。

パイロット・ランとランプアップ

　設計が最終的にエンジニアリング部門の手を離れ、試作車が製作・テストされ、商業生産用の治工具や金型も製作されると、あと残っているのは、すべてを一緒に集めて、計画どおりにうまく生産ができるかを調べることである。その最初のステップがパイロット・ランであり、これは部品、治工具、金型、組み立てライン等から成る商業生産システムの実地のリハーサルである。もしパイロット・ランが成功すれば、商業生産の立ち上げ、すなわちランプアップへと進み、徐々に加速して本格生産に入っていく。パイロット・ランとランプアップの目的は、試作車の製作およびテストで発見できなかった問題を見つけ、解決することである。そして目的をいかにうまく、そして迅速に達成することができるかが製品の成功に影響を与えるのである。

　パイロット・ランとランプアップは、製品開発プロセスの最終段階、市場導入の直前に実施されるものであり、それだけに市場での評価、経済的な成功に大きなインパクトを与える可能性がある[*2]。製品を市場に導入し始めた時期に、欠陥や信頼性の低さが発見されると、永久にその製品の評判、イメージが傷つけられてしまう。マスコミやユーザーのクチコミの新製品評は、きしみやがたつき、塗装の質の悪さ、段差のある外装等に注目が集まりやすい。製品の評判を守り、将来の売れ行きを確かなものにするためには、高品質の製品だけを市場に導入するよう最大限の注意を払うことが自動車メーカーに求められている。

　自動車メーカーは、もう1つ、これと密接な関係のある問題に直面する。今日の販売量と収入を失うということである。エンジニアリング部門と製造部門

が生産性と品質の問題を迅速に解決できない場合、そのメーカーは潜在的なユーザーを失ったままになってしまう。さらに、ニュー・モデルに対してはすでに必要な投資がなされているため、生産量および品質の目標値に到達するのが遅れれば、投資の回収がさらに将来に延びてしまう。したがって、自動車メーカーは、ほどよいリードタイムとコストで迅速かつ正確に、問題解決および学習ができなければならないのである。

最終組み立てにおけるパイロット・ラン

　最終組み立ては、現代の自動車製造工程のなかでも、大きな部分を占めながら最も自動化の進んでいない分野の1つである。この工程は普通、メインの組み立てラインに数百のステーション、複雑なサブアセンブリー・ライン、ラインの横には数千の部品箱、そして1シフト当たり数百人の組立工等から成り立っている。パイロット・ランの難しさは、コストと時間の犠牲を最小限に抑えながらこの複雑な工程の正確なシミュレーションを行い、組立工を的確に訓練することにある。

　図7-6には、アメリカ3、日本4、ヨーロッパ3の計10の製品開発プロジェクトについて、パイロット・ランのスケジュールが示されている。黒いバーはランプアップである。パイロット・ランは、どこで実施されるかによって異なった表示になっている。商業生産工場と別のパイロット工場で実施される場合は一番薄い網がけのバー、商業生産工場内の別のパイロット・ラインで実施される場合はやや薄い網がけのバー、商業生産ラインで実施される場合は濃い網がけのバーである。この図からわかるように、数回のパイロット・ランは、まず最初に別のパイロット・ラインやパイロット工場で行われ、後に商業生産ラインで行われる傾向がある[*3]。

　図7-6によれば、同じ地域内でもメーカーによってパイロット・ランのパターンが大きく異なっている。たとえば、日本のメーカーのなかでも、その回数、長さ、間隔、実施される場所はまったくまちまちである。だが、アメリカやヨーロッパのプロジェクトに比べると、日本のプロジェクトにはいくつかの共通する特徴がある。すなわち、個々のパイロット・ランは比較的短く、全体の期間も圧縮されている。そして、商業生産ラインで実施される回数が多い。一般

図7-6 ● パイロット・ランのスケジュールの具体例

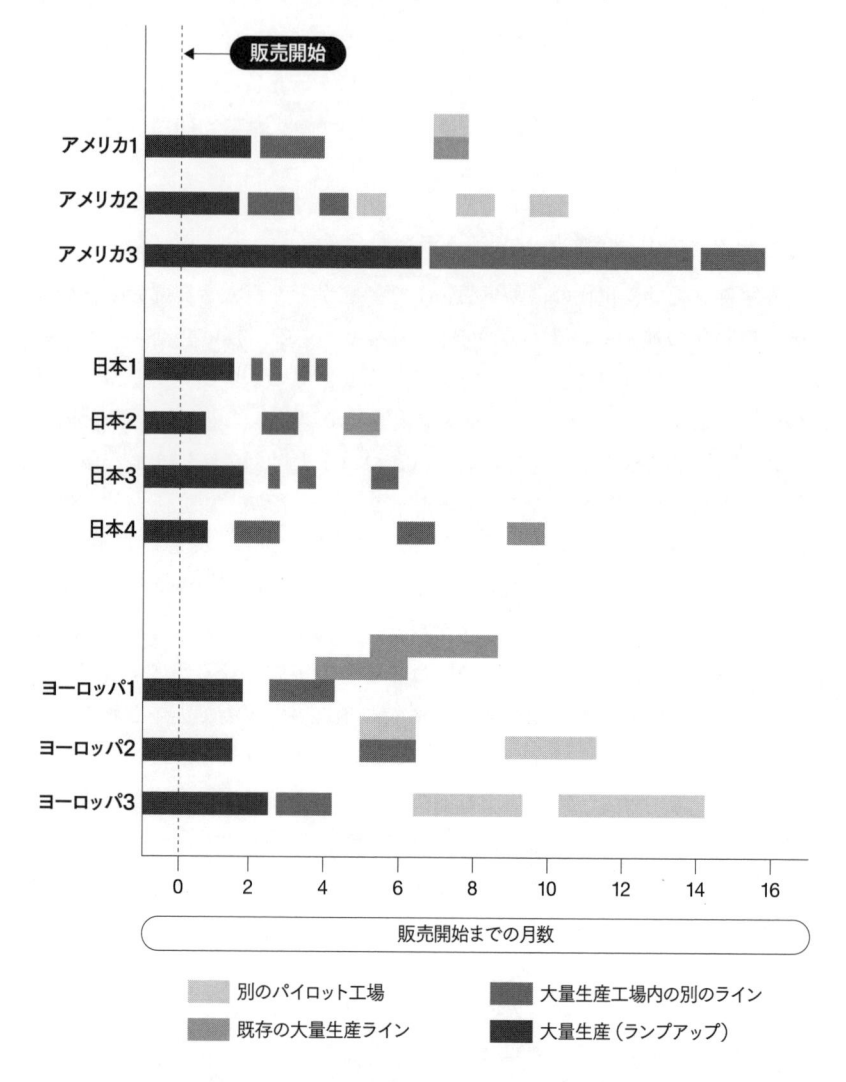

販売開始

アメリカ1
アメリカ2
アメリカ3

日本1
日本2
日本3
日本4

ヨーロッパ1
ヨーロッパ2
ヨーロッパ3

0　2　4　6　8　10　12　14　16

販売開始までの月数

- 別のパイロット工場
- 大量生産工場内の別のライン
- 既存の大量生産ライン
- 大量生産（ランプアップ）

（注）アメリカ1およびアメリカ3は、組み立てラインの全面更新を伴う。その他は、既存組み立てラインの改良で対応。

的に日本のメーカーは、問題解決サイクルが速く、実際の商業生産に近い実践的なパイロット・ランを数多く実施する特徴を持っているのである。アメリカやヨーロッパのメーカーは、パイロット・ランを商業生産ラインとは別の設備で実施する傾向があり、問題解決サイクルが遅くなり、パイロット・ランで得た情報を商業生産段階に伝達するのが複雑化してしまう。私たちが研究した日本のメーカーのなかには、パイロット工場を別に設けているところは1つもなかった。いずれもパイロット・ランは、同じ商業生産工場で、秘密保持のために壁やカーテンで囲んだ小さなパイロット・ラインを使うか、既存の商業生産ラインそのものを使っていた。

現行モデルの商業生産ラインを使ってパイロット・ランを実施することは、混乱を招き、分裂気味になるおそれがあるように思われる。日本のメーカーはどのようにこなしているのだろうか。実は基本的に2つの選択肢がある。より簡単な解決法は、パイロット・ランを実施するときには商業生産は中止するというもので、大きな生産上のロスが出る。もう1つの解決法は、現行モデルと量産試作車とを一緒に生産するというものである。同じステーションでニュー・モデルと現行モデルとを、同じラインの速度、同様の作業割り当てで生産し、生産性の違いを吸収するために「空ハンガー」の手法を用いる。組立工が慣れないモデルを組み立てるため、普通1分でできるところを5分かかってもいいように、量産試作車がラインに送られる前後にそれぞれ、2つの空の車体搬送用ハンガーを続けて送るのである。

この「空ハンガー」方式は、複数のモデルを1つの組み立てラインで生産する混流生産方式の応用であるが、どうしても作業割り当てやマテハン（部品供給）が複雑になりやすい。だが、現行モデルの生産量のロスを最小限にとどめることにより、パイロット・ランの機会費用を減らすことができる。さらに重要なのは、この方式だと将来の組立工に早めの訓練を実際のラインに近い状態で施すことが可能となり、組立工や監督者が早期に問題を発見しやすくなる。それに加えて、ある日本の工程エンジニアが指摘するように、組立工はニュー・モデルを生産ラインで見て喜び、もっと詳しく学習してみたいという意欲が湧いてくるということもある。

パイロット・ランと商業生産を同じラインで同時に実施することは有利な点

もあるが、そのためには高い製造能力を備えている必要がある。すなわち、マテハンや生産計画について規律と明確性が確保されること、熟練した組立工や監督者が存在すること、ニュー・モデルと既存のモデルを一緒に取り扱うことからくる複雑さに対応しうる柔軟性を持った工程管理が行われること等である。要するに、優れた製造能力に支えられて初めてできることなのである。

ランプアップ

　本格生産に向けて徐々に生産が加速していく様子は、いわゆる「ランプアップ・カーブ」に表される。本格生産に至る時間は1カ月から6カ月までまちまちであり、また、通常の、あるいは目標の品質および生産性のレベルに達するまでの時間は1カ月から1年まで幅がある。このランプアップ時間およびパフォーマンスの目標達成時間のいずれをとっても、日本のメーカーは欧米のメーカーに比べてはるかに速いのである。

　効果的な生産の立ち上げができるかどうかは、そのメーカーの製造能力によるとともに、その製造能力に合ったランプアップ・カーブの形、生産ラインの速度等の作業パターン、そして労働力等を選択しうるかどうかにかかっている。**図7-7**は、本研究で観察することのできた最終組み立てのランプアップのパターンを示したものである。ランプアップの仕方については、製造能力の違いと関係して地域差が見られる。たとえば、ランプアップ・カーブについて言うと、アメリカとヨーロッパのメーカーは一括切り替えモデルを好む傾向にある（1・a）。この比較的単純な方法をとると、生産量および販売量を潜在的に大きくロスするリスクを負うが、新旧モデルを同時に混流生産する形は避けることができる。この損失をできるだけ最小限にとどめようとすると、ランプアップ・カーブは急な右上がりにならざるをえないが、生産量が急激に変化するためよほど柔軟性を持った対応力がないと、実際の製造現場で混乱を生じかねない。一方、日本のメーカーは、段階的切り替えモデル（1・b）あるいは連続的切り替えモデル（1・c）をとる傾向がある。これらの方法は、販売量の損失を最小限化しつつ、現行モデルからニュー・モデルへと円滑に移行することができるが、マテハン、作業の割り振り、スケジュール設定等について断続的に微妙な調整を加えなければならない複雑な対応が要求される[*4]。

図7-7●ランプアップの選択

❶ ランプアップ・カーブの選択

a. 一括切り替え型 / **b. 段階的切り替え型** / **c. 連続的切り替え型**

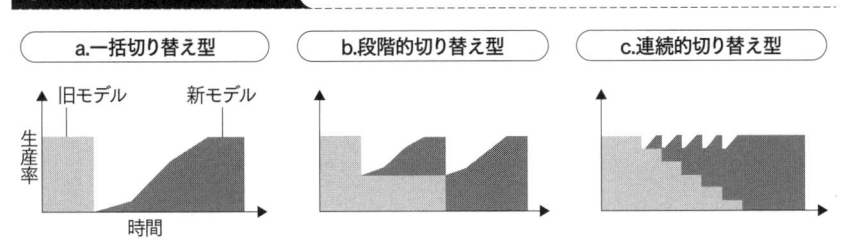

(縦軸：生産率、横軸：時間。旧モデルと新モデルの推移)

❷ 操業パターンの選択

a. ラインの速度調整方式 / **b. 空ハンガー方式** / **c. 操業時間調整方式**

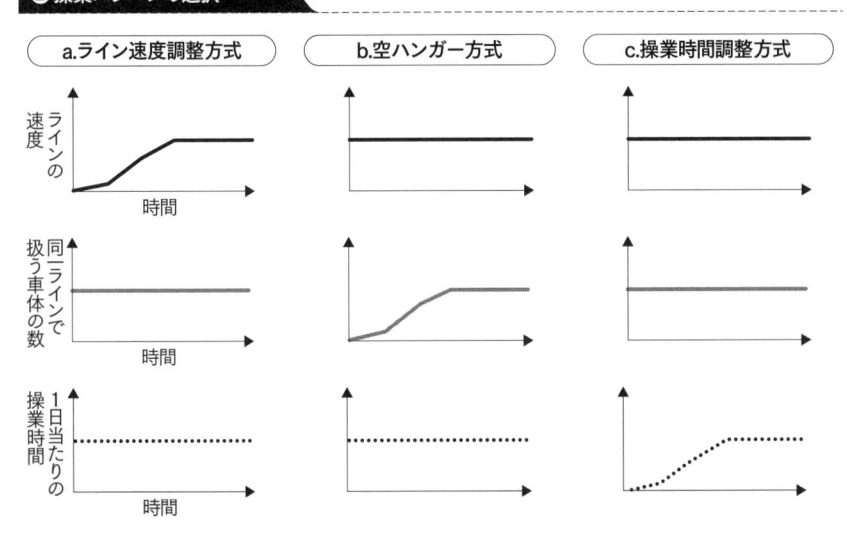

(縦軸：ラインの速度／同一ラインで扱う車体の数／1日当たりの操業時間、横軸：時間)

❸ 労働力政策の選択

a. レイオフ／呼び戻し型 / **b. 安定的労働力型** / **c. 一時的追加型**

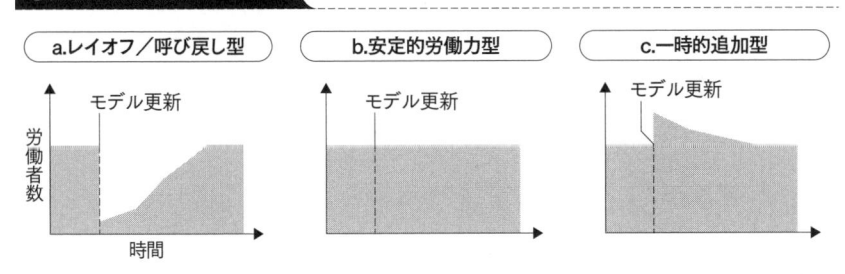

(縦軸：労働者数、横軸：時間。モデル更新のタイミング)

それぞれの戦略をとる際の難しさ——一括切り替えモデルの場合には、現場の混乱を避け、高品質を確保しながら、急速に立ち上げる難しさ、また、段階的切り替えモデルや連続的切り替えモデルの場合には、複雑なマテハン、スケジュール設定等にうまく対処しながら、新旧モデル双方の品質とコストの目標を達成する難しさ——は、メーカーが作業パターンや労働力の調整についてどのような選択をするかに大きく左右される。作業パターン（例：生産ラインの速度、ラインに乗る車体の数、作業時間）は生産のペースを決める、また、労働力の調整はランプアップ時の生産性とコスト、さらに作業の割り振りを変える際の複雑度を決める。

　ここでも重要な地域差が見られる。日本のメーカーは「空ハンガー」方式を用いて労働力を一時的に増加させる傾向があるが、アメリカやヨーロッパのメーカーでは生産ラインの速度を調整し、（特にアメリカの場合）労働力のレイオフと呼び戻しに頼る傾向がある。日本の「空ハンガー、労働力補充」の方式では、生産ラインの速度と作業時間は一定だが、空のスロットをつくるためにラインに乗せる車の数は減らされる。生産性の低下を吸収するために労働力が追加され、新旧両モデルが生産できるようにする。そして、ランプアップが進むにつれ、空ハンガーの数は徐々に減らされて最後はゼロになり、追加された労働者もいなくなる。一方、アメリカのメーカーが好む「ラインのスピード調整、労働力の呼び戻し」方式では、生産ラインの速度は初めゆっくりで、少数の熟練した、経験豊かな労働者が追加されて幅広い作業を処理する。そして、生産ラインの速度が増してくると、新しい労働者が投入され、作業があらためて割り振られる。時間の経過とともに労働者は定員いっぱいに増やされ、生産ラインも目標の速度で操業されるようになる。

　アメリカの「一括切り替え、ラインスピード調整、レイオフ／呼び戻し」のパラダイムは全体としてニュー・モデルと旧モデルを分離し、ランプアップの初期段階で少数の経験豊かな熟練工を使うことにより、学習と生産という、相反する要求をうまく調整しようとするものである。この方法によって、原材料の取り扱いや労働力の調整の点でランプアップの複雑化を避けることができるが、他方で作業の割り振りの継続性、操業条件の安定性が損なわれるおそれがある。一方、日本の「連続切り替え、空ハンガー、労働力の追加」のパラダイ

ムは、操業条件、作業の割り振りの継続性、安定性を重視するもので、早期に学習できるような環境をつくり出すことができる。このパラダイムをとることにより作業の複雑さが増し、製造能力、特に工程管理の優秀性が必要となるが、これが日本のトップメーカーの特徴ともなっている。工程に対するしっかりとした管理が、日本のパラダイムに本来備わっている継続性や柔軟性と相まって、製造現場での混乱を最小限にとどめ、ランプアップ時の学習を促進するのに役立っているのである。

製造能力のインパクト

　これまで、優れた製造能力を持つことが、迅速な試作車製作サイクル、短い金型開発期間、大量生産へ移行するための効果的なパイロット・ランとランプアップを確保するために、いかに重要であるかを見てきた。だが、製品開発全体のパフォーマンスに対しては、製造能力はどれほどの影響を及ぼすのであろうか。短いサイクルでの生産、徹底した工程管理、原材料の納入期限の順守、十分統合された部品メーカー・ネットワーク等が、製品開発のリードタイムを短縮し、生産性を向上し、高い品質の確保につながるのであろうか。
　試作車や金型を完成させる時間とエンジニアリング作業のリードタイムとの相関関係については、製造能力が与える影響の大きさを若干推し量ることができる。私たちの分析によれば、金型製作のリードタイムが1カ月短縮されると、エンジニアリング作業のリードタイムは平均で約3週間短縮される。この数字は試作車製作のリードタイムでもほぼ同様である。さらに、金型と試作車の製作リードタイムにおける地域差が、日本がエンジニアリング作業全体のリードタイムにおいて約4〜5カ月の優位性を保っている主な要因である。こうしたことから、製品開発プログラムのクリティカル・パスにおいて試作車と金型の製作が重要な役割を果たしていること、また、これらのクリティカルな活動で優れたパフォーマンスを実現することが製品開発のリードタイムに大きな影響を与えることがあらためてわかる。
　製造能力はまた、製品のTPQに対しても強い影響を及ぼす。もちろん製造

能力は、商業生産における製品の品質に影響を与えるのだが、ここで述べようとしているのはそのことではない。試作車や金型を早期に製作しうるメーカーは、パイロット・ランやランプアップの前により多くの問題を発見しうるのである。もし、そのメーカーの製造部門が柔軟性を持ち、効果的に機能しており、これらの問題を迅速に解決しうるとすれば、ランプアップは早く実施でき、製品の市場導入時点でより高い品質を確保できることとなる。製造能力が設計の品質に与える影響の大きさを測るため、パイロット・ラン時点での設計の完成度およびパイロット・ランやランプアップ時の学習効率を調べることにしよう。

パイロット・ラン時の設計完成度

　製造能力の設計品質に対する影響度を調べるため、まず製品エンジニアリングと工程エンジニアリングの期間の長さを比較することから始めてみよう。アメリカと日本の製品開発プロジェクトを比べてみると、どちらも工程エンジニアリングの完了に要する時間は同程度（それぞれ25カ月と22カ月）である（付録参照）。日本のメーカーがアメリカやヨーロッパのメーカーに比べておよそ半分の時間で試作車と金型を製作することを考えると、工程エンジニアリングの結果は不思議に思える。

　もし日本のメーカーが金型や試作車をより早く完成することができるなら、工程エンジニアリングになぜそんなに時間がかかるのであろうか。その答えは、工程エンジニアリングが正式に終了した時点での設計の完成度にある。工程エンジニアリングが正式に終了するのは、エンジニアリング部門がその設計に最終的な承認を与えた時点である。そのことは、すべての設備や治工具・金型が完成し、あるいはもうこれ以上設計変更がないということを必ずしも意味するわけではない。実際のところ、私たちが実地調査を行った結果では、アメリカのプロジェクトのパイロット・ランは一般的に、試作用の治工具や金型で一部の部品を製作する状態でスタートする。さらに、パイロット・ランの後も、また、ランプアップが始まった後でさえも、多くの設計変更がなされるのである。

　アメリカの製品設計および工程設計が、パイロット工場に届く時点で日本より完成度が低いという事実は、**表7-3**の開発試作車と量産試作車の数のデータに表れている。日本のメーカーは、ボディ・タイプ（車型）当たりの開発試作

表7-3●開発試作車と量産試作車の数

	数	日本	アメリカ	ヨーロッパ量産車メーカー	ヨーロッパ高級車専門メーカー	合計
開発試作車	計	82	44	73	61	70
開発試作車	ボディ・タイプ当たり	38	34	37	54	39
量産試作車	計	120	192	233	218	177
量産試作車	ボディ・タイプ当たり	53	129	109	205	104

車の数では他の量産車メーカーとあまり変わらないが、量産試作車の数ははるかに少ない。これは、日本の開発試作車1台1台が、問題解決手段としてより強力であり、したがってパイロット・ランの開始時において製品設計と工程設計の完成度がより高くなることを示している。

　設計の完成度の違いは、工程開発工数のデータにも表れている。工程開発工数を製品の内容、プロジェクトの守備範囲、エンジニアリング部門と製造能力等の違いに応じて補正してみると、日本のメーカーは実際にはアメリカのメーカーよりも多くの時間を工程エンジニアリングにかけていることがわかる。本研究の平均的なプロジェクトにおいて、アメリカのメーカーは工程エンジニアリングに約21カ月（本研究の平均的な車は、アメリカの平均よりも複雑度が低い）かけるのに対し、日本では約27カ月かける。つまり、一般的に言って、日本のメーカーは試作車や金型を迅速に製作できる能力があるために、製品開発および設計変更に、6〜10カ月も余分に時間をかけられるのだ。

　アメリカやヨーロッパのプロジェクトでは、設計図が正式に製造部門に引き渡された後も、製品エンジニアリングや工程エンジニアリングの作業がパイロット・ランやランプアップの時点まで残っている。図7-8は、縦軸に設計に関する製品上および工程上の残存問題数、横軸に市場導入の前後の月数をとって、座標上に問題解決のパターンを示したものである。図の中央の実線は、私たちが見てきた実際のデータに基づいた仮説的な問題解決パターンを表している。

図7-8◉問題解決のパターン：アメリカ対日本

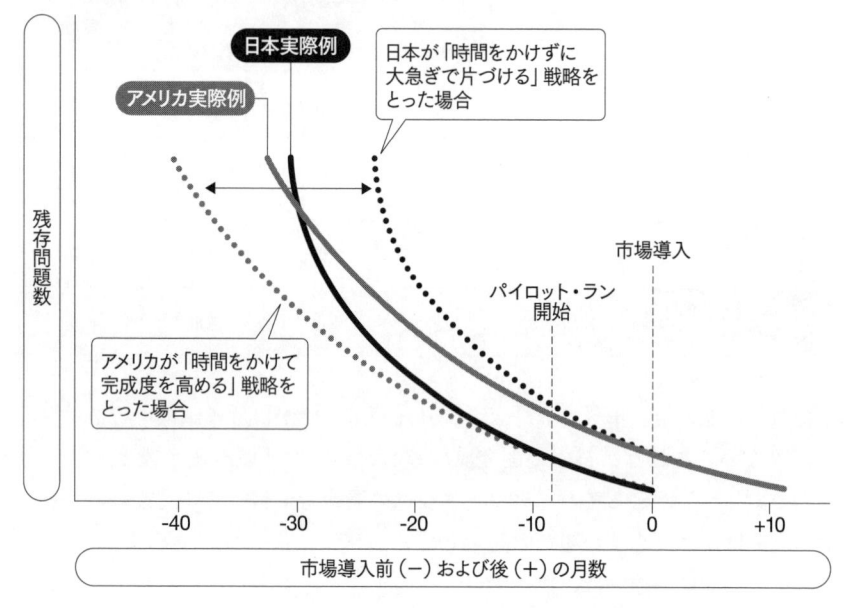

（注）それぞれのカーブの左端は工程エンジニアリングの推定開始時点を表す。
工程エンジニアリングの開始時点では残存問題数のレベルは同じと仮定。

　すなわち、アメリカと日本のメーカーは工程エンジニアリングをほぼ同時期に開始するが、パイロット・ラン時点および市場導入時点では、日本の設計のほうが完成度が高い。日本の場合、問題解決のペースがより速くなっており、エンジニアリング能力および製造能力がより高いことに起因している。

　図7-8はまた、アメリカや日本のメーカーがとりうる代替的な戦略も示している。もしアメリカのメーカーが、日本式の「時間をかけて、完成度を高める」戦略を、能力に変更を加えずにとろうとすれば、パイロット・ラン時点および市場導入時点で日本の設計完成度と同等のレベルに達するためには、工程エンジニアリングを市場導入の40ヵ月前に開始する必要がある。それと対照的に、日本のメーカーが、能力はそのままにして、アメリカ式の「時間をかけずに、大急ぎで片づける」戦略をとると、工程エンジニアリングの開始を市場導入20ヵ月前まで遅らせても、アメリカの実際の完成度と同レベルに達すること

図7-9●組み立て作業のランプ・アップのペース比較

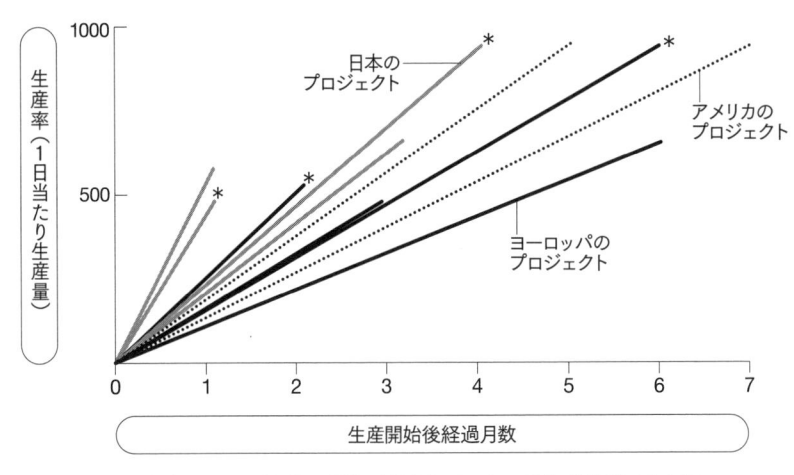

縦軸:生産率(1日当たり生産量)
横軸:生産開始後経過月数

日本のプロジェクト
アメリカのプロジェクト
ヨーロッパのプロジェクト

(注)それぞれの座標軸は、横軸が本格生産に至るまでの時間、縦軸が生産率を表す。
それぞれのカーブの傾きは、したがって生産の加速率を表す。
＊印は、旧モデルあるいは既存モデルと混合で組み立てを行うプロジェクトを示す。

が可能なのである。

このような比較から、エンジニアリング能力と製造能力の影響度を理解できる。基本的な能力に大きな変更がない前提で、アメリカのメーカーは、設計品質の問題を解決するために設計変更に時間をかけようとすれば、リードタイムが長くなってしまうというジレンマに陥る。他方、日本のメーカーは、品質上不利になることなく、市場導入の時期を半年早めることができる。データによれば、日本のメーカーは、治工具や金型の準備が万全か、設計は十分に完成されたものかを確認するために6～10カ月余計に開発工数をかけ、それでいて欧米のメーカーよりも1年も早く同等の製品を市場導入しうるのである。

ランプアップ時の学習効率

どんなによい状況下にあっても、ランプアップ時は混乱を招きやすい時期である。生産性は低下し、欠陥率が上昇し、廃棄品や作業のやり直しが増える。機械は故障し、ラインは止まり、エンジニアや現場監督者が問題解決に走り回る。ランプアップが急であればあるほど、操業条件や作業の割り振りが毎日変

図7-10●組み立て作業生産性の立ち上がりラーニング・カーブ

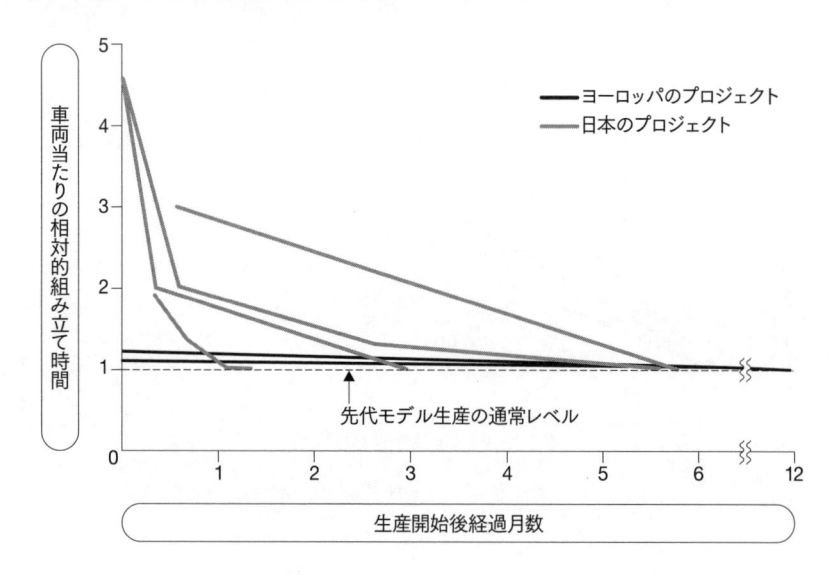

（縦軸：車両当たりの相対的組み立て時間　横軸：生産開始後経過月数）

― ヨーロッパのプロジェクト
― 日本のプロジェクト

先代モデル生産の通常レベル

わり、混乱を生じることが多くなる。

　図7-9に見られるように、ランプアップのスピードと混乱のレベルのトレード・オフ関係の観点からは、日本のプロジェクトのパフォーマンスは特筆すべきものがある。この図は、本格生産に到達するまでの時間とランプアップを通じての平均生産加速率とを比較したものである。日本のプロジェクトは、ランプアップのスピードが速い傾向にあり、混乱のレベルも高くなるように思われるが、**図7-10**および**図7-11**に示されたランプアップ時の品質および生産性のデータを見ると、話はそう簡単ではないようだ。日本のプロジェクトは、通常時のパフォーマンスのレベルと比べると、ランプアップの開始当初は不良率および単位当たりの作業時間（工数）が急激に増えるが、その後速やかに目標値のパフォーマンスを達成する。アメリカやヨーロッパのプロジェクトは、通常時との乖離はあまり大きくないが、目標値に達するのがずっと遅い。

　日本のプロジェクトがランプアップ開始当初に通常時より品質も生産性も低くなる理由の1つには、単に通常時のレベルが高いということも挙げられよう。1980年代を通じて、日本のメーカーの製造に関する品質および生産性が、ア

図7-11●不良率の立ち上がりラーニング・カーブ

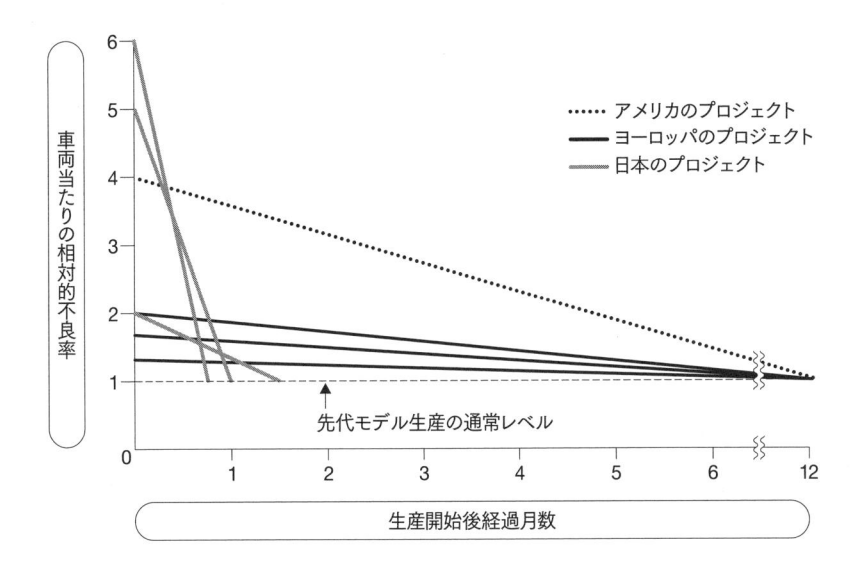

車両当たりの相対的不良率

・・・・・ アメリカのプロジェクト
―― ヨーロッパのプロジェクト
―― 日本のプロジェクト

先代モデル生産の通常レベル

生産開始後経過月数

メリカやヨーロッパのライバルに比べてかなり高かったことはよく知られている[注6]。組み立てラインの作業においても、製品の種類においても、日本のメーカーの労働者は幅広い技能と幅広い業務分担を持っており、それが日本の優位性の主な要因の1つと考えられる[注7]。このことは、通常レベルの生産性を達成するには、日本の労働者のほうがより多くの技能と訓練を必要とし、操業条件や作業分担の変化の影響を受けやすいことを意味している。本研究で取り上げたヨーロッパのプロジェクトのなかには、1人が1つの作業しかこなさない組立工に依存しており、通常レベルの80％の1人当たり生産性を達成するにはわずか1日か2日、100％レベルに達するには3日か4日で済むというものもあった。日本のメーカーの場合には、平均的な労働者は複数の技能を持つ多能工であり、サイクル時間当たりに扱う部品数は、普通1分間に1つ扱うところを3つ扱うという具合に多く、複数のステーション（典型的には連続する2つか3つのステーション）での作業をマスターし、製品の種類の変化にも対応できることが期待されている。

日本のプロジェクトにおいては、通常操業時の技能の要求水準が高いため、

組み立ての生産性および品質は、モデル・チェンジのような中断の影響を受けやすい。だが、技能の要求水準が高く、ランプアップのペースが速いにもかかわらず——両者とも品質と生産性の回復には障害となりうる——、日本のプロジェクトは通常レベルに戻るのも早いのだ。特に組み立ての不良率については、通常レベルに回復するのはわずか1カ月である。

　日本のメーカーの組み立て現場において、ランプアップ時の組織的な学習ペースが速いのは効果的なリアルタイムのコミュニケーション、生産システムの継続性、パイロット・ラン時の製品に対する慣れ、現場レベルでの問題解決能力等が原因と考えられる。先ほども述べたように、パイロット・ランを実際の組み立て工場で実施し、ニュー・モデルを徐々に導入していく日本のやり方は、学習上の効用が大きい。また、日本のメーカーは、迅速なコミュニケーションのメリットを生かしている。ある日本の優良メーカーでは、欠陥や問題が見つかると、すぐにその情報を構内放送システムを通じて工場全体に伝達するようにしている。ほとんどの問題は、作業現場において、エンジニアではなく、ラインの監督者が中心となって解決される。監督者は常に巡回して、問題点とその解決法について現場作業者と話し合う。

　しかしながら、ランプアップ時の作業現場で問題解決を行う際に行われていることは、伝統的な「小集団活動」あるいは「QCサークル」ではない。あるエンジニアが指摘するように、「QCサークルは、平常時に継続的な改善を行う場合にはよいが、『有事』には意思決定が遅すぎる」。日本の「有事」方式、すなわち経験豊かな現場監督者が行動を指示し、必要に応じてリアルタイムにラインの作業者、下級技術者、エンジニア等を配置し、時間刻みで問題を解決する方式は、多くの欧米のメーカーのように、メインの問題解決者であるエンジニアがフォーマルなランプアップ・チームとして組織されるのとは好対照である。あるアメリカのメーカーでは、ランプアップ時の問題解決は、臨時ベースで工場に配置される250人のエンジニアのチームによって行われる。だれが問題を解決するかについてのこのような違いが生じる背景には、日本のプロジェクトの場合、多くのエンジニアリング資源を投入しなければならない重大な欠陥については、ランプアップに先立って解決されているという事情もある。

本章のまとめ

　本章ではまず、デザイン・スタジオと車体プレス工場の現場という、製品開発の始めと終わりを象徴する場所の対照的な雰囲気を紹介することから始めた。そのような観点からは、製造と製品開発はまったく別の世界のものということになる。だが、試作工場、治工具や金型のメーカー、パイロット工場等の視点に立てば、製品開発と製造が密接に絡み合っている。製品開発と製造の優れたパフォーマンスは互いに共通する要因を持つというだけではなく、製造活動の主要要素において優れていることが製品開発に成功するための重要な条件となっているのである。

　試作車製作サイクルが速いこと、金型製作が迅速であることは、製品開発全体のリードタイムや設計品質にとっても有利であった。また、製造工程管理が効果的に行われるところは、金型のコストが安く、複数モデルを同一組み立てラインで扱う能力、あるいはランプアップを迅速に行う能力が備わっていることもわかった。試作車や金型を早く製作できる日本のメーカーは、パイロット・ランの前に問題を解決することができ、設計変更の数を減らし、製品および工程の設計の完成度を高めることが可能となる。日本のメーカーが製品開発のリードタイム、生産性、品質において優位に立っているのは、優れた製造能力に負うところが大きいのである。これは必ずしも試作車の製作やランプアップで優れた製造能力を発揮しているのが日本のメーカーだけだと言っているわけではない。この分野で優れたヨーロッパやアメリカのメーカーもあるのだが、1980年代中頃から終わりにかけて一貫してデータ等に優秀な結果が表れているのはやはり日本のメーカーである。

　製品開発に対して製造能力が与えるインパクトというのは、単に製造部門が優れたパフォーマンスを実現しているかどうかで決まるものではない。そうした優れた能力が、そのメーカーの他の技能、能力とうまく調和して生み出されるのである。試作車を製作するのが早いからといって、製品エンジニアとテスト・エンジニアが試作車製作のサイクルに組み込まれ、効果的にコミュニケー

ションをとることができなければ、大した価値は生まれない。同様に、金型を早く製作できるかどうかは、製造能力そのものとともに、車体エンジニアが金型エンジニアとどれだけ協力して作業を進められるかにかかっている。

このように、製造能力の果たす役割について十分に理解し、製品開発の優れたパフォーマンスを生む要因をもっと完全な形で論じるためには、製品開発における問題解決の性質および部門間の連携調整のパターンについて調べてみる必要がある。

---

*1) ランプアップは製品開発プロセスに含めないという議論もあるが、私たちの製品開発の定義によれば、販売の開始までを含めることとされるので、ランプアップ期間は製品開発の最終部分ということになる。

*2) 大量生産の立ち上げ、つまりランプアップは、販売開始に先立って実施されるため、製品開発プロセスに含めている。

*3) 商業生産ラインを使ったパイロット・ランはしばしば先行生産と呼ばれ、狭義のパイロット・ランは別のパイロット・ラインを使った場合だけを指すことがある。本章では両方のケースを合わせて広義にパイロット・ランと呼ぶ。

*4) 例外はある。たとえば、ある日本車メーカーは、組み立てラインには1つのモデルしか載せず、きわめて急なランプアップ・カーブによる一括切り替え方式を採用していた。

注
1) たとえばHayes, Wheelwright, and Clark (1988), Bohn and Jaikumar (1986), Imai (1986) 参照。
2) 生産パラダイムの詳細については、たとえばMonden (1983), Hall (1983) およびSchonberger (1982) 参照。
3) たとえば、Monden (1983), Schonberger (1982), Hall (1983) 参照。
4) 試作車製作リードタイムについての詳細は、Clark and Fujimoto (1987) およびClark (1989) 参照。
5) 従来型の現場での製造のやり方を改善する問題については、たとえば、Ashton and Cook (1989) 参照。
6) たとえばAbernathy, Clark, and Kantrow (1983) およびKrafcik (1988) 参照。
7) たとえばFujimoto (1986) およびKrafcik (1988) 参照。

第8章 問題解決サイクルの連携調整

　製品開発を効果的に管理するうえで、大きな問題となるものの1つは、異なった部課、部門で持っているノウハウ、情報同士をどう結びつけるかということである。ホンダの社史の初めのほうの章に、次のような話が載っている。

　東京大学を卒業したばかりの若いエンジニアが、大きなオートバイ・レースのために開発されたエンジンの重量を軽くすべく、シリンダー壁を薄くした。だが、そのエンジンはレースの最中に動かなくなってしまった。本田宗一郎はレース後、すべてのエンジニアを集めて反省会を開いた。エンジンの故障の原因が薄すぎたシリンダー壁にあることがわかり、本田はその責任者である若いエンジニアに対面した。会話はこんな具合に進んだ。

「この仕事は君がやったのか」
「そうです」
「どうしてこんなことをしたのかね」
「私の計算によれば、うまくいくと思ったのです」
「工場のだれに聞いても、うまくいかないと言ったはずだ。君はだれかに聞いてみたのか」
「いいえ、聞きませんでした」

結局そのエンジニアは、問題の部品を持ってプロジェクトに参加した人全員（工場のほとんどすべての従業員であった）を訪ねて謝るように命じられた。彼は実際に全員を訪ねて謝り、会社に残って後にホンダの最高経営幹部の1人になったのである。

基本的枠組み

ホンダの話に出てくる製品エンジニアと工場エンジニアの関係のように、川上部門と川下部門の連携はきわめて重要であり、このためにサイマルテニアス・エンジニアリング、製造性を重視した設計、製造部門の早い段階での関与等、製品エンジニアリングと工程エンジニアリングに関するさまざまな新しい手法、アプローチが開発されてきた。いずれも、川上部門と川下部門のより緊密な連携調整（integration）を実現しようとするものである。自動車産業の製品および工程の開発について研究する過程で、私たちは連携調整の実現のためのいくつかのアプローチを結びつける基本的な枠組みが必要となった。

問題解決サイクル

私たちが考えた基本的枠組みは、問題解決と第2章で導入した情報処理の観点に立って組み立てられている。その中心的な概念として、問題解決サイクルが位置づけられる。問題解決サイクル[注1]（図8-1参照）の標準的なモデルは、少なくとも次の4つのステップから成り立っている――問題認識、選択肢の生成、評価、意思決定（受容または拒否）。選択肢の拒否は、新しいサイクルへとつながる。サイクルの反復は、実質的には問題およびその解決法に関する知識が時期の経過とともに増えていく学習プロセスであり、受容しうる選択肢が見つかるまで反復が継続される。

本書を通じて、製品エンジニアリングや工程エンジニアリングを含め、製品開発は、相互に結びついた問題解決サイクルのシステムとして表現し、分析できるということを述べてきた。すべての主要なエンジニアリング活動、たとえば、機能別設計、製図、試作車製作、テスト、設計評価、設計図の引き渡し（出

図8-1●問題解決サイクル

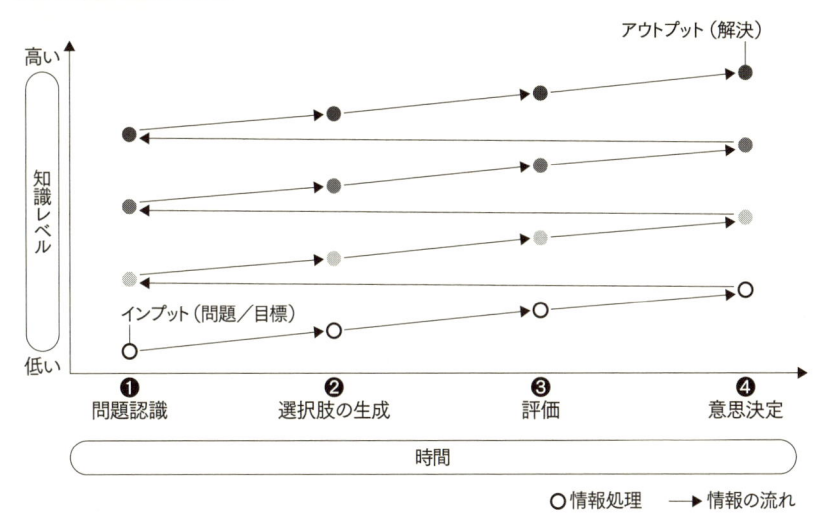

縦軸：知識レベル（高い／低い）
横軸：時間

① 問題認識　② 選択肢の生成　③ 評価　④ 意思決定

インプット（問題／目標）→　アウトプット（解決）

○ 情報処理　→ 情報の流れ

図）、設計変更、工程設計、設備・治工具の製作、パイロット・ラン、ランプアップ等は、問題解決サイクルを構成する要素である。私たちが用いる枠組みによって、製品開発プロセスのどの段階においても問題解決サイクルの連携調整の状態を調べることができ、「連携調整」という語を行動のタイミングの問題として扱う場合と、川上部門と川下部門の間のコミュニケーションの問題として扱う場合を峻別することができる。

　問題解決サイクルの連携調整の程度についての地域差とその製品開発パフォーマンスへの影響を調べていくなかで、中心的なテーマとなったのは、その連携調整を実現するためのアプローチが効果的に働くには、メーカーの持っている技能、姿勢、経営哲学がきわめて重要であるということである。本章の終わりのほうでは、川上部門と川下部門の連携の例として、車体用パネルの設計・開発とそれに伴うプレス用金型の設計・開発を取り上げ、実際に連携調整とはどういう意味を持ち、調整された問題解決サイクルを実現するために必要な技能、姿勢はどういうものかについて詳しく調べることとする。自動車産業において優れたパフォーマンスに共通する特徴は、特定のテクニックをマスターすることではなく、プロセス、組織構造、姿勢、性能等に一貫したパターンを持

つこと、すなわち私たちが「調整された問題解決」（integrated problem solving）と呼ぶものである。

　製品開発を成功させるには、異なった機能別部門、技術領域間の連携調整が不可欠であることはよく知られている。ビジネス関係の新聞・雑誌には、部門横断的なプロジェクト・チームやサイマルテニアス・エンジニアリング方式、その他製造しやすくてユーザーのニーズに応える製品設計を生むためのさまざまな手法を賞賛する記事があふれている。いずれも従来の部門間の境界を超えて連携調整を試みるものである。ここで課題となるのは、「効果的な連携調整」とは何を意味するか、そしてその実現のためには何が必要かを理解することである。メーカーによっては、連携調整を、より多くの作業を並行処理できるようにスケジュール表を組み替えることとほとんど同義に考えているところもある。また、別のメーカーの中には、新しい手法を導入し、新しい設計の方法を学び、プロジェクトの審査、承認手続きを変えてしまうところもある。

相互関係についての5つの要素

　1980年代を通じて、世界中の自動車メーカーは、部門間、特に製品エンジニアリングと工程エンジニアリングの間の連携調整のために新しい手法を積極的に開発、導入しようとした。さまざまな手法の一部を次のような挿話で簡単に紹介してみよう。

　A社　A社のR＆D担当上級副社長であるG氏は、自社のエンジニアリング組織が強力であることを長い間自慢に思っていた。だが、新車の製造性について次々に問題が持ち込まれるに至り、彼は徹底的な再点検を行った。そこで発見したのは、コミュニケーションのまったくの欠如であった。設計図が製造部門に届いてみると、1年前に中止された生産方式を前提に書かれていた（製品エンジニアリング部門はその変更について承認を与えてさえいた）。一方、製造部門は製品開発プログラムの終わりに近づいてから、部品の再設計が必要となるようなロボットによる組み立てシステムを導入していた。

　再点検チームのメンバーの多くは、作業手続きの改正が必要と考えていたが、G氏はさらに踏み込んだ改革を進めた。彼のリーダーシップの下、「壁を破れ」

をスローガンに、製造部門の早期関与プログラムが導入された。その考え方は、製品エンジニアリング部門と工程エンジニアリング部門の「壁越しに書類を投げ込むような」従来の発想を改め、製品開発プロジェクトの早い段階で製品デザイナーと製造エンジニアが頻繁にフェース・ツー・フェースのミーティングを開くようにするというものである。さらにG氏は、製品開発プロジェクトの主な節目節目で製造部門を関与させる再点検プロセスを新たに取り入れた。そして、プロジェクトのスケジュール表、モックアップ、設計図、工程レイアウトおよび関係書類をいつでも見ることができ、重要なミーティングがすべてそこで開かれるような通称「作戦会議室」を設置したのである。

B社 だれの目にもB社が問題を抱えていることは明らかであった。2年連続国内市場シェアは低下し、最近の2種類の新車は、間際になってからの設計変更で市場導入が遅れた。B社は主なライバルであるX社と比べると、新車を市場導入するまでの時間が長くかかっており、X社の市場シェアは伸びている。B社の社長であるF氏は、意思決定が遅くて慎重な従来の社風に似合わず、古い製品開発システムを即座にやめ、新しいシステムを導入した。B社においては、以前から製品開発プロセスの各段階で、全部門を早期に関与させる再点検プロセスを導入していたが、川下部門にはあまり効果がないとF氏は確信した。

彼は次のように述べる。「我々がやらなければならないのは、本当のチームワークをつくり上げることだ。製造部門の人間がミーティングに出席しながら、隅で座っているだけというのはやめよう。また、製造部門の人間は、単に要求リストを送るだけ、おざなりに製造可能性を調べるだけという姿勢もやめよう。バトンを渡すような仕事のやり方はよくない。すべてがあまりにも順序に従って進められすぎる。私が欲しいのは、ラグビー型のチームワークだ。製品エンジニアと工程エンジニアがリアルタイムで協力しあう必要がある」。B社では、いくつかの部門から選ばれたエンジニアによる専門チームを2つのプロジェクトについて早速発足させ、現在作業が進行中である。

C社 C社の上級副社長であるP氏は、最初のレポートが届くと早速調査した。エンジニアリング部門の長は、それは特殊な事例で、問題はすでに解決済みであるとP氏に報告した。第2のレポートはわずか2日後に届き、赤信号が点灯した。だが、3番目のレポートが届くに至って、役員室のある本社ビルの10階全体に

警報ベルが鳴り響いた。3つの異なる町の異なる新聞記事は、すべて同じ問題について書かれていた。C社が市場シェアを伸ばそうと考えている高性能セダンの新車に水漏れの不良が発生したのである。

　P氏みずからが先頭に立って、解答がすぐに出された。問題は、設計と製造工程の組み合わせからきていることがわかった。あるエンジニアリングはこう説明する。「彼らのサンルーフの設計の仕方では、どうにも我慢ならない。我々がテストして修理したんだが、よさそうに見えても実際にはダメなことが多いんだ」。水漏れの問題のほかにも、いくつかの製造上の問題があり、P氏は製造担当副社長が推した「製造性に配慮した設計のためのプログラム」の導入が必要であると確信するに至った。このプログラムは、広範にわたる訓練、新しいコンピュータ支援の手法の導入、そしてもっと重要なことに、製品エンジニアリング部門と製造部門の間にコミュニケーションの道を開くことをその柱としている。

　3つのメーカーそれぞれが部門間の連携の問題に対処しようと努力しているこれらのエピソードからは、各社が直面する選択の幅が明らかとなる。彼らの努力は幅広い部門間の関係(例:エンジニアリング部門と製造部門の間の相互関係)に関わるものであるが、特定の川上部門と川下部門の問題解決サイクル間の相互関係、ここではある部品の設計とそれを製造する工程の開発との相互関係に絞って詳しく調べてみることが有益と考えられる。そうすることにより、連携調整の性質を決定する部門間の相互関係について5つの要素を把握することができる。**図8-2**には、これら5つの要素と、それぞれについての選択肢の幅が示されている。

　同図のスペクトルの両端は、連携調整についての対極にある選択肢を表す。左側へ行くに従って、諸活動は限られたコミュニケーションによって順番に行われる。一方、右側へ行くと、豊富かつ緊密な、そして早期のコミュニケーションによって諸活動は並行的に行われる。両極の中間に位置するものを含めて、5つの要素に関してきわめてバラエティに富んだ活動パターンが考えられる。連携調整についてのさまざまなアプローチの仕方を明らかにし、分析するうえで、これら5つの要素が基本的枠組みとなるのである。

図8-2●調整された問題解決の要素

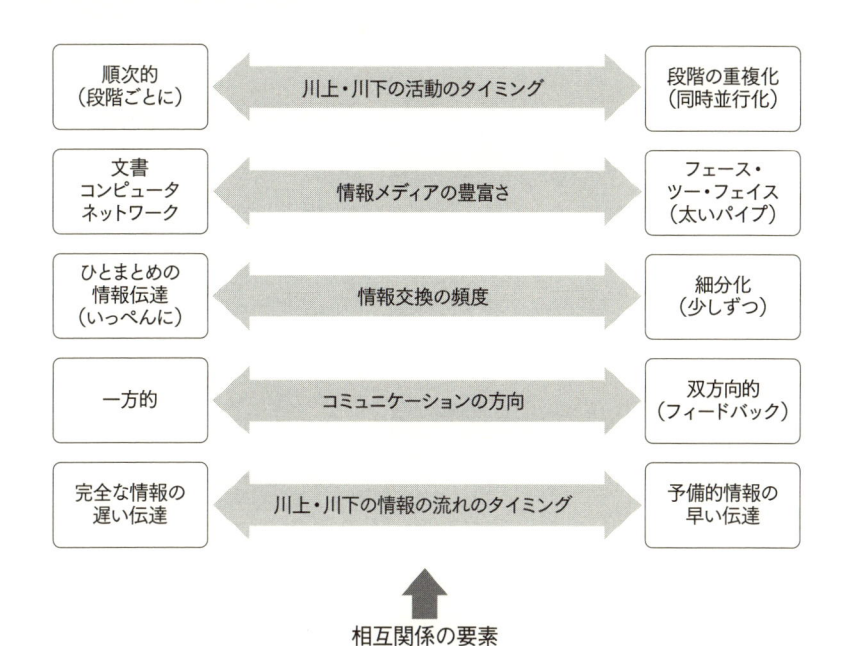

順次的 (段階ごとに)	←川上・川下の活動のタイミング→	段階の重複化 (同時並行化)
文書 コンピュータ ネットワーク	←情報メディアの豊富さ→	フェース・ ツー・フェイス (太いパイプ)
ひとまとめの 情報伝達 (いっぺんに)	←情報交換の頻度→	細分化 (少しずつ)
一方的	←コミュニケーションの方向→	双方向的 (フィードバック)
完全な情報の 遅い伝達	←川上・川下の情報の流れのタイミング→	予備的情報の 早い伝達

↑ 相互関係の要素

　図8-3は、これら5つの要素のそれぞれについて、あるメーカーがスペクトルの右側にシフトすることにより、リードタイムを大幅に短縮するという、1つの理念的な例を表したものである。単純化のために、川上部門1つ（製品エンジニアリング）と川下部門1つ（工程エンジニアリング）だけで構成している。

　図8-3のいちばん上には、特に欧米のメーカーに典型的な従来の新車開発プロジェクトのパターンが示されている。つまり、川上の活動と川下の活動は順序立てて行われ、情報の流れは川上から川下へ一方的である。具体的には、製品エンジニアリング部門は、そのプロセスの最後の段階になってやっと1組の完全な製品設計に関する情報を引き渡し、工程エンジニアリング部門はその情報が届くまで作業を始められないのである。

　理論上は、このパターンをとれば、製品設計の変更に伴うリスクは軽減されるはずである。ところが現実には、設計変更の多くが工程エンジニアリング作

図8-3◉問題解決サイクルの連携調整

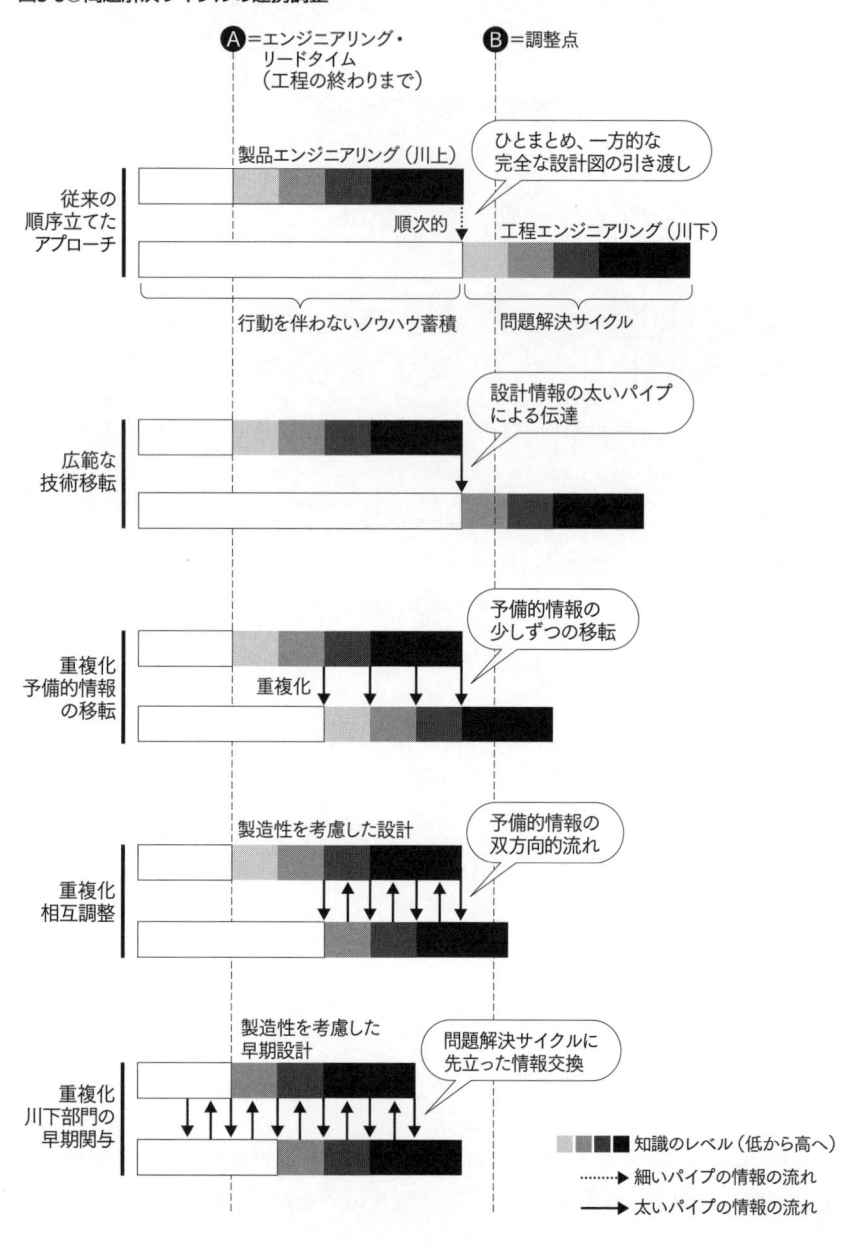

Ⓐ＝エンジニアリング・リードタイム（工程の終わりまで）
Ⓑ＝調整点

従来の順序立てたアプローチ
製品エンジニアリング（川上）
ひとまとめ、一方的な完全な設計図の引き渡し
順次的
工程エンジニアリング（川下）
行動を伴わないノウハウ蓄積
問題解決サイクル

広範な技術移転
設計情報の太いパイプによる伝達

重複化 予備的情報の移転
重複化
予備的情報の少しずつの移転

重複化 相互調整
製造性を考慮した設計
予備的情報の双方向的流れ

重複化 川下部門の早期関与
製造性を考慮した早期設計
問題解決サイクルに先立った情報交換

知識のレベル（低から高へ）
┄┄▶ 細いパイプの情報の流れ
──▶ 太いパイプの情報の流れ

業の開始後に発生し、対応を迫られる。その他の潜在的な長所、たとえば簡潔さ、管理のしやすさ等は、多くの短所によって相殺されてしまう。先ほどのA、B、C各社は、いずれもコミュニケーションやタイミングの遅れに関係する問題で苦しんでいた。順序立ててプロセスを踏むやり方は、製品設計の変更が迅速に行われなければならない時代には時間がかかりすぎるのである。さらに、情報をひとまとめにして一方的に移転するやり方も、製品エンジニアが製造性について配慮するように仕向けられず、川下部門に問題解決の重い責任を負わせることになる。最後に、川上から川下へ伝達された情報の微妙なニュアンスが伝わらず、製造上の問題を大きくしてしまうおそれもある。

　もし、ある1つの要素について連携調整の程度を改善したとすれば、どうなるだろうか。図8-3のなかで、2段目を見ると、情報メディアの豊富さが増した場合の結果が示されている。すなわち、「設計図を壁越しに投げ込む」やり方から、フェース・ツー・フェースの議論、実地の視察、試作車やコンピュータによるシミュレーション[*1]を用いた設計検討へと改めるのである。直接のコミュニケーションは、チームワークにとって重要な側面の1つであり、まさにA社のG氏が「作戦会議室」を設けた目的でもあった。この2段目のケースのように、より充実したコミュニケーションが川上部門のサイクルの最後で行われるだけでも、情報の移転が効果的になされるために、問題解決のリードタイムは大きく短縮されることとなる。

　真ん中の段へ下がると、情報交換の頻度を増し、エンジニアリング作業の並行処理を取り入れた場合、どうなるかがわかる。すなわち、より豊富な情報移転を時間をかけて頻繁に行い、製品設計に関する情報はその一部でも流せる状態になったらすぐに流してやることにより、川下の工程エンジニアリング部門は作業を早めに開始することができるようになり、川上の作業と川下の作業が並行処理され、問題解決のリードタイムはさらに短縮される。ただ、サイマルテニアス・エンジニアリングというのは、聞こえはよいが、実行することはなかなか難しい。エンジニアは、そもそも完全主義者的傾向を持っており、未完成の仕事を相手に渡すことはしたがらないことが多い。また、川上部門と川下部門の関係が協力的でない場合、設計変更が生じると川下部門が川上部門の怠惰や無能を追及することを恐れて、川上部門はますます情報を早めに渡すこと

に抵抗を示す。もし製品エンジニアの姿勢が、「私は君にはいま何も教えられない。どうせ後で変更しなけりゃならないし、その責任は私に負わせられるからだ」というものであるなら、経営陣はエンジニアリング組織全体の姿勢を川上も川下も含めて根本的に改めさせる必要があると考えられる。だが、それはきわめて実行困難な作業なのである。

　次の段では、一方的なコミュニケーションから、双方向性のコミュニケーションへと変えることにより、川上と川下のエンジニアリング作業の間で相互に調整できる基盤がつくられる。予備段階の車体設計図を渡してもらうことで、工程エンジニアリング側は、製品エンジニアリング側に対して、特定の形状を製造することが困難であるとの情報をフィードバックし、それに応じて製品エンジニアリング側は、工程エンジニアリング側の能力をより上手に活用できるように設計変更することも可能となる。先のA、B、C各社が、製造部門をより密接に関与させ、設計品質を向上させ、チームワークを確立しようと努力する際には、双方向性のコミュニケーションは不可欠な条件である。サイマルテニアス・エンジニアリング方式やより豊富な情報の伝達に加えて、双方向性のコミュニケーションを取り入れることで、川上部門と川下部門に問題解決の責任を分散し、問題の解決が容易化する可能性がある。この可能性が実現するかどうかは、エンジニアリング組織全体の姿勢、ものの考え方いかんによる。もし川上部門が、製造性のために製品の機能、性能、外観等について妥協することを嫌がったり、川下部門がいつでも新製品の設計に対して「そんなものできっこない」という反応を示したりするようでは、双方向性のコミュニケーションは、両者の対立をより直接的なものにするだけである。

　コミュニケーションが頻繁かつ双方向性であるだけでなく、問題解決サイクルの非常に早い段階で行われるパターンが、図8-3のいちばん下の段に示されているケースだ。先に出てきたF氏がラグビー型のチームワークを確立しようとしたとき、彼が目指していたのは川上部門と川下部門のリアルタイムの調整であった。これは相互調整（下から2番目の段のパターン）の本質である。これによって、製品エンジニアは、製品がより簡単に、より安く製造できるようにするため、工程エンジニアリングに関する問題解決の方向性について予備的情報を考慮に入れることが可能となる。だが、この調整は、川下部門の問題解決

サイクルが始まってからでないと行えない。

　川下部門が早期に関与したときにどうなるかが図のいちばん下の段に示されている。早期に関与するということは、作業を早く始めるというだけにとどまらない。問題解決サイクルが始まる前に情報を交換し、分析することも含まれる。つまり、工程エンジニアリング側は、その作業が始まる前に、製品エンジニアリング側に情報を「前渡し」する。これによって、川上の製造エンジニアリング部門は「初めからうまくいく」ことができ、川下の工程エンジニアリング部門にとっても、クレイ・モデルや仕様の形で早めに製品設計に触れることができるため、問題解決のリードタイムをさらに短縮し、製造品質を向上し、生産コストを低減しうるのである。

　川下部門の早期関与が成功するかどうかは、所与の問題解決サイクルが始まる前に、どれだけのレベルの情報が利用可能かにかかっている。そうした情報の多くは、そのプロジェクト以外のところ（たとえば、過去の製品開発プロジェクトや先行研究プロジェクト）が出所であり、プロジェクト間の情報移転、すなわち、過去のエンジニアリング上の問題に関する情報を保管し、現在のプロジェクトにとって利用可能な状態に置く仕組みが不可欠である。

　以上のように、これら5つの要素に注意を払うことにより、メーカーは競争上きわめて有利になる。もう一度図8-3を見てみよう。エンジニアリング作業のリードタイムは、時点Aからプロセスの終わりまでの長さで表されている。メーカーが情報移転の量、頻度、方向を増やしていくに従って、また作業の並行処理、情報移転の早期化が進むにつれて、エンジニアリング・リードタイムがだんだん短縮されてくることが明確にわかる。ここで、市場環境の変化、ライバル企業の姿勢に対応するため、メーカーが時点Bで製品を導入する必要に迫られたとしよう。いちばん下の段にあるような連携調整の程度を実現できているなら、時点Bでの製品導入は可能である。その1段上の程度の連携調整が確保されていれば、全社挙げての努力で何とか近いところまでこよう。だが、問題解決サイクルの連携調整の程度がそれ以下では、製品の市場導入は遅れ、競争上不利な立場に立たされるおそれがある。

開発段階の重複化と
緊密なコミュニケーション

　川下部門の行動を起こすタイミングと情報の流れの量、頻度、方向とは密接な関わりを持っている。だが、それらは必ずしも効果的な組み合わせになるとは限らない。**図8-4**は、連携調整の2つのパターンを比較している。上段のほうでは、川上部門と川下部門が、相互依存関係の強まりに伴って生じる混乱と不確実性を最小限化するために、情報を頻繁に交換している。どちらかの側に変化が生じれば、絶えず新しい情報として、日々の接触、会議、プロダクト・マネジャーその他の調整手段によって相手方に伝達される。一方、図の下段のほうでは、情報伝達はひとまとめに行う従来の方法を変えずに、サイマルテニアス・エンジニアリング方式だけを導入している。こういうケースはたとえば、経営陣がエンジニアリング作業の同時進行を必要とする新しいスケジュール表を導入したときに生じる。製品エンジニアは相変わらず、作業が完了した後、工程エンジニアに対して「壁越し」に設計図を投げ込む姿勢を続け、工程エンジニアも新しいスケジュール表を守れと言われて作業を早めに、しかし川上部門からの情報なしにむやみに始めている。そして突然、製品の最終設計に関する情報が工程エンジニアリング部門にひとまとめになって届き、製品側と工程側のミスマッチが見つかり、金型が廃棄され、工程設計が変更され、部品の製作作業がやりなおしになる。その結果生じた混乱によって、工程エンジニアリング・プロセスの時間が延び、サイマルテニアス・エンジニアリング方式によって潜在的に得られるはずの優位性が大幅に減殺されてしまう。

　調整された問題解決が実現するためには、2つの条件が揃う必要がある。1つは、開発作業が高度に並行的に処理されることで、私たちはこれを「開発作業段階の重複化（stage overlapping）」と呼ぶ。もう1つは、豊富で頻繁な双方向性の情報の流れがあることで、ここでは「緊密なコミュニケーション（intensive communication）」と呼ぶ。川上部門と川下部門の間の緊密なコミュニケーションなしにプロセスの重複化を図っても、調整された問題解決が実現しうる状況は生まれにくい。以下では、調整された問題解決に不可欠な2つの条件と、製

図8-4◉作業の重複化（緊密なコミュニケーションを伴う場合と伴わない場合）

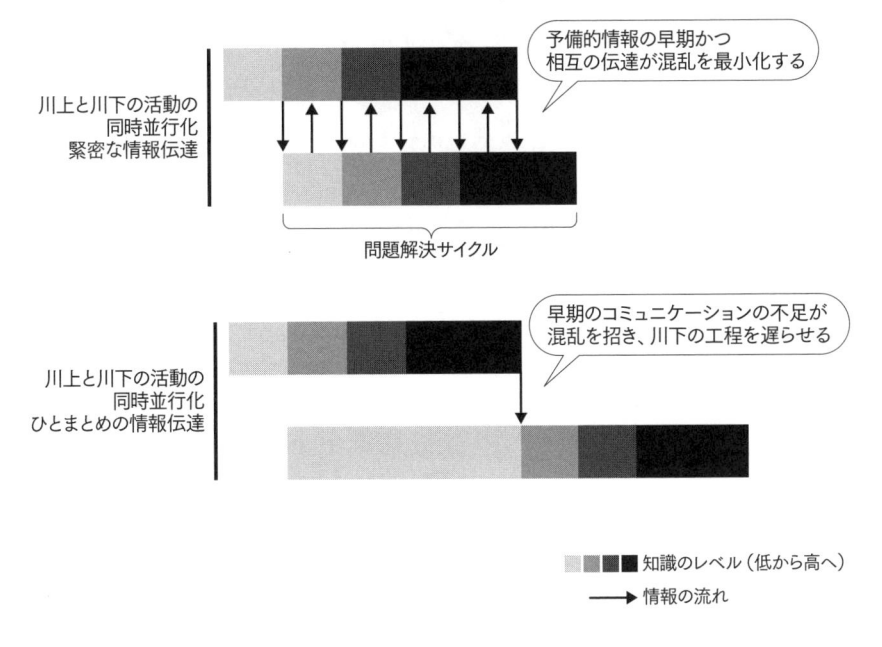

川上と川下の活動の
同時並行化
緊密な情報伝達

予備的情報の早期かつ
相互の伝達が混乱を最小化する

問題解決サイクル

川上と川下の活動の
同時並行化
ひとまとめの情報伝達

早期のコミュニケーションの不足が
混乱を招き、川下の工程を遅らせる

知識のレベル（低から高へ）
→ 情報の流れ

品開発パフォーマンスにもたらす効果についてもう少し詳しく調べてみることにする。

開発作業段階の重複化

図8-5の各段は、日本、アメリカ、ヨーロッパにおける製品エンジニアリングと工程エンジニアリングの平均的なスケジュールを比較したものであるが、日本のエンジニアリング・プロセスは、欧米のそれに比べて明らかに重複の程度が大きい[*2]。同時並行化率（SR）という簡単な指標を使って、それぞれのプロジェクトの数字を比較してみると、**図8-6**のようにそのパターンが明らかになる。同時並行比率は、製品エンジニアリングの開発工数（X）と工程エンジニアリングの開発工数（Y）の合計を、開発リードタイム（Z）で割って計算される。したがって、エンジニアリング・プロセスが完全に順序立てて（すなわち重複なしに）行われるとSRは1になり、重複の程度が進むにつれて数字が増え、

図8-5●開発作業段階の地域別平均スケジュール

日本
- 製品エンジニアリング: 24カ月
- 工程エンジニアリング: 22カ月
- 合計: 24カ月

アメリカ
- 製品エンジニアリング: 29カ月
- 工程エンジニアリング: 26カ月
- 合計: 34カ月

ヨーロッパ
- 製品エンジニアリング: 23カ月
- 工程エンジニアリング: 27カ月
- 合計: 32カ月

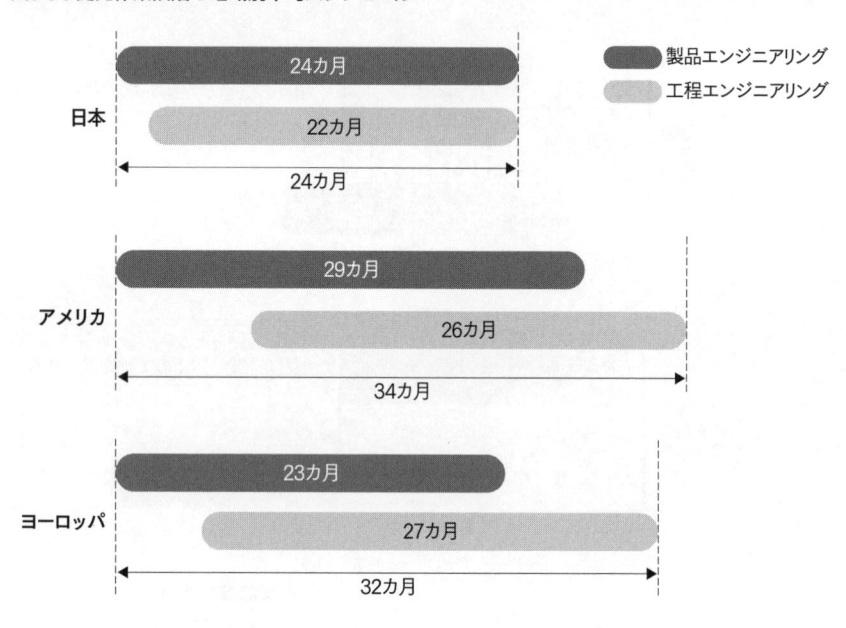

図8-6●同時並行化率の地域別平均

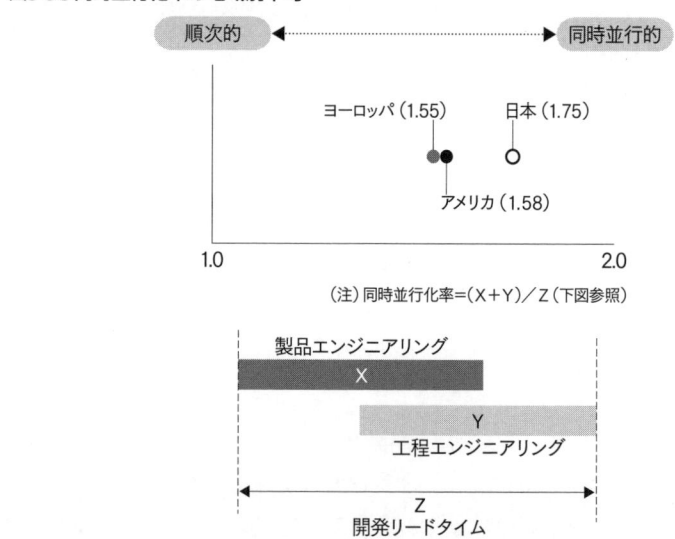

順次的 ←----→ 同時並行的

- ヨーロッパ(1.55)
- アメリカ(1.58)
- 日本(1.75)

範囲: 1.0 ～ 2.0

（注）同時並行化率＝(X＋Y)／Z（下図参照）

- 製品エンジニアリング: X
- 工程エンジニアリング: Y
- Z: 開発リードタイム

図8-7●同時並行化率とエンジニアリング・リードタイム

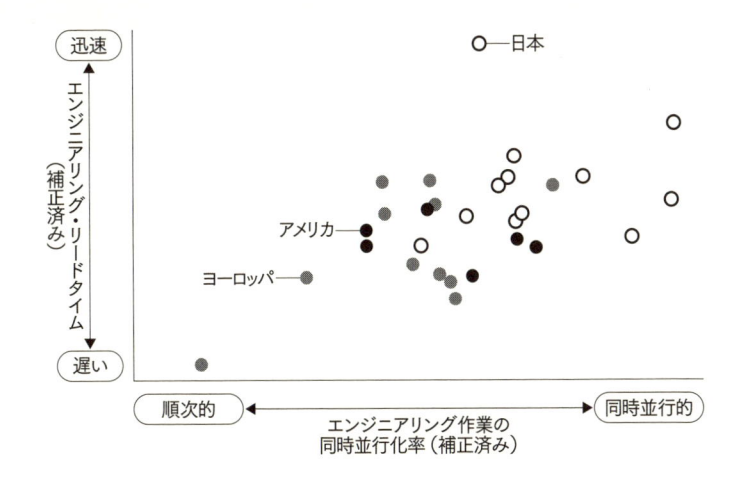

完全に並行処理される場合には2となる*3)。これを統計的に分析してみると、製品開発プロジェクトの複雑度や守備範囲の違いを考慮しても「日本効果」はかなり顕著に表れる。

同時並行化率の違いは、エンジニアリング作業のリードタイムに影響を与えるだろうか。私たちの分析によれば、同時並行化率はエンジニアリング作業のリードタイムに対して中ぐらいないしは強いプラスの効果をもたらすことがわかる。図8-7は、同時並行化率とエンジニアリング作業のリードタイム（プロジェクトの複雑度について補正済み）との相関関係を座標面にプロットしたものであるが、両者の間には中程度の相関関係があり、アメリカやヨーロッパに比べて日本の同時並行化率が高いことが示されている。

回帰分析を行ってみると、プロジェクトの複雑度および守備範囲のレベルを一定にすれば、製品および工程エンジニアリング作業を完全に順序立てる方法（SR＝1）から完全に同時化する方法（SR＝2）に変えることにより、エンジニアリング作業のリードタイムを約1年短縮しうると推定される。この効果は、多分に地域特有のものであり、同時並行化率に見られる地域差と符合する。製品エンジニアリングと工程エンジニアリングは、それぞれ約2年程度の長さであり、完全に順序立てて行われればリードタイムは4年、完全に同時に行われ

第8章　問題解決サイクルの連携調整 | **261**

れば2年と、本来2年間の短縮になるはずである。したがって、実際には同時化に伴って調整上の問題が生じ、同時化のもたらす効果はそのぶん減殺されるのではないかと考えられる。

緊密なコミュニケーション

本研究において各メーカーに対するインタビュー、またアンケート調査を実施した結果から、製品エンジニアリングと工程エンジニアリングとの間のコミュニケーションの緊密度について、いくつかの指標を得ることができた[*4]。**表 8-1**は、これらの指標について地域によるパターンがわかるように簡単に比較したものである。

インタビューの結果、製品エンジニアリングと工程エンジニアリングとの間のコミュニケーションの有効性については、地域ごとに一貫したパターンが見られることがわかった。コミュニケーションの不足により両部門間の対立がプロセスの終わりに近づいてから生じる頻度に関する意見、設計変更の回数に関するデータ、コミュニケーションの全体的な質や頻度に関するコメント等を総合してみると、日本のプロジェクトのコミュニケーションはより緊密かつ効果的に行われているとの結論が得られる。日本のプロジェクトについてわかったことの核心は、ある日本のメーカーの工程エンジニアリング部門のマネジャーが述べた次のような話に要約されている。

「製品エンジニアリング部門と工程エンジニアリング部門との間のコミュニケーションの方法としては、マネジャー・レベルの定期的なミーティングと実務レベルのインフォーマルな接触がある。後者のケースでは、設計担当のエンジニアが自発的に工程エンジニアリング部門にやって来て、予備段階の設計図を見せる。どんな場合でも、製品エンジニアと工程エンジニアは同じ建物にいて、早い段階から緊密なコミュニケーションが行われている」

対照的に、アメリカのメーカーの回答者たちからは、コミュニケーションが貧弱なために生じる混乱、製造部門からの情報不足に対する製品エンジニアの不平不満やその逆のケース、製品および工程の両エンジニアリング部門間のコ

表8-1 ● 地域別製品・工程エンジニアリング部門間のコミュニケーションの有効性

組織数

地域	よい	どちらとも言えない	悪い
日本	7	1	0
アメリカ	0	3	2
ヨーロッパ	4	4	1

ミュニケーションについて改善すべき数々の問題点等について山ほど話を聞かされた。ヨーロッパのメーカーのなかにも、同様のコメントが聞かれたところはあったが、他のメーカー、特に高級車専門メーカーについては、エンジニアリング組織内部に緊密なコミュニケーションが確保されていることがわかった。全体としては、日本のメーカーが緊密なコミュニケーションを保っているのに対して、アメリカのメーカーでは（またある程度ヨーロッパのメーカーについても）ひとまとめにコミュニケーションをとるスタイルであるとの印象が得られた。そして、いくつかの指標から、製品および工程の両エンジニアリング部門間のコミュニケーションが効果的となるかどうかは、その質、内容の複雑さ、微妙さによることもわかった。

　たとえば、製造部門から早期にフィードバックが行われる場合を考えてみよう。コンセプト創出および製品プランニング段階で製造可能性について検討するというのは、ほとんど世界中のメーカーでとられている標準的な進め方である。だが、他の段階での製造部門からのフィードバック、および製造可能性に関連するフィードバックを詳しく調べると、そこには違いが存在する。たとえば日本のメーカーでは、工程エンジニアは製品エンジニアに対して逆提案を頻繁に行う。この種の相互性（設計に関する逆提案）は、順序立てたエンジニアリング作業を基本哲学とするヨーロッパのメーカーでは軽視されている。その代わり、ヨーロッパでは、コスト見積もり担当者や会計担当者が中心的な役割を果たしていることを反映して、コストに関する情報が重視されている。アメ

リカのプロジェクトの場合は、製造可能性を早期に検討するというのは、一応の形式的なものにすぎない。実質的なフィードバックはもっと後になってからである。アメリカのプロジェクトは日本のプロジェクトに比べて、コンセプト創出段階で川下部門からのフィードバックが明らかに遅れるが、製品エンジニアリング段階ではさらにフィードバックは遅くなる。製造部門からエンジニアリング部門への情報の流れも日本では量が多いが、アメリカではわずかである。

　全体的に言って、日本のプロジェクトの場合には、製造部門からの積極的で、バランスのとれた、継続的な情報のフィードバックが見られ、製品エンジニアリング段階における工程エンジニアリング部門の相対的な力の強さという観点から興味深いパターンである。ヨーロッパやアメリカのメーカーの工程エンジニアは、製品設計に関する決定についてしばしばフォーマルな拒否権を発動する。一方、日本のメーカーの工程エンジニアの影響力は強いが、インフォーマルなものであることが多い。したがって、アメリカのメーカーが抱えるコミュニケーションの問題は、工程エンジニアの持つフォーマルな権限の不足によるものではないことがわかる。

　実際には、問題はインフォーマルな影響力の欠如にある。日本の工程エンジニアが製品設計に対して大きな影響力を持っているのは、製品および工程の両エンジニアリング部門間に緊密なコミュニケーションと相互調整が行われているからだ。アメリカの工程エンジニアが強力なフォーマルの権限（たとえば、設計に対する承認等）を持っていることは、皮肉にも川上部門と川下部門の効果的なコミュニケーションを阻害している可能性がある。工程エンジニアリング側の人間にとっては、フォーマルな拒否権が最後の手段として与えられているため、製品設計プロセスに早い段階から関与するインセンティブがない。一方、製品エンジニアリング側は、拒否権の発動を恐れて工程側と早い段階でコミュニケーションをとることがためらわれる。こうした状況では、共同で問題を解決するというより、「我々対彼ら」の関係が生じてしまう。相互信頼、相互調整のインフォーマルなシステムなしにフォーマルな承認システムを導入しても、調整された問題解決を効果的に実施するためには邪魔になるだけである。

　短期問題解決チーム（タスク・フォース）、連絡要員、プロジェクト・チーム、CAD・CAMシステムの連携等のフォーマルな調整手段・システムは、本研究

で取り上げた調査対象プロジェクトのほとんどすべてで導入されており、世界中の自動車メーカーの大部分が利用しているものと考えられる。だが、これらの手段、システムの性格には地域差が見られる。たとえば、部門横断的なチームについて見てみよう。私たちが調べたメーカーのうち、日本ではすべて、ヨーロッパでも大部分がそうしたチームをつくっていたが、アメリカでは50％がつくっていなかった。そして、チームの構成を見ると、そこには1つのパラドックスがある。欧米のメーカーは、日本のメーカーよりも、製造部門の人間（工程エンジニアリングや製造現場の担当者）をプロジェクト・チームの正式メンバーにすることが多い。だが、日本のメーカーがアメリカのメーカーに比べて製品サイドと工程サイドの間により緊密なコミュニケーションを確保しているとすれば、それはプロジェクト・チームに製造部門の人間をフォーマルに関与させているためではなく、実務レベルのエンジニア同士がインフォーマルな結びつきを持っているからである。

　日本のメーカーがアメリカのメーカーよりも、製品エンジニアと工程エンジニアの間により緊密で効果的なコミュニケーションを持つことができるという事実は、両エンジニアリング部門間の対立を解消するうえで必要な問題解決システムの連携調整を実現するために、インフォーマルな関係が重要であることを強調するものである。部門間の対立は、日頃の両者のお互いに対する姿勢がエンジニアの言動を通じて明らかになる場面である。私たちが行った実地調査の結果からは、そのような対立はすべてのプロジェクトで必ず生じている。

　製品および工程の両エンジニアリング部門間の対立の中心は、製品設計の製造可能性の問題である。日本のプロジェクトとアメリカのプロジェクトに関する他の比較と同様、両者の姿勢には、「ひとまとめ方式」対「緊密方式」とでも表現しうる相違がある。次に紹介する2つのコメントは、アメリカのメーカーで一般的な姿勢をよく表したものである。まず、ある工程エンジニアリング担当マネジャーの言である。

「製品エンジニアはよく設計を変更する。そして、彼らは設計図引き渡しの期限を守らない。設計変更が生じる主な原因は、製造性の問題ではなく、製品の性能が悪いことによるものである。これは1つには、製品エンジニアリ

ング部門には『イエスマン』が多すぎることもある。目上の者には『わかりました。できます』と答えておいて、約束を守らないのだ。したがって、問題が表面化するのが遅すぎることになってしまう」

そして今度は、同じメーカーのスタイリング・デザイナーの言である。

「設計変更が生じる主な原因は、機能や外観の問題ではなく、創造性の欠如にある。我々は工程エンジニアに対して頻繁に情報を流すのだが、彼らは十分な情報をフィードバックしてこない。工程エンジニアが『いや、そのクォーター・パネルはつくれない』と言ったときには、もう遅すぎるのだ」

認識のギャップは驚くほど大きい。両者ともコミュニケーションの不足、遅すぎる設計変更を相手のせいにしている。どちらの側も、問題が生じる主な原因は相手方にあると信じており、建設的に対立を解消していくことは難しい状態である。

一方、日本のメーカーの工程エンジニアは、もっと柔軟で、協力的な姿勢を見せる。2人の工程エンジニアリング担当マネジャーと1人の工程エンジニアのコメントを紹介してみよう。

「私の意見では、我々は製品エンジニアと協力する必要があると考える。もし我々がリスクを避けて、製造性を理由に製品設計にダメばかり出していては、新車の設計は皆トラックのようなものになってしまい、市場性を失うだろう」

「工程エンジニアは製品エンジニアリングの非常に早い段階で関与させるが、関与が早ければよいとは必ずしも言えない。製品開発プロセスのあまり早い段階で製造上の制約を課してしまうと、製品エンジニアはチャレンジ精神を失うおそれがある。結局のところ、製品のアピール度を最優先すべきである」

「製品エンジニアと工程エンジニアの対立は、我々（工程エンジニア）が早い時点で製品コンセプトを見る機会があれば、より容易に解消することがで

きる。そうでないと、我々は製造性ばかりを追求しがちである。もし、製品コンセプトを見ることができれば、『よし、売れる車をつくってやろう』とか『製造しやすいが売れない車はいらない』とか考えるきっかけになるのだ」

　これらのコメントから、効果的で緊密なコミュニケーションを確保するには、市場志向の考え方を持った工程エンジニアの存在が必要であることがわかる。製造性を重視することは、適合品質の向上にとって大切であるが、行きすぎると新製品のコンセプト、市場性を損なう危険性がある。製造性とコンセプトおよび設計の質とのバランスをうまくとれるかどうかは、コンセプトを理解できる工程エンジニアと創造性を大切にする製品エンジニアが共存できるかにかかっている。こうした価値観の共有、相手方の考え方を理解する能力こそ、実務レベルにおいてインフォーマルな影響力を与え合う基礎となるものであり、日本のプロジェクトにおける製品サイドと工程サイドの相互関係を他地域のそれとはひと味違ったものにしているのである。

開発作業段階の重複とコミュニケーションのパターン：製品開発パフォーマンスへの影響

　図8-8は、開発作業段階の重複度およびコミュニケーションの緊密度における地域差を表したものである。図の対角線上に、重複度と緊密度の最適な組み合わせが示されている。すなわち、左下では順序立てたプロセスの進行がひとまとめ方式のコミュニケーションと組み合わさり、対角線に沿って右上まで行くと緊密なコミュニケーションと問題解決が並行的に進められる、調整された問題解決のゾーンがある。対角線からはずれると、2種類の問題が生じてしまう。対角線の下側では、コミュニケーションのパターンが問題解決の並行処理のレベルを支えることができない。また、対角線の上側では、コミュニケーションの緊密度に比べて、問題解決が同時的に進められない（したがって遅くなってしまう）ことになる。この図においては、日本の自動車メーカーが最適ゾーンのなかで、プロセスが高度に同時化され、コミュニケーションが緊密なため、調整された問題解決のサイドに位置づけられている。アメリカのメーカーは、開発作業段階の重複度が日本メーカーより低く、また対角線の下側になりがち

図8-8●開発作業段階の重複度およびコミュニケーションの地域別特性

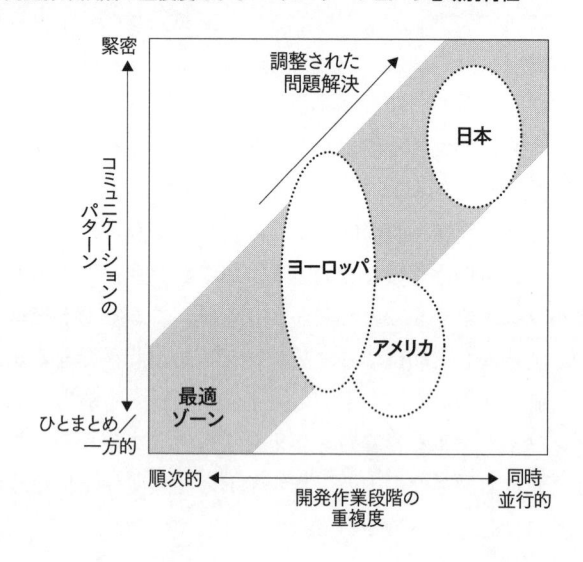

で、開発作業段階の重複度とコミュニケーションの緊密度のミスマッチを生じている徴候が見える。ヨーロッパのメーカーは、全体の傾向として順序立てて作業を進めるが、各作業段階間のコミュニケーションはやや緊密で、日本のメーカーよりは若干劣るものの、最適ゾーンに位置づけられる（ヨーロッパのメーカーのなかでも特に高級車専門メーカーにおいては、エンジニアリング部門間でコミュニケーションが緊密に行われ、品質の向上に役立っているが、実際の活動として相互調整や作業の並行処理が行われているわけではない）。

　これらのパターンは製品開発パフォーマンスにどのような影響を及ぼすだろうか。調整された問題解決がリードタイムの短縮につながるだろうか。あるいは生産性や品質の向上に効果があるだろうか。まず、問題解決パターンがリードタイムに与えるインパクトは直接的である。製品エンジニアリングと工程エンジニアリングの間で効果的なコミュニケーションがとられれば、開発作業段階の重複が可能となり、両者の問題解決に必要な時間が短縮できる。もし、両者の連携調整によって、コミュニケーションの不足からくる無駄な手戻り作業や設計変更が減るなら、開発工数も短縮することができる。

しかしながら、製品の全体的な品質、つまり総合商品力（TPQ）に対する影響は不明である。製品エンジニアリング部門と工程エンジニアリング部門の連携が緊密であれば、ユーザーが欠陥を体験することは少なくなり、適合品質は高くなるはずである。だが、両部門の連携調整が設計品質に与える効果はまちまちかもしれない。もし、問題解決サイクルがうまく連携すれば、技術上の制約や可能性をよりよく理解することができ、設計品質は向上するだろう。しかし他方で、連携調整の結果、革新的な設計上の特徴を製造性向上のために犠牲にするような妥協も行われよう。さらに、プロセスを順序立てて進めれば、時間とコストはかかるが、非常に魅力的な設計が生まれる可能性もある。このようなプラスとマイナスの効果が合わさってどういうバランスになるかは経験的な問題である。

　調整された問題解決というのは多面的な概念であり、1つの変数で測定することは困難である。そこで、問題解決の9つの条件（例：高い同時並行化率、製造部門からの早いフィードバック等）に関する情報を用いて、調整された問題解決の「理想像指数（ideal profile index）」をつくってみた（詳細は付録参照[注2]）。メーカーが条件に適合するたびに1点を加え、9点満点を「理想像」として、それからどれだけ離れるかを測定する。この調整された問題解決に関する指数は、大雑把なものでしかないが、地域ごとの重要な違いを把握するのに役立つ。

　図8-9は、問題解決の「理想像指数」と補正後の製品開発の全体リードタイム、製品開発生産性、そしてTPQをそれぞれ横軸と縦軸にとってプロットしたものである。Aの全体リードタイムとの関係においては、調整された問題解決と製品開発のスピードとの間に強いプラスの相関関係が存在することが示されている。この関係は、ほとんどそのまま日本のプロジェクトと欧米のそれとの間の格差を反映したものである。日本のプロジェクトに関するデータが右上隅に群れをなす傾向にあるのに対して、ヨーロッパとアメリカのプロジェクトのデータは左下に固まる。同じようなパターンは、Bの製品開発生産性との関係でも見られる。地域内だけで見ると、問題解決指数と生産性の間にプラスの相関関係があるかどうかははっきりしない。実際のところ、アメリカとヨーロッパのプロジェクトの間では、問題解決システムの連携調整の程度に大きな差はない。リードタイムや生産性との関係についての分析からわかるのは「日本効果」

図8-9 ● 問題解決の連携調整と製品開発のパフォーマンスの関係

Ⓐ リードタイムと問題解決の連携調整

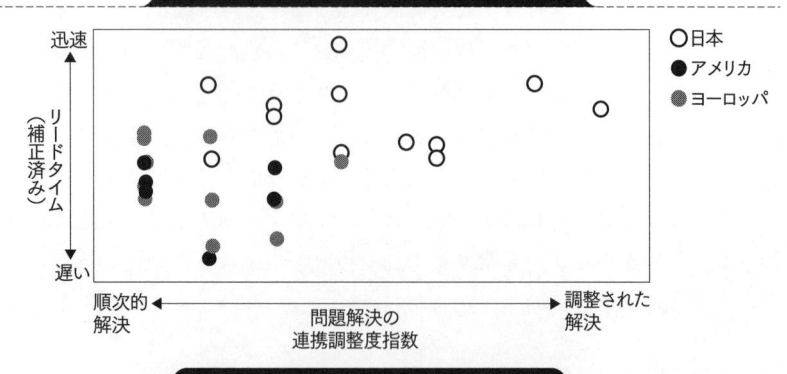

縦軸：リードタイム（補正済み）　迅速 ↔ 遅い
横軸：問題解決の連携調整度指数　順次的解決 ← → 調整された解決
凡例：○日本　●アメリカ　●ヨーロッパ

Ⓑ 製品開発生産性と問題解決の連携調整

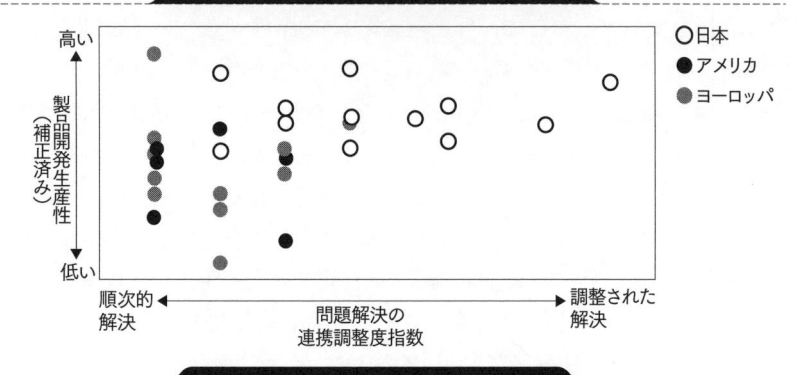

縦軸：製品開発生産性（補正済み）　高い ↔ 低い
横軸：問題解決の連携調整度指数　順次的解決 ← → 調整された解決
凡例：○日本　●アメリカ　●ヨーロッパ

Ⓒ TPQと問題解決の連携調整

縦軸：TPQ　高い ↔ 低い
横軸：問題解決の連携調整度指数　順次的解決 ← → 調整された解決
凡例：○日本　●アメリカ　●ヨーロッパ

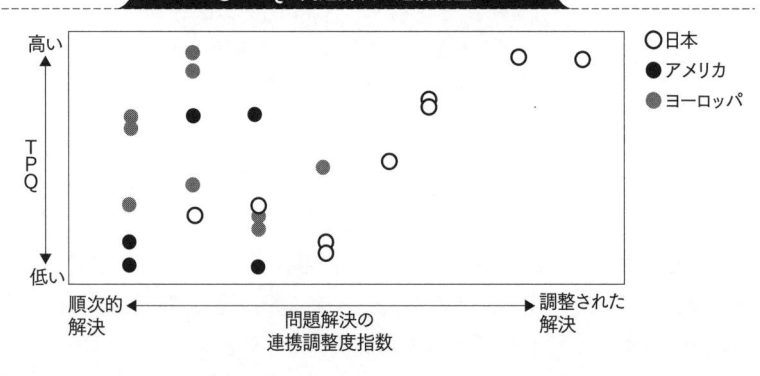

である。つまり、連携調整の程度は、日本が製品開発のリードタイムや生産性で優位に立っている理由の説明に役立つかもしれないが、それぞれの地域内で見た場合には大きな影響はないらしいのである。

　Cの品質に関するデータについてはだいぶ事情が違ってくる。問題解決サイクルの連携調整によって、全体の品質は向上する。この効果はきわめて強いもので、地域的な性格を有するものではない。「日本効果」ではなく、それぞれのメーカーごとに連携調整がもたらす効果である。この品質に対する効果は、特に適合品質の場合強く表れる（詳細は付録参照）。製品エンジニアリング部門と工程エンジニアリング部門がお互いによく連携調整していれば製造性が向上するため、連携調整の程度が製品の信頼性に影響を与えることは驚くにあたらない。だが、メーカーのなかには、両エンジニアリング部門の連携調整の程度を高めることで、適合品質と設計品質の両方に優れた実績を上げるところもあるようだ。

　このように、調整された問題解決は、製品開発パフォーマンスの3つの要素すべてにおいてメリットをもたらす。効果的なコミュニケーションを確保して問題解決サイクルの連携調整を図ることにより、開発作業の並行処理が可能となってリードタイムを短縮しうるばかりでなく、開発工数の増加、製品信頼性の低下をもたらすエラーや無駄を減らすことができる。設計品質を落とさずにエラーや無駄を減らすには、市場志向の考え方を持った工程エンジニアと製造性志向の考え方を持った製品エンジニアの存在が必要である。リードタイムが競争上重要であり、市場環境の変化が激しく、ユーザーの要求水準が高いという状況においては、調整された問題解決は競争に勝つための不可欠な要素と考えられる。

連携調整の実例
——日本とアメリカにおける金型開発

　調整された問題解決の実現には、開発作業の並行処理と頻繁で中身の濃い双方向性のコミュニケーションが必要である。そして、そのような連携調整が実効を上げるためには、川上部門と川下部門との間に、共通の理解、共同責任の

関係、早くて豊富な情報の流れを活用しうる技能と能力が備わっている必要がある。高いパフォーマンスが得られるかどうかは、実務レベルでの連携調整がうまくいくかどうかにかかっているのだ。ここまで、プロセスの重複度やコミュニケーションの緊密度といった指標を使って問題解決の大まかなパターンについて述べてきた。今度は、川上部門と川下部門の関係、技能が果たす役割をさらに深く理解するため、実務レベルでの実際の連携調整の様子について詳しく見てみたい。そこで、新車開発の成功にとって不可欠な製品エンジニアリング部門と工程エンジニアリング部門の接続面——車体パネル用金型の設計・開発——について、実務がどう進められているのかの例を取り上げてみよう[注3]。

車体パネル用の金型開発は、工程エンジニアリングの重要な作業分野の1つであり、クレイ・モデルや設計図の作成から鋼板のプレス作業に至るまで、複雑な情報処理作業の連続である。典型的な日本の金型メーカーの金型開発プロセスを表したのが**図8-10**である。金型開発は製品開発プロセスのクリティカル・パス上にあるため、このステップを短縮できれば全体のエンジニアリング作業のリードタイムの短縮につながる。さらに、私たちの実地調査の結果によれば、金型開発のリードタイムが効果的に短縮できるかどうかは、金型開発作業と車体設計作業の並行処理と両作業間の情報インターフェースの慎重な管理にかかっている。要するに、金型開発は、車体設計との関係において、製品と工程の両エンジニアリング部門間の情報インターフェースの管理と問題解決サイクルの連携調整に関わるすべての重要な問題を含んでいるのである。

したがって、より大きな組織におけるエンジニアリング作業の進め方の縮図であり、研究対象として扱いやすいコンパクトな規模のプロセスとして、金型の設計および開発を取り上げることとする。本研究においては、調査対象メーカーごとに、金型がどのように開発されるかを、開発作業段階の重複とコミュニケーションのパターン、重要と思われる関係と技能等に特に注目しながら、詳細な実地調査を行った。そして、縮図に関して得られた分析結果を実証するため、金型開発で優れたパフォーマンスを上げたメーカーが、製品開発全体のパフォーマンスでも優れているかどうかを調べてみた。

金型開発プロセスと車体設計プロセスの進め方のタイミングおよび情報の流れについては、統計学的分析および詳細なインタビューによる調査を行った。

図8-10◉典型的な日本の金型メーカーにおける金型開発プロセス

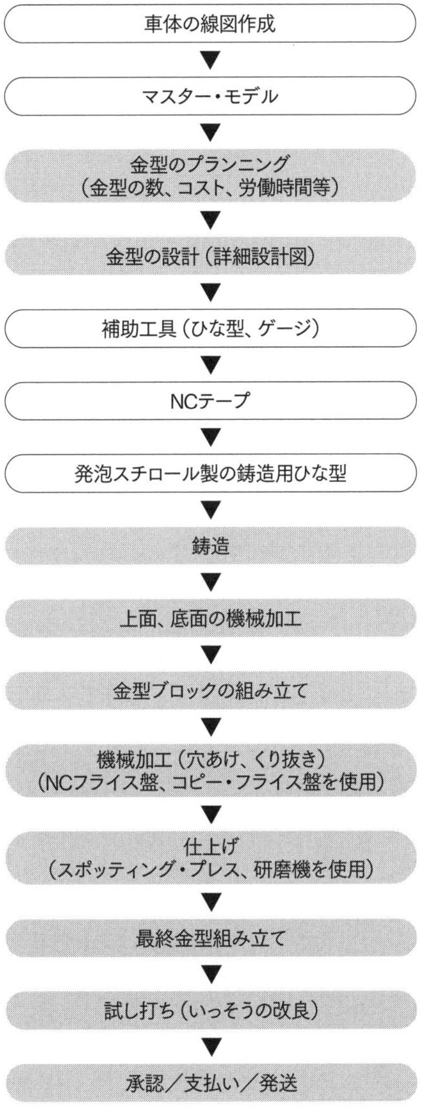

```
┌─────────────────────┐
│   車体の線図作成      │
└─────────────────────┘
          ▼
┌─────────────────────┐
│   マスター・モデル     │
└─────────────────────┘
          ▼
┌─────────────────────────────┐
│   金型のプランニング           │
│ (金型の数、コスト、労働時間等)  │
└─────────────────────────────┘
          ▼
┌─────────────────────┐
│ 金型の設計 (詳細設計図) │
└─────────────────────┘
          ▼
┌─────────────────────┐
│ 補助工具 (ひな型、ゲージ) │
└─────────────────────┘
          ▼
┌─────────────────────┐
│     NCテープ          │
└─────────────────────┘
          ▼
┌─────────────────────────┐
│ 発泡スチロール製の鋳造用ひな型 │
└─────────────────────────┘
          ▼
┌─────────────────────┐
│       鋳造            │
└─────────────────────┘
          ▼
┌─────────────────────┐
│  上面、底面の機械加工    │
└─────────────────────┘
          ▼
┌─────────────────────┐
│  金型ブロックの組み立て   │
└─────────────────────┘
          ▼
┌─────────────────────────────┐
│  機械加工 (穴あけ、くり抜き)    │
│ (NCフライス盤、コピー・フライス盤を使用) │
└─────────────────────────────┘
          ▼
┌─────────────────────────────┐
│       仕上げ                  │
│ (スポッティング・プレス、研磨機を使用) │
└─────────────────────────────┘
          ▼
┌─────────────────────┐
│   最終金型組み立て      │
└─────────────────────┘
          ▼
┌─────────────────────┐
│ 試し打ち (いっそうの改良) │
└─────────────────────┘
          ▼
┌─────────────────────┐
│  承認／支払い／発送     │
└─────────────────────┘
```

⬜ 情報資産
▨ 作業

(注) 実際の作業は、図にあるとおりの順序で必ず行われるとは限らない。

第8章　問題解決サイクルの連携調整

そして、アメリカと日本のプロジェクトが特に対照的なパターンを示すことから（ヨーロッパのプロジェクトはアメリカのプロジェクトに類似している）、この2つの地域に絞って比較してみた。**図8-11**と**図8-12**は、大型で複雑な車体用パネル（例：クォーター・パネルやドア）のための金型一式を開発する際のエンジニアリング作業のパターンを要約したものである。これらの図は単純化されており、エンジニアリング作業のスケジュール、試作車製作のリードタイム、金型製作のリードタイム、作業の順番、コミュニケーションの状況、各メーカーの行動パターン等に関するデータに基づいて仮定的に作成されている。

　図8-11に示される典型的な日本のプロジェクトについては、その主な特徴を次のように要約できる。
　(1)日本はアメリカに比べ、プロセス全体が非常に速く進められる。それは1つには、製造能力（例：第7章で見たように、金型および試作車の製作リードタイムが短い等）、また1つには製品エンジニアリング作業と工程エンジニアリング作業の同時化率の高さが理由である。
　(2)製品エンジニアの作業が進むにつれ、金型エンジニアに対して車体設計に関する予備的情報を流す。それに合わせて金型エンジニアは徐々に投入資源の量を増やしていく。
　(3)車体エンジニアリング段階の始めに、クレイ・モデル、スケッチ、数値化されたスタイリング・データ等の情報を流してもらうことによって、金型エンジニアは予備的な金型計画を開始する。
　(4)最初の試作車の設計図が届くと、本格的な金型計画が始まる。金型計画の中身としては、工程順、パネルの分割方法、パネル当たりのショット数、金型のコストおよび必要投入資源等がある。
　(5)次のステップは、金型発注のための設計図（手配図）の引き渡し（出図）である。これは、最終設計図の引き渡しとは別個に、またそれに先立って行われる。手配図の引き渡しがあると、普通、金型の詳細な設計および鋳造が開始され、製造部門の資源が本格的に投入され始める。メーカーのなかには、第1次の試作車が完成する前に金型の設計を始めるところもある。
　(6)最後の本格開発試作車が完成する前に最終設計図の引き渡しが行われる。

図8-11 ● 金型開発のスケジュール表:典型的な日本のケース

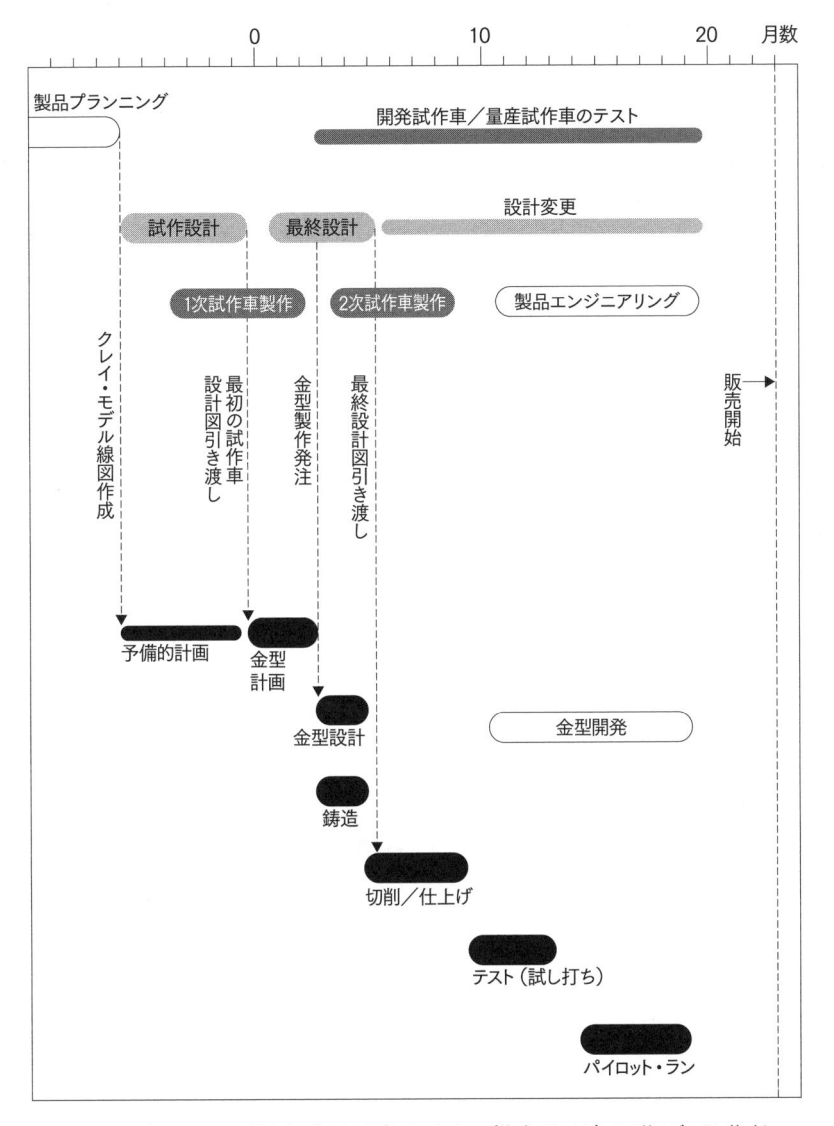

月数: 0 ～ 10 ～ 20

- 製品プランニング
- クレイ・モデル線図作成
- 試作設計
- 最終設計
- 開発試作車／量産試作車のテスト
- 設計変更
- 1次試作車製作
- 2次試作車製作
- 製品エンジニアリング
- 最初の試作車設計図引き渡し
- 金型製作発注
- 最終設計図引き渡し
- 販売開始
- 予備的計画
- 金型計画
- 金型設計
- 鋳造
- 切削／仕上げ
- テスト(試し打ち)
- パイロット・ラン
- 金型開発

出所:アンケート調査(12プロジェクト)、インタビュー(数プロジェクト)、その他のデータに基づく
(注)試作車の製作は2回行われると仮定。フィードバックのための情報の流れは単純化のため省略。
時間は最初の試作車設計図の引き渡し時から測定。

第8章 問題解決サイクルの連携調整

図8-12●金型開発のスケジュール表：典型的なアメリカのケース

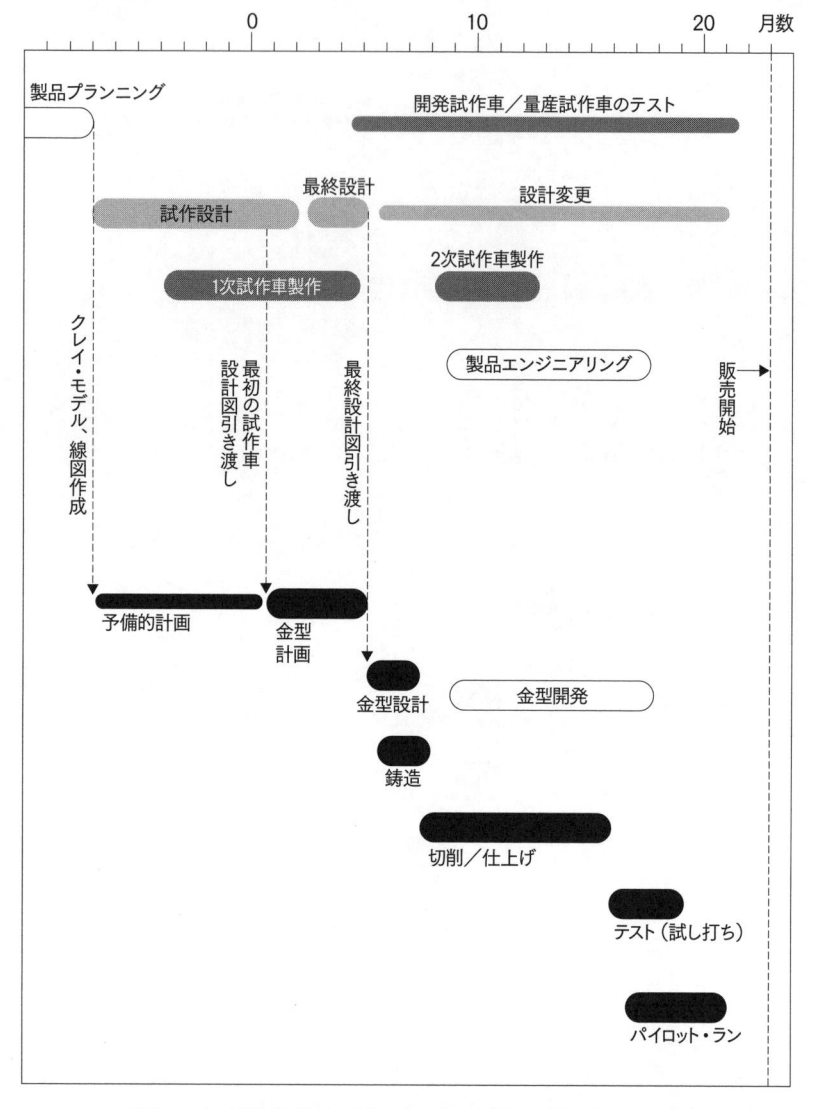

出所：アンケート調査（6プロジェクト）、インタビュー（3社）、その他のデータに基づく
（注）試作車の製作は2回行われると仮定。フィードバックのための情報の流れは単純化のため省略。
　　 時間は最初の試作車設計図の引き渡し時から測定。

その頃、あるいはその前から、金型製作現場では、実際の金型切削がフライス盤を用いるなどして開始される。金型の切削は、リスクおよび投入資源の面から、重要なポイントとなる。一度金型が工作機械にかけられ、仕上げられた後で車体設計が変更され、作業がやり直しになれば、そのコストは高いものにつくのである。

(7)試作車のテストやパイロット・ランの結果を受けて、最終設計図の引き渡し後も設計変更が続く。

今度は、図8-12に示されているように、典型的なアメリカのプロジェクトについて、日本とは対照的な特徴を調べてみよう。

(1)アメリカでは、日本と比べてプロセス全体がはるかに長くかかる。

(2)金型計画は、第1次の試作図が引き渡されたときに開始されるが、この時点では資源はほとんど投入されない。

(3)最終設計図の引き渡しと別個に、手配図が引き渡されることはない。

(4)最終設計図の引き渡しが行われて、初めて金型の詳細設計が始まる。

(5)したがって、資源投入の重大なポイントである金型の切削加工は、最終設計図引き渡しより大きく遅れる。アメリカでは、金型の設計と鋳造を並行的に処理する度合いが日本に比べ少なく、金型切削作業のスタートがさらに遅れる。

(6)試作車および金型の製作リードタイムが長いため（第7章参照）、金型の開発リードタイム全体もさらに長くなる。

(7)試作車と金型の長い製作リードタイムによって、金型のテストはパイロット・ランまでずれ込み、開発プロセスの最後になってから各種作業を並行処理しなくてはならない状況に陥りやすい。

アメリカで実際に見られるように、工程の最後で作業の並行処理が行われるのは、製品開発パフォーマンスにとってけっしてプラスにならない。このことは、アメリカやヨーロッパのプロジェクトでは工程エンジニアリングの期間が短すぎるため、パイロット・ランにおける設備・治工具の出来が不完全となったり、ランプアップ時になって設計変更が生じたりしやすいという事実（第7章参照）とも符合する。

金型開発の2つのアプローチ：早めか遅めか

　図8-11からもわかるように、日本のプロジェクトは、試作車および金型を速く製作し、製品設計と工程設計、そして金型製作の各プロセスを大幅に並行処理することにより、金型開発サイクル全体を圧縮している。アメリカと日本の開発作業段階の重複パターンは、金型の設計と切削という、資源投入の主要ステップのタイミングを見れば明らかなように、際立った対照を示す。日本のメーカーは「早めの設計、早めの切削」というアプローチをとるのに対し、アメリカのメーカーは「遅めの設計、遅めの切削」アプローチである。日本で最終設計図の引き渡しの前に「手配図の引き渡し」が行われるのは、金型製作を早めにしたいというメーカーの意思の表れである。

　車体の設計変更がまだ頻繁に行われる状況下で相当量の資源投入が必要となるため、日本の「早めの設計、早めの切削」アプローチは、資源投入の無駄、やり直しの危険性をはらんでいる。日本のメーカーにおいても、最終設計図の引き渡し後に設計変更されることは多い。多いときには、月に何百もの変更がなされることもある。日本のメーカーは早めに設計を凍結すると一般に信じられているが、それはつくり話である。

　アメリカのプロジェクトで「遅めの設計、遅めの切削」アプローチがとられる背景には、日本のプロジェクトの特徴である開発作業段階の大幅な重複化につきものの、高価な金型のつくり直しや廃棄をできるだけ避けたいという考え方がある。だが、本研究によれば、現実はかなり違っている。アメリカのメーカーは、開発作業段階の重複について保守的なアプローチをとっているにもかかわらず、日本のメーカーよりも設計変更対応コストが高くついている。アメリカの場合には、設計変更による金型手直しのコストは金型の本来のコストの30〜50％にも及ぶ。日本の場合は、それが10〜20％で済んでいるのである。

　こうしたことから、作業段階の重複を効果的に管理するということが、単に開発スケジュール表を修正するよりはるかに多くの意義を持つことは明らかである。開発作業段階の重複は、適切に管理されれば、多くの設計変更を伴うものの、リードタイムの短縮と設計変更コストの低減を同時に実現することが可能である。そして、これまで述べてきたように、開発作業段階の重複が効果を

発揮するのは、各プロセス間に緊密なコミュニケーションを容易にする両者の関係および技能の存在があればこそである。

　金型開発のパフォーマンスが優れているメーカーを詳しく調べてみると、関連部門間の関係および技能の重要性が再確認できる。図8-11に見られるように、エンジニアリングの問題解決サイクルの重複を効果的に管理するためには、1つには川上部門から予備段階の情報が早めに流されること、もう1つにはこの情報を川下部門が効率的に利用して作業を早めにスタートすることが必要である。金型開発プロセスは単なる事務手続きでは進められない。金型エンジニアや金型・治工具メーカーは川上部門から受け取った情報に素早く対応し、川上部門の作業が公式に完了する前に本格的な作業を開始するのである。

　これから紹介する金型開発についてのエピソードは、このプロセスにおいて川上と川下の実務レベルの緊密な関係が持つ影響力、重要性をよく表している。話は実際にあったものだが、登場人物の名前は変えてある。

　金型を製作し、試作車用の部品をつくってテストする必要に迫られて、設計担当エンジニアのフランクは、早く行動を起こさなければならないことに気づき、フォーマルなチャネルを無視することにした。彼は地元の金型メーカーであるハンスに電話した。「いま作業している設計を見せたいんだけど、昼飯つき合ってくれないか？」「いいですよ」。食事をしながら、フランクはハンスに設計図を見せ、ハンスは金型と部品をつくりやすくするために、いくつかのアドバイスを与えた。彼は、紙ナプキンの裏にいくつかの計算式を書いて説明した。そして、ハンスは相談を受けた設計を持ち帰って、ほんのしばらくの間に（この種の金型の製作に従来かかっていた時間よりはるかに短い間に）金型と部品を製作して、再びやって来たのであった。

　もちろん、フランクとハンスが一緒に仕事をしたのはこれが初めてではない。そして、彼らの関係はいわゆる他人行儀の契約に基づくものでもない。部品メーカーとの関係について見たように、企業の壁、部門の壁を超えて相互にコミットする姿勢こそ、連携調整の本質的な特徴である。ここで意味する連携調整とは、異なった部門のエンジニア間、あるいは車体エンジニアと金型メーカー

間の直接的な、フェース・ツー・フェースの協力関係なのである。金型開発に優れたパフォーマンスを見せる日本のメーカーにおいては、関係者がお互いをよく知り、また、どのように協力しあうべきかを熟知している。

　だが、連携調整には、お互いのよい関係、フェース・ツー・フェースの討議以上のものが必要とされる。それは技能である。優れた金型工場では、最小限のコストで設計変更を吸収するため、削りしろ、肉盛り溶接、ブロック交換[*5]等を使ったさまざまノウハウ、テクニックを開発している。たとえば、設計変更の影響を受けやすい金型については削りしろをやや厚めに残しておいたり、ドア・パネルの穴の位置は変更が多めになることを意識して、絞り型を先に製作し、穴あけ型を後から製作したりするのは、かなりの技能を必要とする。こうした状況のそれぞれについて、金型製作を早めに始めることのコストと便益との微妙な比較衡量を行うことが重要である。

　開発作業段階の重複を効果的に行うためには、設計変更への素早い対応も重要な要素の1つである。車体エンジニアが、車体の剛性を増すためにパネルの設計変更を決めたとする。優れたパフォーマンスの工場は概して対応が早い。車体エンジニアは、金型工場に対して、フライス盤で金型を切削するのをやめるように指示する。車体エンジニアは、事務手続きやフォーマルな承認なしに、金型工場に直接出向き、金型エンジニアと設計変更について討議し、製造可能性をチェックし、合意のできた変更を必要個所に実施する。設計変更が大きなものでなければ、実務レベルで変更される。そして金型工場は、その金型の製作を再び開始するだけである。事務手続きは設計変更が実施されてから完了し、上司の承認を得る。設計変更のコストについても事務的に交渉で決められる。ここでは「まず変更し、後で交渉する」姿勢がとられている。このプロセスは、JIT方式の組み立てラインでラインをストップするときと似ている。問題が発見されると、ラインは直ちにストップされ、ステーションにスタッフが急ぎ集まり、決定が下され、問題個所の処置が行われ、そしてラインは直ちに再開されるのである。

　金型開発に時間がかかり、設計変更のコストも高いメーカーでは、設計変更のプロセスはかなり異なっている。設計変更が生じた場合、従来のアメリカのシステムの極端な例では、治工具や金型のメーカーは競争入札によって選ばれ、

こうした「外部」のメーカーは商品サービスの提供者として取り扱われる。金型メーカーとの関係は購買部門によって管理され、コミュニケーションは仲介者や設計図を通じて行われる。金型や車体パネルの設計担当者と金型メーカーは、直接に接触することがないのである。

　金型メーカーの立場から見ると、このような関係は官僚主義的に映る。設計図が届いて金型製作作業が始まったときから、将来いつかの時点で設計変更が生じて作業をストップするよう指示が出されることを金型メーカーは知っている。そのような指示の電話がかかってきても、あるいは作業が終わってしまってから設計変更が承認され、伝えられても、金型メーカーはどうしてよいかわからない。そこで彼らは、受注残や工程間在庫を抱えてバッファーとするのである。

　そういうやり方で進むと、次のようなシナリオに結びつく。つまり、金型メーカーは、設計変更がありそうだという通報を受け取ると、金型製作作業をストップするが、作業のやり直しについての決定はきわめて遅くなる。車体エンジニアは設計変更を申請する事務手続きを開始し、書類が上司とチーフ・エンジニアの元に届けられるが、そうした書類は承認が下りるまで何日も机の上に放置される。川上部門の意思決定が遅くなるだろうというので、金型メーカーは仕上げ前の金型を機械待ちの列の最後に移す。設計変更のバッファーをとる必要から、機械待ちの列はすでに長く、設計変更の指示が金型メーカーに届く頃には待ち時間はさらに延びてしまう。

　設計変更プロセスをコンピュータで処理するようになれば、プロセスをスピード・アップできる。だが、だいたいにおいてメーカーは、古いプロセスをそのままコンピュータに記憶させるだけである。文書自体は人から人へ速く回されるが、重層的な承認の手続きは手つかずのまま残される。さらに、システムはコンピュータ化されても、設計変更に急いで対応しなければならないという考え方は関係者に定着していないことが多い。プロセスに関与しているある購買担当者は、設計変更を実施するのに要する時間について尋ねられて次のように答えた。

「時間は大きな問題ではない。すべてコンピュータで処理しているから、実に速い。たった2、3週間しかかからない」。だが、日本のシステムとの比較で明

らかなように、その2、3週間があちらこちらで必要なため、全体として長くなってしまう。情報の処理時間が長く、工程間仕掛かり在庫の列も長いため、両者相まって設計変更プロセスが遅れてしまうのである。

　金型開発について詳しく調べてみると、開発作業段階の重複によるメリットを最大限に生かすには緊密な部門間のコミュニケーションが必要であること、そしてそのようなコミュニケーションには実務レベルでの技能の高さ、部門間の良好な関係が不可欠であることが強く認識できる。コミュニケーション、組織、管理体制に必要な変更を加えずに開発作業段階の重複の手法だけを取り入れても、製品の品質を落としたり、思わぬスケジュールの遅れを生じたり、エンジニアリング組織の士気の低下を招いたりしやすく、けっしてパフォーマンスの向上につながらない。

金型開発がエンジニアリング作業のリードタイムに与える影響

　第7章において、金型の製作時間がエンジニアリング作業のリードタイムに影響を与えることはすでに見た。今度は、金型開発のリードタイム全体とエンジニアリング・プロセスにおけるパフォーマンス全体とがどのような関係にあるか調べてみよう。私たちが行った統計学的分析によれば（付録参照）、金型開発のリードタイム（試作図の引き渡しから金型のテスト完了まで）とエンジニアリング作業のリードタイムとの間には顕著なプラスの相関関係が存在することがわかる。推定では、金型開発リードタイムを1カ月短縮できれば、エンジニアリング・リードタイムも約3分の2の2カ月短縮することができ、主要部分の金型開発はエンジニアリング・プロセスのクリティカル・パス上にあるという私たちの予測を裏づける。

　面白いことに、金型開発リードタイムが短縮されてもコンセプトの創出や製品プランニングのリードタイムが短縮されるわけではない（製品プランニングのリードタイムは、製品の複雑度や、そのプランについてコンセンサスを得なければならない人と部課の数により大きく左右される）。だが、金型開発リードタイムについて得られた結果は、開発作業段階の重複やコミュニケーションのパターンについて先に述べたことと符合する。金型開発に関する調査結果でも、また全体的なデータでも、製品開発の優れたパフォーマンスを確保するには調整さ

れた問題解決が重要な要素であることがわかったのである。

調整された問題解決の条件

　本章においては、エンジニアリング作業における調整された問題解決について、開発作業段階の重複と各作業段階間の緊密なコミュニケーションとを組み合わせた多面的なプロセスとしてとらえてきた。そして、製品および工程の両エンジニアリング部門の連携調整の条件である。サイマルテニアス・エンジニアリング、製造性を考慮した設計、部門間対立の解消等を、調整された問題解決の要素と見る枠組みも設定した。また、調整された問題解決によって、エンジニアリング・プロセスがスピード・アップし、品質が向上することについて論じた。さらに、全体的な研究結果、また金型開発の例についての詳細な研究結果に基づき、調整された問題解決が製品開発のパフォーマンスを高める重要な要因となることについても述べた。日本のメーカーは、何十年にもわたって、モデル・チェンジ・サイクルと製品開発リードタイムを短縮して競争に対応する必要に迫られてきたため、欧米のメーカーに比べると、エンジニアリング・プロセスの問題解決サイクルの連携調整をより高度に進めてきた。

　効果的な連携調整を実現するためには、コミュニケーション、開発作業段階の重複、技能、部門間の関係等の面で、メーカーに多くのことが要求される。各エンジニアリング・プロセスの問題解決サイクルは早めに連携させる必要がある。また、コミュニケーションは情報量が多く、緊密でなければならない。部門間（また、企業間）の関係は、予備段階での制約条件、アイデア、目的等に関する情報を早めにかつ頻繁に交換できるようなものでなければならない。問題解決のスピード、有効性が大切であり、そのためには情報を活用し、作業を並行処理しうる技能が不可欠である。最後に、効果的な連携調整を実現するための条件は、問題解決能力と関係する。つまり、従来の部門あるいは企業の間の境界を超えた緊密な協力関係を支える姿勢、システム、組織構造等と関係するのである。本章を締めくくって、川上部門、川下部門、そしてそれらの共同作業に要求される条件を要約してみよう。

川上部門での問題解決

　川上部門での問題解決に関して課題となるのは、当面のパフォーマンスの目標（例：車体パネルの形状および剛性の水準以上の確保）を、川下部門の作業がやりやすい形で達成することである。このためには、3つの能力が不可欠と考えられる。すなわち、川下部門に配慮した解決、エラーのない設計、迅速なエンジニアリング・サイクルである。

　「川下部門に配慮した」川上部門の問題解決　調整された問題解決の効果を発揮させるには、川上部門が川下部門の作業量を軽減してやる必要がある。このため、川上部門は川下部門の要求条件を考慮に入れることにより、川下部門における制約を無視して生じる不必要な設計変更を減らし、川上部門の解決策が川下部門の能力を反映したものとなるようにしなければならない。川上部門のエンジニアは、自分たちの解決策がどのようなものになるかを予測するために、川下部門における制約について基本的な知識を持つことが要求される。川下部門との早い段階からの継続的なコミュニケーションと、前のプロジェクトで得たノウハウや経験の引き継ぎは、川上部門の解決策を川下部門に配慮したものにするためにきわめて重要であるが、これを促進するテクニックとしては、製造性を考慮した設計、VE（価値工学）、FMEA（故障モード影響解析）、田口メソッド[*6]等がある。

　だが、川下部門にとっては、作業量が軽減されるだけでは足りない。川下部門の制約条件を無視することは、調整された問題解決の支障となるが、他方、製造エンジニアが設計品質や性能の重要な部分について過度に妥協し、製造サイドの条件に適応しすぎると、同じように有害となりうるのである。たとえば、プレス加工の可能性を過度に重視すれば、特徴あるスタイリングを採用できなくなる。同様に、製造コストを低減するため、共通部分の使用が多くなりすぎると、製品の首尾一貫性について妥協を余儀なくされる。製造性は設計に関する意思決定において優先されてはならない。むしろ、製品のTPQを最大化するために、製造性と設計品質は十分バランスをとる必要がある。したがって、製品エンジニアは、製品の性能、設計および製造の品質、そしてコストの間の微妙な比較衡量ができなければならないのである。

無駄な設計変更の抑制　川下部門と早期にコミュニケーションをとることにより設計変更が回避できることについては先に述べた。もう1つ、無駄な設計変更にはもっと初歩的な原因がある。製品エンジニアと下級技術者の不注意によるミスである。そのなかには、計算ミス、設計図と数字の不一致、製図上のルール違反等が含まれる。内部で発生するエラーはまったくの無駄である。設計評価、テスト、エンジニアリング組織内の規律順守等が効果的に行われれば、製造コストや品質を犠牲にすることなく、こうした無駄を大幅に減らし、あるいはなくすことができる。さらに、エンジニアが（日本で行われているように）製図工（下図書き）としても訓練されていれば、エンジニアと下級技術者との区別がはっきりしているところと比べて、製図上の細かいエラーはより早く、より簡単に発見されうるだろう。

　設計変更をすべてなくすことは不可能だし、また望ましくもない。したがって、意味のある設計変更と無駄な設計変更とを区別することが重要である。意味のある設計変更は製品の価値を高める。したがってそういう変更をなくしてしまえば、製品を改善する機会を失うことになる。なくすべき設計変更は、不注意によるミスやコミュニケーションの不足によって生じたものである[*7]。

迅速なエンジニアリング・サイクル　要求水準の高い、洗練されたユーザーを対象とした複雑な製品を開発する際には、製品エンジニアリング側と工程エンジニアリング側の意見の不一致が生じることは避けられない。そこで、川上のエンジニアリング・サイクルを迅速にすれば、川上部門が川下部門の問題に早めに対応しうるようになり、調整された問題解決の実現に資することになる。すなわち、川上の設計—試作—テストのサイクルを速めることで、川上部門と川下部門のフィードバックのスピードも速くなり、迅速な相互調整が容易となるのである。川上での予備段階の設計が早く、頻繁に流されれば、それに応じて川下部門も作業を早めにスタートするきっかけとなる。

　サイクルが速いエンジニアリング組織では、時間が何よりも大切である。何事も迅速に行うことは、プロジェクトの早い段階でも、組織の行動原理となる。製品開発組織の多くは、プロジェクトのどこかの段階では時間のプレッシャーを感じるようになる。だが、サイクルの遅いエンジニアリング組織では、予備段階の設計を4週間の代わりに2週間で仕上げることは重視されない。一方、サ

イクルの速い組織では、その2週間の差がきわめて重要である。試作車製作のリードタイムについて先に見たように、試作車の製作、テストの実施、あるいは問題の発見等の作業を速くこなすことができるかどうかは、製造能力、そして迅速に行動しようとするシステムおよび姿勢を持っているかどうかにかかっている。

川下部門での問題解決

　川下部門にとって難しいのは、完全な情報を得る前に、そして新車の魅力を損なうような多くの制約条件をつけずに、開発作業をスタートしなければならないことである。したがって、開発作業の成功のためには、予測し、リスクを管理し、避けがたい設計変更に対応する能力が不可欠である。

　川上部門の解決策の予測　川下部門における調整された問題解決とは、問題が明確になる前から問題解決サイクルをスタートさせることである。達成しようと努力している目標（例：製品設計）が途中で変わりうる場合、これに対処するには、川下部門の人々は川上部門がどう行動しそうかを予測する能力を持っている必要がある。

　まず第一に、川下部門は川上部門の作業についての手掛かりを探し出し、それを活用する技能を開発すべきである。こうした手掛かりを、従来からの川上部門の行動パターンに関する知識と組み合わせることにより、川下部門の対応の基礎とするのである。川上部門と川下部門が普通から密接なコミュニケーションをとり、お互いの作業に参加しあうことで、相手の行動を予測する技能が備わってくる。金型開発を例にとれば、作業段階ごとに、それぞれの金型のそれぞれの部分について生じうる設計変更の程度を予測することは、いつから金型の設計を開始し、いつから機械加工を始めるか等を決定するための鍵となる。車体エンジニアと金型エンジニアの間で過去にどのようなパターンのやりとりがあったかを十分に知っておけば、金型エンジニアは、不完全な予備段階の情報を基に一定の車体パネルの最終的な形を相当程度正確に予測することができるのである。

　時間とリスクの比較衡量　川上部門の解決策が最終的にどのような形になる

かを予測しながら前もって作業をスタートさせることは、常にリスクを伴う。川下部門のエンジニアは、設計変更のリスクと作業を早めに開始することのメリットの比較衡量ができなければならない。そしてさらに、リスクを小さくするような方法で早めの作業開始ができるよう、うまく両者のバランスをとる術を身につける必要がある。生じうる車体の設計変更の程度を予測して、微妙な部分の削りしろを残しておく方法については先に述べた。このような非常に繊細なバランスを確保するには、相当量のノウハウの蓄積が必要である。川下部門が大胆にプロセスの重複化を進めるためには、慎重かつ詳細な計算の裏打ちを要するのである。

予測できない変更への迅速な対応　川上部門の行動を予測することは大切であるが、すべてを予測に頼ることはできない。予測できない変更は不可避的に生じる。したがって、川下部門は、迅速にこの変化を察知し、迅速に対応することができる柔軟性と技能を備えておく必要がある。車体の設計が突然変更された場合、金型エンジニアはこれに遅滞なく対応し、必要な金型の設計および実際の金型に修正を加えなければならない。第7章で述べたように、短いサイクルで治工具や金型を製作しうる能力が特に重要だ。素早い準備、短い機械待ち、製作期間の短縮、工程フローの合理化等はすべて、川上部門の変更に対する川下部門の反応時間を短縮するのに役立つ。工程エンジニアリング部門の実務レベルでの迅速な意思決定が不可欠である。

　これは技術者そのものの能力の問題でもある。テストを迅速に実施し、治工具・金型を素早く製作し、実務レベルで意思決定を行うには特別な技能が必要だが、状況を速やかに判断し、解決策を見つけ、適切なテストを実施できるということは、純粋に能力の問題なのである。迅速な対応が可能な川下組織は多くの優秀なエンジニアを抱えている。これに対して、対応の遅い川下組織（そして川上組織）には、何人かきわめて優秀なエンジニアもいるが、その他大勢はあらかじめ決められた手続きに従い、ハンドブックに書いてある仕様を調べることだけに慣らされてしまっている。時間が十分にあればこれらの組織でも解決策にたどり着くだろうが、調整された問題解決においてはそのような時間はない。

川上部門と川下部門の連携調整についての姿勢

　部門間の連携調整を進めるうえで最後の、しかしきわめて重要な要素は、川上部門と川下部門に所属する人々の姿勢である。私たちの実地調査の結果からも、人々の姿勢は身に染みついたもので変わりにくいため、調整された問題解決を実現するうえで、このインフォーマルな観点が長期的な優位性に結びつく重要な要素であることがわかる。

　エンジニアリング部門においては、少なくとも3組の姿勢、すなわち、メンバーの自分自身の行動に関する姿勢、メンバー同士に対する姿勢、メンバーの部門としての目標に対する姿勢が問題となる。調整された問題解決のためには、メンバーが早めに行動を起こすよう心掛けることが必要である。川上部門にいる人々は、予備段階の情報はできるだけ早めに流すようにしなければならない。エンジニアの気質として、どうしても完全主義的になりがちだが、これは調整された問題解決の精神とは調和しない。一方、川下部門の人々は、将来について十分予測したうえで、積極的にリスクを負うべきである。あいまいな環境にもなじむ必要がある。待って様子を見ようという姿勢は、設計変更によって生じるリスクを最小化しうるものの、調整された問題解決を導入するにあたっては、組織文化的な障害となるのである。

　相互信頼と共同責任の考え方も調整された問題解決にとっては重要である。製品エンジニアは、不必要な設計変更を減らすよう努力したうえで、結果として開発過程で生じる変更については、工程エンジニアリング部門の持つ対応意欲および能力を信頼しなければならない。他方、工程エンジニア側では、製造上の困難を克服しようとする自分たちの努力を製品エンジニアは助けようとしていると信じる必要がある。さもないと、製品エンジニアは情報を早めに渡したがらない。

　相互信頼が根づくためには、お互いの成功のためにコミットしあうことが必要である。このような深い関わり合いがなければ、エンジニアたちは調整された問題解決につきものの個人的リスクを負おうとはしないだろう。実際、調整された問題解決は個人的リスクを伴うものなのである。川上部門でも川下部門でも、それぞれのエンジニアたちは、互いに自分たちの部門で現実に何が起こ

っているかを相手にもっとよく知らせておく必要がある。そうしたやり方をとると、順序立てた開発作業段階間でひとまとめに情報を流すタイプのやり方に比べて、自分たちの弱点やミス、能力の限界をずっと多くさらけ出すことになる。したがって、相互の信頼、コミットメントがなければ、早期の関与、予備段階でのコミュニケーションに伴って弱点がさらけ出されることにより、お互いの提案に対する非難、拒否が助長されるだけである。

　最後に、川上部門と川下部門の効果的な連携調整というものは、両者の協力した結果について共同責任を負うという考え方のうえに成り立つ。車体エンジニアが、車体用パネルおよびその金型一式を製作するにあたって、調整された問題解決のアプローチをとる場合、その目的は単に金型エンジニアに対して出来のよい設計図を期限までに引き渡すことだけではない。あるいは、車体パネルの設計を、スタイリング、安全性、コスト等の目標に適合させることでもない。商業生産段階において、プレス加工ラインから生産される他のパネルとうまく噛み合う高品質、低コストの車体パネルを生産することが目的なのである。そして、この車体パネルは、スタイリング、表面の仕上げ、コスト、構造的な首尾一貫性等に対するユーザーの期待を満足させるものであり、目標とされる市場導入時期に使用可能の状態に置かれる必要がある。

　この込み入った目標は、金型エンジニアにとっても共通のものでなければならない。だが、製品エンジニアリング、工程エンジニアリング両部門とも、それぞれの作業に関係するすべての要素を完全にコントロールしているわけではないので、両者の共同作業によるアウトプットに対しては、共同責任を負わなければならない。共同責任を負う姿勢を持つようになったエンジニア同士は、建設的に協力しあうことにより、製品サイドと工程サイドの対立を解消し、市場導入の時期と設計品質や製造性との間のバランスを効果的に確保できるのだ。

効果的な連携調整——ハードとソフトの結合

　関係者の姿勢は連携調整の実現に強い影響を与えるが、話はそれだけにはとどまらない。効果的な連携調整を確保するためには、問題点を摘出する手段、予測能力、分析およびコミュニケーションのための手法等、短いサイクルで問題を解決するための技法の開発が必要となる。それには、共通の言語、共通の

方法論を持たなければならない。それは結局、ハードな分析能力を適切なソフト、すなわち人々の姿勢、ものの考え方と組み合わせるということを意味する。
　これはけっして簡単なことではない。私たちの研究したメーカーのなかでも、これらの要素をうまく結びつけられたところは少ない。それを可能とするには、上級管理職に強い指導性と優れたバランス感覚が要求される。たいていの企業は、どちらか片方にウエートがかかりすぎてしまう。ソフト面に十分な注意を払わずに、新しい技法やプログラムを使いこなすことに時間とエネルギーを費やす場合もあるし、また、インフォーマルなミーティングを開いてコミュニケーションの仕方を習得しようとするあまり、必要な技法、手段を考慮しない場合もある。だが、本書で繰り返し強調しているように、バランスが大切なのである。
　このようなバランスを確保することが困難であるがゆえに、調整された問題解決が実現すれば競争上有利となるのである。この有利性は、技能、能力を蓄積し、姿勢、慣行を手間をかけて身につけることによって生まれるものであり、簡単に真似することができない。調整された問題解決の実現のための投資に成功したメーカーは、大きく優位に立つことができる。それができないメーカーは、行動がやや遅すぎ、対応力がやや弱く、総じてあまり成功していないことに気づくであろう。調整された問題解決を実現したメーカーは、新しい企業間競争のなかでの勝利を約束されるのである。

*1）製品エンジニアリングと工程エンジニアリングの連携を実現するうえで、電子メディアはますます重要な役割を果たすようになっている。たとえば、CAD・CAMシステムのデータは、複雑な車体の表面を表現でき、設計図や模型よりずっと正確に車体設計の情報を金型エンジニアに伝達することができる。これは1つには、CAD・CAMのデジタルの情報は、設計図や模型のアナログの情報に比べ、コピー等によるエラーの蓄積の影響を受けにくいこと、また1つはCAD・CAMは従来の手法に必要とされる情報伝達のステップがいくつか省略できるのでコミュニケーションの連鎖が短くて済むこと等が理由として挙げられる。今日の自動車メーカーに見られるトレンドとしては、製品エンジニアリングと工程エンジニアリングとの間の技術移転を進めるうえで、言葉のメディアと電子メディアの両方が重要な役割を果たすようになってきており、製品エンジニアリングと工程エンジニアリングの相互関係をうまく管理するためには、「ハイテク」と「ハイタッチ」を同時に重視すべきである。
*2）欧米のプロジェクトにおいても、エンジニアリング・プロセスの重複は行われている。完全に順序立てたエンジニアリング作業というのは、概念的にわかりやすくするために用いている理念型である。
*3）ここで用いている同時並行化率は、あくまでも全体レベルでの重複の程度をラフにイメージするた

めの指標にすぎない。製品、工程それぞれのエンジニアリング・プロセスの個々の作業レベルでの重複の程度をとらえることはできない。
*4) コミュニケーションが効果的かどうかを客観的に測定することは困難である。そこで本研究では、製品開発プロジェクトの参加者に対する詳細なインタビューを実施し、製品および工程の両エンジニアリング部門間のコミュニケーションが効果的かどうかを質問に加えて議論してみた。そこで得られたコメントから、それぞれのメーカーを、よい、どちらともいえない、悪いの3つに分類した。「悪い」に分類されたメーカーは、1人以上の回答者がコミュニケーションが十分でないことを認めたケース、あるいは対立が作業の終わりに近づいてから生じたり、設計変更コストが大きな割合を占めたりという徴候的な指標が見られたケースである。それ以外は「よい」に分類した。もし、インタビューのコメントから、そのメーカーのコミュニケーションが改善の方向に向かっていると考えられるケースや、さまざまな反応が得られたケースについては、「どちらともいえない」に分類した。
*5) 金型がいくつかブロックを組み立ててできている場合、金型の設計変更はブロックを1つ交換することで吸収しうるかもしれない。
*6) 田口氏によって開発された強力な設計方法に関する基本的考え方については、Taguchi and Clausing (1990) とEaley (1988) 参照。
*7) このような設計変更は、全体のなかで驚くほど大きな割合を占めている。Soderberg (1989) によれば、アメリカの自動車業界および自動車部品業界で行われる設計変更の3分の2は、コミュニケーションと部内規律の改善により「避けられる」はずのものである。

注
1) 問題解決の一般モデルは、たとえばSimon(1969) 参照。
2) 理想像指数の概念は、Van de Ven and Drazin(1985) およびVenkatraman(1987) 参照。
3) さらに詳しい議論についてはClark and Fujimoto(1987) 参照。

第9章 リーダーシップと組織
——重量級のプロダクト・マネジャー

　今世紀の初め頃、自動車の設計・開発が、ヘンリー・フォードやゴットリープ・ダイムラー、あるいは豊田喜一郎の直接の指揮のもと、一握りのエンジニアたちによって行われていた時代には、製品開発組織がホットな問題となることはなかった。エンジニアは全般的な技能を身につけ、広範な責任を負っていた。コミュニケーションは緊密で、フェース・ツー・フェースで行われた。そして、設計主任が製品コンセプトを個人的に指導し、指示し、つくり上げた。重要なのは技能、チームの調和、リーダーの指導性であった。だが、まもなく自動車はもっと複雑となり、それとともに組織の重要性がはるかに増大したのである。

　問題が複雑になりすぎてわずかな人間で解決することができなくなり、競争が激しくなるにつれて高度の専門技術が要求されるようになって、製品開発に携わる人間の数も非常に多くなった。そして結局のところ自動車メーカーは古典的な組織のジレンマに直面した。つまり、高度に分業化した専門技術を用いて、どのように全体として調整のとれた作業が実施できるかということである。問題の態様は、1920年代から変わってきているが、その重要性は依然として変わらない。そのメーカーが製品開発組織をどのように構成し、リーダーシッ

プの性格づけをどのように行うかによって、従事する人間の数、問題解決のスピード、導き出された解決策の質等に大きな影響を与える。

　本章においては、製品開発に関するリーダーシップと組織、そしてそれらが製品開発のパフォーマンスに与えるインパクトについて詳しく見ることにする。リーダーシップと組織は、フォーマルな権限や公表される組織図の問題にとどまらない。すでに第5章および第8章で見たように、インフォーマルな組織を形づくる、人々の姿勢、技能、部門間の関係等が、製品開発プロセスの性格およびパフォーマンスに重大な影響を与えるのである。さらに、製品開発に関するリーダーシップは、単にその地位や権限の問題ではない。デザイナー、エンジニア、マーケティング担当者、そして製造現場や販売担当の人々を左右する慣行、行動が関わってくる。

　ここでは、フォーマルな観点とともにインフォーマルな観点からリーダーシップと組織の問題を調べてみることにする。特に、優秀な企業が他より優位に立っているフォーマルおよびインフォーマルの要素に焦点を当ててみたい。取り上げた企業はいずれも自動車メーカーであるため、その組織は皆類似している。だが、いくつかの異なった面もあり、それらが重要なポイントとなっていると考えられる。したがって、製品開発の組織に関してすべてに分析を加えるのではなく、むしろ企業ごとにかなり異なった様相を見せる3つの点に絞って精査してみたい。すなわち、分業化の程度、外的統合の程度および内的統合の程度である[注1]（**表9-1**参照）。分業化の程度は、専門的知識についての古典的な問題を扱う。統合の程度については、プロジェクト・チーム間の効果的な連携調整（integration）に関わる内的統合（internal integration）と、製品をユーザーの期待に適合させる外的統合（external integration）の2つに分けて考える[*1]。

　まず初めに、これら3つの要素を規定する枠組みを設定し、本研究で用いている情報処理の枠組みと結びつけてみる。次に、自動車産業に見られる製品開発に関するリーダーシップと組織の4つのパターンを紹介する。これらのパターンは、フォーマルな組織構造においても、作業する人々のインフォーマルな組織および行動においても、分業化および統合についてそれぞれ異なったアプローチをとっている。異なった組織のパターンが製品開発パフォーマンスに与える影響を評価してみると、先ほどの3つの要素——分業化、内的統合、外的

表9-1●製品開発組織の3要素

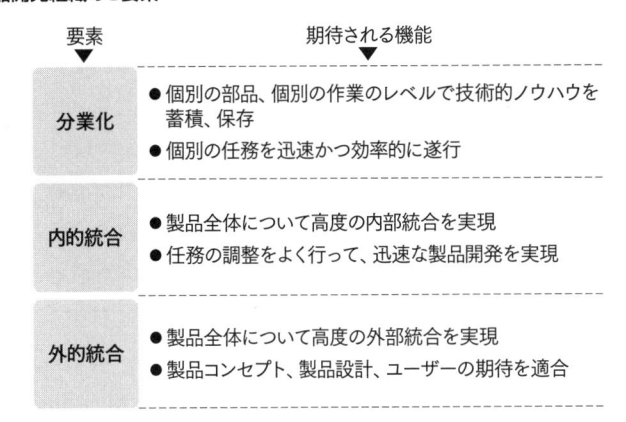

要素	期待される機能
分業化	● 個別の部品、個別の作業のレベルで技術的ノウハウを蓄積、保存 ● 個別の任務を迅速かつ効率的に遂行
内的統合	● 製品全体について高度の内部統合を実現 ● 任務の調整をよく行って、迅速な製品開発を実現
外的統合	● 製品全体について高度の外部統合を実現 ● 製品コンセプト、製品設計、ユーザーの期待を適合

統合——のすべてがリードタイムや生産性に影響を与えること、外的統合は製品の総合商品力（TPQ）と特に強い関係を有していることがわかる。最後に、本章の結論として、1980年代のリーダーシップと組織の変化、そしてこれらの変化が将来のパフォーマンスにとってどのような意味を持つかを簡単に論じることとする。

組織のパターン

　新車の開発には、何千という部品、何百というサブシステム、そしていくつかの主要なシステムの開発が必要となる。製品は、10年前と比べても性能のレベルを格段に向上させなければならない。さらに、以前と比べて、このような性能の向上をより早く、少ない資源で常に実現していく必要がある。こうした課題は、自動車産業に限らない。多くの産業において、競争のプレッシャーを受け、よりよい設計の追求、製品開発の組織の構成および再構成が繰り返し重要な課題となっている。
　製品開発の組織を効果的に構成しようとするには、2つの基本的問題の解決策を求めることが肝心である。第1に、製品の部品およびサブシステムがそれ

ぞれ高いレベルの機能を発揮できるように、設計、試作、テストを行うにはどうすればよいかという問題である。たとえば、コンピュータの場合には、プロセッサは演算処理が速く、ソフトウエアは欠陥がなく、ハードディスクは速く正確に読み書きでき、モニターは明瞭な画像を映し、メモリーはよく記憶し、キーボードはわかりやすく使いやすいという状態にするためにはどうすればよいかということである。そして、個々の部品の機能は専門的技術、それぞれの分野での理解の深さによって決まるため、分業化がある程度必要となってくる。

　組織の観点から見れば、分業化の程度というのは、組織を部やその下部組織、さらには個人まで、どれだけ細かく分けるかによって決まる。エンジニアの場合においては、部品やサブシステムごと、問題解決サイクルの段階（例：機能設計、製図、試作、テスト）ごと、あるいはそれらの組み合わせによって部課を分けることができる。非常に狭い分野のスペシャリストになると、「左の後尾灯」といった小さな部品の初期段階の設計についてのみ責任を持つこともありうる。この業務分担を広げるには、その部品に関する責任は変えずに、詳細設計図の作成、試作車製作の監督、テストの実施等にも責任を持たせるやり方がある。また、その代わりに、設計に関する責任しか持たないが、すべての外部灯を担当させるというやり方もある。

　製品開発の組織に関しての第2の問題は、製品の首尾一貫性（product integrity）をどう実現するかである。コンピュータの例に戻ると、これは、ソフトウエアが単に使えるだけでなく、ハードウエアによく適合したものであること、製品がもたらそうとするコンセプトやイメージに合う外観とフィーリングを備えていることを意味する。

　したがって、製品の首尾一貫性には、内的側面（つまり部品同士がピッタリとはまりうまく作動すること）と外的側面（つまり製品体験がユーザーの期待と一致していること）がある。首尾一貫性を持たせながら製品をつくり上げるには、製品開発プロセスにも首尾一貫性を持たせなければならない。それぞれの作業が時間と目的に合致したものでなければならないのである。

　メーカーが、製品開発に関する分業化と統合の程度について選択する場合、それは技術の性格、市場の特徴、競争の厳しさ等を反映したものとなる[注2]。たとえば、かなり高度で急速に変化している部品技術を核としてつくられる製品

の場合を考えてみよう。こうした特徴を持った製品については、高度の専門的技術を必要とし、分業化が求められる。そしてこれまで見てきたように、分業化が進むと部門間のコミュニケーションと調整が難しくなり、システム全体の品質を落とすおそれがある。

　個々の部品の性能や技術的仕様の総和よりも製品全体としてのパフォーマンスが上回るのであれば、メーカーはその首尾一貫性、そして統合の問題を心配しなければならない。この統合の性格および製品開発プロセスにおいて果たす重要性は、市場の競争環境に左右される。市場が安定的で、製品のライフサイクルが長く、ユーザーが先端的な部品技術に関心を持つような場合には、メーカーは各部門の専門的技術を重視する。そして、製品の首尾一貫性は、機能別組織を通じて（例：各設計部長とチーフ・エンジニアが問題点を摘出する）、また、部門間の連携を図る手続きやしきたり、製品のテストと設計手直し等によって実現しようとする。一方、もっと不安定な市場環境で、ライフサイクルが比較的短く、競争も激しく、ユーザーは製品全体を1つのシステムとしてとらえるという特徴を持っている場合には、同じメーカーはもっとフォーマルで明確な仕組み、たとえば調整委員会、各部門に設置されるフォーマルな連絡担当者、プロジェクト・マネジャー、マトリックス構造の組織、部門横断的なチーム等を通じて首尾一貫性を確保しようとするだろう。

　実際のところ、製品の首尾一貫性を実現するためのこうした仕組みは、どうしても内的統合を重視する傾向がある。組織論上、また、さまざまな企業の実例上、プロジェクト・マネジャー、委員会、連絡担当者グループ等は部門間の調整を最大の目的とすることが多い。ほとんどは、各部門をうまく協力させようとしているのである。これに比べると、外的統合は、統合を進める仕組みを考えることに対して明確な注意を払われることが少ない。製品とユーザーとを調和させる外的統合の実現は、従来、統合を図ろうとする企業の活動としては表に出てこないものであったり、製品プランニングや製品テストといった特定の部門に限られた問題であったりした。

　もし、ユーザーの期待が比較的明確で広く知られているものであるか、部品技術によって規定されるものである場合には、各部門がそれぞれうまく機能し、内的一貫性が確保されるときの副産物として外的一貫性も実現しうると考えら

れる。だが、1980年代の自動車産業のように、ユーザーの期待が変わりやすくあいまいで、各メーカーとも製品の性能としてはほぼ互角であり、競争の焦点が「総合的な製品体験」に移ってきた市場環境のなかでは、外的一貫性は競争上重要な要素となり、はっきりとした注意を払う必要性が出てこよう。そして、外的一貫性を実現するための組織に何が求められるかを理解するには、外的統合についてもっと詳しく調べてみることが有益である。

第2章で設定した情報処理の枠組みに照らしてみて、外的統合は製品開発と製品の消費との適合を図るものである。本章の考え方のとおり、製品開発が消費プロセスのシミュレーションであるとすれば、製品開発プロセスが消費プロセスをどれだけうまく再現し、内部化できるかが、製品の競争力に影響を与えることとなる。外的統合の目的は、将来の市場で実際に展開する消費プロセスを可能な限り予測することでなければならない。したがって、外的統合とは、製品設計の思想や細部をターゲット・ユーザーの期待にマッチさせることにより、製品開発プロセスの外的一貫性を向上させようと企業全体が意識的に努力することである。具体的には、将来のユーザーの期待、ユーザーを取り巻く環境、ライフスタイル等に合った特色ある製品コンセプトを創出し、この製品コンセプトを基本設計、詳細設計、そして結局は製品自体に十分反映させることである[注3]。これを実現するには、製品開発プロセスの各段階で、エンジニアリング部門および製造部門全体に製品コンセプトをよく伝える必要がある。

外的統合は、「ユーザーに密着」し、「市場志向」であり、あるいは「ユーザー主体」の考え方に立つだけでは足りない。想像力豊かなコンセプト・クリエーターが、ユーザーとの緊密なコミュニケーションのなかで、ユーザーの潜在的なニーズに関するわずかな手掛かりをつかみ、将来の製品および市場についてのビジョンとして表すことができなければならない。市場調査や消費者テスト等を通じてのユーザーやディーラーとの強い結びつきは、市場や製品に関する想像力を抑圧する場合には、製品の競争力にとってマイナスとなるおそれがある[注4]。あるいは市場の動向に対して受け身に対応するだけでも足りない。外的統合は、製品と市場との相互適応（ユーザーのニーズは製品設計に影響を与え、製品の特性もユーザーのニーズに影響を及ぼす可能性がある）およびメーカーとユーザーの間の相互学習を意味するのである。ある意味で、ユーザーは、組織の

なかのもう1つの部であり、その心配や関心を統合する必要があるわけである。

　外的統合を確保するための組織のつくり方にはいくつかある。1つは、「外的統合担当者」に明確な役割を持たせ、それぞれの部門ごとにこのポストを設けて要員を派遣するというやり方である（エンジニアリング部門における製品テスト担当者、製造部門における製品プランナー等）。あるいは、この外的統合担当者を全部集め、製品ごと、または製品にかかわらず、担当の専門組織をつくるという方法もある。同様に、コンセプトの創出およびコンセプトの具体化の機能を別々の部署に持たせる方法と、1人のリーダーのもとに統合する方法がある。外的統合担当者の影響力、権限等と実際に達成しうる統合の程度は、それぞれの組織のつくり方によって異なる。

　各メーカーが外的一貫性の実現のためにどのような組織をつくるかは、対象とする市場の性格、そのような一貫性の実現の困難さ、競争にとっての重要性等によって決まることが多い。市場が安定的で、ユーザーのニーズが明確であり、一連の測定可能な性能の特徴が重視されるような場合には、外的統合は製品開発組織にとってそれほど深刻な問題とはならない。他方、ユーザーのニーズが明確化しにくく、全体論的（ホリスティック）で、製品全体の首尾一貫性が重視されるような場合には、外的統合が重要となる。そういう場合の製品開発プロジェクトは、製品コンセプトの統一性を維持するとともに、緊密なコミュニケーションによってあいまいなユーザー情報を各部門に十分行き渡らせることが求められるからである。

　外的一貫性の実現方法はまた、分業化および内的一貫性の相対的重要性と実現の困難さにも影響される。これら3つの要素は相互に密接な関係を有する。ある1つの要素についての選択は、他の2つの要素にとっての必要条件、制約条件を設定することとなる。製品開発パフォーマンスを優れたものにするためには、どれか特定の要素について高度に実現すれば足りるものでなく、また、おそらくそれが第1条件というわけでもない。分業化と内的および外的統合の実現プロセスの間の組み合わせ、バランスが重要なのである。世界の自動車産業の製品開発パフォーマンスにとって組織とリーダーシップの問題がどれだけの影響を有するかを理解するためには、特定の組織形態に独自の性格を与える組織構造とプロセスの組み合わせ、全体的なパターンを詳しく調べてみること

が必要である。

統合のための4つのタイプ

　製品開発組織のつくり方について**図9-1**は4つのタイプを示しているが、これらは本研究で調べたさまざまな種類の組織の主な特徴を把握するための理念型である。各タイプは、分業化の程度が多少異なるものの、主な相違点は内的および外的統合の程度にある。

　図のなかでは、縦長の長方形は各機能部門別の下部組織を表し、水平方向の関係は特定のプロジェクトに関する調整関係を表す。それぞれの部門内下部組織（例：開発、マーケティング、製造各部門内の部）は部の部長（ファンクション・マネジャー：FM）によって監督されている。実務レベルのエンジニア（あるいは他の職員）で特定プロジェクトに従事している者は網がけの円で示されている。連絡担当者（L）はそれぞれの機能部門を代表する。特定プロジェクトのプロダクト・マネジャー（PM）は、実務担当エンジニアに対して直接、あるいは連絡担当者を通じて調整力を行使し、通常数人のアシスタントが補助する。点線で囲まれた部分は、プロダクト・マネジャーが強い影響力を発揮する範囲を表す。この影響力の範囲は、開発部門内に限られる部分もあるし、製造部門やマーケティング部門にまで及ぶ場合もある。さらには（外的統合を通じて）市場そのものに及ぶという場合もある。そして最後に、市場とプロダクト・マネジャーの影響力の範囲とが重なる部分は、プロダクト・マネジャーが製品コンセプトの創出（外的統合）の責任も有しており、ユーザーとの直接的接触を保持していることを示す。

　図9-1の左上に示されているような従来型の機能別組織においては、製品開発の組織は部門ごとに構成され、エンジニアは比較的分業化が進んでいる。ここでは製品全体について全般的な責任を負う個人は存在しない。部の上級マネジャー（例：車体設計部長）は、それぞれの部内における資源の配分やパフォーマンスについて責任を有する。各部門間の調整は、規則や手続き、詳細な仕様、エンジニア共有の伝統、折々の直接的接触やミーティングを通じて行われ

図9-1 ● 製品開発組織の4つのタイプ

❶ 機能別組織

各部の部長（FM）

D1　D2　D3　MFG　MKG

実務レベル

❷ 軽量級プロダクト・マネジャー

FM

D1　D2　D3　MFG　MKG

PMのアシスタント

プロダクト・マネジャー（PM）

PMの影響範囲

連絡担当者（L）

❸ 重量級プロダクト・マネジャー

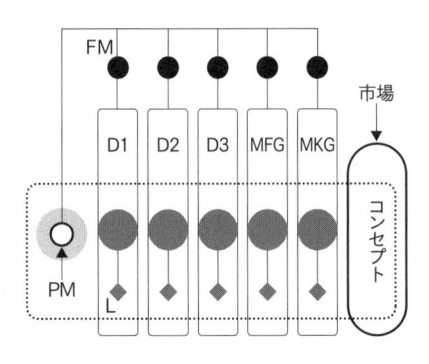

FM

D1　D2　D3　MFG　MKG

PM　L

市場　コンセプト

❹ プロジェクト実行チーム

FM

D1　D2　D3　MFG　MKG

PM　L

市場　コンセプト

出典：藤本（1989、第8章）から引用。Hayes, Wheelwright, and Clark（1988、第11章）も参照のこと
（注）D1、D2、D3は製品開発の各部門を表す。MFGは製造、MKGはマーケティングを表す。

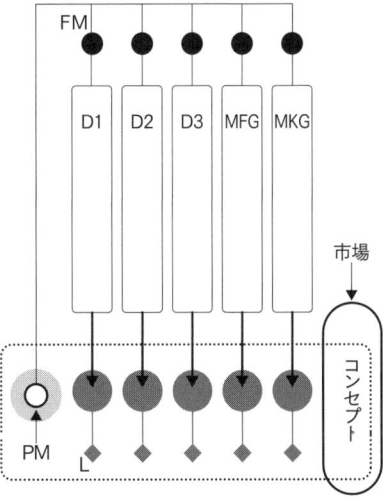

ている。

　右上の軽量級（lightweight）プロダクト・マネジャー型においては、基本的な組織構造は機能別組織的であり、分業化の程度も機能別組織と同じぐらいである。従来型の機能別組織との相違点は、プロダクト・マネジャーが、各部門を代表する連絡担当者を通じて製品開発活動を調整する者として加わっていることである。この型の組織におけるプロダクト・マネジャーは、いくつかの点で軽量級である。彼らは、実務レベルの技術者に対して直接のパイプを持たない。そして、各部の部長に比べると、組織内での地位は低く、力も弱い。製品開発部門の外に対しては影響力が小さく、内部でも限られた影響力しかない。市場との直接的接触も持たず、製品コンセプトに関する責任もない。ここでは、プロダクト・マネジャーの主な任務は調整、すなわち、作業の進捗状況を把握し、各部門の対立を解消し、プロジェクト全体としての目標達成を容易にすることである。

　左下の重量級（heavyweight）プロダクト・マネジャー型の組織構造は、軽量級型と際立った対照を見せる。組織自体は依然として機能別組織的な部分が多いが、プロダクト・マネジャーの責任ははるかに幅広く、影響力も大きい。重量級プロダクト・マネジャーは、組織のなかでも地位が高いのが普通で、各部門の長と同格かそれより格上ということも多い。ここでも、プロダクト・マネジャーは連絡担当者を通じて影響力を行使する場合があるが、連絡担当者自体が軽量級型と比べて「より重く」なっている。連絡担当者は、プロダクト・マネジャーと直接一緒に仕事を行うだけでなく、各部門内のプロジェクト・リーダーとしての役割も担っているのである。プロダクト・マネジャーは、必要があれば実務担当エンジニアと直接接触し、フォーマルな権限がなくても、プロジェクトに関係するすべての部門や活動に対して直接・間接の強い影響力を行使する。彼らは、内部調整に責任を有するだけでなく、製品プランニングやコンセプトの創出にも責任を持つ。重量級プロダクト・マネジャーは、事実上その製品についてのゼネラル・マネジャーとして機能するのである。

　重量級型のシステムは、機能別的な組織のなかで働くものの、プロダクト・マネジャーに体現される強い製品主体の考え方は、機能別の部門組織にも反映され、各部門の内部が製品グループ別に構成されることもある。たとえば、車

体設計部エンジニアは、車体のタイプ（例：大型車、中型車、実用車等）ごとに各車体設計課を分けるケースがある。各エンジニアは、それぞれの部門の責任範囲のなかで作業を行うことには変わりなく、同時に複数のプロジェクトを担当することもありうるが、彼らは純粋な機能別組織や軽量級型に比べると、強い製品主体の考え方を持っている。

　プロジェクト実行チーム型の組織構造は、図9-1の右下に示されているが、製品主体の考え方をさらに進めたものである。ここでは、重量級のプロダクト・マネジャーが、プロジェクトに専属のエンジニア等で構成されるチームとともに作業を行う。このチームは、各部門の連絡担当者のチームとは同じものではない。各エンジニアはそのプロジェクトについての仕事だけを担当するのである。彼らは設計部を離れ、プロダクト・マネジャーに直接報告する。機能別の組織構造に比べると、各エンジニアの分業化の程度は弱く、それぞれの部門別の任務の範囲内で、そしてチームのメンバーとして、幅広い責任を持たされる。各部の部長は技術者の能力開発等の責任を担い、部門ごとにプロジェクト・リーダーが詳細部分の作業を管理する。エンジニアが特定の1つのプロジェクトに専念するケースにおいては、プロダクト・マネジャーのプロジェクトごとの問題についての影響力は大きくなると考えられる。

　これらの組織の理念型は、内的および外的統合の程度に違いがある。一方の極には、比較的統合度の弱い、純粋な機能別組織がある。もう一方の極には、内的にも外的にもきわめて高いレベルの統合度を確保した、重量級プロダクト・マネジャー型とプロジェクト実行チーム型とがある。

プロダクト・マネジャーの技能と行動

　統合のためのこれら4つのアプローチは、それぞれリーダーシップの強さが異なる。プロダクト・マネジャーの重さは、地位や肩書きの問題である以上に、その威信、影響力の問題である（そのどちらも揃わないと軽量級となりうる）。重量級プロダクト・マネジャーは、地位も高く、年功もある。そのうえ、製品主体の考え方を支える組織構造とシステム、幅広い技能を持った人々で構成され

る部門横断的なチーム、部門間の緊密なコミュニケーションと相互調整といった組織的状況のなかで培った特別の技能、経験を有している。組織図を見ただけでは、重量級プロダクト・マネジャーと軽量級プロダクト・マネジャーを区別することは難しい。どちらも組織図にはプロダクト・マネジャーと記載されている。だが両者は、行動のレベルにおいてはまったく異なった種類のものである。

自動車産業のトップ・メーカーの優れた重量級プロダクト・マネジャーには次のリストに挙げられるような特徴が共通して観察される。

・開発のほか、製造や販売を含む幅広い分野についての調整の責任
・コンセプトの創出から市場投入に至るまでのプロジェクト期間全体における調整責任
・部門間の調整責任のみならず、コンセプト創出についての責任
・仕様、コスト目標、レイアウト、主要部品の選択等についての責任
・製品コンセプトが正確に車の技術的な細部にまで具体化されていることを確保する責任
・実務レベルのデザイナーやエンジニアと、連絡担当者を通じてだけでなく、直接のコミュニケーションを頻繁にとる
・ユーザーとの直接的接触（プロダクト・マネジャー室がマーケティング部門とは独立して市場調査を実施）
・マーケティング担当者、デザイナー、エンジニア、テスト担当者、工場マネジャー、経理担当者等と効果的なコミュニケーションを行えるよう、それぞれの言葉で話せ、それぞれの立場で考えられる能力を有する
・中立的なレフェリーや受け身の調停役を超えて、対立の処理を行う積極的な役割と才能。製品設計や製品プランが本来の製品コンセプトから乖離するのを防ぐために、むしろ対立を生じさせることもありうる
・現在の市場におけるぼんやりとしたヒントから、新しい市場を開拓する想像力、将来のユーザーの期待するものを予測する能力を有する
・書面手続きやフォーマルなミーティングに時間をかけるよりも、プロジェクトに参加している要員の間を巡回して、製品コンセプトを説いて回る

・ほとんどの場合、エンジニアとしての訓練を受けており、車全体のエンジニアリングおよび工程エンジニアリングについて（深くないにせよ）幅広い知識を有する

　製品の首尾一貫性を高度に実現し、市場で成功しているメーカーのプロダクト・マネジャーは、2つの役割を合わせ持っている。すなわち、内的統合の推進者として部門間の調整を効果的に行うとともに、製品コンセプトの責任者として、ユーザーの考えや期待を製品開発の細部に統合するのである。

プロダクト・マネジャー制の成功のための条件

　先に掲げたリストから、重量級プロダクト・マネジャーが、従来の軽量級プロダクト・マネジャーとは異なった行動をとることがわかる。この相違は、単にプロダクト・マネジャーが何をするかの問題にとどまらず、もっと影響の大きい問題である。それは、いくつかの主要な行動に関して、特定のアプローチの仕方をとっていることによって生じる。以下に例をいくつか挙げてみよう。

(1) 市場との直接的接触

　重量級プロダクト・マネジャーは、外的統合の推進者として、ユーザーとの直接的かつ継続的なコンタクトを確保しようとする。彼らは、マーケティング（営業・販売）部門から受け取る「料理された」情報を、既存または潜在的ユーザーから直接集めた「生の」情報で補う。今日の量産車メーカーにとっては、市場と製品コンセプト創出プロセスとを直接結びつけることが特に重要である。過去の市場データを分析するだけでは、強力な製品コンセプトは生まれないのである。コンセプト・クリエーターとしての役割を果たすためには、プロダクト・マネジャーは豊かな想像力と積極的で全体論的（ホリスティック）なものの考え方が要求される。ユーザーと直接接触することにより、抽象的な市場データに頼るよりも、もっと効果的に想像力を刺激することになる。

　日本のプロダクト・マネジャーが、生の市場データをかなり重視していることは、以下のインタビューのコメントでも明らかである。

「プロダクト・マネジャーは、ディーラーを訪問し、海外旅行もし、東京のトレンディな場所へ出かけたりします。マーケティング部門からは体系的な市場データが届きますが、我々は自分たちでそのデータを確認しなければなりません。百聞は一見にしかずです」

「我々は最近、プロダクト・マネジャー室のスタッフを直接ユーザーの元に派遣するフォーマルな予算を設けました」

「プロダクト・マネジャー室のなかに市場調査チームを置き、自分たちの『アンテナ』で市場をモニターしています」

「優秀なプロダクト・マネジャーは、市場を歩き回り、生の情報を入手し、そこから製品のアイデアを生み出し、マーケティングやエンジニアリング部門の人々にそのアイデアを売り込みます」

「市場調査結果、ディーラーやユーザーからのフィードバック等は、営業・販売部門だけが集めるのではなく、プロダクト・マネジャーも集めます。営業部門は短期的にものを考えがちですが、プロダクト・マネジャーは長期的にものを考えます」

　市場との直接的接触というのは、ディーラーや既存のユーザーを訪問するだけではない。潜在的なユーザーの要求するものを評価し、予測することも必要である。このための1つの方法は、ユーザーの住んでいる場所を歩き回ることである。コンセプト・クリエーターは、外へ出て行き交う人々を観察し、彼らのスタイルに注目し、彼らの会話を聞く。ファッション・デザイナーやヘア・スタイリスト等とも話をする。道端のほかにも、デパート、ショッピング・センターの駐車場、美術館、ディスコ、ファッション街等も観察には絶好の場所である。それぞれのコンセプト・クリエーターによって、こうしたインフォーマルな調査の方法や場所の選択はさまざまである。

(2)**マルチリンガルな翻訳者**

　優れたプロダクト・マネジャーは「マルチリンガル（multilingual）」でなければならない。彼らは、ユーザーやマーケティング担当者、エンジニア、デザイナー等が用いる言語にすべて通じていなければならないのだ。重量級プロダ

クト・マネジャーは、自分のなかに浮かんだ漠然とした製品コンセプトを、川下部門のそれぞれの言語で明確に表現し、プロジェクトに参加している人々全員がそれを理解しうるようにする必要がある。あるシャーシ設計部の連絡担当者は、次のように説明する。

「『ヨーロッパで十分競争力を持つことのできるスポーティな車』というような目標は少し抽象的で、我々エンジニアにはあいまいすぎる。だが、我々のプロダクト・マネジャーは、いつでも『最高時速250km』とか『空力係数0.3以下』といった明確で特定できる目標の形に翻訳して示してくれる」

重量級プロダクト・マネジャーは、逆の方向に翻訳することもできなければならない。たとえば、製品プランニングや試作車の開発に際しては、エンジニアリング上の選択がマーケティングや最終ユーザーの体験にどのような意味を持つかについて評価し、伝えることができる必要があるのだ。多くの場合、ユーザーの言葉をエンジニアの言葉に翻訳するほうがその逆より難しいと考えられているので、重量級型のシステムを採用するメーカーは、エンジニアリングを「母国語」とするプロダクト・マネジャーを育てようとする。

(3)エンジニアとの直接的接触

製品コンセプトを創出し、製品設計のコンセプトおよび技術面での首尾一貫性を確保するという役割を果たす際のプロダクト・マネジャーは、個性豊かなコンセプトを持って統一された音楽をつくり上げるオーケストラの指揮者にたとえることができる[注5]。プロダクト・マネジャーは、エンジニアリング面での調整者として、製品設計の首尾一貫性と、コンセプトやプランとの整合性を確保する責任を負う。彼らは、特定の部品の詳細設計にまでフォーマルな権限を持つことはないのが普通だが、部門間の調整や対立の処理を通じて、製品設計の重要な細部に影響力を持つことができる。プロダクト・マネジャーは、開発各部と日常的に接触しているので、設計上の重要な問題についての情報が自然に集まってくる。したがって、車全体の首尾一貫性と重要な部品の細部の両方について目を配るには最適のポストなのである。このように、プロダクト・マ

ネジャーと実務レベルの設計エンジニアとの関係は、製品のコンセプトと設計の首尾一貫性を確保するうえで重要なポイントとなる。

　重量級型のシステムを採用しているある日本のメーカーでは、プロダクト・マネジャーが設計の細部について実務レベルの設計エンジニアと直接話し合う光景が普通に見られる。こうしたことは、儀礼的な訪問や士気高揚のための行動として行われているのではない。プロダクト・マネジャーは、詳細設計の実質的な内容について、実務レベルの設計担当者と話しているのである。もちろん、これはすべての細部について行われるわけではない。普通は、その選択が特に難しいか、製品コンセプトにとって重要と考えられる部品だけが、プロダクト・マネジャーの介入の対象となる。これは、開発各部の立場に立てば、明らかに内政干渉となるのだが、長い間の伝統としてインフォーマルに認められている。設計課の長や、さらには部長にまで話が上がるのは、大きな問題の場合だけである。

(4)行動するプロダクト・マネジャー

　プロダクト・マネジャーの動きが効果的かどうかを判定するリトマス試験紙として絶好のものの1つは、フォーマルなミーティングや机に座っての書類手続きにどれだけの時間を割くかを見ることである。軽量級のプロダクト・マネジャーは、上級の事務職員と同じように機能する調整者であることが多い。彼らは、メモを読んだり、レポートを書いたり、ミーティングに出席したりするのに毎日多くの時間を費やす。一方、日本のメーカーの重量級プロダクト・マネジャー数人のコメントからは、彼らがエンジニア、工場の従業員、ディーラー、ユーザー等と会うために外へ出かけることを重視していることがわかる[注6]。

「私は自分の机で仕事をすることがめったにありません。直接訪ねて行かなければならない場所がたくさんあります。私は、他のエンジニアにいろいろな仕事を頼むので、彼らに自分のところへ来いとは言えません。私が彼らのところへ出かけて話してくるのです。この仕事は靴をすり減らさなければできません」

「私は毎朝プロジェクトの状況について5人ほどのアシスタントと短い打ち

合わせを行います。その後は、ほとんど席を空けています。製品開発部門へよく出かけて行って、若い人たちと話をします」
「私は、日中は連絡調整のために各部を歩き回り、質問し、スタッフを励まします。自分の席に戻ってくるのはいつも夕方になってからです」

　私たちが訪ねた日本のあるメーカーでは、昼間のうちはプロダクト・マネジャー室にたいていだれもいない。机の上に山積みの書類と設計図を残したまま、プロダクト・マネジャーとアシスタントたちはほとんどいつも外に出かけているのである。
「行動するプロダクト・マネジャー」の考え方の背景には、製品コンセプトおよび製品プランは、文書だけではよく伝えることができないという前提が置かれている。コンセプトに関する文書は不完全な情報にすぎない。フェース・ツー・フェースのコミュニケーションが重要な補完手段となる。もう1つの前提として、製品コンセプトはエンジニアの頭のなかからすぐに消えてしまいやすいので、絶えず記憶を新たにさせ、あるいは強化を図る必要があるということがある。製品コンセプトが明確化しにくく、朽ちやすい情報であるという見方は、次に紹介するプロダクト・マネジャーとアシスタント・プロダクト・マネジャーの話にも表れている。

「我々プロダクト・マネジャーには、各部門に対して製品プランニングに関する文書を通達する権限があります。しかしながら、各部門の職員に対して文書を発し、明確な説明を添付したからといって、彼らが自動的に我々の望むとおりに動くと考えるのは間違っています。彼らはそれらの書類を机の上に置きっ放しにするだけかもしれません。我々は彼らを説得し、確信させ、『よし、やってみよう』とか『これはよさそうだ』とか考えるようにさせなければなりません。そうでないと、開発組織では文書から何も起こらないのです」
「その車の『味わい』とか『個性』とか、製品プランニングの文書だけでは完全に表現しきれない微妙なニュアンスを設計のなかに反映させていく必要があります。だから、我々はその意図を正確に伝えるようにエンジニアとコミュニケーションをとるのです」

重量級プロダクト・マネジャーは、各地を旅して回る伝道師のようなものであり、彼の持つ聖書は製品コンセプトや製品プランニングに関するフォーマルな文書である。そして、重量級型のアプローチをとる場合には、その聖書の内容の多くは補完的な「伝道活動」がなければ相手に伝わらないという前提に立っているのである。

(5)コンセプトの守護者としてのプロダクト・マネジャー

エンジニアリング組織における対立に対してどのような姿勢、行動をとるかは、多分にプロダクト・マネジャーの考え方次第である。「調整者（コーディネーター）としてのプロダクト・マネジャー」という考え方においては、プロダクト・マネジャーは単なる仲裁者、中立的な第三者として、エンジニアたちが部門間の対立を解消するのを手伝う役目を果たすものと考えられる。これは、アメリカやヨーロッパのメーカーによく見られる軽量級プロダクト・マネジャーの役目である。さらに、アメリカのメーカーにおいては、プロダクト・マネジャーは生じるであろう対立を予測して行動するというよりも、生じてしまった対立に対応するというのが一般的である。アメリカのシステムでは、プロダクト・マネジャーをレフェリーであると考えるため、対人関係に関わる技能を重視する傾向にある。

これとはまったく違った考え方として、「コンセプトの守護者としてのプロダクト・マネジャー」というのがある。この役割を果たすプロダクト・マネジャーは、単なる調整役、レフェリーではない。彼らはエンジニアリング・プロセスを通じて、製品コンセプトの崩壊を防ぎ、製品設計に反映させる役目を負う。このタイプのプロダクト・マネジャーは、開発組織に生じる対立もまた、設計担当エンジニアと製品コンセプトについて話し合う1つの機会ととらえる。製品コンセプトを守り、徹底させるためには、必要があれば対立をわざわざ引き起こすこともする。日本のメーカーのプロダクト・マネジャーの次のようなコメントが、このような役割を明らかにする。

「我々は、社内における制約条件ばかりを重視して、製品について政治的妥協をしてしまいがちです。だが、最優先すべきなのはユーザーにとって何が

最善かということです。社内の政治的状況を改善するのはその後の話にすべきです」

「我々がどんな種類の車をつくろうとしているのかについての哲学を正面に据えなければ、思ったとおりの車をつくることはできません。それぞれの部門の人々にコンセプトを説明すれば、異議が出てくるかもしれません。そうしたら我々は、自分たちが正しいかどうかチェックし、提案を見直し、必要があれば妥協もします。だが、肝心なのは、彼らに対して多くを妥協したように見せて、実は重要な部分ではけっして妥協しないことです」

「プロダクト・マネジャーは、単なる調整者であってはなりません。自分自身の哲学と信念を持つべきです」

「我々は工程エンジニアの言うことをよく聞きます。工場マネジャーの言うことも聞きます。だが、最終決断をするのは我々です。何よりも、製品コンセプトについて妥協することはできません。コンセプトは車の魂であり、それを売り渡すことはできないのです」

これらのプロダクト・マネジャーにとっては、コンセプトが調整に優先する。彼らは、調整および対立処理について製品コンセプトを製品設計に行き渡らせるよい機会ととらえる。したがって、彼らの任務においてはコンセプトと調整とは不可分の関係にある。ある元重量級プロダクト・マネジャーが言うように「プロダクト・マネジャーは指揮者のようなものです。オーケストラは指揮棒がなくてもまあまあの音楽ができ上がりますが、しかし、それを本当によい音楽にしようとするのは難しい」のである。

(6) テスト担当者とのコンセプトの共有

重量級プロダクト・マネジャーとテスト・エンジニアは、外的統合を実現するのに中心的な役割を果たす。どちらも製品開発プロセスにおいては将来のユーザーの代役を務めるため、コンセプトおよびユーザーの期待に関して共通の理解を持つことは、製品の首尾一貫性を確保するうえで不可欠である。その結果、プロダクト・マネジャーはしばしば新車をテスト・ドライブし、テスト・エンジニアとその体験を共有しようとする。多くのプロダクト・マネジャーは

テスト・コースで車の機能を評価する能力があり、大事な時期にはほとんど毎日のようにテスト・コースに姿を見せる。あるシャーシ設計部の連絡担当者が、日本のメーカーで共同責任の考え方がどのように具体的な行動に反映されているかを次のように説明する。

「このモデルのサスペンションの微調整は、コンセプト・チームによって行われました。テスト部の操縦性グループと乗り心地グループも関与していましたが、一定の基本的なレベルを超えた部分の最終調整は、コンセプト・チーム全体により製品の市場でのポジショニングについて議論がなされるなかで行われたのです」

エンジニアリング関係について調整する場合、当然テスト・エンジニアとコンセプトについて話し合う機会ができる。したがって、重量級プロダクト・マネジャーがコンセプト・クリエーターとエンジニアリング関係の調整者とを兼ねれば、コンセプトとテストとの首尾一貫性を増すことができる。あるプロダクト・マネジャーは、次のように語る。

「テスト・エンジニアと、たとえばサスペンションの調整について意見が合わない場合、私自身、できる限り頻繁にテスト・コースに足を運びます。私にとっては、日常あまり接触のない若いテスト・エンジニアとコンセプトについて話をすることができるよいチャンスだからです」

コンセプトとテストの首尾一貫性を確保するためには、テスト・エンジニアとコンセプト・クリエーターとの緊密な接触および相互信頼が必要である。そこで、それらを促す目的で、あるメーカーは、特定の製品を担当するいわゆる「テスト・プランナー」のことを「影のプロダクト・マネジャー」と呼んだ。つまり、彼がプロダクト・マネジャーの親密なパートナーであることを表しているわけである。このメーカーのテスト部のマネジャーは、次のような話のなかで重要なポイントを指摘している。

「車は芸術作品のようなものです。煎じ詰めると、理論的な議論よりも人間的な感性の問題になります。したがって、プロダクト・マネジャーとテスト・エンジニアとの間のコミュニケーションの程度と質が新車開発プロジェクトの成功のカギを握っているのです」

プロダクト・マネジャーの採用と訓練

プロジェクトに参加する多くの職員が認めるように、重量級プロダクト・マネジャーとして実効ある働きのできる人材を探し出すのはなかなか難しい。だが、先駆的なメーカーが実地に示すように、まったく不可能ではない。プロダクト・マネジャーは、エンジニア出身である傾向が強い。日本の典型的なケースでは、プロダクト・マネジャーとそのアシスタントたちは、製品開発部門、特に車体設計部またはシャーシ設計部の出身であることが多い。エンジン設計や他の部品設計、テスト等の各部の出身者は少なく、スタイリング、マーケティング、生産技術等の各部門の出身であることは稀である。

日本のメーカーにおいては、プロダクト・マネジャーになるための道は、徒弟制度に似ている。プロダクト・マネジャー室が、製品開発部門の若いエンジニアのなかからアシスタントとしてスカウトし、特定のプロダクト・マネジャーのもとで、仕事をさせるのである。徒弟と同じように、OJT（職場内訓練）が重視される。マネジャーとアシスタントの関係は長期的（たとえば、ニュー・モデルの開発プロジェクトの1世代分以上にわたって続く）である。アシスタントはしばらく経つと副プロダクト・マネジャー（課長レベル程度）に昇進し、同じグループ（すなわち、同モデルのプロジェクト担当）のなかでさらにプロダクト・マネジャーになる[*2]。

私たちの行ったインタビューの結果、マネジャーのパーソナリティと製品のタイプとの関係もわかってきた。ある日本のメーカーは、車の個性とマネジャーのパーソナリティをうまく合わせることをはっきりと重視していた。たとえば、「ファイター・タイプ」のマネジャーは、コンセプトのユニークさが命であるスポーティなモデルを担当し、「紳士タイプ」のマネジャーは、相反する複数の要求をバランスさせることがより重要なファミリー・セダンを担当するという具合である。別のいくつかのメーカーでは、マネジャーの技能と、製品

の性能に関する重要な要素とをうまくマッチさせることを重視していた。たとえば、ある日本のメーカーは、スタイリングが決定的に重要な高級クーペにはスタイリング部出身のプロダクト・マネジャーをつけ、ノイズの抑制がより重要な高級セダンにはエンジン設計部出身者を担当させた。さらに別の日本のメーカーでは、年齢や家族構成のデータを基にしたターゲット・ユーザーとプロダクト・マネジャーとをマッチさせようとする。プロダクト・マネジャーがコンセプト創出も担当しているような場合、ユーザーとマネジャーとをうまくマッチさせるのはまさに適切なやり方である。

組織とリーダーシップのパターン
―― データによる実証

　自動車メーカーの組織のパターンは、純粋な機能別組織の組織構造から統合された部門横断的チームに至るまで、組織のスペクトル全体に散らばっていることをこれまで見てきた。そこで、私たちの取り上げたサンプル・メーカーの間にどれだけの違いがあり、組織とリーダーシップが製品開発パフォーマンスに与えるインパクトがどれだけかを測るため、分業化および内的・外的統合の程度を測定する尺度を開発してみた[注7]。これらの尺度はそれぞれ、まず独立して、そして後には共同で、各メーカーの組織がスペクトルに沿って機能別組織から重量級型までの間のどのへんに位置するかを見る手段として用いられる。

分業化および内的・外的統合

　分業化の程度を測る尺度は、プロジェクトへの長期的な参加者の人数である。第5章で述べたように、部レベルでの分業化の程度はどのメーカーも同じようなものである。違うのは、個々のエンジニアが負っている任務の幅である。個人レベルでの分業化の程度に関するラフな指標となるのは、長期ベースでプロジェクトに参加（他プロジェクトとのかけもちを含む）している人間の数なのである。自動車開発において個人の任務が多かれ少なかれ分業化している限りは、プロジェクトに長期的に携わっている人の数が、プロジェクトを任務ごとに分割できる程度を反映することになるものと考えられる。

一方、プロダクト・マネジャーの影響力の強さが内的および外的統合の程度を測る尺度の基本となっている。私たちは、実施したインタビューおよびアンケート調査結果から、製品開発におけるプロダクト・マネジャーの役割および影響力について、15の指標を得た。内的統合の程度を測定するために、開発関係の調整に関する指標（例：製造部門における相対的影響力）を用い、外的統合の程度を測定するために、コンセプト創出および市場との結びつきに関する指標（例：コンセプト創出におけるプロダクト・マネジャーの役割）を用いる[*3]。

　図9-2に示すように、分業化および統合に関する指標の地域ごとの平均値は、際立った違いを見せる。アメリカのプロジェクトは、高度に分業化した開発組織と中程度の内的統合という特徴を持つ。本研究で取り上げたアメリカのプロジェクトではいずれも、かなり細分化された職務分担を持つ多数のエンジニアを調整するために、プロダクト・マネジャーが相当の努力を払っていた。たとえば、1人のエンジニアが、ドアの掛け金といった部品のきわめて小さな部分の設計の責任を負うということも珍しくない。このように細分化された分業体制の下で効果的な設計を確保するためには、高度の統合が必要であり、多くの場合、データが示すとおり、内的統合が求められる。アメリカのプロジェクトにおける外的統合度はきわめて低く、プロダクト・マネジャーはコンセプト創出にあまり関与せず、ユーザーと直接接触することも少ない。

　ヨーロッパのメーカーのプロダクト・マネジャーは、ユーザーとの関わりはもう少し強いが、図9-2に表されたレベルはあまり高くない。内的統合の程度もやはり低く、分業化の程度はアメリカとほぼ同様である。ヨーロッパのプロダクト・マネジャーは、比較的分業化の進んだエンジニアを擁する各部門に対してあまり大きな影響力を持たない。ヨーロッパのプロジェクトは、アメリカや日本の場合と比べて、より機能別組織的な傾向が強いのである。

　日本のプロジェクトの場合は、分業化の程度はずっと低く、内的および外的統合の程度がはるかに高いというデータになっている。日本のエンジニアの業務分担は、作業の幅広さ（例：設計とテストの両方を行う等）においても、受け持ち部品の範囲の広さ（例：ドアの掛け金だけでなく、ドア・ロック・システム全体を担当する等）においてもより広範となる傾向にある。

　分業化と統合についてのこうした組み合わせはユニークなものである。理論

図9-2●地域／戦略グループ別分業化、内的統合、外的統合の各指標

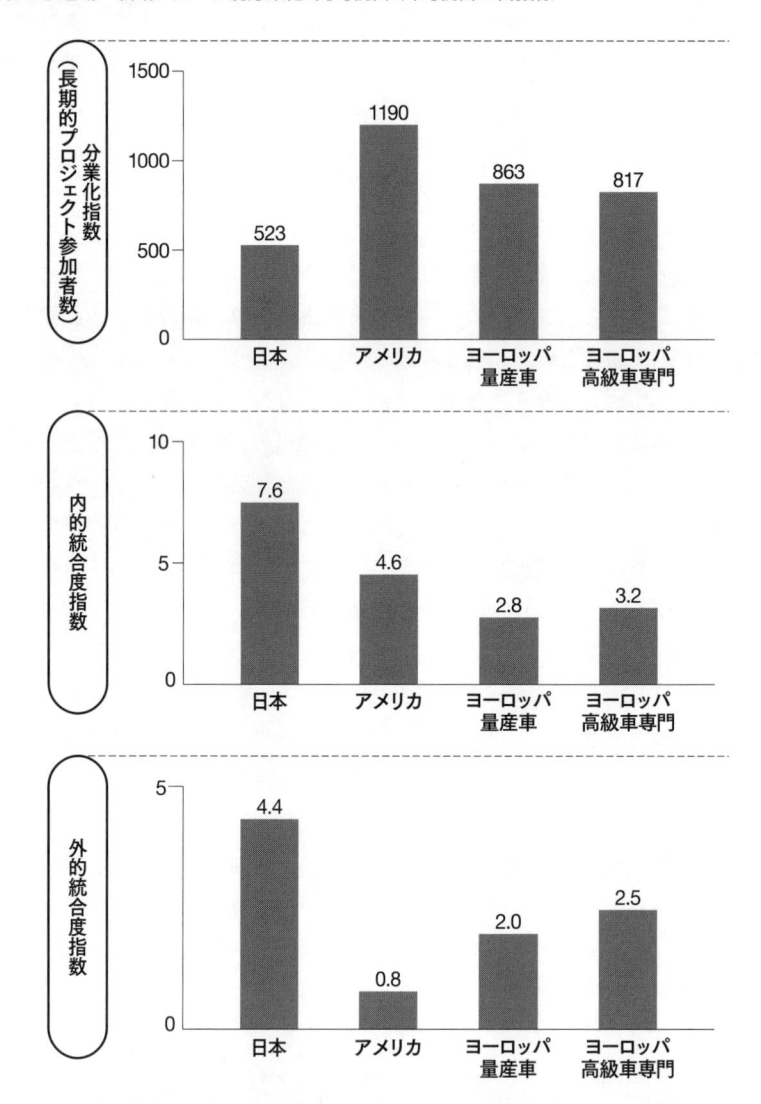

分業化指数（長期的プロジェクト参加者数）

- 日本: 523
- アメリカ: 1190
- ヨーロッパ量産車: 863
- ヨーロッパ高級車専門: 817

内的統合度指数

- 日本: 7.6
- アメリカ: 4.6
- ヨーロッパ量産車: 2.8
- ヨーロッパ高級車専門: 3.2

外的統合度指数

- 日本: 4.4
- アメリカ: 0.8
- ヨーロッパ量産車: 2.0
- ヨーロッパ高級車専門: 2.5

（注）分業化指数においては、参加者数はプロジェクトの内容（価格、ボディ・タイプ、プロジェクトの守備範囲）に応じて補正した。標準的プロジェクトは、次のように仮定した──小売価格＝1万4032ドル、ボディ・タイプ数＝2.3、プロジェクトの守備範囲＝0.612。
内的統合および外的統合の各指数の定義および計算については、付録参照。計算は組織レベルで行った（日本8、アメリカ5、ヨーロッパ9）。

表9-2●地域／戦略グループ別の製品開発組織タイプ

地域		戦略					
		重量級 プロダクト・ マネジャー	軽重量級 プロダクト・ マネジャー	中量級 プロダクト・ マネジャー	軽量級 プロダクト・ マネジャー	機能別 組織	合計
日本		2	1	3	2	0	8
アメリカ		0	0	1	4	0	5
ヨーロッパ		0	0	2	5	2	9
	量産車 メーカー	0	0	1	3	1	5
	高級車専門 メーカー	0	0	1	2	1	4
合計		2	1	6	11	2	22

（注）詳細は藤本（1989、第8章）参照。

的には、分業化の程度が低ければ、調整の必要性も少なくなり、一定のレベルのパフォーマンスを得ようとすれば統合の程度も低くて済むはずである。したがって、日本のプロダクト・マネジャーの抱える調整上の問題は若干単純となり、アメリカやヨーロッパと同レベルのパフォーマンスを実現するための努力は少なくてよいはずだが、データによれば、実際に彼らが統合のために払う努力はきわめて大きい。これによってさらに高度の首尾一貫性と調整が実現し、ひいては高いパフォーマンスが得られるのである。

組織の種類

　製品開発プロセスにおける分業化と統合の組み合わせのパターンが製品開発組織の種類を決定する。先に私たちは、純粋な機能別組織の高度に分業化が進んだ組織から、部門横断的な高度に統合が進んだ組織まで、4つの理念型について述べた。**表9-2**に紹介されたデータを用いて、実際の組織をいずれかの型に分類するにあたって、理念型に2つの手直しを加えた。第1に、純粋なプロジェクト実行チーム的構造を持った組織は少ないため、それらは重量級プロダクト・マネジャーのグループに含めて分類した。第2に軽量級のカテゴリーを

2つのグループに分けた。すなわち、プロダクト・マネジャーがエンジニアリング組織内部の活動を調整するが、内部での影響力は中程度であり、外部に対してはほとんど影響力がない組織（真の軽量級型）と、プロダクト・マネジャーの影響力が真の軽量級型と重量級型の中間に位置する組織（「ミドル級型」「ライトヘビー級型」すなわち中量級型）である。結果は表9-2に示されている。

本研究で取り上げたメーカーの多くは軽量級型または中量級型に分類できた。純粋な機能別組織や真の重量級型は稀である。ヨーロッパの3社だけが純粋な機能別組織で、プロダクト・マネジャーを置かず、それぞれの部を通じて調整するタイプであった。また、日本の2社だけが真の重量級プロダクト・マネジャーを置いていた。

これらのパターンは、第3章で述べた競争の歴史、およびエンジニアリングや設計の伝統と合致するものである。そのなかで最も際立った対照を見せるのが、ヨーロッパの高級車専門メーカーと日本の量産車メーカーである。高級車専門メーカーの開発各部門がそれぞれ強いのは、伝統的に部門の独立性を重視する結果である。一方、日本のメーカーが強力なプロダクト・マネジャー制度を導入し、特に内的統合に強いのは、日本の国内市場において迅速な製品開発、製造性に配慮した設計が重視されるためである。アメリカとヨーロッパの量産車メーカーは、プロダクト・マネジャー制を導入しているが、各部門の独立志向も強く残されており、したがって、プロダクト・マネジャーは軽量級型になりがちである。

組織とパフォーマンス

1980年代のユーザーの関心を引き、彼らを満足させるためには、優れた部品同士のはまりと仕上げ具合を確保し、信頼性が高く、全体としてユーザーの期待にマッチした運転体験をもたらす車である必要があった。要約すれば、高度に製品としての首尾一貫性を実現した車でなければならなかった。だが、一方で、個々の性能について高いレベルを追求する必要もあった。加速性能、燃費効率、乗り心地、ノイズ、操縦性、ブレーキ性能、ステアリング等において

高いパフォーマンスが期待される。ユーザーの要求する高水準の性能を実現するために、専門的技術をさらに深め、分業化を進めることが求められた。
　しかしながら、ユーザーの満足は、個々の性能の高さとともに製品の首尾一貫性に影響される。したがって、ユーザーの要求を満たすということは、分業化と統合との間で適切なバランスをとることなのである。ただ、1980年代に成功を収めた製品開発組織においては、統合に重心がかかったバランスである。このことを実証するため、**図9-3**では分業化と統合の程度を測る指標と製品開発パフォーマンスとの関係を表す分布図をつくってみた。それぞれの図は、縦軸に製品開発パフォーマンスの3要素の1つを示し、横軸には組織の状態を表す3要素の1つを示している。たとえば、上段においては、製品開発生産性の結果と分業化（1A）、内的統合（1B）、外的統合（1C）とをそれぞれ対比している。各図のデータのパターンは双方の相関関係の方向性（プラス、マイナス、中立）を表し、網がけはその強さを表す。
　まずリードタイムと生産性を見てみると、どちらも分業化および内的統合の程度と相関関係があることがわかる。たとえば2Bのリードタイムと内的統合の関係を見ると、両者間にはプラスの相関関係がある。内的統合の程度が高ければ、製品開発のスピードは速くなり、内的統合の程度が低ければ、スピードは遅い。網がかかっているのは統計学的に相関関係が強いことを表す。同様のパターンは、内的統合と製品開発生産性との関係を表す1Bにも見られる。
　内的統合が製品開発パフォーマンスに果たす役割については、先に見た製造能力やエンジニアリング組織における問題解決に関する事実と合致する。リードタイムは、金型・治工具の製作のように、その調整状況がスピードに影響するクリティカル・パス上の作業によって決まるため、部門間の連携調整が図られるなら製品開発サイクルが短くなるというのはうなずける話である。さらに、生産性は、不十分な調整によって生じる問題（例：コミュニケーション不足によって生じる設計変更に伴う数多くのやり直し作業、各部門の目標が一貫しないこと、あるいは優先すべき事柄に対する理解が不足していることにより生じる意思決定の遅れ等）の影響を受けることはこれまで見てきたとおりである。内的統合を徹底的に重視したプロジェクトは、この種の問題が（複雑度を一定にした場合）少なくなり、生産性も高くなるはずである。

図9-3 ● 分業化および統合と製品開発のパフォーマンス

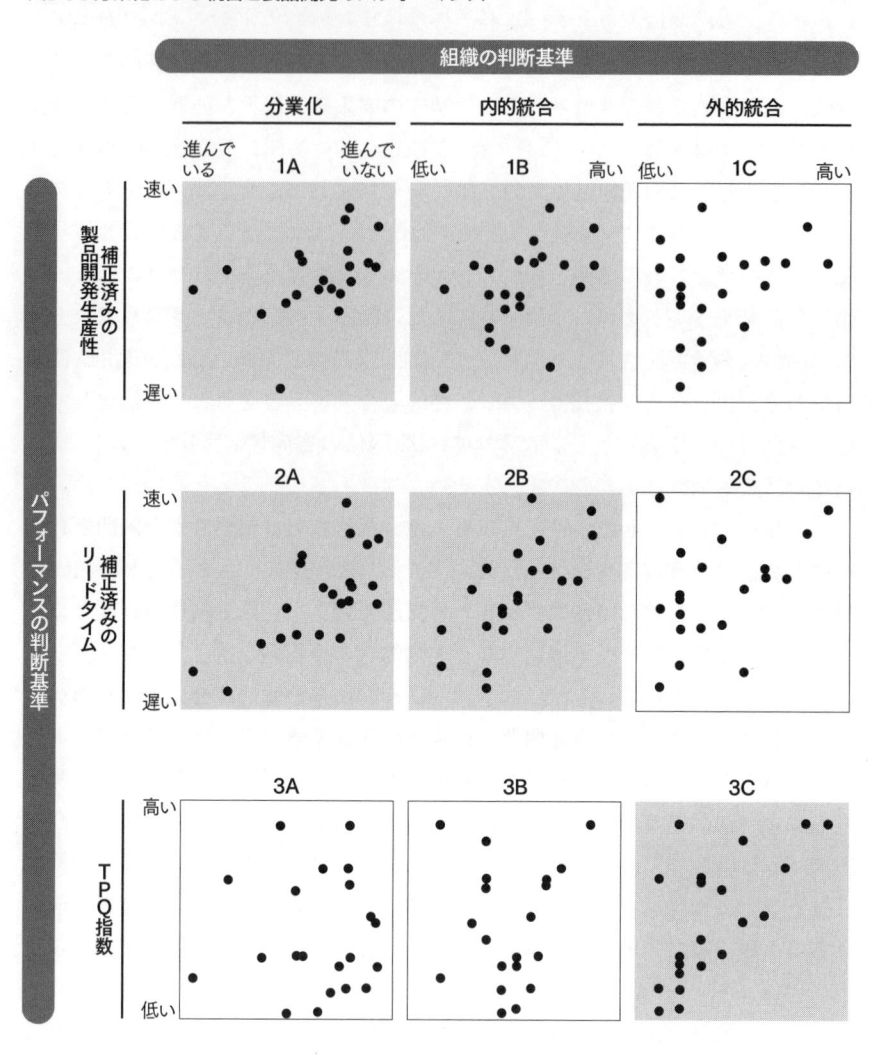

	組織の判断基準		
	分業化	内的統合	外的統合
補正済みの製品開発生産性	1A（進んでいる／進んでいない、速い／遅い）	1B（低い／高い）	1C（低い／高い）
補正済みのリードタイム	2A	2B	2C
TPQ指数	3A（高い／低い）	3B	3C

■ スピアマン順位相関係数は5％のレベルで有意（1Bのみ10％のレベル）
□ スピアマン順位相関係数は5％または10％のレベルで有意とは言えない

（注）3Bと3Cにおいては、日本のメーカー1社を分析から除外した。測定したプロセスおよび組織のパターンが、そのメーカーの全体的な姿を表すというよりも、従来の製品開発システムをすっかり改めようと試みた特別のプロジェクトに関するものであったためである。

分業化についてのデータを見ると、多くのメーカーが分業化を進めすぎているのではないかと考えられる。リードタイムを例にとろう。図9-3の2Aによれば、分業化の程度の低いところほど製品開発が早く、程度の高いところほど遅い。だが製品開発パフォーマンスと分業化の関係はU字型となるはずである。分業化の程度が低すぎると個人の負担が過重となり、問題解決が十分に行われない。他方、分業化が進みすぎると調整の問題が生じ、設計の質が落ち、遅れややり直しを招く。したがって、分業化の程度が中ぐらいの場合に優れたパフォーマンスを実現しうるはずである。ところが実際のデータでは、パフォーマンスの高い組織は分業化の程度が低く、高度に分業化された組織のパフォーマンスは低い。つまり、本研究で取り上げたメーカーは、分業化の程度が相対的に低いところでも、絶対的に見て低すぎるわけではないのである。パフォーマンスの低いメーカーは、その多くがヨーロッパとアメリカのメーカーであるが、分業化が進みすぎてプロジェクトに参加する人の数自体が調整の問題を生じる原因となる。分業化の程度が高いところでは、製品自体のパフォーマンスも必ずしも高いとはいえない。事実、3Aを見ると、品質の高いものも低いものも分業化の程度にかかわらず散らばっている。

　これと対照的に、外的統合はTPQと密接な関係を有するが（3C）、リードタイム（2C）や生産性（1C）とは関係が薄い。こうしたパターンは、外的統合をプロダクト・マネジャーが設計とユーザーの体験や期待とを結びつける努力の程度で測定しようとしていることと符合するものである。内的統合と外的統合の比較をもう少し際立たせるために、3Bおよび3Cを地域の別がわかるようにつくり直したのが**図9-4**である。これによれば、外的統合の効果が特によく表れているのが日本である。外的統合と品質との間のこの強い関係は、内的統合の品質に対する効果が弱いのと比べると注目される。内的統合の場合、品質が平均以下の日本メーカーが内的統合では平均以上となっている。したがって、外的統合について得られた結果は、単に統合の程度の問題というよりも、プロダクト・マネジャーが製品コンセプトおよびユーザーの声を製品開発プロセスに徹底させる努力の程度の問題ということができる。

　図9-4のデータからは、ヨーロッパの高級車専門メーカーが異なったパターンを持っていることがわかる。これらのメーカーは、外的統合の程度が比較的

図9-4◉内的および外的統合とTPQ

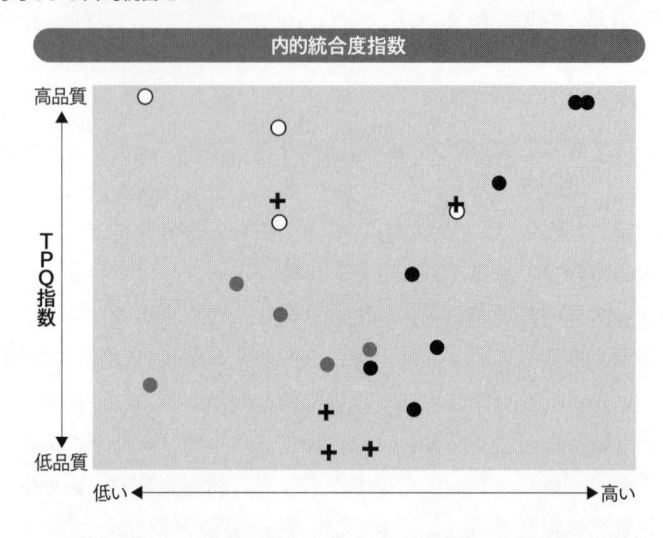

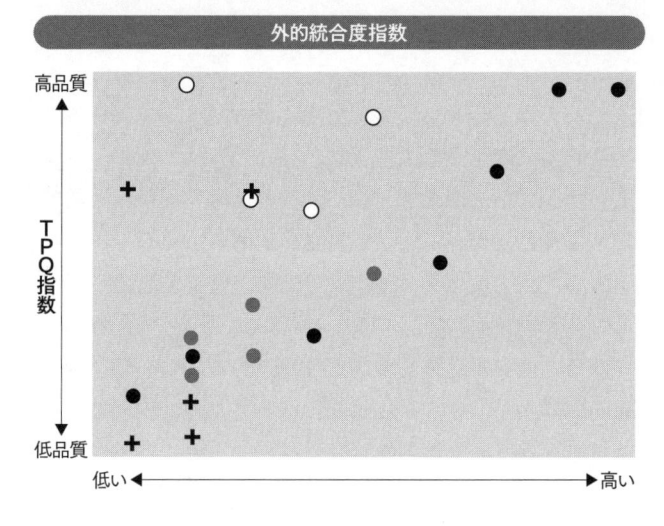

内的統合度指数

縦軸：TPQ指数（高品質〜低品質）
横軸：低い〜高い

外的統合度指数

縦軸：TPQ指数（高品質〜低品質）
横軸：低い〜高い

- ● 日本のメーカー
- ✚ アメリカのメーカー
- ○ ヨーロッパの高級車専門メーカー
- ● ヨーロッパの量産車メーカー

（注）日本のメーカー1社は、当分析から除外した。測定したプロセスおよび組織のパターンが、そのメーカーの全体的な姿を表すというよりも、従来の製品開発システムをすっかり改めようと試みた特別のプロジェクトに関するものであったためである。

低いがTPQは高い。1980年代における高級車専門メーカーは、他のメーカーとはかなり違った競争環境に置かれていた。伝統的に、個別の性能に対するきわめて高い要求水準をクリアできるかどうかが成功の第1条件であった。モデル・チェンジのサイクルの短さや製品のバラエティの幅広さが大きな問題となった経験はなかった。比較的安定的な市場にあって、高級車専門メーカーは、エンジニアリングの優秀性について伝統的な考え方を持ち続けながら、部門独立性の強い組織に依存してきたのである。エンジニアリングおよび設計の根強い伝統が必要な首尾一貫性を個々の作業にもたらすため、強力なプロダクト・マネジャーは活躍の余地が少なかった。だが、1990年代においてもこのアプローチが有効であるかどうかはわからない（第11章で再び触れることとする）。

　図9-5は、組織の統合度に関する総合指標を用いて本章で論じてきた問題を実証しようとするものである。この指標は、分業化の程度と内的および外的統合のパターンを要約したもので、純粋な機能別組織の構造（高度に分業が進んでいる一方、統合の程度は低い）を左端に、重量級プロダクト・マネジャー型の構造（分業化の程度は低く、高度に統合が進んでいる）を右端にとっている。この図9-5から、優れた製品開発パフォーマンスを実現するうえで統合が重要であることが改めて認識できる。パフォーマンスの低いメーカーは一般的に統合が十分でない。他方、内的および外的統合を高度に進めているメーカーは優れた実績を上げている。しかしながら、パフォーマンスと統合度との関係は正確に測定できない。高級車専門メーカーを取り巻く状況がかなり異なっていることは先に指摘したが、量産車メーカーのなかにも時々、軽量級プロダクト・マネジャー型でありながら、製品開発パフォーマンスの1要素についてよい実績を上げるところがある。また、日本メーカーのなかで中量級型のシステムを採用しながら、製品開発を迅速かつ効率的に行うところもある。

　だが、3つの要素すべてに優れた成績を収めるメーカーは重量級型のシステムを採用している。こうしたメーカーのプロダクト・マネジャーは、設計にも製造にも通じており、コンセプトの守護者であり、比較的分業化の程度の低い組織のなかで統合度を高める努力を払う効果的な調整者である。

図9-5●組織形態と製品開発パフォーマンス

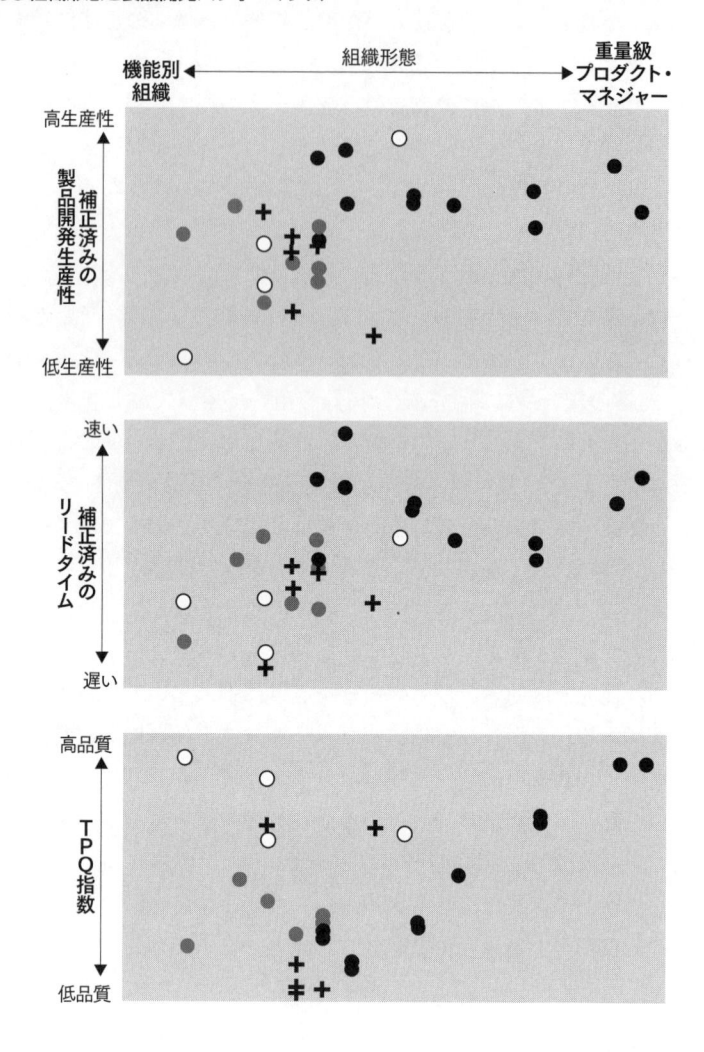

機能別組織 ←―― 組織形態 ――→ 重量級プロダクト・マネジャー

補正済みの製品開発生産性: 高生産性 ↕ 低生産性

補正済みのリードタイム: 速い ↕ 遅い

TPQ指数: 高品質 ↕ 低品質

● 日本のメーカー
✚ アメリカのメーカー
○ ヨーロッパの高級車専門メーカー
● ヨーロッパの量産車メーカー

（注）日本のメーカー1社は、当分析から除外した。測定したプロセスおよび組織のパターンが、そのメーカーの全体的な姿を表すというよりも、従来の製品開発システムをすっかり改めようと試みた特別のプロジェクトに関するものであったためである。

高いパフォーマンスを得るための組織改革

　本章で見てきた組織のパターンは、ある時点における状況を表したものである。これまでのところ、自動車業界全体を眺めてみると、比較的大きな地域差が存在することがわかった。ヨーロッパでは、市場が比較的安定しており、競争の中心が個々の機能性にあるため、機能別組織を有する高級車専門メーカーのパフォーマンスがよい。

　一方、地球の裏側に目を向けると、日本の市場はよりダイナミックで競争が激しいため、各量産車メーカーは、短いリードタイムと効率的なエンジニアリングを実現しやすい組織構造および工程を持つようになっている。日本のメーカーのなかには、統合の程度を一歩進めて、ユーザーと設計とを明確に結びつけるアプローチをとっているところもある。もし、組織の統合度が迅速で効率的で高品質の製品開発にとって中心的な問題であるとすれば、──そして、もし私たちの集めたデータ、私たちの研究したサンプルに特有の異常な現象でなければ、──各メーカーがますますダイナミックに、また、競争が激しくなっていく市場に対応していくにつれ、時間の経過とともに、それが実証されてくるはずだ。つまり、次の2つのことが明らかになってくると考えられる。

　第1に、自動車業界全体がよりダイナミックに、より競争的になってくるにつれて、組織の統合度はより重量級型へとシフトしてくるはずである。第2に、特定のメーカーにおいて、より重量級型のプロダクト・マネジャー制を採用した後は、製品開発パフォーマンスの改善が見られるはずである。内的および外的統合が強化された場合、強化前と強化後の比較を行えば、リードタイム、生産性、品質の改善が明らかになるはずなのである。時間の経過に伴う変化を調べてみることで、各メーカーがより重量級型のシステムへとシフトする際に直面する問題についてもある程度考察を加えることが可能となる。

組織の進化──1976〜1987年

　図9-6は、本研究で取り上げた22企業の、1976年から1987年までの組織の変

図9-6●各メーカーの組織変更のトレンド（1976－1987年）

	戦略	地域	1976	1977	1978	1979	1980	1981	1982	1983	1984	1985	1986	1987
1	V*	JPN												
2	V	JPN												
3	V	JPN												
4	V*	JPN												
5	V	JPN												
6	V	JPN												
7	V	JPN												
8	V	JPN												
9	V	US												
10	V	US												
11	V	US												
12	V	US												
13	V	US												
14	V	EUR												
15	V	EUR												
16	V	EUR												
17	V	EUR												
18	V	EUR												
19	H	EUR												
20	H	EUR												
21	H	EUR												
22	H	EUR												

■ プロダクト・マネジャーは、少なくとも全体の調整および製品プランニングに責任を有する。

■ プロダクト・マネジャーは、全体の調整に責任を有するか、エンジニアリング調整および製品プランニングに責任を有する。

■ プロダクト・マネジャーは、エンジニアリング調整のみに責任を有する。

□ プロダクト・マネジャー制をとっていない。

（注）メーカー名は伏せてある。
　　　V＝量産車メーカー、H＝高級車専門メーカー、JPN＝日本、US＝アメリカ、EUR＝西ヨーロッパ
　　　＊印は、1987年時点で重量級プロダクト・マネジャー制を採用している組織を表す。
　　　「エンジニアリング調整」とは、エンジニアリング部門においてのみの調整を言う。
　　　「全体の調整」とは、エンジニアリング部門のほか、製造とマーケティングの各部門の調整を含む。

遷を要約したものである。結果は予測した長期的適応のパターンとおおむね合致する。世界的に見て、純粋な機能別組織からある種のプロダクト・マネジャー制へとシフトしている傾向がはっきりとわかる。この図はまた、地域によってタイム・ラグが生じることも示している。日本のメーカーのほとんどは、1970年代の終わりにはプロダクト・マネジャー制を採用していた。そして、1980年代半ばまでには、2、3のメーカーで比較的重量級のプロダクト・マネジャー制をすでに設けていた。その他のメーカーでも同じ時期に中量級型から重量級型とシフトしつつあった。アメリカとヨーロッパでは、機能別組織から軽量級プロダクト・マネジャー型へとシフトしたのは1980年以降がほとんどである。1980年代半ばの時点で、軽量級型から中量級型へと進化したアメリカおよびヨーロッパのメーカーはわずかであった[*4]。

　こうした地域によるタイム・ラグは、先に述べたような国内の競争状況の歴史的差異を反映していると考えられるが、国内競争が激しさを増し、これに適応していく過程で、組織に関する考え方の国際移転が加速されたようである。日本のメーカーは、アメリカやヨーロッパの市場へ製品を輸出すると同時に、独自の競争パターンを輸出したが、新しい市場環境のもとで効果的に競争するための組織に関する考え方も輸出したと考えられる。本研究の調査対象として取り上げたアメリカおよびヨーロッパの自動車メーカーのなかには、効果的に競争していると思われる日本のライバル・メーカーの組織パターンを近年徹底的に社内で研究しているところも何社かあった。世界的に組織改革がダイナミックに行われているのは、1つにはこのように外国のやり方を学習していることにもよると考えられる。

　比較的有利に競争を行っている量産車メーカーは、高度に統合された組織構造を早くから取り入れたところが多い。調査によれば、あるメーカーが高度に統合された組織の管理法をマスターするには長い時間がかかるのが普通であり、このような組織を早くから採用しているメーカーは、試行錯誤をそれだけ長く繰り返すことによって、他のメーカーが同様の組織構造を採用した後も優位性を維持することができることがわかっている[注8]。

高級車専門メーカーのトレンド　競争圧力がますます強まってくるのに対応

して、高級車専門メーカーもプロダクト・マネジャー制を導入するようになったが、首尾一貫性がなかなか確保できないようである。比較的有利に競争しているある高級車専門メーカーは、1980年代初めにかなり強力なプロダクト・マネジャー制を採用しようとしたが、結局軽量級型へと戻ってしまった。別の競争力のある高級車専門メーカーは、純粋な機能別の組織構造を守ってきた。

　高級車専門メーカーは、組織のデザインの仕方について重大な選択を迫られており、彼らが将来の競争パターンをどのように予測するかによって、その選択も決まってくるようである。製品の性能を強力に差別化し、安定的なユーザーをつかまえることによって、現在の競争力を維持することができると信じるメーカーは、機能別あるいは準機能別の組織構造を守ろうとする。他方、量産車メーカーによる製品ミックスの高級化や、既存の高級車専門メーカー間の競争激化に対応しようとするメーカーは、より強力なプロダクト・マネジャー制へシフトする傾向にある[*5]。1990年代前半には、これらのメーカーの戦略および組織の変化が見られそうである。

重量級プロダクト・マネジャー制の効果——日産のケース　高度に統合された組織を実現した最もめざましい例の1つが日産である。1985年時点では、日本の関係者の多くから"病める巨人"と見られていた日産は、1990年においては甦った企業として認められている。企業および製品のイメージは急速に回復し、1988年以来、この急激な展開が日本のビジネス誌にポピュラーな話題となってきた[注9]。

　その中身はどういうものであろうか。内部も外部も含めて、多くの関係者は、特に製品開発に関する企業文化と組織の根本的な改革を指摘する。日産は、日本第2の自動車メーカーとして、国内市場ではその進んだ技術力が評価されていた。だが、その技術の優秀さがかえってあだとなった。ユーザーは、製品の首尾一貫性を重視するようになっているのに、日産は引き続き個々の部品技術に頼ってユーザーの関心を引き、満足させようとしすぎたのである。

　1980年代前半の日産の新車は、新しい部品技術と高性能の装置を満載しながら、首尾一貫した特色あるメッセージに欠けるきらいがあった。カタログに書かれた性能はなかなか優れているのだが、製品コンセプトが一貫しておらず、

スタイリングが保守的で、レイアウトも古くさかった。製品ライン全体にも、一貫した個性、明確な差別化が存在しなかったのである。この製品の首尾一貫性における弱さは、ディーラー・ネットワークの弱さ、伝統的な労働問題、トヨタと比べて低い生産性等と相まって、1980年代半ばの市場における日産のパフォーマンスを悪化させた[注10]。1986年には、30年ぶりの半期営業損失を計上する危機に見舞われた。国内の市場シェアも、かつては30％を超えていたものが、20％近くにまで落ち込み、さらに低下していた。

　日産は、1980年代半ばから、組織の統合性を高める努力を開始したが、そこでは製品開発が主導的役割を果たした。1970年代末までは、日産のプロダクト・マネジャー制は軽量級型にとどまっていた。伝統的に開発部門内部の調整役だったのである[注11]。1980年代初めになると、プロダクト・マネジャーは、製品プランニングや部門間の調整において若干大きな役割を持つようになってきたが、外的統合（コンセプト創出）は依然として問題があった。まだ製品コンセプトが構想段階にある製品開発のきわめて初期において、プロダクト・マネジャーは明確なリーダーシップをとらなかった。明確なコンセプトの形成にリーダーシップを発揮するのではなく、販売部門や経営首脳陣に妥協してしまう傾向があった。さらに、ユーザーとの直接的接触を十分に確保せず、短期的な競争圧力に振り回されて明確なコンセプトを持てずにいた（たとえば、他社追随のスタイリング、過剰に多いエンジンのバラエティ、モデルごとの差別化の不足）。最後に、開発部門と製造部門の間のコミュニケーションと調整の程度が、日本のメーカーとしては低く、設計の製造性に時々問題を生じていた。

　1985年頃から始まった日産の組織と文化の改革作業においては、製品開発に携わるエンジニアとマネジャーたちは、新しい製品開発プロセスを導入し、ユーザーに新しいイメージを与えることを目指した。危機感に追われて始められた初期のインフォーマルな改革の中心は、中堅マネジャーや実務レベルのエンジニアの間で、新しい製品コンセプトに対する姿勢を改め、ユーザー志向を強めることであった。

　新社長となった久米豊の奨励と支持を受けて、よりフォーマルな改革が始まった。製品開発のマネジャーは、問題解決チームを発足させ、実務レベルでの現在の問題を摘出し、改革案の提言を行った。より統合された製品開発組織、

より強力なコンセプト創出部門、よりオープンでユーザー志向の企業文化等が必要であるというコンセンサスが徐々にでき上がった。1986年および1987年に実施された大幅な組織改革では、3つのプロダクト・マネジャー部（商品本部）がつくられた。各部はそれぞれ基本的な製品コンセプトが共通している製品グループを担当し、強力なプロダクト・マネジャー（商品本部主管）を擁し、マーケティング・プランニングも管理することになった。新しいシステムでは、プロダクト・マネジャーは、将来のユーザーが期待するものを製品の細部にまで徹底させる外部統合推進者として位置づけられた。このような組織改革と併せて、中堅および上級マネジャーの姿勢を変える努力もなされ、販売部門も製品同士の調整やユーザー志向を強化するように再編された。

　市場での成績は改善しだした。まず製品が変わった。批評家の意見は一般的に、1987年後半以降の日産のニュー・モデルが、個性的な製品コンセプト、明確化されたターゲット市場、すっきりした内装・外装のスタイリング、技術と車の性格のマッチ等の特徴を有していることで一致している。セドリック、ブルーバード、240SX、マキシマ、300ZX等によって、日産は日本の国内市場における製品コンセプトやスタイリングの主導権を、トヨタやホンダと激しく競い合うまでになったのである。

　日産は、本章で論じた多くの方法で変化を遂げた。内的および外的統合の強化、情報交換の緊密化、コンセプト創出部門の優先、製品の首尾一貫性の重視等を実践した。その結果、日産の製品の個性と魅力度が大幅に改善され、日産自体の業績回復に重要な役割を果たした。そして、組織の改革がいかに市場でのパフォーマンスに影響を及ぼしうるかを明確に示したのである。

実施上の困難

　本章でそのあらましを述べた概念、考え方を実行に移すのは、かなり困難な作業である。多くのメーカーにおいて、製品開発の組織はそれぞれの長い伝統を引き継いでおり、各メーカーの仕事のやり方に深く根差したものである。したがって、その組織を変えるということは、各メーカーの仕事のやり方そのものを相当いじらざるをえず、経営首脳陣が忍耐強くコミットする必要がある。機能別あるいは軽量級型から重量級プロダクト・マネジャー型の組織への移行

は、一度で済む作業ではなく、継続的な改善を目指して長い旅路を行くようなものなのである。

　1980年代になってこの旅に出発したメーカーは、2つの道を歩んできた。いくつかのメーカーは、新しいシステムの要素をステップ・バイ・ステップで進化していくように導入し、各々のステップでは比較的緩やかな組織改革を行ってきた。典型的なパターンでは、まず機能別の組織構造からきわめて軽量級のプロダクト・マネジャー制へとシフトし、プロダクト・マネジャーには製品エンジニアリング部門内の調整役としての役割を負わせる。その後、プロダクト・マネジャーの責任および影響力を製品プランニング、あるいは製品および工程の両エンジニアリング間の調整へと広げていく。さらに次のステップでは、プロダクト・マネジャーの地位を上げ、評判の高い人物を就任させ、彼らに注意が集中し、影響力が強まるように、1人のマネジャーに複数ではなく1つのモデルだけを担当させるようにする。特に機能別組織の伝統の強い大手のメーカーでは、従来からの各部門が改革に抵抗を示すことが、このようなステップ・バイ・ステップのやり方をとる大きな理由となっているようである。

　別のメーカー、特に規模の小さいメーカーは、より早く、より直接的なやり方で重量級プロダクト・マネジャー制を採用するに至っている。ある小さな日本のメーカーは、新しいモデルを導入するにあたり、従来の機能別の組織からきわめて強力なプロダクト・マネジャー制へといっきに移行した。社内において、このプロジェクトがきわめて重要であり、自社の将来を決してしまうほどのものであるとのコンセンサスに基づき、特別プロジェクトとして異例に重量級のプロダクト・マネジャー型組織をつくったのである。プロダクト・マネジャーには、製品開発に長年の経験を有する副社長が任命された。エンジニアリング、製造、プランニングの各部の長が連絡担当者、あるいは部門内のプロジェクト・リーダーになった。こうした大規模な改革により、経営陣は、従来の機能別の組織では競争に勝ち残れないという明確なシグナルを社内に送ったのである。

　このプロジェクトは、市場においてかなりの好成績を収め、新車は、長い間効果的な製品開発ができていなかった同社にとって転機となったと評価されている。このプロジェクトの後、同社は通常のプロジェクトについてもプロダク

ト・マネジャー室を設置するようになった。特別プロジェクトで学んだことをモデル・ケースとして、その後の製品開発組織の改革が進められたのである。

各メーカーが製品開発組織を改革する際のやり方やスピードは、それぞれの市場における位置づけや直面する競争圧力の違いによって決まってくる。だが、成功を収めた改革作業には、いくつかの共通のポイントがあり、そのうち3つが特に重要と考えられる。

(1) 統一の目的

エンジニアが新車を改革する際に、作業の方向性を示す製品全体のビジョンを必要とするのとちょうど同じように、製品開発組織を改革しようとする人々もビジョン、すなわち彼らの想像力を刺激する目的が必要である。改革が定着し、効果を上げているところでは、新しい組織に変えていく競争上の必要性と市場における有形のメリットとを経営陣がうまく結びつけている。

1980年代を通じて、製品開発リードタイムをより短くしようとする要求がこのような組織改革を進める強力な推進力となった。リードタイムはそれ自体が最終の目的ではないが、そのような目的を追求することで人々がシステム全体を改善する作業を行うようになる。この点で、リードタイムは、JIT方式の生産システムにおける在庫のような役割を果たす。つまり、工程間在庫を圧縮すること自体、ある程度の効果をもたらすが、過剰な在庫を生じさせる根本原因を探し出すことによってシステム全体の強力な改革が実現するのと同じなのである。

リードタイムの改善に重点を置き、成功したメーカーは、一般的に内的統合に関する改革を重視し、製品の首尾一貫性を実現することで高いパフォーマンスに結びつくことが多い。先に述べたように、これは単なる市場志向、ユーザー志向というのではない。想像力をかきたてる製品、ユーザーを驚かせ、喜ばせる製品を生み出す力が必要だ。このような目的をうまく利用することにより、重量級型のシステムを導入しようとするエネルギーや意識が生まれてくるのである。

(2) 新しい血

製品開発組織を改革しようとするさまざまな努力を調べてみると、最も成功

しているのは新しい人材によって推進された場合である。こうした人材のなかにはメーカー自体の外から来る場合もあるが、多くは社内の別の組織から来る。後者の場合、そのメーカーにとっては、それまでと違ったアプローチをとる点で新しいのである。彼らは、旧組織にとっては異端者のように見られるかもしれないが、実際にものの考え方が異なっており、同じタイプの人間ではない。企業はすべての人間を変えるわけにはいかないが、新しいリーダーをつくり、企業が進むべき新しい方向性を知っている人間に権限を与えることはできる。

　重量級プロダクト・マネジャーおよびチーム・リーダーにふさわしい技能と姿勢を持った人間を今探し出すことのほかに、そのような人間を将来のために養成することも成功する企業の条件である。人材養成、訓練、昇進に関する従来のシステムでは必要なすべての才能と経験を育てるのに役立たないことを認識して、現在のプロジェクトのために新しい組織を導入するのと合わせて、将来のリーダーを見つけ、育てるための徒弟的な仕組みその他の方法を採用するのである。

(3) 粘り強さ

　より重量級のプロダクト・マネジャー制へのシフトは、常に発見に基づいて行われる。たとえば、次のような状況で効果的なチームワークをつくり上げようとする場合を考えてみよう。A社では強力なプロダクト・マネジャーを設けるとともに、各部にプロジェクト連絡担当者を置いた。プロジェクト連絡担当者は中核となるチームを形成し、プロダクト・マネジャーと定期的に会議を開く。このチーム内では仲間意識が生まれ、よく協力するようになる。だが、実務レベルのエンジニアは、自分たちをそうしたチームの一員とは考えない。「チーム」と実務レベルとの間には、意識の壁がはっきりとわかる形でできてしまった。A社は、組織機構の改革は重要であるが、それだけでは十分でないことを発見した。真のチームワークをつくり上げるには、特に各部門のリーダーの行動について、さらに改革が必要なのである。

　重量級プロダクト・マネジャー型の組織への旅は、多くのメーカーにとって驚くほど困難な道のりである。それに成功したメーカーは、粘り強さを持っていたから成功したのである。彼らは諦めないのだ。本当に優れたメーカーは、この旅は終わりのない旅であり、終わるのは個々のプロジェクトだけであるこ

とを知っている。難しいのは経験から学び、絶えず改善を続けることである。多くのメーカーは、自分たちの製品開発プロジェクトから学習するということはめったにしない。どのメーカーでも、新しいプロジェクトに取り組むたびに同じ問題が生じているのが見受けられた。毎回プロジェクトが終わる頃には、次のプロジェクトに取りかからなくてはならないというプレッシャーがかかる。そんななかで、継続的に改善を行うことのできるわずかなメーカーが大きく有利となる。より効果的な製品開発組織へのシフトは、絶えず改善しようとする考え方を植えつけるための基礎となりうるとともに、粘り強く行えば、市場において大きく優位に立つことができるようになるのだ。

本章のまとめ

　1980年代における日産その他のメーカーの経験からも明らかなように、組織改革についての歴史的なトレンドは、強力なプロダクト・マネジャー制が量産車メーカーの製品開発パフォーマンスを高める重要な要素であることを証明している。そして、このトレンドは今後も続きそうである。世界の量産車メーカーの経営陣にインタビューしてみると、各社ともプロダクト・マネジャーの役割を強化しようという意向を持っていることがわかる[*6]。マス・マーケット志向のメーカーは、内的および外的統合の強力な推進役となる重量級プロダクト・マネジャー制が、組織全体の首尾一貫性を高め、激化しつつある国際競争に対処するためにきわめて有効であることを認識するようになってきている。

　製品開発組織の改革の方向性は明確であるが、完全な重量級プロダクト・マネジャー制にどれだけ近づくかは、市場および競争の環境によって決まる。すべての市場が日本の国内市場に似てくれば、製品のライフサイクルは短く、各セグメントにおけるトップ争いが熾烈で、製品のバラエティが増加し、製品の首尾一貫性がきわめて重視されるようになり、重量級型の組織でないと競争上不利になるだろう。アメリカの市場ではまさにそれが当てはまる。

　ヨーロッパの市場の事情は異なるようだ。ヨーロッパでは、引き続き製品の個々の機能性が重視され、製品ライフサイクルは長く、ユーザーのロイヤルテ

ィが強いため、中量級型が適当と考えられる。従来からの機能別型あるいは軽量級型のアプローチは、日本からの新たな競争圧力や市場におけるグローバル化の動きによって、衰退する運命にある。しかしながら、重量級型のシステムは若干よいパフォーマンスを得られるものの、中量級型と比べた場合の優位性はそれほど決定的なものではない。特に機能別組織の伝統が根強く残っている大手メーカーにおいては、そのことが言える。このようなメーカーでは、中量級型へ移行することにより、大きなコストをかけずに重量級型のメリットの多くを得ることが可能である。だが、もしヨーロッパの市場がさらにダイナミックになった場合には、これまで述べてきたことから、競争に勝つためにより重量級型のプロダクト・マネジャーを導入することが不可欠となると考えられる。

　1990年代においては、自動車メーカーがより重量級型のプロダクト・マネジャー制へとシフトすることは明らかなようだ。彼らの歩む道は、今後10年間の競争状況やユーザーのニーズによって決まる。1990年代の効果的な製品開発には、戦後のどの時期と比べてもより高度な統合を実現する組織が必要である。さらに、製品についての想像力とコンセプトについてのビジョンを持ったリーダーも必要である。1990年代がダイナミックで競争がいっそう激化するとすれば、優れた組織の条件は、個々に高い技能を持った人々が結束したチームを構成し、ユーザーの関心を引き、満足させ、喜ばせるような個性的製品コンセプトを具体化するために、製品コンセプトの守護者であり、強力な統合推進者であるプロダクト・マネジャーのリーダーシップのもとに作業することなのである。

＊1）部品メーカーの統合の問題については、第6章で論じたように製品の内的一貫性と関係するため、「内的」統合の一要素として考えることとする。
＊2）本研究において、15人のプロダクト・マネジャーに対してアンケートを行った結果、あるモデルに対するプロダクト・マネジャーの任期は平均約4.5年であった。内訳は日本（7例）4年、アメリカ（4例）4年、ヨーロッパ（4例）6年である。プロダクト・マネジャー制度を早く導入したメーカーほどその年数は長い傾向が見られた。
＊3）これらの指標は基本的に、第8章で述べたような「理想像指数」である。
＊4）インタビューを行ったアメリカおよびヨーロッパのメーカーのいくつかは、1980年代中により強力なプロダクト・マネジャー制へシフトする計画があることを示唆した。
＊5）1989年の時点で、いくつかの日本のメーカー（たとえば、トヨタ、日産）は、高級車専門メーカーの主力車と直接競争しうる高級モデルを導入する具体的な計画を持っていた。同じような傾向は、

ヨーロッパの量産車メーカーのなかにも見られた。
* 6) ただし、ほとんどのメーカーは、「プロジェクト実行チーム」型まで進むことには消極的であった。彼らの最大の心配は、分業化したエンジニアを別々のプロジェクトにフルタイム・ベースで分散させることにより、集積したノウハウが失われるのではないかということであった。彼らは一般的に、1人の実務担当エンジニアが複数のプロジェクトに参加しうる普通のプロダクト・マネジャー制を好んだ。

注

1) 一般的なR&D組織と管理手法の問題は、たとえばMarquis(1969), Rothwell et al.(1976), Maidique and Zirger(1984), Allen(1977), Von Hippel(1988), Utterback(1974), Van de Ven (1986), Roberts(1988), Kanter(1988), Morton(1971), Imai et al.(1985), Galbraith(1982), Gobeli and Ruelius(1985), McDonough and Leifer(1986), Rosenbloom(1985), Perrow(1967), およびBurns and Stalker (1961) 参照。

2) この方向に沿った一般的な議論は、Lawrence and Lorsch(1967), Thompson(1967), Galbraith (1973), Davis and lawrence(1977) 参照。R&D組織の調整と分業化の問題は、Allen and Hauptman(1987), Katz and Allen(1985), Marquis and Straight(1965), Keller(1986)、および Larson and Gobeli(1988) 参照。

3) 「十分な反映」の概念はDumas and Mintzberg(1989) からとっている。

4) 組織的な市場調査と消費者テストの限界は、Rosenbloom and Abernathy(1982), Lorenz(1986), Johannson and Nonaka(1987), およびShapiro(1988) で議論されている。

5) 指揮者としてのマネジャーの議論はDrucker(1954, pp.341-342), Sayles(1964, p.164), および Mintzberg(1989, p.20)参照。プロダクト・マネジャーのケースでは、碇義朗(1982b)参照。

6) この行動パターンは「歩き回ることによる管理」(MBWA)の変形であるようだ。Peters and Waterman(1982, Chapter 5) 参照。

7) 統合の尺度はFujimoto(1989, Chapter 8) も参照。

8) Davis and Lawrence(1977, p.129).

9) 碇義朗『日産・意識大革命』(ダイヤモンド社、1987年)、柴田昌治『何が、日産自動車を変えたのか』(PHP研究所、1988年)。日産のマネジャーやエンジニアへのインタビュー同様、以下の話は、これらの文献から引用したもの。

10) 日産とトヨタの歴史的な比較は、Cusumono(1985) 参照。

11) 日産の製品開発組織の歴史は、碇義朗(1981, 1985) 参照。

第10章 効果的な製品開発のパターン
——部分と全体

　世界のほとんどすべての自動車メーカーの技術センターやエンジニアリング研究所には、「解体分析室」と呼ばれるようなものがある。ライバル・メーカーのニュー・モデルを熟練したエンジニアが体系的に解体するところである。解体分析室のエンジニアは、特に関心のあるニュー・モデルの1つひとつの部品を念入りに調べ、新しい技術、新しい設計、新しい工法を探し出す。全部を調べれば、その車の各部分の技術的詳細についてかなりのことがわかる。だが、車を解体してその部分部分を詳しく調べるだけでは、その車の本質はわからない。個々の部品を理解することは重要なことであるが、車に特色を与え、ユーザーにとって魅力的なものにするには、いかに部分同士が一体となって作動し、他とは違ったユーザー体験を与えるかという点が大事である。車を全体として理解するためには、ライバル・メーカーのエンジニアが個々の要素をどのようにバランスさせ、調整して、製品の首尾一貫性（product integrity）を実現したかを理解する必要があるのである。

　製品開発プロセスについても同様のことが言える。これまで見てきたように、プロセスの1つひとつを分解して、重要な要素を見つけ出すことはできる。この意味では、前章までは私たちの「解体分析室」のようなものであった。それ

ぞれの章で、私たちは優れたパフォーマンスのメーカーに見られる経営慣行の重要な要素を明らかにしてきた。だが、製品開発の優れたパフォーマンスにとってカギを握るのは、個々の重要要素を通じて全体に流れる首尾一貫性であることをずっと強調してもきた。個々の重要要素ではなく、全体のパターンこそが他との違いを生み出すのである。

本章では、製品開発プロセスの詳細を論じることから一歩退いて、組織や管理手法の全体としての首尾一貫性について考えてみることにする。各部門が一貫した考え方を持ち、製品開発作業の全分野において一貫した能力を有する組織だけが、つまり高度の首尾一貫性を実現した組織だけが、高度の首尾一貫性を有する製品を開発することができると考える。もしそのとおりなら、製品は、それを生み出す組織および製品開発プロセスを反映したものである。

まず、優れたパフォーマンスの製品開発を特徴づけると考えられるパターンを見直し、全体像の提示を試みた後、全体としての首尾一貫性が問題の中心であることを示す実例を調べてみる。これらについては、まず量産車メーカー、次いで高級車専門メーカーを取り上げて議論してみたい。

高パフォーマンスの量産車メーカーのパターン

1980年代の競争環境は、量産車メーカーにとってはきわめて不安定なものであった。競争を有利にするものは、製品の差別化と製品の首尾一貫性(車全体のコンセプト)であった。市場は多様化し、ユーザーのニーズは急速に変化し、競争は基本的な機能、個々の部品の技術で競われる様相を呈した[*1]。量産車メーカーは、次のような水準の高い要求に直面した。

・多様化し、変わりやすく、あいまいなユーザーの期待を把握し、車全体のコンセプトや設計として的確に表現する必要性
・コストと基本的な性能とのバランスをとりながらライバル製品に対抗する必要性
・ライバル製品に迅速に対応し、ユーザーの期待をより的確に予測するため

の短いリードタイム
・所与のR&D予算のなかで、製品開発コストの競争力を維持しつつ、製品のバラエティを増やす高い製品開発生産性

製品戦略と組織および管理手法の対応

こうした水準の高い要求に対して、優れた量産車メーカーは戦略的に対応するとともに、組織および管理手法の面で対応した。プロジェクト戦略に関しては、優れたパフォーマンスの量産車メーカーは、プロジェクトの複雑度を増大せずに、製品ラインを常に新鮮に、かつ多様に保つための手段を採用した（第6章参照）。そのような手段としては以下のものが挙げられる。

迅速かつ少しずつ──迅速に製品のモデル・チェンジを行い、毎回比較的小規模の技術革新を取り入れる（時間が経過すれば、迅速かつ少しずつの革新がきわめて大きな効果をもたらす）。

基本的な製品バラエティ──周辺的な部分のバラエティやオプションを増やすのではなく、基礎部分の機械構造やレイアウトの基本的なバラエティを維持・拡大する（この戦略は、過度のバラエティを持つことによるコストの増大と、ユーザーの混乱を防ぎながら、多様化するユーザーのニーズに対応するものである）。

部品メーカーの関与によるプロジェクトの守備範囲の抑制──主として開発作業に部品メーカーを関与させることにより、プロジェクトの複雑度を抑え、部品や技術の大部分を更新しながら、リードタイムおよび開発工数の短縮を図る（この戦略は共通部品を過度に多用することによる好ましくない副作用を避けることができる）。

組織と管理手法に関しては、統合された短いサイクルの製品開発が、優れた量産車メーカーのパラダイムとなった。このパラダイムは、相互に密接に関連しあったモノと情報のシステムが速い問題解決サイクルを有すること、緊密な情報交換が行われること、高度の内的および外的統合が実現すること等を基礎としたものである。特筆すべき特徴には次のようなものがある。

製品エンジニアリングと工程エンジニアリングの連携調整――製品エンジニアリング部門と工程エンジニアリング部門とが調整された問題解決サイクルを有することにより、優れた量産車メーカーは、開発作業のやり直しに高いコストをかけず、製品の品質も落とさずに、リードタイムを短縮できる（こうした両部門の連携は、第8章で議論したように、統合された組織構造、技能、姿勢等によって支えられる）。

ユーザー、コンセプト、製品間の連携――重量級プロダクト・マネジャーを置き、エンジニアに幅広い範囲の業務を担当させることによって、ユーザー、製品コンセプト、製品開発および生産準備作業の間で重要な情報の交換を緊密に行うことができる（第9章で述べたとおり、内的および外的統合は、効果的な開発・製造プロセスを持つことにより実現が容易になる）。

部品メーカーとの連携――比較的少数の1次部品メーカーとの緊密で早期の（あるいは作業進行中の）コミュニケーションをとることにより、遅い時期の設計変更を効果的に減らし、試作車用部品の調達サイクルを速め、車全体と部品との統合度を高める（柔軟で短いサイクルの開発・製造プロセスに対応しうる能力を持った部品メーカーは、第6章で述べたとおり、全体的な製品開発システムの一部に組み込まれている）。

柔軟で短いサイクルの製造能力――短いリードタイム、柔軟な対応、迅速な問題点の発見、継続的な改善等を実現するためのJIT方式やTQCの考え方は、試作車の製作、金型・治工具の製作、商業生産の立ち上げ、設計変更等にも通用しうる（第7章参照）。

図10-1は、高パフォーマンスを上げる量産車メーカーの製品開発プロセスにおける情報の流れと問題解決サイクルを要約したものである。網がけされた部分がそれぞれの関係者を示している。そして、大きな四角で表されているのが製品開発の各主要段階、たとえば製品プランニング、製品エンジニアリング、工程エンジニアリング等である。各段階は、問題解決サイクルの連続として結びついており、それぞれのサイクルが完了し、最終アウトプットが承認されると、次の段階へ引き渡される。

このシステムが高いパフォーマンスを実現するのは、全体のパターンに一貫

図10-1●高パフォーマンスの量産車メーカーの製品開発システム

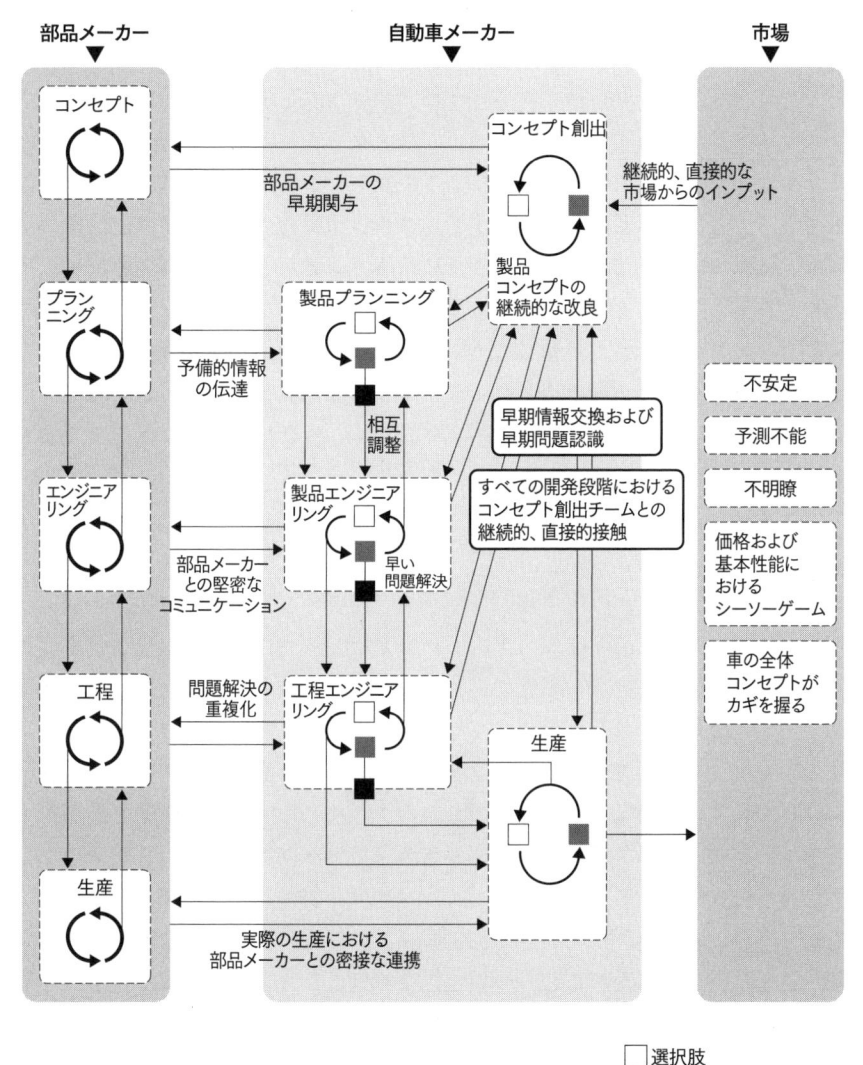

第10章 効果的な製品開発のパターン——部分と全体

性があるためである。このシステムは、市場からの情報が製品別に分権化されたコンセプト創出部署へ直接流れる特徴を有している。コンセプト創出部署は、市場の情報に対して先取り的であり、市場から得られる洞察や、想像力に依存して作業を行う。それに続く開発作業は、コンセプト創出、製品プランニング、エンジニアリング、製造の各部門および部品メーカーの間で緊密かつ早期のコミュニケーションを確保することにより、コンセプトに絶えず磨きをかけることである。各段階における問題解決サイクルは重複化され、問題は迅速に解決されて、常に変化していくインプットに素早く対応しやすくなる。金型・治工具や試作車といったクリティカルな資産は早く製作される。

　図10-1によって示される重要な点は、ちょうど集積回路においてたった1つの接続不良で全体の機能が壊されるように、製品開発システムの重要な連携が1つ弱いだけで、全体のパフォーマンスが大きく損なわれるということである。システムの他の部分が強くても、この弱さを完全にカバーすることはできないのである。

実際のパフォーマンスと理想的な製品開発組織

　図10-1に示した製品開発システムは1つの理想である。この理想に近づくほど、そのメーカーの製品開発は迅速で、効果的で、高品質となる。少なくとも、理論上はそうなる。それを実証するために、実際の製品開発パフォーマンスに関するいくつかの指標を使ってデータを比較してみた。**表10-1**は代表的メーカーについての比較結果を要約したものである。説明しやすいように、各指標をグループごとにまとめ、それぞれについて各メーカーのランクを示した。

　使用した指標は、製品開発のパフォーマンス、組織および管理手法に関するものであり、後の2つについてはさらに、プロジェクト戦略、組織のパターン、製造能力に分けてみた。これらの指標の多くは、これまでの各章で使用したものであり、ここでは説明をごく簡単にとどめる。

　パフォーマンス——パフォーマンスについて標準的に用いられる尺度、すなわち補正後の開発工数、補正後のリードタイム、製品の総合商品力（TPQ）指数をパフォーマンスのランキングの基礎とした（第4章参照）。すべてのデータ

表10-1 ● 製品開発組織の全体的一貫性の例

戦略		地域▶	優秀		やや優秀		低品質1 (高い生産性)		低品質2 (全体的に低品質)			高品質の 高級車 専門メーカー	
			#1 日本	#2 日本	#3 アメリカ	#4 日本	#5 日本	#6 日本	#7 アメリカ	#8 アメリカ	#9 ヨーロッパ	#10 高級車	#11 高級車
パフォーマンスのランク		リードタイム	●	●	○	◐	●	●	○	○	○	●	●
		生産性	●	●	○	●	●	●	○	○	○	◐	◐
		TPQ	●	●	●	●	◐	○	○	○	○	●	●
組織および管理手法のランク	プロジェクト戦略	迅速かつ少しずつ (モデル・チェンジ)	●	●	◐	●	◐	◐	○	○	○	●	◐
		バラエティの 迅速な拡大	●	●	◐	●	●	●	○	○	○	◐	○
		部品メーカーの 関与	◐	◐	○	●	●	●	○	○	○	●	◐
	組織のパターン	統合度指数	●	●	●	●	●	●	○	○	○	●	●
		エンジニアリング 作業の高度重複化	●	●	●	●	○	●	○	○	○	●	●
		幅広い業務分担	●	—	—	—	◐	●	—	○	○	●	◐
	製造能力	短いサイクルの 試作車製作	●	●	●	●	●	●	○	○	○	●	●
		短いサイクルの 金型製作	●	●	●	●	●	●	○	○	○	●	○
		高い組み立て 生産性	●	●	●	●	◐	—	◐	◐	○	○	◐

● 上位3分の1　● 上位3分の1と中位3分の1のボーダーライン
◐ 中位3分の1　○ 下位3分の1　— 該当せず

(注) 22の製品開発組織ランキングに基づく。指標の定義については、付録参照。

はメーカーごとに計算した。

　プロジェクト戦略——第6章で述べたように、プロジェクト戦略には、技術革新の程度、製品のバラエティ、プロジェクトの守備範囲が含まれる。メーカーのレベルでは、技術革新の程度を直接示す指標はないが、シェリフ (Sheriff 1988) の製品更新指数は、迅速かつ少しずつの戦略をとっているメーカーが、業界全体の技術的進歩に決して遅れていないという証拠を示す合理的な代用指標となる。同様に、シェリフの製品増加指数は、メーカーが基本的な製品のバ

ラエティの拡大にどれだけコミットしているかをよく表す指数と考えられる。最後に、部品メーカー開発関与率（第6章参照）を用いると製品開発プロセスに有能な部品メーカーを深く関与させることを重視した。プロジェクトの守備範囲に関する独特の戦略が明確に示される。

組織のパターン——ここでは、内的および外的統合を実現する際のプロダクト・マネジャーの役割と影響力の指標（第9章のものを直接使用）と、統合のためのその他の手段（例：問題解決チーム）の存在の有無とを合わせて尺度として用いた。個人のレベルでの職務の幅広さを示すものとしては、長期的なプロジェクト参加者の数を、製品の内容に応じて補正して用いた。

製造能力——第7章で述べた短いサイクルでの製造能力を示すために、製品開発プロセスに隠れた製造作業の迅速さを測定する、試作車および金型の製作リードタイムを用いた。クラフシック（Krafcik 1988）の広範な研究から引用した組み立て生産性のデータは、各メーカーの商業生産における一般的な製造能力を表す。

サンプルとして取り上げたメーカーは、戦略とパフォーマンスのパターンによって分類した。分類のカテゴリーは、優秀（すべての指標においてトップクラス）、やや優秀（TPQにおいて2番手クラス）、普通（TPQが中くらい）、低品質1（迅速かつ効率的だが低品質）、低品質2（TPQが低く、他の指標でも強いものがない）、高品質の高級車専門メーカー（参考のために掲載）である。「普通」のカテゴリーに属するメーカーは、一貫性が欠けている点を除けば共通のパターンが見られないため、表から除外した。

優秀（ケース1とケース2）——わずか2社だけが、いずれも日本の量産車メーカーであるが、パフォーマンスに関する3つの指標すべてについて上位3分の1以内にランクされた（1つだけ、上位3分の1にきわめて近いというものがあった）。この2つのメーカーは、組織および管理手法についても特筆すべき一貫性を有しており、部品メーカーの関与率を除いて、すべての指標についても上位3分の1以内であった。他のどのメーカーを見ても、このような一貫性を示しているところはない。

やや優秀（ケース3とケース4）──このグループのメーカー（1つは日本、1つはアメリカ）は、TPQについてはトップ・グループと遜色ないが、特にリードタイムについて、そのパフォーマンスの一貫性が十分でない。たとえば、ケース3は、リードタイムと生産性のパフォーマンスのランクが低い。組織と管理手法については、これらのメーカーは、内的統合をはじめ、ほとんどの指標でよい数字を出しているが、「優秀」グループと比べると一貫性が低いために、いくつかの弱いポイントがある。

低品質1（ケース5とケース6）──このグループには、製品開発のリードタイムおよび生産性では強みを発揮するが、製品の品質が低い日本メーカーが入っている。これらのメーカーは、組織および管理手法に関して、いくつかの分野に高成績を上げるが、外的統合の程度がかなり低く、内的統合のその他の指導では中ぐらいである。

低品質2（ケース7〜ケース9）──このグループのメーカーは、パフォーマンスに関するすべての指標が低く、特に品質の成績が悪い。組織および管理手法についても、全体として中ぐらいから低いほうにランクされる。

高品質の高級車専門メーカー（ケース10とケース11）──このグループは、リードタイム、生産性、そして組織および管理手法の多くの指標において、低いランクであるが、TPQがきわめて高い。

このような大きく異なるパターンから、1980年代を通じて、高級車専門メーカーの場合は競争の状況がかなり違ったものであったことがわかる。

パフォーマンスの指標についてランクの両極にいるメーカーのパターンは明確である。ランクの高いメーカーは、図10-1に示された理想のパターンにおおむね合致する一方、ランクの低いメーカーはこの理想から乖離している。中位の位置にいるメーカーのパターンはあまり明確ではない。ただ、外的統合に弱い点が製品の品質の低いケースに共通しているようだ。また、エンジニアリング作業の連携調整や製品開発組織に関しても一貫性を欠く。確かに統合度に関する指標（例：開発部門の問題解決、リーダーシップ、組織等）を見渡してみると、一貫性の有無が全体のパフォーマンスと強い関係を有しているようである。パフォーマンスの優れたメーカーは、高度に統合されており、パフォーマンスの

低いメーカーは統合の度合いが相対的に低い。中ぐらいのメーカーは統合度も中程度である。

　製品開発のパフォーマンスにとって、一見したところ全体的な統合の程度が重要な役割を果たしているようだが、これについてはもう少し注意深く調べてみる必要がある。このため、次の4つのカテゴリーに分類しうる29の指標をベースにして、統合度指数をつくってみた。

　　(1)外的統合（コンセプト創出）に関するプロダクト・マネジャーの影響力と責任
　　(2)内的統合（プロジェクトの調整）に関するプロダクト・マネジャーの影響力と責任
　　(3)迅速、柔軟かつ調整されたエンジニアリングの問題解決サイクル
　　(4)プロダクト・マネジャー以外の内的統合手段

　すべての項目について、アンケートおよびインタビューにより肯定的な回答を得たポイントを合計してつくったこの指数は、1980年代の優れた量産車メーカーの理想のパターン、つまり密度の高い柔軟な情報ネットワーク、緊密なコミュニケーション、短い問題解決サイクル、強力な内的および外的統合等を備えた製品開発システムにどれだけ近いかを示すパターン一貫性の指標である[注1]（統合度指数に用いた項目の詳細については、付録参照）。

　図10-2は、統合度指数を製品開発パフォーマンスの3つの要素との関係で座標上に表したものである。それぞれの座標において、統合度が高く、パフォーマンスも高いメーカーは右上のほうに固まり、統合度もパフォーマンスも低いメーカーは左下のほうに固まっている。地域の別も合わせて示し、高級車専門メーカーについても参考のためにプロットしてある。

　量産車メーカーの場合、統合度指数は、パフォーマンスの3つの要素すべてとかなり強い相関関係を示しており、特にTPQとの関係が強い[*2]。2つの高パフォーマンスの量産車メーカーは統合度が飛び抜けて高く、統合の一貫性と短い問題解決サイクルが優れたパフォーマンスにとって不可欠であるという私たちの議論を裏づけている。

図10-2●統合度指数と製品開発のパフォーマンス

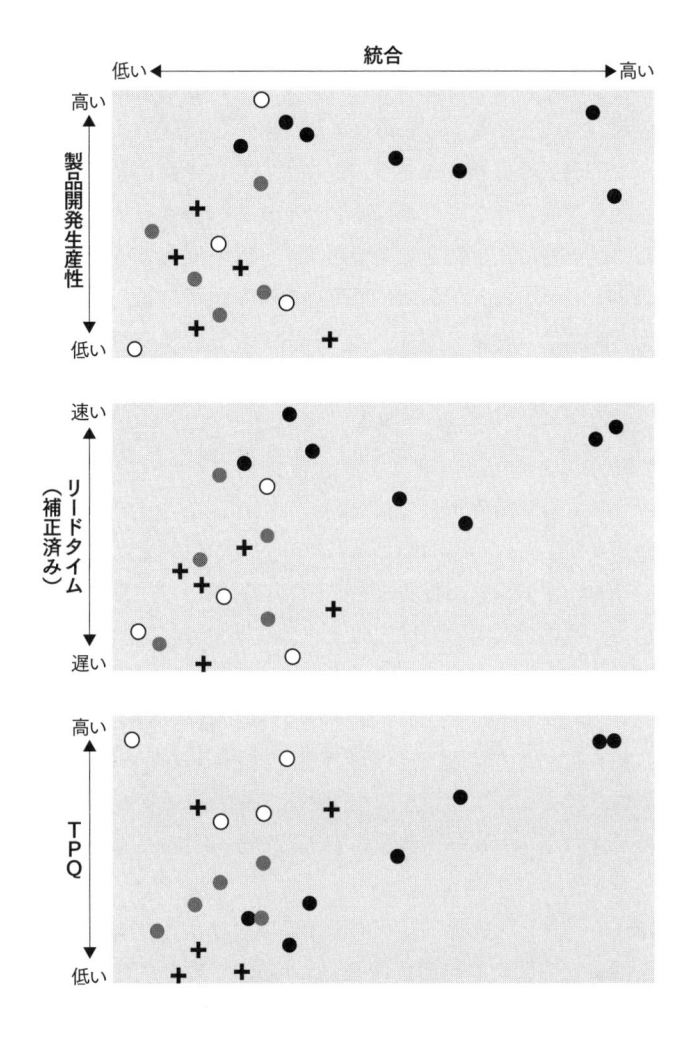

（縦軸上から）
- 製品開発生産性（高い／低い）
- リードタイム（補正済み）（速い／遅い）
- TPQ（高い／低い）

横軸：統合（低い←→高い）

凡例：
- ● 日本のメーカー
- ✚ アメリカのメーカー
- ○ ヨーロッパの高級車専門メーカー
- ◐ ヨーロッパの量産車メーカー

（注）日本のメーカー1社は、当分析から除外した。測定したプロセスおよび組織のパターンが、そのメーカーの全体的な姿を表すというよりも、従来の製品開発システムをすっかり改めようと試みた特別なプロジェクトに関するものであったためである。

図10-2においては、地域別のパターンも強く表されている。平均して、日本のメーカー群は、欧米のメーカー群と比べてみると、両者が重なり合っている部分もかなりあるものの、統合度が高い。このことは、日本の変化しやすい市場環境においては内的および外的統合についてより大きな努力が要求されるという議論と合致していると考えられる（第2章参照）。

日本のメーカーが生産性とリードタイムについて、上部に固まっている事実は、日本においては従来からモデル寿命のサイクルの短さと製品のバラエティの多さが重要であったことと符合している。ヨーロッパおよびアメリカのメーカーは、これら2つの図において左下部に固まる傾向がある。しかし、同じ地域内のメーカー間では、統合の一貫性とリードタイムおよび生産性との間に明確な相関関係は見られない。ヨーロッパとアメリカのメーカーの間では、統合度指数はわずかな違いがあるだけであり、他の要素（例：製造能力、今回測定しなかった設計上の違い）がリードタイムや生産性についての比較的小さな差異を生じる要因としてより重要かもしれない。したがって、リードタイムと生産性に関しては、表面に表れた相関関係はパフォーマンスおよび組織についての地域差、特に日本のメーカーの特異なパターンを反映していると考えられる。

一方、TPQについては、同じ地域内のメーカー間でも相関関係が認められる。特に日本のメーカーのなかでは、明らかに正の相関関係が存在する。これは1つには、第9章で見たとおり、各メーカー間の外的統合の程度の差が原因している。だが、統合についての他の要素もTPQと相関していると考えられる。一貫性——エンジニアリング作業や部門間の問題解決サイクルにおける連携調整、市場との統合のパターン——の違いが、品質のパフォーマンスの違いの根本にあるようである。

図10-2に表れたパターン、特にリードタイムおよび生産性における地域差、統合の程度と品質との間の強い相関関係は、第9章で見たパターン、すなわちプロダクト・マネジャーの役割および影響力と統合についての他の要素との間の密接な関係ときわめて類似している。たとえば、重量級プロダクト・マネジャーを置くメーカーは、能力が高く、高度に統合されたエンジニアリング組織も有している傾向がある。だが、統合度指数を構成するすべての要素が製品開発パフォーマンスのすべての要素に同じように影響を及ぼすわけではない。**表**

表10-2◉一貫性とパフォーマンスとの相関

一貫性	パフォーマンス		
	製品開発生産性	リードタイム	TPQ
統合度指数 (全体的な一貫性)	+	+++	+++
外的統合推進者の強さ	no	+	+++
内的統合推進者の強さ	+	++	++
調整された エンジニアリング作業	+++	+++	++
その他の 内的統合メカニズム	no	no	++

+++ 1%レベルで有意　　+ 10%レベルで有意
++ 5%レベルで有意　　no 10%レベルで有意とは言えない

(注) スピアマン順位相関に基づく。N=17 (量産車メーカーのみ)

10-2は製品開発パフォーマンスの3つの要素と先に述べた統合度指数の4つの要素——コンセプト・クリエーターの影響力と責任（つまり、外的統合の強さ）、プロジェクト調整者の影響力と責任（つまり、内的統合の強さ）、調整され、重複化された短いサイクルのエンジニアリング作業、プロダクト・マネジャー以外の内的統合手段[*3]——との間の相関関係のパターンを示したものである。

統合に関わる4つの要素すべてがTPQと相関関係があり、外的統合が最も強い関係を有していることがわかる。また、調整されたエンジニアリング作業だけがパフォーマンスの3つの要素すべてと強い関係を有しているが、高パフォーマンスの条件としてそれだけでは十分でない。これまで見てきたように、高いエンジニアリング能力のある日本のメーカーのなかにも品質のランクの低いところが数社ある。社内における部門間調整（内的統合およびその他の手段）は、品質と強く相関しているが、生産性やリードタイムとの関係はそれほどではない。組織内に結束の固いチームがあれば、ライバル企業に対して製品開発の面で有利になる前提条件にはなるが、必ずしも優位性を保証するものではないこ

とがわかる。部門横断的なチームを持たないメーカーは成功しにくいと考えられるが、そのようなチームの存在はパズルの一部を解くことにしかならないのである。

　もう一度繰り返せば、ここで示された事実は、組織および管理手法についてのさまざまな要素を通じて、一貫性の重要性を再認識させるものである。1つの要素だけで迅速、効率的、高品質の製品開発を実現することはできない。量産車メーカーについては、製品開発の優れたパフォーマンスを生むのは、内的にも外的にも統合を実現する強力なプロダクト・マネジャー、緊密かつ柔軟な情報ネットワーク、製品エンジニアリング部門と工程エンジニアリング部門の間の実務レベルでの密接な関係、製品および工程の両エンジニアリング部門の首尾一貫性を強める組織の考え方と構造といった要素の一貫した組み合わせなのである。

高パフォーマンスの高級車専門メーカーのパターン

　前節で述べたように、高級車専門メーカーは、1980年代においてかなり事情の異なる戦いぶりを示しているようだ。図10-2の統合度指数は低いが、TPQはかなり高いレベルである。一貫性と統一性が重要でないというわけではない。高級車専門メーカーが効果的なパフォーマンスを実現するには異なったパターンの一貫性が要求されるのである。ここでは、単に「量産車メーカーとしての一貫性が欠如している」という以外に、特徴が何かあるはずだという前提に立ち、高級車専門メーカーのパフォーマンスのパターンを把握し、それとTPQの関係を明らかにするために、量産車メーカーの場合とは異なった組織面の要素を調べてみた。

　第3章においては、1980年代の競争環境に対応して、高級車専門メーカーが従来どおり個々の機能について優れたパフォーマンスを実現し、製品コンセプトの安定性と首尾一貫性を維持するとともに、ユーザーの期待を取り入れた現代的デザインを導入することで、製品の差別化を進めた点に触れた。製品の高度な首尾一貫性は不可欠であるが、それだけでは、優れた高級モデルを、同じ

ように製品の首尾一貫性を特徴とする優れた量産車モデルとうまく区別することができない。高級車専門メーカーが成功を収めるのに必要なのは、極限的な条件下における高度の首尾一貫性——たとえば、時速200km以上の巡航速度での全体のバランスおよび安全性——である。高級車のユーザーは、比較的に安定的かつ画一的な期待（ただし水準は高い）を持っており、価格に対してはそれほど敏感ではない。したがって、高級車専門メーカーは量産車メーカーに比べると、この高度の首尾一貫性を実現するためにより多くの時間（そして開発工数）をかけることができる。

優れた高級車専門メーカーの製品開発システム

優れた高級車専門メーカーは、比較的古いタイプの製品開発システムを採用しており、量産車メーカーに比べると、市場との連携も少なく、部門間の密接なコミュニケーションもあまりない。効果的な高級車専門メーカーの情報処理システムは、製品開発の各段階ごとに内部に有する大量の組織的メモリーと情報処理能力、そして各段階間、各部門間のシンプルな情報フローが組み合わさったものである[*4]（図10-3参照）。

各モデルを通じ、また時間を超えて存在する製品コンセプトの首尾一貫性と安定性によって、製品開発関連組織全体が情報ストックあるいはノウハウを共有しやすくなっている。つまり、エンジニアリング組織に伝統が生まれ、部門間の情報フローの内容が単純化される。組織のメンバーの間ではすでにコミュニケーションに先立ってコンセプトやニュアンスが共有されているので、比較的シンプルな信号が送られるだけで複雑かつ微妙な意味が伝わるのである。蓄積され、共有されたノウハウを重視する考え方は、ノウハウ自体は急速に陳腐化することはないとの前提に立った場合、大変有効である。

極限的な使用条件下での個々の機能の優秀性——高級モデルの中心的な特徴——を実現するため、優れた高級車専門メーカーは、各ステップごとに最適化を図り、各ステップ同士は順序立てて連携させる。各問題解決サイクルのなかで働くエンジニアは、完全主義的傾向が強く、完全と思われる解決法が見つかり、承認されるまで、1つの問題に取り組み続ける。そして、次のステップのサイクルは、川上のステップから完璧なアウトプットを受け取って初めてスタ

図10-3 ● 高パフォーマンスの高級車専門メーカーの製品開発システム

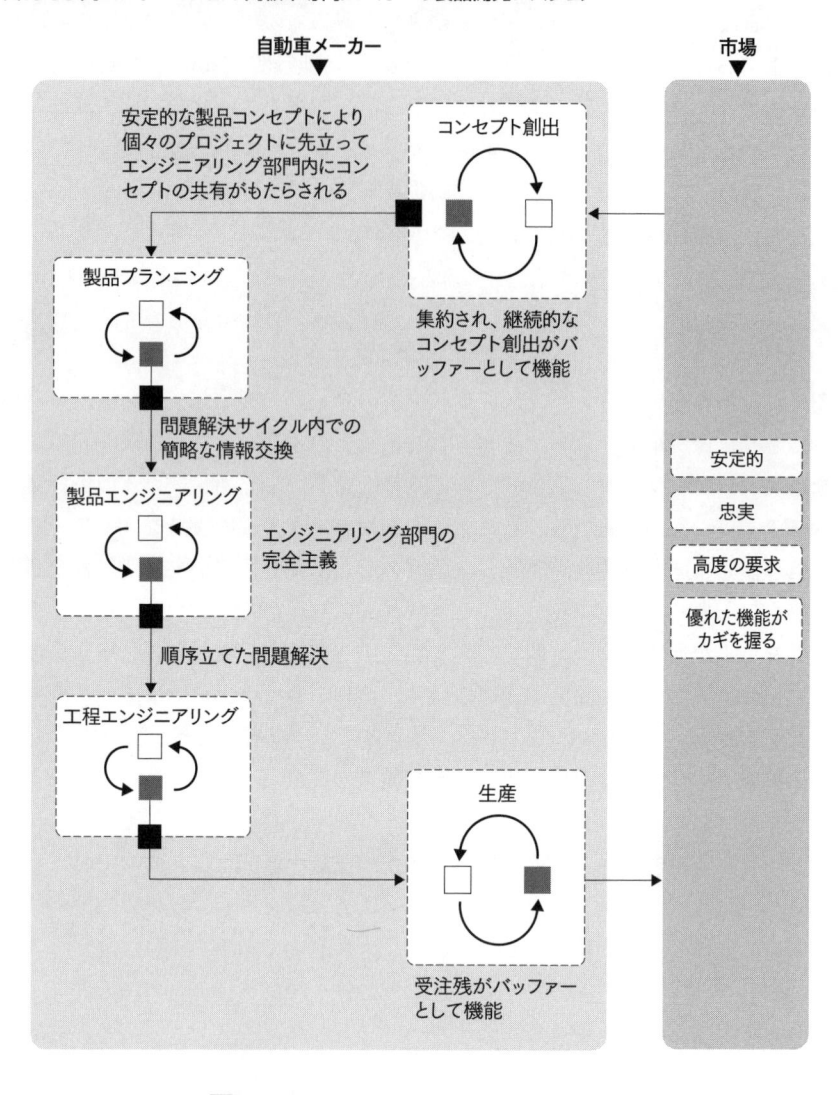

```
                        自動車メーカー                        市場
                            ▼                                ▼

      安定的な製品コンセプトにより
      個々のプロジェクトに先立って        ┌コンセプト創出┐
      エンジニアリング部門内にコン       │      ↻      │ ←──────
      セプトの共有がもたらされる         └──────────────┘

      ┌製品プランニング┐
      │      ↻         │              集約され、継続的な
      └────────────────┘              コンセプト創出がバ
              │                        ッファーとして機能
              │  問題解決サイクル内での
              │  簡略な情報交換
              ▼
      ┌製品エンジニアリング┐
      │        ↻           │          エンジニアリング部門の
      └────────────────────┘          完全主義
              │
              │  順序立てた問題解決
              ▼
      ┌工程エンジニアリング┐
      │        ↻           │
      └────────────────────┘                           安定的
              │                                         忠実
              │                                       高度の要求
              ▼                                      優れた機能が
                           ┌生産┐                    カギを握る
                           │ ↻  │ ─────────→
                           └────┘
                       受注残がバッファー
                       として機能
```

□ 選択肢
■ 評価（灰）
■ 最終承認
→ 活動のための情報の流れ

（注）活動に先立った情報の流れおよび
　　　部品メーカー・システムは、単純化のため省略。

ートする。

　このシステムによるリードタイムが長くなるのは、(1)完全主義的アプローチをとるため、各問題解決サイクルの内部で多くのやり直し作業が生じること、(2)各問題解決サイクルが順序立てて開始されること、による。このリードタイムが長いという難点は、パフォーマンスが優れ、コンセプトが安定している有利性によってカバーされる。長いリードタイムはマーケティング上かえって有利になっているようだ（例：「XYZクーペは一生に一度の製品です」）。

　図10-3に表されているようなタイプの情報処理システムを採用している製品開発組織は、各部門の機能分化を重視しがちである。機能別組織は、各部門間のメンバー同士の相互学習やノウハウの移転によって技術的専門知識の蓄積がしやすくなる。設計のコンセプト、テーマ、思想、基準等が共通する製品ラインの場合には、このタイプのノウハウの蓄積が特に適切である。知識の深さを重視することで、個人レベルの高度の分業化が進められる。高級車専門メーカーは、テーマの共通化、ノウハウの蓄積を強化することにより各個別モデルを超えて専門性を発揮しようとする。機能別の部門のなかでは、テスト部門（例：試作車実験部門）が、未成熟なアウトプットをふるいにかけ、製品エンジニアリング段階からは完璧なアウトプットだけを次の段階に引き渡し、エンジニアリング組織の伝統を守る役割を果たすと考えられる。

　優れた高級車専門メーカーの組織は、各作業段階間の情報フローがずっと単純なため、内的統合を実現するための複雑な仕組みをフォーマルに設ける必要がない。完全な情報を川上から川下へひとまとめに伝達するやり方（すなわち、作業段階ごとのアプローチ）は、作業段階間の強力な連携調整を必要としないのである。下部組織間で交換されなければならない情報は、コンセプトの共有とエンジニアリング組織の強い伝統によってさらに単純化される。前もって送り手と受け手がニュアンスや言外の意味を共有している場合には、比較的簡単な信号できわめて豊富な内容を伝えることができる。強力な統合の仕組み（例：専任のプロジェクト統合推進者）を採用している場合でも、その責任と権限の範囲は製品開発プロセスの特定の段階に限られることが多い（例：試作車のコーディネーター）。

　高級車専門メーカーは、エンジニアリング組織の伝統と完全主義のおかげで

図10-4◉高級車専門メーカーの一貫性がTPQに与える影響

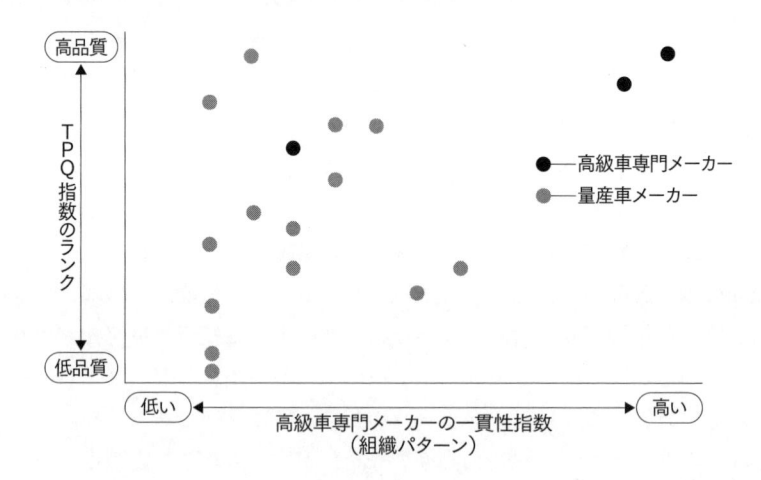

（縦軸：TPQ指数のランク　高品質〜低品質）
（横軸：高級車専門メーカーの一貫性指数（組織パターン）　低い〜高い）
● 高級車専門メーカー
● 量産車メーカー

高度の内的統合を実現しうる。一方彼らは、優れた高級車はどうあるべきかについてみずから決定する立場にあるため、外的統合に関しては、優れた量産車メーカーの場合に必要となる直接的、継続的な市場との接触を通じてではなく、通常のエンジニアリング作業とテストを通じてみずから実現することとなる。

高級車専門メーカーの首尾一貫性とTPQ

　TPQは、高級車専門メーカーの製品開発において最も重視されるものである。したがって、本研究においても高級車専門メーカーについてはTPQに注目する。ここで私たちは、高級車専門メーカーに関する一貫性指数を考案した。これは量産車メーカーの統合度指数と似たもので、そのメーカーの組織に関する6項目の要素を比較することにより求められる。図10-3で示される優れた高級車専門メーカーの理想パターンに基づいたこれら6つの要素は、内的および外的統合の相対的な単純度、コンセプト創出機能の中央集約度、エンジニアリング組織の完全主義の強さ、問題解決サイクルを順序立てて進める程度等を示すものである（これらの要素の詳細については付録参照）。

　高級車専門メーカーの組織パターンに関する一貫性とTPQとの関係が**図10-4**に示されている。高級車専門メーカーのサンプル数が少ないため、断定的

な結論を導くことはできないが、いくつかの顕著なパターンが見られる。
- ・高級車専門メーカー全体としては、量産車メーカーよりパターン一貫性の程度は高い。
- ・高級車専門メーカーにおいては、優れたメーカーほどパターン一貫性の程度が高い。
- ・量産車メーカーについては、パターン一貫性と品質との間に有意な相関関係は見られない[*5]。

こうしたことから、1980年代において、優れた高級車専門メーカーは製品開発に関して独特の組織構造とプロセスのパターンをつくり上げたことがわかる。製品の品質について優れたパフォーマンスを実現するメーカーは、先に述べた理想型にきわめて近い姿である。つまり、エンジニアリング組織において高度な分業化を進め、完全主義的な作業を行う。各部門は独立性が強い。部門間のコミュニケーションのパターンは単純である。そして車の個々の機能の優秀性をひたすら追求するのである。

本章のまとめ——類似点と相違点

　1980年代を通じて、世界の自動車産業には、製品開発について大きな成功を収めた2つのパラダイムが存在した。1つは量産車市場において2、3のメーカーが採用した、優れた品質の車を迅速かつ効率的に生産するパラダイムである。もう1つは高級車市場において2、3のメーカーが採用した、極限的な条件下できわめて優れた性能を発揮する高品質の車を生産するパラダイムである。後者の場合、前者に比べて、製品開発のスピードは遅く、生産性も低い。**表10-3**は、これら2つのパラダイムについて、それぞれ戦略と、組織および管理手法のパターンの特徴を比較したものである。

　この表からは、2つのことがわかる。1つは、これらのパラダイムはきわめて異なるが、どちらも確固として、内部的に一貫していることである。これまで見てきたように、成功を収めるメーカーは、コンセプト創出、デザイン、エンジニアリング等の多くの異なった視点からの作業が互いにうまく協力して行

表10-3●優秀な量産車メーカーvs.高級車専門メーカー

要素	戦略グループ	
	1980年代の量産車メーカーに共通するパターン	1980年代の高級車専門メーカーに共通するパターン
パフォーマンス	● 高いTPQ ● 高い開発生産性 ● 短いリードタイム	● 高いTPQ ● 低い開発生産性を許容しうる ● 長いリードタイムを許容しうる
競争戦略	● 低・中価格モデル ● 迅速な製品引き渡し ● 生産能力過剰傾向 ● 不安定な生産量／利益 ● コンセプトによる製品差別化の重視 　①コスト面、基本性能でライバル企業に対抗 　②多様な製品全体のコンセプトで差別化	● 高価格モデル ● 遅い製品引き渡し ● 生産能力不足傾向 ● 安定した生産量／利益 ● 性能による製品差別化の重視 　①極端な条件下での性能の優秀性で差別化 　②安定的な製品コンセプト
組織および管理手法	● 市場およびコンセプト創出部門の直接的かつ緊張な接触 ● コンセプト創出、プランニング、エンジニアリング、製造の各部門の緊張な接触 ● 順向的なコンセプト創出および継続的なコンセプトの改良 ● 製品および工程エンジニアリング両部門の調整された問題解決 ● 短いサイクルの生産（JITおよびTQCの採用） ● エンジニアリング作業への部品メーカーの関与、部品メーカーとの緊密なコミュニケーション ● 内的および外的統合の重視 ● プロダクト・マネジャーとコンセプトの擁護者の同一人化 ● 権限の強いプロダクト・マネジャー ● 重量級プロダクト・マネジャー制	● 全モデルを通じた一貫性のための製品コンセプトの集中管理 ● 技術的ノウハウの大量の蓄積およびエンジニアリング部門に共有された伝統 ● エンジニアリング部門の安全主義 ● プロジェクトの各段階間の順序立てた連携、ステップ・バイ・ステップでアウトプットの安全さを目指す ● テストと検査を重視した開発、生産 ● 部門ごとの分業化の重視 ● 集約化されたコンセプト創出部門 ● 単純化された統合メカニズム ● 権限の強いテスト・エンジニア ● 機能別組織／準機能別組織の組織形態

われ、相互に強化しあうような組織および管理手法のパターンをつくり上げている。2つには、これらのパラダイムは、それぞれのメーカーが置かれている競争環境、市場環境に適合しているということである。高級車専門メーカーは、市場がより安定的であるため、製品開発について高度に部門独立的なアプローチをとり、リードタイムが長くてもかまわない。量産車メーカーの場合は、変化しやすく競争が激しい市場を抱えており、迅速な対応、高い生産性、車全体のコンセプトが不可欠である。

　量産車市場と高級車市場は、競争環境が異なるため成功を収めるパターンも異なるが、両者の間にはたとえば製品の首尾一貫性のような類似点もある。優れた高級車専門メーカーは、確たるエンジニアリング組織の伝統を守った安定的なコンセプトを持ち、専門的知識の深さによって製品の首尾一貫性を実現する。一方、優れた量産車メーカーは、市場の期待を設計の細部に結びつけ、個々の部品を一貫して製品全体に統合することのできる組織およびプロセスによって、製品の首尾一貫性を実現する。どのようなやり方で実現するにせよ、製品の首尾一貫性は、製品開発の優れたパフォーマンスに不可欠の万国共通の要素である。

　成功を収めたこれらのパターンには、いくつかの共通点、類似点があるようだ。どちらも1980年代のユーザーの関心を引き、満足させた。いずれも、少数の「成功のために不可欠な要素」にだけ優位性を発揮するというよりも、多くの重要な細部を注意深くバランスさせた点に特色がある。そして、はやりの技法を素早く取り入れるよりも、長期的な能力を重視して、その優位性を継続的なものにしている。

　要約すれば、パフォーマンスを向上させる特効薬のようなものはない。優れた製品開発パフォーマンスを実現するためのカギは、少数の重要要素というよりも、数多くのさまざまな要素から成る総合的なパターンに一貫性を持たせることである。どれか1つの能力、1つの組織的特徴、1つの戦略、1つのプロセスが1980年代のパフォーマンスに差をつけたのではない。メーカーがすべての分野の多数の要素について一貫したパターンをつくり上げて、初めて優れたパフォーマンスが生まれる。製品開発を効果的に行うためには、2つか3つの重要な点について飛び抜けて優れているよりも、多くのことを一貫したやり方

で実行できることが必要なのである。

---

* 1) 議論を進める目的で、ここでは1980年代における各地域の市場環境の違いをあえて無視した。近年の競争環境が国際的に似てきた結果、どこの地域でも量産車メーカーは多かれ少なかれ類似した要求条件に直面するものと仮定した。
* 2) 量産車メーカー・グループのなかでのスピアマン順位相関係数は次のとおりである。
製品開発生産性＝0.47（n＝17、5％レベルでほぼ有意）、製品開発スピード＝0.62（n＝17、1％レベルで有意）、TPQ＝0.70（n＝17、1％レベルで有意）。
* 3) 分類についての詳細は付録を参照のこと。第17項目（コンセプト創出を行うプロダクト・マネジャー）は、グループ1およびグループ2にとって重要な項目であるが、両方に含まれている。
* 4) 高級車専門メーカーにとっての効果的な製品開発プロセスのモデルは、トンプソン（Thompson 1967）によって提唱された古典的なモデルの例として挙げられよう。すなわち、市場環境のインパクトはまず「境界画定」部門（製品コンセプト部門）が受け止めて変動を吸収し、一方「技術的中核」部門は縦につながった形になっている。製品コンセプト部門が市場の安定化の役割を担い、ユーザーに対してそのメーカーが持つベスト・カーについての概念を受け入れさせる。製品開発プロセスのもう一方の端においては、受注残の多さがバッファーとして機能する。
* 5) 図10-4の量産車メーカーに関するスピアマン順位相関係数は0.16で、有意とは言えない（n＝17）。

注

1) 統合度指数のコンセプトはVan de Ven and Drazin（1985）, Venkatraman（1987）参照。ここで用いた指数は、各変数の相対的重要度が等しいものと見なしており、その意味でラフな近似値以上のものではない。

第11章 製品開発の将来
——競争・ツール・優位性の要因

　世界の自動車産業には変革の風が吹いている。トヨタ、日産、そしてホンダは、高級車市場への参入をすでに開始しており、他の量産車メーカーも高級車の導入を近々予定している。メーカーの買収や共同開発プロジェクトは、1980年代に始まったトレンドであり、現在もそれは続いている。世界中の自動車ショーで新しい技術、新しいコンセプトが発表されるが、これは単にショーのためだけのものではない。将来の市場導入を真剣に考えている製品なのである。EC統合に対応して市場シェアの争いが激しくなっており、また、最近の東欧における変化が新たな市場と新たな供給源をもたらすことになるかもしれない。日本のメーカーがグローバルな生産体制をつくろうとしていることもあって、ヨーロッパやアメリカでは新工場が次々と操業を始め、供給サイドが注目を集めている。

　こうした展開、また他の多くの変化は、将来の競争環境、そして製品開発の役割に大きな影響を与えると考えられる。さらに、管理手法の新しいコンセプトと新しい情報技術が組み合わさって、製品開発のやり方を根本的に変えてしまうかもしれない。

　私たちはこれまで、1980年代における世界の自動車メーカーの経験に基づき、

管理手法、組織、パフォーマンスに重点を置いて議論してきた。そこで本章では、これまでわかったことから、将来の製品開発の姿を予想してみよう。まず、製品間の競争、競合関係の激化、各メーカーの同質化を見ることとする。次に競争の焦点が、最新技術を用いた部品、製品ライン全体、そしてグローバルな提携のネットワーク等へシフトしていく可能性について論じる。最後に、組織および管理手法の変質について、特に新しいコンピュータ技術に重点を置きながら検証してみる。

製品間の競合関係と競争の同質化

　競争のグローバル化は、1980年代における一般的なトレンドであったが、1990年代においてもそれは続くと考えられる。ニュー・モデルが外国市場に浸透し、ユーザーが外国車の購入を考慮することが多くなってくると、製品同士の直接的な競合関係は国際的な規模でいっそう激化するようになる。1980年代半ばまで、輸入車がわずかな市場シェアに甘んじていた日本でも、1980年代末には輸入車、特にヨーロッパ車の売上げがそれまでの4倍以上に増え、まだ現在も伸びている。

　このような市場の同質化（収れん化）がどこまで進むかは、市場セグメントによって異なると思われる。たとえば、小型車とサブコンパクト車のセグメントについてグローバルな同質化が見られるようになったのは、かなり以前からである。アメリカの市場では、シボレー・コルシカ、フォード・テンポ、ホンダ・アコード、マツダ626、プジョー405、そしてトヨタ・カムリ等は、製品の特徴やターゲットとなるユーザーがいずれも類似している。アメリカのメーカーは、サブコンパクト車の独自開発はもう行わないかもしれないが、日本のメーカーとの共同開発プロジェクトには依然として積極的に参加するであろう（例：GM—いすゞ—スズキ—トヨタ、フォード—マツダ、クライスラー—三菱）。その結果、世界中どこでも同じように売れる製品が生産されることとなる。

　高級車のセグメントも、より国際的になり、競争が激しくなってきた。高性能高級セダンのカテゴリーでかつては圧倒的な優位を保っていたダイムラー・

ベンツとBMWは、トヨタ・レクサスや日産インフィニティといった新しい競争相手を迎えることとなった。ジャガーは、1989年にフォードに買収され、ヨーロッパ大陸で本格的に競争しうる後ろ楯を得た。GMはサーブとジョイント・ベンチャーを組み、キャデラック部門が高性能の高級車——略称オーロラ——を1990年代半ばに市場導入する予定で準備を進めている。

中型車のセグメントは、1980年代においてもかなり地域ごとの特色を持ったままであった。アメリカの量販、低価格のファミリー・セダン（例：トーラス、ルミナ）、日本の運転手付きで乗るタイプのサルーン（例：クラウン、セドリック）、そしてヨーロッパの準高級車（例：スコーピオ、オメガ、R-25）と多様である。しかし、このセグメントにおいても、1990年代には同質化が進むのではなかろうか。ユーザーたちは、フォード・トーラス、アウディ100、日産マキシム等をより直接的に比較するようになり、グローバルな中型車市場が生まれてこよう。

たとえば、日本の軽自動車やアメリカの大陸ロード・クルーザーのように、いくつかのセグメントではそれぞれの地域独自の特色を持ち続けることとなろうが、全体としては、1990年代の世界市場は、異なった地域で生産された車同士が直接競合することが多くなってくる。ユーザーは特定のブランドに忠実でなくなり、メーカーはユーザーのニーズの変化に迅速に対応しなければならなくなる。

ある意味で、これはグローバルな市場が「日本化」したものといえる。長年にわたり、日本の国内市場の特色は、それぞれのセグメントの内部で多くの車種が競争しているということであった。つまり、日本のメーカーにとっては、自然に国際的な競争を有利に運ぶことができる要素が揃っているのである（短いリードタイムと短いモデル・チェンジ・サイクル、迅速な製品ラインの拡張、高い生産性）。この優位性は、1990年代においてもしばらく続くであろう。アメリカとヨーロッパの自動車メーカーは、引き続きこの競争上の格差を縮める必要に迫られ、リードタイムの短縮、開発生産性の向上、製品開発組織の改善のためにはまだかなりの時間を要するものと考えられる。これらの競争圧力は、量産車メーカーにも高級車専門メーカーにもかかってくる。

量産車メーカー――リードタイム、生産性、TPQにおける格差の縮小

　日本の優位性は永遠に続くものとは考えられない。欧米の量産車メーカー各社は、製品開発パフォーマンスに格差があることを認識し、この格差を縮めるべく、多くのメーカーがすでに大きな努力を傾注し始めている。製品開発における格差を縮めていく過程は、1980年代初め以来、製造の生産性と品質について欧米のメーカーが経験してきた過程と似ている。1980年頃、日本のメーカーと欧米のメーカーとの間には生産コストや生産性にかなりの格差があることが初めて指摘され、多くの欧米メーカーがこの格差を縮めるために相当の努力を払ってきた[注1]。そして、1980年代末には格差がかなり縮まってきたが、依然として残っている[注2]。製造の品質についても同様の傾向がある[注3]。製品開発に関しては、製造のパフォーマンスのトレンドから数年遅れて、格差の認識と短縮への努力という同様の過程が見られることとなりそうである。

　このような調整過程の結果として、1990年代には、個々の製品開発プロジェクトのレベルにおいて、パフォーマンスと組織の格差が縮まってくるだろう。いくつかの欧米のメーカーの最近のデータを見ると、コンセプトの創出から市場導入までのリードタイムは4年のレベルに近づいており、日本のリードタイムにおける優位性はすでに縮小しつつあることがわかる。日本のメーカーもさらにリードタイムを短縮するかもしれないが、少量生産のニッチ製品を除けば、3年のレベルを超えてリードタイムを大幅に縮めることはおそらくないだろう。実際、高級車については、いくつかの日本のメーカーも通常の4年よりも長い時間をかけて製品開発を行っている。さらに、日本の量産車のモデル・チェンジ・サイクルも同じか、あるいは若干長くなるであろう。全体として、1990年代にはリードタイムの地域差は縮まってくると考えられる。

　開発生産性の格差は、長く残るだろうと考えられる。それは1つには、生産性の格差がリードタイムの格差より大きいこと（日本のプロジェクトは、欧米のプロジェクトの約2倍の生産性を誇るというデータがある）、またもう1つには、エンジニアリング作業の生産性は、リードタイムに比べると測定しにくく、メーカー内部の情報システムでの追跡が大雑把になりがちであることが原因として挙げられる。さらに、欧米のメーカーは、近年リードタイムの短縮ばかりに注

目し、生産性をあまり重視してこなかったこともあろう。だが、リードタイムの格差が縮まってくれば、生産性の格差（ニュー・モデルの市場導入の頻度、製品ラインの幅広さに表れる）がはっきりと目立ってくるため、開発作業の生産性が次第に競争の焦点として浮かび上がることとなろう。開発生産性の向上なしにリードタイムを短縮しようとすれば、製品ラインのバラエティを増やしたり、モデル・チェンジ・サイクルを速くしたりするうえで資源の制約条件にぶつかることになりかねない。製品開発のリードタイムと生産性の間には相関関係がある（第4章参照）。各メーカーが分業化を抑制し、調整された問題解決を図ることによってリードタイムを短縮しようとするなら、製品開発リードタイムが縮まるとともに、ある程度生産性は向上することとなろう。だが、もしアメリカやヨーロッパのメーカーが、日本との格差を縮めたいというなら、生産性に重点を置く必要があることは明らかである。

　同様のことは、製品の首尾一貫性（product integrity）および総合商品力（TPQ）についても言えよう。アメリカのメーカーが製造の品質格差を1980年代末に縮めた結果、適合品質については差がなくなってきた。また、すでに述べたように、個々の性能の違い、すなわち、燃費効率、加速性能、乗り心地、操縦性等の格差も縮まってきており、設計品質と車全体のユーザー体験が格差の重要な要素として残っている。これらの点は、今後数年間の競争の焦点となってくる可能性が大きい。

　ヨーロッパのメーカーは、設計品質および車全体のパフォーマンスに優れているが、他地域との格差は縮まってきている。小型車のセグメントでは、いくつかの日本車——たとえば、ホンダ・アコード、マツダ626——が、ヨーロッパ市場で成功している。今後数年間に、日本の主要メーカーは皆、ヨーロッパにデザイン・スタジオとエンジニアリング部門を置いてフルに稼働を始める。アメリカのメーカーは、主要な人材とコンセプトをヨーロッパに移すことにより、ヨーロッパにおける経験をより直接的に吸収し始めている。たとえばフォード・トーラスは、アメリカで設計、エンジニアリング作業が行われたが、ヨーロッパにおける経験を参考にしている。つまり、ヨーロッパにおける経験を有するデザイナーやエンジニアが、車の内装、外観のスタイリングや車全体の特色を形づくったのである。

リードタイム、生産性、そして製品の品質のパフォーマンスについて、量産車メーカーがこのように同質化してきているのは、激しい競争の結果である。だが、同質化が進んできているからといって、個々のプロジェクト、個々のメーカーが競争優位を実現できなくなるわけではない。市場はいつでも創造性と優れた出来栄えを評価するものである。ただ、1つの製品が優位に立つことはいっそう難しくなってきたということなのである。

高級車専門メーカー——その戦略は続けられるか

　1970年代、1980年代を通じて、ヨーロッパの高級車専門メーカーは、そのイメージ、パフォーマンス、価格において一段格上の、特別な戦略グループとして位置づけられてきた。彼らは、リードタイムやエンジニアリングの生産性があまり重要とされない、量産車メーカーとは異なった競争環境に置かれており、彼らの競争の焦点は、デザインの継続性、優れた個々の機能にあった。そのような競争の性格および環境がそのまま続くのであれば、高級車専門メーカーは引き続き有利な戦いを展開することができよう。しかしながら、競争の性格が変わりつつある。高級車専門メーカー同士の競争が激しくなってきており、また、量産車メーカーの高級車市場への参入が進められていることから、高級車専門メーカーのグループの内外からの競争圧力が高まっている。こうした競争圧力の増大は、高級車専門メーカー自体の変革、そして高級車戦略の有効性についての問題を提起することとなる。

　将来、量産車メーカーと高級車専門メーカーの戦略が同質化してくる兆候はすでに見られる。たとえば、1980年代にホンダが市場投入したレジェンドおよびレジェンド・クーペは、ダイムラー・ベンツやBMWといったヨーロッパの高級車専門メーカーの製品ラインの比較的低価格の車種と競合するようになった。また、1989年には、日本の2大量産車メーカーである日産とトヨタが、それぞれインフィニティとレクサス（セルシオ）という高級車を市場投入し、メルセデス300やBMW7シリーズ等と真っ向から競合する可能性が出てきた。これらの新規参入メーカーは、量産車を開発するのと同じ組織、場合によっては同じプロセスを用いているが、投入した資源および時間ははるかに多く、高級車市場にふさわしいテスト方法、テスト基準を採用している。また、フォー

図11-1●量産車メーカーの製品性能の向上

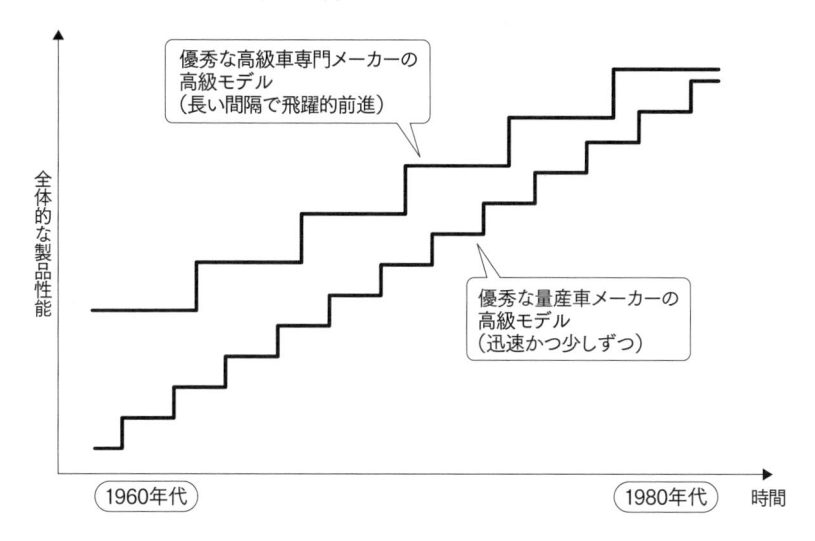

［優秀な高級車専門メーカーの高級モデル（長い間隔で飛躍的前進）］

［優秀な量産車メーカーの高級モデル（迅速かつ少しずつ）］

縦軸：全体的な製品性能　横軸：時間（1960年代〜1980年代）

ドは、新しく買収したジャガーに対して、フォード流の経営スタイル、プロセスを導入することが考えられる。

　したがって、1990年代の高級車市場においては、まったく異なったやり方で開発された製品同士が直接競合するという状況が見られそうである。これは単に製品同士の競争というよりも、2つのまったく異なった戦略の間の競争ということである。**図11-1**は、高級車市場において、量産車メーカーと高級車専門メーカーとが製品の性能を長期的にどのように向上させていくかを比較した概念図であり、問題を明確化するのに役立つ。性能の大きな改善はモデル・チェンジごとに行われるものとし、途中で加えられる小幅な改善は無視して考えると、時間の経過とともに性能の向上は階段状のパターンを示す。このような条件下では、性能向上の長期的なペースは2つの要素、すなわちモデル・チェンジの頻度と1回のモデル・チェンジに際しての性能の改善の幅とによって決定される。

　第3章で述べたように、高級車の成功のカギを握るのは個々の機能の明確な優秀性であった。そのような優秀性がプレミアム価格を生み、製品のイメージをよくし、ブランドに対するユーザーのロイヤルティを育てる。高級車専門メ

ーカーの伝統的な組織およびプロセスは、部門ごとの機能分化と完全主義的なエンジニアリング・プロセスを重視しており、モデル・チェンジごとの性能の向上を大幅なものにするのに役立っている。このため、高級車専門メーカーは、モデル・チェンジ・サイクルが長いにもかかわらず、技術的なリードを保つことが可能であった。このような戦略の成功により、日本の量産車メーカーが粘り強く「迅速かつ少しずつ」のアプローチで性能の格差を縮めても、ヨーロッパの高級車専門メーカーは大幅な性能向上によって、また技術的なリードを広げるということを繰り返してきた。

1980年代の終わりに近づいてくると、いくつかの日本のメーカーが、ダイムラー・ベンツ、BMW、ポルシェ等と競合する製品で迫ってきた。高級車専門メーカーも新世代のモデルを投入し、性能をさらに向上させて対応すると考えられるが、今や競争はより激しくなっており、特にヨーロッパと比べてユーザーが伝統的な高級ブランドに対するロイヤルティをそれほど持っていないアメリカ市場においてその傾向が顕著である。

次に何が起こるのか。少なくとも3つのシナリオが考えられる。

量産車メーカーが性能面で壁にぶつかる　最初のシナリオでは、量産車メーカーが性能面で壁にぶつかる。彼らは、短い製品開発サイクルの戦略に固執する限り、真の高級車を開発することはできず、パフォーマンスの格差を縮めるペースも落ちてくる。高級車市場を引き続き目指すメーカーは、その組織およびプロセスを変え、順序立てたプロセスと完全主義的な作業のやり方にし、リードタイムとモデル・チェンジ・サイクルを長くする等、高級車市場における競争環境に適応していかなければならない。それに必要な組織およびプロセスは、量産車を開発するための既存の組織とはほとんど両立しないため、高級モデル専門の組織を別につくることも考えられる。このように、1990年代に入っても、高級車専門メーカーの戦略は生き残り、この戦略グループに属するメーカーが増え、より国際的な性格を帯びることとなる。

高級車専門メーカーが製品開発プロセスを変える　第2のシナリオでは、いくつかの量産車メーカーが優秀な高級モデルの開発に成功する。これにより、高級車専門メーカーは、優れた量産車メーカーの組織の特徴を多く取り入れ、

量産車メーカーのペースに遅れないように製品開発サイクルを短くする等、製品開発の組織および管理手法を変えることを余儀なくされる。極端なケースでは、高級車専門メーカーが高級車専門メーカーとしての戦略を放棄し、量産車メーカーの俗界に「降りて」くることも考えられる。1970年代および1980年代に、高級車専門メーカーが初めて低価格モデル（例：メルセデス190、ポルシェ924／944）を導入したときに、すでにそうした傾向の兆しが見えていたといえよう。最後には、高級車専門メーカーの戦略は、量産車メーカーのそれと融合して1990年代のうちに消えていく。

高級車専門メーカーが「超」高級車セグメントを創出する　第3のシナリオでは、いくつかの量産車メーカーが成功を収めるが、高級車専門メーカーも従来の戦略をさらに発展させて対応する。高級車専門メーカーは、その製品開発プロセスを変更するのではなく、持っている専門的ノウハウを使ってさらに大幅な性能の向上を遂げ、「超」高級車セグメントにのぼっていく。これにより、3万～7万ドルの価格帯で最大時速200～215kmの車から、6万～10万ドルの価格帯で最大時速240～270kmの車へと重点をシフトすることになる。高級車専門メーカーは、こうして新しくできたニッチ市場においてその支配的地位を保持することができる。だが、このニッチの規模はきわめて小さい。3万ドルも余計に払って、実際に体験することのほとんどない性能の違いを求める人はきわめて少ないであろう。フェラーリ（現在はフィアットの一部門）やランボルギーニのような小規模のスーパーカー・メーカーにとっては、1990年代に生き残る救いとなるかもしれないが、ダイムラー・ベンツのような規模のメーカーを支えるだけの市場とはならないだろう。ダイムラー・ベンツの場合、2000年までには、高級車メーカーの雄というよりも、エレクトロニクスから宇宙産業に至るまで、多角化した巨大企業として成功しているかもしれない。

　以上3つのシナリオは、もちろん仮定のものにすぎない。もっと現実的には、これら3つの組み合わせによる、高級車専門メーカーと量産車メーカーの相互調整が行われると思われる。すでに高級車専門メーカーは、その組織内部の各部門を統合し、製品開発サイクルを短縮し始めている。他方、量産車メーカーは、その最高級モデルについて、製品開発のアプローチを変えつつある。実際

には、高級車専門メーカーの製品開発サイクルは、量産車メーカーほど短い必要はないかもしれない。もし、パフォーマンスの向上を今までどおり確保しながら、製品開発サイクルを若干でも短縮できれば、高級車専門メーカーは量産車メーカーに対する優位を維持することができよう。また、その製品ラインの最高級モデルについて、「超」高級車セグメントを開拓することが魅力的なら、戦略の組み合わせが可能である。量産車メーカーの製品と直接競合する低価格モデルについては、リードタイムの短縮、より調整されたエンジニアリング作業を追求するとともに、最高価格、最高級のモデルについては性能のきわめて大幅な向上を図ることにより、ブランドのイメージを維持し、優秀な製品のメーカーとしての評判を高めることができる。どのようなパターンの対応がとられるにせよ、1990年代においては、高級車専門メーカーと量産車メーカーの間の違いは、1980年代において見られたほど鮮明なものではなくなると考えられる。

変化する競争の焦点

　個別の製品間の競合関係の激化は、1980年代の競争の重要な特徴であったが、1990年代にはその傾向がさらに強まるものと考えられる。新モデルの開発プロジェクトは、各段階における作業内容の優秀性に重点が置かれるようになる。しかしながら、競争に生き残る各メーカーの個別プロジェクトのパフォーマンスは新しい競争環境のなかで同質化が進み、その結果、トップ・メーカーは製品開発の他の要素について競争優位に立とうとするようになるだろう。1980年代の製品開発の優れたパフォーマンスの要因——調整されたエンジニアリング・プロセス、内的および外的統合を進める強力なリーダーシップ、高い技術を持つ部品メーカーのネットワーク——は、引き続き重要であり、不可欠でもあるが、それだけでは競争上優位に立つには十分でなくなると考えられる。

　図11-2は、競争の焦点が変化しているという考え方を明確にするため、製品に関する管理手法の4つのレベルを示したものである。すなわち、部品技術、個々の製品、メーカー全体の製品ライン、メーカー間の製品ラインである。競

図11-2●製品開発管理手法の4つのレベル

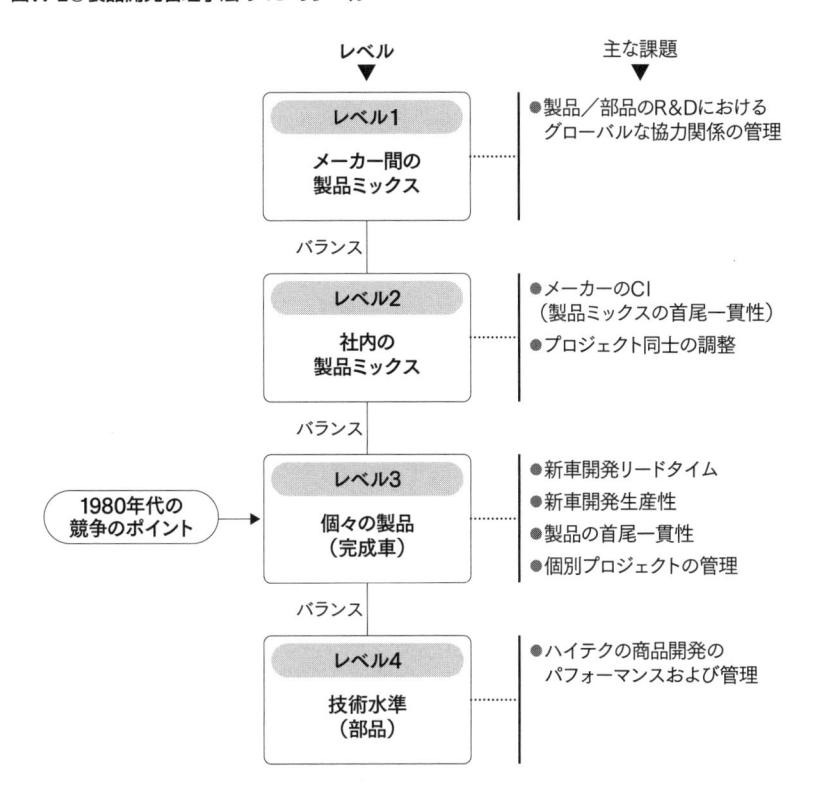

```
                        レベル                主な課題
                         ▼                    ▼
                    ┌─────────┐
                    │  レベル1  │  ······  ●製品/部品のR&Dにおける
                    │ メーカー間の│            グローバルな協力関係の管理
                    │ 製品ミックス│
                    └─────────┘
                       バランス
                    ┌─────────┐
                    │  レベル2  │  ······  ●メーカーのCI
                    │  社内の   │            （製品ミックスの首尾一貫性）
                    │ 製品ミックス│          ●プロジェクト同士の調整
                    └─────────┘
                       バランス
  ┌──────────┐   ┌─────────┐    ●新車開発リードタイム
  │1980年代の │→ │  レベル3  │    ●新車開発生産性
  │競争のポイント│   │ 個々の製品 │ ·· ●製品の首尾一貫性
  └──────────┘   │ （完成車）  │    ●個別プロジェクトの管理
                    └─────────┘
                       バランス
                    ┌─────────┐
                    │  レベル4  │  ······  ●ハイテクの商品開発の
                    │  技術水準  │            パフォーマンスおよび管理
                    │  （部品）  │
                    └─────────┘
```

争の焦点は、1980年代においては個々の製品のレベル（製品の首尾一貫性、プロジェクト・リードタイム、プロジェクトの生産性等）にあることが多かったと思われるが、製品レベルのパフォーマンスの格差が縮まるにつれ、他のレベル、複数の焦点へとシフトするであろう。もしそうなれば、異なったレベル間のバランスが大変重要になってくるかもしれない。

CIと個別製品の市場対応とのバランス

　製品ラインのレベルにおいて、1990年代のユーザーは世界的にCI（コーポレート・アイデンティティ）をいっそう重視するようになると考えられる。そうなれば、製品ライン全体に個性的で一貫したテーマを持たずに、個々の製品の

図11-3●グローバル市場に現れつつあるコンセプト群

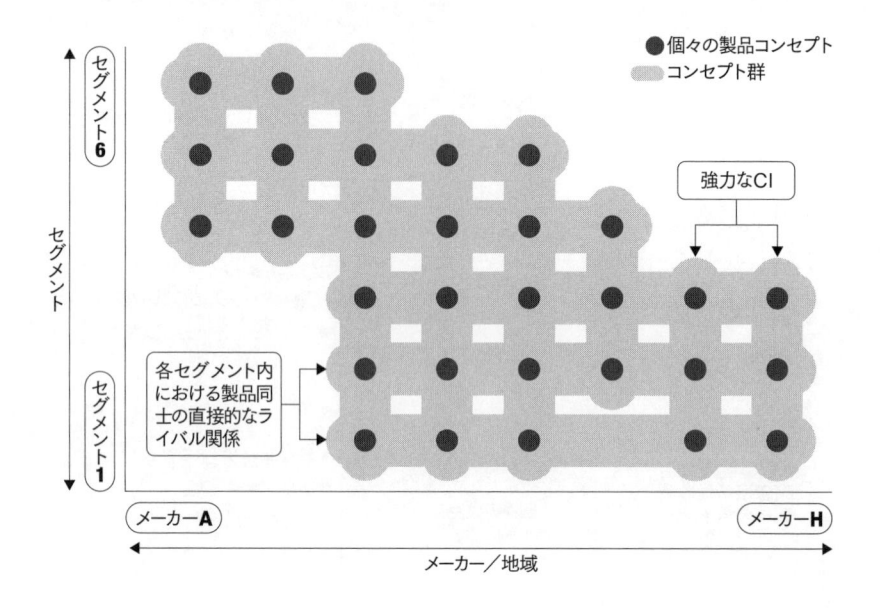

強さだけで競争に勝つことはますます難しくなってくる。1990年代の自動車メーカーは、製品ライン全体のCIと個々の製品の流行に対する敏感さやバラエティとの微妙なバランスをとる必要がある。

　ここで議論するCIとは、企業のマーク、車体のシルエット、フロント・グリル等の表面的な共通性や、広告によってもたらされる共通の企業イメージを超える何かである。製品の特徴のもっと深いレベルで、その企業の製品全体に流れる共通のテーマ、機能や形状の細部の調査のとり方として表れるものである。したがって、それはマーケティングや装飾的技法にとどまらず、製品開発のプロセスおよび組織全体に関わる問題なのである。

　図11-3は、第3章で示したのと同様なコンセプト群の図を用いて、新しい競争環境を表そうとするものである。各メーカーは水平軸に並べられ、製品セグメントは垂直軸に並べられている。個々の製品コンセプト同士の結びつきは、市場におけるコンセプト群を表す。垂直方向の結びつきは、個々の製品が共通のテーマを持つような強いCIを示し、水平方向の結びつきはセグメントとし

ての強力なコンセプトの存在と製品同士の直接的競合関係を示す。この図によって、1990年代においては、企業ごと、セグメントごとにグローバルな規模でコンセプトが群を構成するという、自動車産業の競争環境のトレンドを把握することができる。こうしたなかでは、各メーカーは、製品ライン全体におけるコンセプトの共通性と市場セグメントごとのコンセプトの差別化とをバランスさせる必要がある。

　この2つの軸のバランスをとるには、プロジェクト同士を慎重に調整することが大切である。下手をすると、どちらの方向でも間違いを犯しかねない。製品ライン全体におけるコンセプトの共通性を強調しすぎると、製品の差別化がおろそかになる。たとえば、GMのいわゆる「Cボディー」の製品ファミリー（キャデラック、ビュイック、オールズモービルの各モデル）は、いずれもまっすぐに立ったリア・ウインドーを特徴とした外観が共通していた）。そこへ、GMのもっと低価格のモデル（例：オールズモービル、シボレー、ビュイック、ポンティアックの「Aカー」）にも同じような外観の特徴が取り入れられたが、アメリカのユーザーは一般的に、CIの存在を認識するよりも、セグメントごとの差別化が行われていないと感じたのである。これは特にキャデラックにとってマイナスに作用した。ユーザーは、「キャデラックがオールズモービルと同じように見えるなら、わざわざキャデラックを買う必要があるのか」と問い直したのである。一方、1980年代半ばのマツダの製品ラインはCIが不十分であった逆のケースである。マツダの個々の製品は、そのエンジニアリング面の内容や製品の首尾一貫性という点で、高い評価を得ていた[*1]。しかしながら、漠然としたヨーロピアン志向という以外に、各モデルに共通する一貫したテーマが欠けていたのである。

　図3-1と図11-3を比較してみると、製品ライン全体と個々の製品とのバランスを確保するという競争上の新たな問題は、地域ごとに異なった意味を持つらしいことがわかる。ヨーロッパのメーカーにとっては、伝統的なCIの強みを維持しつつ、個々の開発プロジェクトのパフォーマンスを強化するということが課題となる。確かにCIがますます重視されるようになってきたのは、ヨーロッパのユーザーが伝統的な内面的なレベルでのCIを重視してきたことから見て、世界市場の「ヨーロッパ化」と言いうる現象である。ヨーロッパのメー

カーは、この有利性を保持しながら、多様化し、変化する市場に対して、個々の製品開発の対応をもっと迅速にする努力をしなければならない。そのためには、個々のプロジェクトの管理を強化する必要がある。

　日本のメーカーにとっては、その意味はまったく異なっている。日本の国内市場は個別製品同士の競合関係が厳しく、その経験から各メーカーは迅速で効率的な製品開発という、世界市場での新しい競争に不可欠な能力を持っており、この点で初めから有利である。従来から日本のメーカーは、製品レベルでの競争に対処することを重視し、製品ライン全体の共通テーマを追求することにはあまり関心を払ってこなかった。日本国内のユーザーも、製品コンセプトのパターンが製品ごとに異なるという状況に慣らされて、CIに対しては多少鈍感であり、メーカーの無関心を助長した面がある。

　1980年代半ば頃から、いくつかの日本メーカーもCIの強化を始めたが、この点ではまだヨーロッパのメーカーの後塵を拝しているものが多い。市場が一貫した製品ラインを期待するようになっており、日本のメーカーとしては、個々のプロジェクトの市場の動向に対する敏感さやバラエティの多さを犠牲にせずに、プロジェクト同士を十分調整することが必要である。これは、ヨーロッパのメーカーが抱える課題と比べても決して容易な課題ではない。

　アメリカのメーカーは、両面において相当の努力が必要である。個々の製品のレベルでは、製品開発をより迅速かつより効率的にするとともに、製品開発組織の外部統合を強化することにより製品の首尾一貫性を高めなければならない。また、製品ラインのレベルでは、伝統的な個々の製品対応のアプローチを、部品の共通化や特定のスタイリング要素に頼ったCI（あるいは社内ブランド・アイデンティティ）を変えていかなければならないかもしれない。だが、ユーザーは製品ラインの一貫性を製品のもっと深い部分で要求するようになってきており、アメリカのメーカーは、CIはもっと全体論的（ホリスティック）なアプローチ——つまり、部品、レイアウト、スタイリングをうまく調和させて各モデルに共通したコンセプトのテーマを持たせること——でとらえるようにする必要があると考えられる。

　1990年代の市場で成功を収めるためには、製品ライン全体の管理がますます重要となる。各モデルを通じてテーマ、コンセプトの一貫性を持たせること

なしに、個々のプロジェクトの管理だけを重視するメーカーは、大きなリスクを負うこととなろう。

技術開発と製品開発のバランス

1980年代における競争の主要テーマの1つは、車全体のパフォーマンスにおけるバランスと首尾一貫性であった。部品の技術革新（例：マルチバルブ・エンジン）が一定の役割を果たしたことは確かだが、他の部品や車全体のコンセプトと調和がとれて初めて成功を収めることができたのである。1990年代においては、部品技術の重要性が増すかもしれないが、それに従って、製品開発の短いリードタイムと新技術開発の長いリードタイムを、製品の首尾一貫性を確保しつつバランスさせる必要が生じてこよう。

図11-4は、この問題を要約したものである。図の上半分は、1990年代のますます不安定化する競争環境のなかでは、新車開発のリードタイムをさらに短縮する必要がある一方、エレクトロニクスや新素材以外にも、エンジン、サスペンション等の機械部品の構造の分野で引き続き急速な技術進歩が期待され、技術開発は時間がかかるようになる（しばしば5〜7年、あるいはそれ以上かかる）ことを示している。したがって、特に日本の場合、新車開発のリードタイムはすでに短いが、部品の開発のリードタイムは新車のそれを上回ることとなろう。

このようなリードタイムの格差の問題に対する一般的な解決法の1つは、部品の先行開発である。すなわち、エンジン、トランスミッション、サスペンション等の高水準の技術を要求される部品を前もって開発し、「冷蔵庫」のなかに蓄えておき、新車開発エンジニアが取り出して、必要な修正を加えて新車に用いるのである。こうすることで、技術開発と製品開発をうまく切り離すことができる。

しかしながら、このように切り離すことは、新しく「冷蔵された」技術が製品コンセプトと技術のコンセプトとの間の適合性をあまり考慮せずに使われる危険性を伴う。この種の「技術主導型」のアプローチは、ユーザーが車全体のコンセプトと関係なく新しい技術を要求しているような市場においては効果的である。たとえば過去においては、日本のユーザー、特に若い購買層が新技術と見れば飛びついたので「このクラス初の技術」を取り入れれば、それぞれそ

図11-4●技術開発vs.製品開発

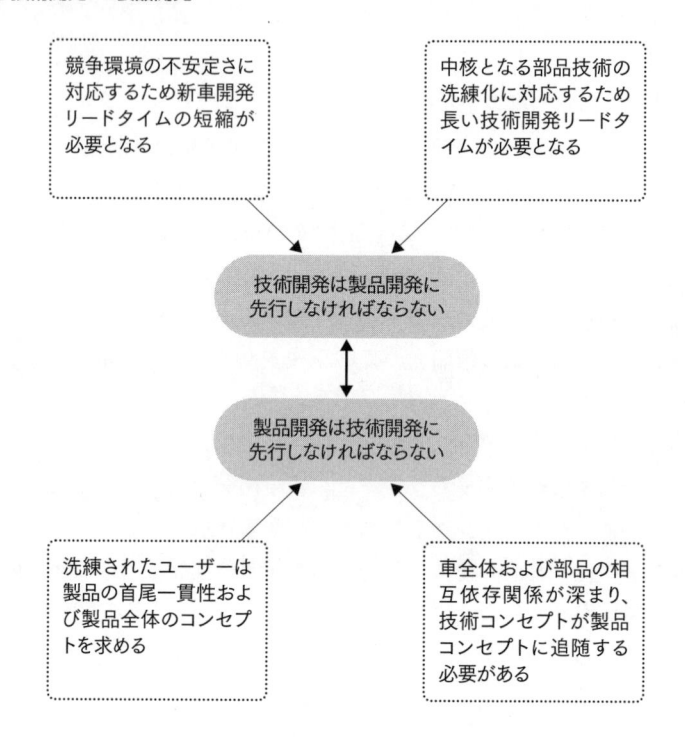

```
┌─────────────────┐              ┌─────────────────┐
│ 競争環境の不安定さに │              │ 中核となる部品技術の │
│ 対応するため新車開発 │              │ 洗練化に対応するため │
│ リードタイムの短縮が │              │ 長い技術開発リードタイ│
│ 必要となる        │              │ ムが必要となる     │
└────────┬────────┘              └────────┬────────┘
         └──────────┐      ┌──────────────┘
                    ▼      ▼
              ╭─────────────────╮
              │ 技術開発は製品開発に │
              │ 先行しなければならない│
              ╰─────────────────╯
                       ↕
              ╭─────────────────╮
              │ 製品開発は技術開発に │
              │ 先行しなければならない│
              ╰─────────────────╯
                    ▲      ▲
         ┌──────────┘      └──────────────┐
┌────────┴────────┐              ┌────────┴────────┐
│ 洗練されたユーザーは │              │ 車全体および部品の相│
│ 製品の首尾一貫性およ │              │ 互依存関係が深まり、│
│ び製品全体のコンセプ │              │ 技術コンセプトが製品│
│ トを求める        │              │ コンセプトに追随する│
│                  │              │ 必要がある        │
└─────────────────┘              └─────────────────┘
```

のモデルの売れ行きの伸びが保証されたということもある。

　だが、製品も市場も変わってきている。図11-4の下半分においては、1980年代から引き続いているトレンドとして、ユーザーが製品の首尾一貫性にますます敏感になってきていること、個々の部品と車全体とが緊密に連携して技術的に一貫した製品へと進化していることが示されている。メーカーは、こうした変化に対応するためには、技術開発を製品コンセプトにマッチさせていかなければならない。理論的に言えば、これは新車の開発を技術開発に先行させ、技術開発を促すことを意味する。ところが、洗練された部品技術を開発するのは、新車を開発するよりも時間がかかるため、新車開発のリードタイムを短縮するという要請と矛盾することとなる。

　車全体と部品との適合がますます重要になってきていることは、最近の実例

が裏づける。ホンダとマツダは、1987年、日本の国内市場で初めて四輪操舵（4WS）の技術を商品化した。両者の技術的アプローチは異なっていたが（マツダは電子制御、ホンダは機械制御）、どちらのシステムも十分洗練され、経済的で信頼性を持っていた。これが1970年代の日本市場であれば、どちらも成功を収めていたであろう。だが、1980年代後半においては、2つのシステムはまったく異なった結果をもたらした。ホンダの製品は国内市場で成功したが、マツダは当初の売り上げが伸びず、一般的に失敗として受け止められた。業界関係者は、マツダの期待はずれの結果が車全体と部品技術とのミスマッチのせいであると、早々と決めつけた。ホンダは、その4WSシステムを2ドア・クーペのプレリュードに搭載し、マツダは5ドアのハッチバックに搭載した。日本のユーザーは、4WSをスポーティで、進歩的なイメージでとらえ、それがプレリュードのコンセプトと一致した。一方5ドアのハッチバックは日本ではファミリー・カーと見なされており、スポーティで進歩的なイメージと重ならなかったので、ユーザーを混乱させるメッセージとなってしまったのである。

4WSのエピソードは、「冷蔵庫」あるいは「既成技術流用」型の技術開発のアプローチが、近年の自動車メーカーの抱える問題への対処法としては、いかに不適切であるかを示している。メーカーは、新車開発のリードタイムの短縮、部品技術の洗練化、製品の首尾一貫性の確保、車全体のコンセプトと部品のコンセプトとの適合等を同時に実現しなければならないのである。技術開発のアプローチとしては、ほかに少なくとも3つの選択肢がある。1番目の、そして最も従来型のアプローチは、技術開発の全社的長期計画──技術サイクル・プラン──を立てて、全社的な長期製品計画（製品サイクル・プラン）と調整することである[*2]。技術サイクル・プランは、車全体および部品の開発プロジェクトの集中管理を行うことにより、リードタイムの格差にかかわらず、特定の技術開発を製品と技術の適合を確保しながら進めることを目的としている。このアプローチの成功のカギは、製品と技術双方のコンセプト要素を長期計画に組み込むことができるかどうかである。これは、スケジュールと資源配分に重点を置いた従来型のサイクル・プランニングではなかなかうまくできない。

第2のアプローチは、多世代コンセプトの創出と呼べるものである。つまり、現在のプロダクト・マネジャーに、次世代以降の世代のコンセプト創出も担当

させるのである。現在進行中の次世代モデルのハードウエア開発に加えて、少なくとも今後2世代以上にわたってそのモデルがどのように進化していくかについての大まかなビジョンまたはコンセプトの創出の責任を、プロダクト・マネジャーに持たせるわけである。こうすることにより、プロダクト・マネジャーは、新車の開発リードタイムを短く保ちながら、部品技術の開発をリードすることができる。部品の先行開発エンジニアに対して、「私の担当する車には、これこれの部品技術が必要である。次世代モデルには間に合わないのはわかっているが、その次以降にはこの技術が欲しい」と伝えるのである。したがって、モデル・チェンジ・サイクルは4年にまで短くしながら、部品の先行開発エンジニアは、最先端の技術を開発するのに十分な7〜8年のリードタイムを確保する余裕ができることとなる。

　多世代コンセプト創出は、技術サイクル・プランニングに比べると、特定モデルのシリーズについて、それぞれのプロダクト・マネジャーが長期的な製品コンセプトに強い影響力を持つという点で、分権化したアプローチといえよう。このアプローチをとる場合に難しいのは、製品コンセプトの変化と継続性とをどうバランスさせるかである。このアプローチは、複数世代にわたって製品ラインにある程度の一貫性を持たせることを前提としているが、もし市場および技術が予期せぬ変化の仕方を見せたときには、製品コンセプトも再調整されなければならない。複数世代にわたって基本的なモデルのテーマを維持しつつ、製品の細部については柔軟に修正を加えることが、1990年代における大きな問題となるだろう。

　第3のアプローチは、技術開発プロジェクトが新車開発プロジェクトの要求により迅速に対応できるよう、技術開発そのもののスピードと効率性を改善することである。これは、競争の焦点を新車開発の管理から部品技術開発の管理へとシフトさせる。たとえば選択のCAD-CAM-CAEのシミュレーション技術を用いることにより、ハイテク部品の開発プロジェクトのパフォーマンスの改善に大きな効果を与えることとなる。マルチリンク・リア・サスペンション・システムを例にとってみよう。これは、多くのバリエーションがありうるきわめて複雑な技術である。ダイムラー・ベンツは、その190モデル用にマルチリンク・システムを開発する際、基本的な配置や形状を絞り込む初期段階で

CAD-CAEのシミュレーションを多用した。そこで8つのコンセプト、70のバリエーションまで選択肢を減らしてから、最終決定の段階で実際の試作品を用いたのである。日産の場合には、CAD-CAEのシミュレーションをさらに多用して、マルチリンク・リア・サスペンションの開発リードタイムを大幅に短縮することができた[注4]。新しいエンジンの開発もCAD-CAEが大きな効果を発揮しうる。あるエンジニアによれば、コンピュータ・シミュレーションの効果は、実際の試作を3サイクル分こなすのと同じだと推定されるのである[注5]。

　コンピュータ技術ですべてが解決するわけではない。部品の開発リードタイムを短縮するには、部品エンジニアリング・チームの統合、部品エンジニアの業務分担の拡大、部品試作サイクルの短縮等が皆不可欠である。さらに、実際問題としては、最新の部品と車全体とをマッチさせるという問題を本当に解決するには、ここで紹介した3つのアプローチと、従来の冷蔵庫型の考え方に修正を加えたものとを組み合わせた方法が必要となると考えられる。たとえば、技術と製品の両方に長期計画を立て、多世代コンセプト創出も取り入れるといった具合である。そのためには、プランナー、エンジニア、プロダクト・マネジャーらが互いに密接に協力し、共同で計画を策定する必要がある。技術計画を製品計画や次世代コンセプトとしっかり連携させることが先行技術開発プロジェクトの基礎となろう。このようなプランニングとコンセプト創出との組み合わせによって、技術開発プロジェクトをタイムリーに開始し、車全体のコンセプトとの関係づけも強力に行うことができる。だが、不確実性の問題や、次々に生じる脅威とチャンスに対応する必要性を考えると、迅速な部品開発、そして修正された冷蔵庫型の考え方も必要となってくる。かなりの不確実性を伴う部品の場合、先行技術開発プロジェクトにおいては完成した部品を開発するよりは、新車開発に先立って不可欠なノウハウをつくり出すことに重点を置き、技術的可能性として冷蔵庫に蓄えることとなる。

　技術的なノウハウは、すぐ商業生産用に使える部品として冷蔵庫から取り出されることはめったにない。取り出されたノウハウからさらに部品を開発する必要があり、しかも車全体と統合された形で開発されることが望ましい。したがって、予期せぬ脅威やチャンスが訪れたときには、冷蔵庫に蓄えられた既存のノウハウを速やかに商業生産化に結びつけることのできる、短いサイクルの

統合された開発能力が重要となる。

　部品と技術がますます洗練されてくるにつれ、技術および製品開発の総合的な管理が競争の焦点となってくると考えられる。車全体の開発と部品の開発との間のジレンマを解決することはなかなか難しい。プランニングに必要な能力、部門間の緊密なコミュニケーション、優秀なエンジニアリング組織、知識ストックのよく練られた管理体制を有しているメーカーの場合には、コンセプト志向の技術および製品開発の共同プランニング、技術的ノウハウの集中管理、効果的な部品開発等を組み合わせることが役立つと考えられる。1990年代において競争優位に立つのは、このジレンマを解決する能力のあるメーカーだろう。

製品開発のグローバルな提携関係

　1990年代においては、各メーカー内部の開発および製造問題の資源だけでは対応しきれず、複数の主要先進国（あるいは発展途上国）にまたがって専門能力を求めるようになる。そのため、このグローバルなネットワークの管理がもう1つの競争の焦点になるだろう。ライバル企業と協力関係を構築するのも、新製品に要求される条件を満たす1つの方法である。このような協力関係のネットワークを利用しようとする自動車メーカーにとっては、社内の製品ミックスと個々の製品の首尾一貫性を保持しつつ、他社との製品および部品の共同開発のメリットを生かすことが課題となる。そのためには、社内で開発した製品と共同で開発した製品の間で、相異なる要求条件のバランスをとることが必要である。

　ネットワークの管理が1990年代の競争の重要なポイントとなる兆候は、すでに1980年代から見られた。1980年代を通じてグローバルな競争が激しくなり、主要メーカーは、特定のモデルや技術の弱いところをカバーするために、限定された製品あるいは部品分野でメーカー同士の提携関係を結ぼうとした。中規模・小規模のメーカーについては合併買収もあったが（例：フィアットのアルファ・ロメオ買収、フォードのジャガー買収）、トレンドの主流は独立したメーカー間のより緩やかな提携であり、完成車、エンジン、トランスミッション等の共同開発、OEM供給、そして共同生産、その他の技術面、販売面の協力等が行われた。各メーカーが競い合うと同時に協力しあうというグローバルなネッ

図11-5 ● 1980年代末の自動車メーカーによるグローバル・ネットワーク

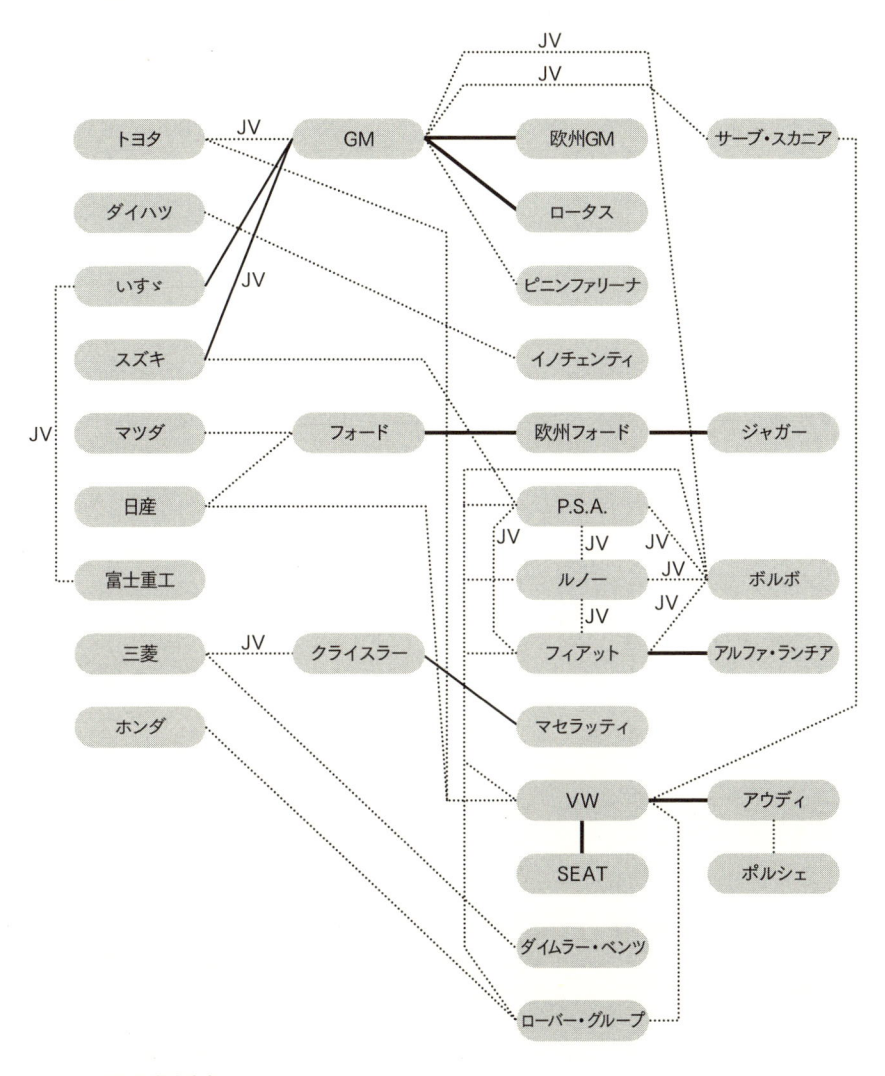

――― 過半数資本参加
……… 資本外提携
――― 少数資本参加
JV：ジョイント・ベンチャー

出所：日本自動車工業会データ、各種新聞その他

第11章 製品開発の将来――競争・ツール・優位性の要因

トワークが出現したのである（**図11-5参照**）。

　今日、業界全体をこの緩やかな協力関係のネットワークがカバーしている事実は、1980年代初めにおいて、わずか8～10の巨大自動車メーカーだけが1980年代の終わりに生き残ると予想されていたこととはまったく異なっている[注6]。中規模・小規模自動車メーカーは、ネットワークに参加し、技術的経営的資源を交換することによって生き残った。大手のメーカーもネットワークの一員とならざるをえなかった。各メーカーは、協力関係を特定の分野に限定し、複数のメーカーと協力することで独立を保っている。たとえば、1980年代におけるルノーは、VWとオートマチック・トランスミッションを、フィアットとディーゼル・エンジンを、プジョーおよびボルボとガソリン・エンジンを共同生産していた。また、一部の部品についてはブリティッシュ・レイランドと相互にライセンス生産を行い、別のヨーロッパ・メーカー5社と共同研究協定に調印し、アメリカン・モータース、そしてボルボの株式を一部取得した[*3]。同じ時期、クライスラーは、VWおよび三菱からエンジンを、また完成車を三菱とマセラッティから購入していた。フォードは、プローブおよびエスコートをマツダと、ミニバンを日産と共同開発した。また、GMは提携関係（ジョイント・ベンチャーおよび株式保有）をトヨタ、いすゞ、スズキ、ボルボ、ピニンファリーナ、そしてサーブとの間に有しており、ロータス・カーズの過半数の株式を保有している。結局世界中のすべての主要メーカーは、グローバルな協力関係のネットワークに組み込まれており、設計図、設備・治工具、部品、そして完成車を、異なったレベルで、異なったメーカーと交換しあっているのである。

　このグローバルなネットワーク構造は、製品開発の管理に関して、重要なポイントを教えてくれる。すなわち、メーカー同士の製品および部品の共有のメリットを生かしながら、社内の製品ラインの一貫性（CI）と個々の製品の首尾一貫性とのバランスをとることの必要性である。たとえば、他のメーカーと共同で新車を開発すれば、開発コストが節約でき、販売の機会を拡大することが可能である。だが一方で、そのメーカーのCIと矛盾する製品の特徴が持ち込まれる可能性もある。寄せ集めの製品ミックスは、メーカーのイメージの一貫性を損ない、ユーザーを混乱させる。同じように、共同開発された部品は、それを用いたモデルの首尾一貫性にマイナスとなるおそれがある。グローバルな

ネットワークの時代において、ネットワークの一員となることそれ自体は競争上の成功は必ずしも保証しない。すべてのメーカーが多かれ少なかれこのネットワークに組み込まれているからである。本当の問題は、各メーカーが、CIを犠牲にせずに、コストの低減と製品内容の向上をもたらす他メーカーとの提携関係を構築しうるかどうかである。

　効果的な共同開発の一例として挙げられるのが、「プロジェクト・フォー」である。これは、ヨーロッパのメーカー4社——フィアット、ランチア、アルファ・ロメオ、サーブ——が、フロア・パネルその他の部品を共有した中型車を共同開発しながら、それぞれが独自の個性を保って、市場において差別化された製品として受け取られているものである。また、もう1つの例がフォード・プローブであり、アメリカ市場のためにフォードとマツダが共同開発したものである。フォードとマツダのエンジニアが共同作業を行い、操縦性の面で比較的評判のよいマツダ626のシャーシと車体の内部構造を用い、内装と外装のデザインを一新し、新しいサスペンション設定にした新車を開発したのである。その結果、マツダの個々の機能面での優秀性が組み込まれ、個性的なフォードの味つけがされたスポーツ・クーペができ上がり、大成功を収めたのである。

　共同開発プロジェクトがすべて成功しているわけではない。たとえば、GMの場合、そのグローバル・ネットワークによって一貫した製品ラインを実現するのに四苦八苦してきた。トヨタとのジョイント・ベンチャー（NUMMI）、いすゞ、スズキの製品のGMブランド車としての専属輸入、ドイツのエンジニアリングによるモデル（オペル・カデット）の韓国大宇からの輸入等は、GMのサブコンパクト車セグメントの製品ラインに一貫性を持たせることを妨げた。それぞれのモデルの性格があいまいで、GMのサブコンパクト車の強いイメージをつくり出すことができず、この「個性の危機」が1980年代を通じてGMの市場シェアの減少の一因となったとも考えられる。GMは最近になって、外国のパートナーと開発した小型のモデルを扱う「ジオ」という流通チャネルを新たにつくったが、これがGMのサブコンパクト車の製品ラインに一貫性を持たせるために役立つかもしれない。

　こうした経験から言えることは、1990年代にネットワークによって競争優位に立つためには、ネットワークに参加するかどうかではなく、また、ネット

ワークをどれだけ使うかでもなく、ネットワークをいかにうまく管理するかが決め手となるということである。他のメーカーと提携関係を結ぶことは比較的簡単である。だがその関係をうまく機能させることは難しく、CIや製品の首尾一貫性を損なわずにうまく機能させることはさらに難しい。そして、難しいがゆえに、それに成功したメーカーは、製品開発における優位を確保しうるのである。

　世界のパートナーと効果的な提携関係をつくり上げ、管理することは困難な作業である。どんな種類の企業間ベンチャーでも、両者の関係を築き、育てるには一種の技術が必要であるが、ここではさらに国や文化をまたがった共同チームを管理する能力が要求される。共同開発プロジェクトを管理するという問題は、効率的なR&Dのグローバル・ネットワークをつくろうとする場合、必ず直面する問題の1つである。そして、国際的な提携関係を管理する能力が、そのメーカー自身の国際的事業展開の質および統合の程度に影響されること、またその逆も言えることは明らかである。多国籍的な事業をこなす能力をつくり上げ、それを新車の開発に活用することを学んだメーカー（例：アメリカと日本のメーカーのエンジニアリング・チームが共同でニュー・モデルの開発作業に携わる場合）は、外国のパートナーと共同開発を行う際に有益な経験と技術を得たと考えられる。国際的な資源（社内の活動である場合と外部のパートナーである場合とを問わず）のネットワークを管理するのが上手なメーカーは、グローバル化が進み、細分化され、競争が激化した市場において有利な立場に立つことができるのである。

組織および管理手法の新たな展開

　1990年代の製品開発競争のなかで、少なくとも量産車メーカーについては、組織構造およびプロセスが同質化してくるであろう。欧米のメーカーは、開発サイクルのスピード化を迫り続ける競争圧力の下にあって、そのエンジニアリング、マーケティング、製造の各組織と各問題解決プロセスをさらに統合し、中量級型または重量級型のプロダクト・マネジャー制を作用するところが増え

ると思われる。統合された問題解決サイクル、エンジニアリング作業の重複化、緊密なコミュニケーション、個々のエンジニアの業務分担の拡大、そして相互信頼とチームワークを奨励する企業文化——1980年代においてすでに明らかとなったトレンド——が、例外ではなく原則として定着する。

現在進行しているその他の変化も、自動車業界全体の製品開発の管理手法に影響を与えると考えられる。競争の焦点の変化によって、製品開発プロジェクトの管理手法に新しいアプローチが必要となり、応用科学と製品開発との間に新しい結びつきが求められるようになる。さらに、コンピュータ技術の変化は、設計とエンジニアリングの性格を変え、デザイナーとエンジニアの技能とともに、その管理手法や組織にも影響を与えると考えられる。

製品開発の初期段階の管理

技術開発、製品ラインの管理、国際提携等が競争上いっそう重視されるにつれ、製品開発プロセスのいわゆる初期段階——つまり、研究、先行開発、技術開発、製品プランニングといった、特定の開発プロジェクトの基礎を成す一連の活動——が注目されるようになる。部品と車全体とを調和させるのにきわめて重要となる技術開発と製品コンセプトの連携が実現するのも、製品ラインにユニークな特色を与えるコンセプトのテーマが決定されるのも、また、外国のパートナーとの共同作業を社内のプロジェクトと結びつける戦略が考え出されるのも、皆この初期段階においてなのである。

本研究で調査対象として取り上げた自動車メーカーはすべて、ニュー・モデルの市場導入のタイミング、必要となるエンジニアリング能力と投資等を決める長期的な製品計画をすでに策定していた。だが、1990年代の競争環境においては、それ以上の何かが要求される。部品に用いられる新しいコンセプトの導入時期を明確に示す技術計画の重要性については先に述べた。このような計画が効果的に生かされるためには、先行開発や調査研究のプロジェクトの細部において、技術計画の意味するところを徹底させる必要がある。このことは、研究部門と先行開発部門との間に、現在よりもはるかに密接な関係と大きな相互作用がもたらされなければ実現しないのである。

製品開発と同様、製品プランニングも、新しい競争環境の影響を受けると考

えられる。ここでの最大の問題は、長期的な製品サイクル・プランのなかに個別製品のコンセプトのテーマを組み込むことができるかどうかである。単にタイミングと能力だけが示されるのではなく、製品コンセプトの進化の様子が示されるような、タイミング・プランからコンセプト・プランへの脱皮である。製品開発プロセスのこの段階においては、製品計画担当者は個別の製品コンセプトに対して、プロダクト・マネジャーが期待するような詳細さと完成度は求めない。ここでは、ターゲットとなるユーザー、ターゲットとなる市場セグメントの特定、製品の特色の変更等、製品に関する大きなテーマのみを示すことが目的とされる。したがって、特定のモデルについてのコンセプトの変化を示すと同時に、各モデル間のコンセプトあるいはテーマ面での関係をも扱うこととなる。次のステップとしては、プロダクト・マネジャーが製品および技術の長期計画をインプットして、詳細で特定された個別製品計画をつくっていくのである。

　コンセプトの内容を組み込んだ長期計画を策定していく過程は、個々のプロジェクトを進めるための基礎となるとともに、各プロジェクトを全体として管理し、製品ラインに一貫性を持たせるようにするためにも役立つ。個々のプロジェクトが製品ラインのなかで果たすべき役割を明確にし、それぞれが目指すべき特徴、個性を確定することができるため、製品ラインの管理、グローバル・ネットワークにおけるパートナーの選択や関係の構築を図るうえで効果を発揮しうる。

　技術サイクル・プランとコンセプトの観点を長期的な製品計画に加えることで、新しい部品および製品を開発する際の枠組みができるが、この枠組みは、メーカーのマーケティング、製造、およびエンジニアリングに関する戦略、そして個々のプロジェクトそのものと結びつかなければ意味のあるものとはならない。もし長期的な製品計画の策定活動が、製造やマーケティングの能力に関する意思決定と結びつかなければ（あるいは穏やかな結びつきしかなければ）、新製品は、長期的な製品計画に組み込まれたとしても、川下部門の能力について不正確な前提に立たざるをえず、主要な各部門から必要な協力を得られず、彼らの役割や任務について共通の理解がないままに開発作業を始めなければならない。

ここで必要なのは、新製品に関する選択と個々の部門の戦略を統合し、結びつける「プロセス」である。そのようなプロセスについては、別のところで述べた。重要なものとしては、個々の部門のプランを他部門にも理解させる共通の言語、各部門間の対立の問題点を明確化し仲裁する手続き、各部門間の頻繁で緊密なコミュニケーション、個々の部門の能力を正しく踏まえた新製品に関する段階的な意思決定過程、経営首脳陣の密接な関与等が挙げられる[注7]。実際には、こうしたプロセスを有している例は稀である。だが、製品ライン全体の特色やイメージが重要とされる環境下では、複雑な技術を開発し、適切な製品コンセプトと組み合わせることがきわめて大切であり、また、コスト面、品質面での要求水準も厳しい。したがって、製品開発の初期段階でこのような統合のプロセスを持てば、明らかに有利となろう。

コンピュータ支援システムの影響

　コンピュータは、自動車産業の製品開発プロセスにおいて長い間重要な役割を果たしてきたが、プロセス自体を根本的に変えてしまうことはなかった。だが、その変化がもうすぐ起きそうである。CADおよびCAEは、引き続き従来どおりリードタイムの短縮と生産性の向上のために用いられると考えられるが（例：製図のスピード・アップ、指示の正確性の向上）、自動車メーカーは、コンピュータを製品開発活動のもっと幅広い範囲で活用するようになるだろう。

　1970年代および1980年代においては、詳細設計用の製図を数値化することに重点が置かれていたが、1990年代のコンピュータ化の重点は隣接分野であるテスト、先行開発、スタイリング等に向かうと思われる。たとえば、スーパーコンピュータを用いた最先端のシミュレーション・プログラムは、車体の構造テストを実際の試作車なしで正確に行うことができるようになり、その結果、時間を節約し、テストする選択肢の数を増やすことが可能となろう。さらに、最先端のコンピュータ・グラフィックスによって描き出されるリアルなスタイリング・モデルは初期のクレイ・モデルに代替しうるものであり、品質管理手段のコンピュータ化（例：コンピュータ化された故障モード影響解析＝FMEA）によって設計品質が向上し、エンジニアリングに関するノウハウを別のプロジェクトに引き継ぐことが容易になる[注8]。個々の製品開発作業をコンピュータ化す

るためのソフトウエア・プログラムは、より大きな、コンピュータによって統合された生産システムと結びつくことにより、製品開発サイクル全体を自動化する方向へと重点が移っていくこととなろう。このように、コンピュータの支援によるさまざまなツールを体系的に用いることで、リードタイムは3年あるいはそれ以下にまで短縮されてくる可能性がある。

　だが、1990年代の製品開発競争に勝つためには、コンピュータ化は十分条件ではない。あるメーカーが最先端のハードウエアを購入しても、その価格はすぐ大きく下がり、新しい市販のソフトウエアがすべての主要メーカーの手に入るようになるため、追随されやすい。コンピュータ技術は、業界全体の製品開発パフォーマンスのレベルを大幅に向上させるが、特定のメーカーの長期的優位性を生み出すものではないようである。競争優位に立つためには、ハードウエアや市販のソフトウエアではなく、そのメーカー専用のソフトウエアを開発する能力と、ソフトウエア、ハードウエア、そして「ヒューマンウエア（人的資源）」をしっかりと統合し、効果的なシステムを構築する能力が求められる。

　エレクトロニクスを使った通信メディアがフェース・ツー・フェースの接触の代替手段になるという議論がよくされるが、直接のコミュニケーションは新製品の成功にとって引き続ききわめて重要であろう。製品開発は消費プロセスのシミュレーションであるから、ユーザーの期待するものがだんだん全体論的（ホリスティック）で、繊細で、あいまいになってくるにつれ、製品開発組織において伝達されなければならない情報もそうした性格を持つようになる。そうした情報を効果的に扱える最先端のコンピュータが出現するまでは、会話によるコミュニケーションや実際のモノを使った直接の接触が、多面的なメッセージを送る際に重要な役割を果たし続けるものと考えられる。伝達される情報はますます洗練され、複雑になるため、それをとらえるためにつくられたモデルの忠実度や内容の豊富さが改善されても、直接のコミュニケーションがコンピュータ技術を引き続き補完することとなろう。したがって、コンピュータ技術と直接のコミュニケーションは、一方が他方を代替する関係に立つのではなく、両方を同時に重視する必要があるのである。

　違ってくるのは、直接のコミュニケーションが必要とされる意味合いである。コンピュータ・システムは、部門間の相互作用、組織全体の学習を容易にし、

促進する。また、個々のエンジニアの特定の業務を自動化する。大容量のメモリーを持った高速のプロセッサと新しいソフトウエアを組み合わせて、グラフィックス、データベース、問題解決手段に利用すれば、製品開発組織は、データ、設計図、模型等に早くアクセスすることができ、一貫した枠組みのなかで分析を行うことができるようになる。

　たとえば、ドアの設計のケースを考えてみよう。現在は、ドアに関するユーザー体験、ドアの製造プロセス、ドア分野の故障モードに関するデータは、それぞれ互換性のないフォーマットで整理され、別々の組織の別々のコンピュータ・システムで処理されている。その結果、設計上きわめて重要な質問（たとえば、「ユーザーの体験から見て、過去3つのプロジェクトにおいて、ドアに関する最も大きな問題を3つ挙げれば、何と何か」あるいは「それらに対処するためにどのような設計変更が実施されたか」等）に答えるために、多くの時間と書類、会議が必要とされる。新しいシステムは、このような質問に対して素早く答えを出すだけでなく、設計に携わる人全員に同じデータを提供し、問題の原因を探す能力を高めることができる。問題解決チームは、依然としてフェース・ツー・フェースのコミュニケーションを用いるが、会話の中身はまったく異なったものとなろう。コミュニケーションはより迅速となり、新しい枠組みのなかで、おそらくは新しいメディアを使って行われる。新しいシステムは、結果的に、それぞれの「方言」で話す別々の部門が共通の理解を持てるような新しい「言語」を提供することとなる。さらに、新しいシステムは、その共通の理解を蓄積し、組織全体のための集約的なメモリーとして、学習や改善に利用することができる。

　このようなシステムが実現した場合のポテンシャルは大きく、組織構造もまったく異なったものとせざるをえない。細分化された組織がそれぞれ独自の考え方を持ち、コミュニケーションの壁が存在するような場合には、最も賢く、最も強力なコンピュータ・システムであっても能力を発揮しきれない。自動車メーカーが競争優位に立つためには、ハードウエアとソフトウエアは適切な「ヒューマンウエア」と組み合わされなければならない。「ヒューマンウエア」とは、迅速な問題解決、部門間の内的統合、ユーザーとの外的統合を実現するために必要な組織構造、プロセス、ものの考え方、技能等を指すのである。

1990年代のエンジニア

　コンピュータ支援システムと人間の組織との共生的統合が実現すれば、個々のエンジニアにとっても重大な影響がもたらされる。特に、将来の有能な自動車エンジニアは、その特徴として、幅広い責任範囲、「ハイテク」と「ハイタッチ（すなわち人間のふれあい）」の技能の組み合わせが挙げられることとなろう。

　コンピュータ支援のツールが増えれば、エンジニアの日常反復的な作業量は減少し、製品の首尾一貫性やユーザー志向がいっそう求められる状況下で、有能なエンジニアは自分の守備範囲を広げていくようになる。個別の子部品に限定されたスペシャリストから、親部品全体のエンジニアとなるのである。たとえば、ドアの掛け金のエンジニアがドア全体のエンジニアに、トランスミッション・ケースのエンジニアがトランスミッション全体のエンジニアになるのである。このような責任範囲の拡大は、単なる肩書きの変化にとどまるものではない。システム全体からの観点と、それに対応しうる技能とを備えることが必要となる。親部品のエンジニアは、個々の子部品の設計について深い理解を持つとともに、これら子部品同士の相互作用の重要性も含めて、親部品全体についても理解する必要があるのである。

　1990年代のエンジニアは、コンピュータ支援のツールが製品開発の各段階間の情報の結びつきを強めるのに伴い、自分たちの技能と責任を各段階にまたがって持つようになる必要がある。設計担当エンジニア、製図担当者、検図担当者、試作車製作技術者、テスト担当者というように、専門化したチームで構成される従来型のエンジニアリング組織において、それぞれの仕事の間にあった壁が取り払われるだろう。最先端のCAEワークステーションを用いれば、1人のエンジニアが、個々の機能の設計、製図、検図、モデル設計、シミュレーション、評価等、製品開発サイクルをより包括的に所管することが可能となる。別のコンピュータ・システムを用いれば、部品エンジニアが基本的な製造システムを設計することができるようになり、製品エンジニアと工程エンジニアの区別があいまいになってくる。1990年代の自動車のエンジニアリングは、製品エンジニアリングと工程エンジニアリングの統合が進んでいる化学業界のエンジニアリングに似てくると考えられる。

将来の自動車エンジニアは、その技能と思考において、技術面と商業面とを合わせ持ち、ユーザーの期待と部品の詳細設計とを結びつける外的統合の推進者にもなるだろう。たとえば、従来型のトランスミッション・エンジニアは、数的な仕様と技術的計算を重視するが、次世代のトランスミッション・エンジニアは、たとえばユーザーがギア・シフトの感覚にどのように反応し、その製品の性格にはどれぐらいのギア比が適しているかといった、人間的要素、ユーザー・インターフェースも考慮に入れるようになる。

　製品エンジニアと工程エンジニアがそうであるように、部品エンジニア（内部構造のスペシャリスト）と工業デザイナー（ユーザー・インターフェースのスペシャリスト）との区別もあいまいになってくるだろう。製品開発プロセスがコンピュータと人間組織のネットワークを擁するようになると、エンジニアがこの2つの世界のインターフェースをつくり上げる役割を果たさなければならない。いくつかの日本のメーカーにおいては、テスト・エンジニアが、コンピュータ技術を使って人間の微妙な感覚を数値的データに変換する新車評価システムをすでに開発中である。こうしたシステムにより、テスト・ドライバーは、操縦性、安定性、乗り心地、騒音、車体の剛性等々についての印象を、マイクロフォンを通じてリアルタイムでエンジニアに伝達して記録し、数値的データは、ドライバーと車の双方に取りつけたセンサーで収集することができる。集められたデータはすぐにコンピュータで分析され、ドライバーのコメントと比較され、ドライバーの印象と車の客観的な力学的数値との間の関係が調べられる。このシステムが効果的となるかどうかは、最先端のコンピュータ・システムとエンジニアの人間的感受性の両方にかかっている。ユーザーとコンピュータのインターフェースにおいてユーザーの声と数値的データとの間の変換を素早く、自由自在に行える必要があるのだ。

　要約すれば、将来のエンジニアは、ユーザーの声と部品の詳細部分、設計とテスト、エンジニアリングと製造、コンピュータと人間の判断、全体と部分、左脳と右脳を統合する技能を持たなければならない。1990年代のエンジニアリングは、コンピュータに支配された冷たいシステムでもなければ、古風な職人組織でもない。むしろ、先端的なエレクトロニクス、人間に適した技術、高

度に技能を身につけた人間等から成る 知的(インテリジェント)なシステムなのである。

---

*1) 技術的に要求水準の高いドイツ市場で、マツダの車に人気があるという事実は、この見方を裏づける。
*2) トヨタと日産は、1980年代半ばに、それぞれ技術サイクル・プランニングを担当する専門グループを設置した。
*3) これらの提携関係のうち、すでに解消されたものもある。

注
1) たとえばAbernathy, Clark, and Kantraw(1983) 参照。
2) たとえばKrafcik(1988) 参照。
3) *The Power Report on Automotive Marketing* 1989参照。
4) 「車　ここがハイテク。マルチリンクサスペンション」『日経産業新聞』1988年6月1日付。
5) 「日産、変わるエンジン設計の常識」『日経メカニカル』1982年5月10日号p.85。
6) 詳細はFujimoto(1984) 参照。
7) たとえばHayes, Wheelwright, and Clark(1988, Chapter 10) 参照。
8) たとえばJaikumar(1986), Behner(1989) 参照。

第12章 自動車産業を超えて
——結論と展望

　私たちは、製品開発の優れたパフォーマンスを生む要因を知るために世界の自動車産業の研究を始めた。1つの業界を深く掘り下げることによって、新しい企業間競争のなかで製品開発の管理に関して生じる問題点について、前向きな分析が加えられると考えたのである。自動車産業を選んだのは、技術面、商業面でのカバーする領域の広さ、国際的性格、業界としての規模と重要性、自動車メーカーの興味深さ、そして私たちがよく知っている業界であること等の理由による。私たちが本研究で取り上げたのは6カ国の20のメーカーにのぼる。数百人を対象としたインタビューと膨大な量のデータ収集も実施した。研究の過程で、新車開発のプロセス、そして一部の自動車メーカーが他の同業者と比べてはるかに効果的である要因等について多くを学んだ。だが、私たちの研究成果にはもっと一般的な価値を持つものがあるだろうか。まったく異なった業種のゼネラル・マネジャーにとって実践的な意味を持つものは何だろうか。

　自動車に関する研究成果の中心的テーマのなかには、不安定で競争の激しい環境下にあるメーカーに一般的に応用することができるものがあると信じる。この確信は、他の業界における多数のケース・スタディ、いろいろな業界のゼネラル・マネジャーと行った自動車の研究成果についての議論、自動車以外の

製品の開発に関する多くの調査研究等から来るものである。これらのテーマは他業界にとっても行動を起こす際の枠組み、変革の方向性を示すものとして有益と考える。

ここでは、自動車に関する中心的テーマのいくつかの、まったく異なったメーカー、業界への応用について述べる。まず、これらのテーマの一般的性格を明らかにするケースを簡単に紹介し、異なった状況に適応させるためにどのような修正が必要かについて考える。本章の最後では、実践上の問題点と、製品開発の優れたパフォーマンスを実現するために不可欠な第一歩について考察することとする。

中心的テーマ

優れた製品開発組織をつくり上げるためには、多くの複雑で相互に絡み合った細部の問題を全体として調和させていく必要がある。製品開発は1つのメーカーが行う業務のほとんどと関係するため、それを変えること——つまり、より迅速に、より効率的に、より効果的にすること——は、大変な努力を要する作業である。優れた製品開発組織をつくることは、優れた製品をつくることと類似している。どちらも細部にわたる調和を必要とし、複雑かつ困難である。自動車の研究成果から、強力な製品コンセプトを持つことにより、新製品を規定し、新製品に具体化される多くの細部にわたる決定および行動を明確化、簡素化、統合化するような枠組み、方向性が示されることがわかった。同様に、新しい製品開発プロセスあるいは組織についても、強力な全体的コンセプト、明確なテーマを持つことにより、明確化、簡素化、統合化に役立つ同種の枠組みが与えられる。そしてこのような枠組みは各メーカーによって独特の性格、すなわち、特有の言語、重点の置き方、細部の違いが存在する。以下では、このような枠組みに関係する4つの大まかなテーマ——優れたパフォーマンスの性質、製品開発プロセスの統合、ユーザーと製品の統合、設計のための製造——の重要なポイントを検討し、その意味するところを議論してみたい。

テーマ1——リードタイム、生産性、品質における優れたパフォーマンス

本研究においては、製品開発のパフォーマンスの重点をリードタイム、生産

性、製品全体の品質（総合商品力＝TPQ）に置いてきた。不安定な環境のなかで成功するメーカーは、この3つすべてに優秀性を追求する。優れたメーカーは、ライバル企業と比べて、より迅速に、より効率的に、より高い品質を表現することができる。このことから、製品開発で優位に立とうとするマネジャーは、リードタイムだけとか、製造性を考慮した設計だけを重視すればよいというぜいたくは許されないことがわかる。実際に、1つの要素だけを重視すれば、他の分野で問題を生じることとなる。3つの要素は相互に関係しあっており、全体的なパフォーマンス、競争力の向上についてそれぞれが特定の役割を担っていることを認識すべきである。

〔先導役としてのリードタイム〕3つの要素はすべて重要であるが、リードタイムは製品開発パフォーマンス全体に対して、特に強力なてこ入れ効果を及ぼすと考えられる。したがって、製品開発パフォーマンスを継続的に向上させようとする場合、努力を傾注すべきポイントとして有益である。リードタイムが製品開発において果たす役割は、工程間在庫がJITの製造方法の実施において果たす役割と同じである。製品開発パフォーマンス全体を向上させる総合的なプログラムのなかで、リードタイムの短縮をその一部に位置づけることにより、そのメーカーにスピードが不足している根本原因が探し出される。

人員の追加や品質の低下を伴わずにリードタイムを短くする唯一の方法は、製品開発の基本的体質を変えることだ。調整された問題解決サイクルの導入、設計変更プロセスの簡素化、試作車の製作管理の向上等が求められる。リードタイムの短縮は、当初製品開発プロセスに混乱状態をもたらすかもしれないが、もし適切に実行されれば、部門間の連携調整、コミュニケーション、エンジニアリング作業の重複化等にとって好影響の連鎖反応を起こすことができる。このような変化が製品開発に対して累積的に与えるインパクトは、リードタイムの短縮そのものがもたらす直接的な影響よりはるかに大きいものとなろう。

〔生産性――バラエティと市場反応性の隠れた源泉〕開発作業の生産性は、隠れた競争上の武器となる。隠れた武器というのは、1つには各メーカー間で生産性の測定比較を行うことが難しいことによる。測定方法が確立していないため、メーカーは生産性を無視して、もっと目に見えやすい指標、たとえばリードタイム等を重視しがちである。だが、リードタイムの短縮は、それだけで

は競争優位に立つことができない。早いモデル・チェンジと幅広い製品のバラエティは、開発作業の短いリードタイムと高い生産性とが組み合わさった結果なのである。

　生産性の高い開発組織を有するメーカーは、与えられた資源で、より多くの製品開発プロジェクトをこなすことが可能である。そのような組織は、より新鮮でより魅力的な製品を生み出し、製品ラインにより多くのバラエティを持たせることができる。さらに、製品開発プロセス全体の生産性の高さ（治工具および金型の使い方がより効率的であることも含めて）により、製品開発プログラムを維持するために必要な投資額もかなり節減できる。ここでも、その結果として、より新鮮で、個々のユーザーの要求によりマッチした製品ラインを持つことができ、ライバル企業の製品ラインよりも魅力的で競争力のあるものにすることができるのである。

　〔製品の総合商品力──製品の首尾一貫性の力〕首尾一貫性を持った製品は、個々の部分同士がよく適合し、全体システムとしてうまく働くだけでなく、ユーザーの期待にマッチした総合的な製品体験をもたらす。したがって、製品の首尾一貫性（product integrity）は、全体としての製品を重視するものである。首尾一貫性で競争しようとするメーカーは、ユーザーと、ユーザーによる製品の使用実態について深く理解する必要がある。このためには、製品の微妙で全体論的（ホリスティック）な側面、そしてそれに対するユーザーの評価を敏感に察知し、尊重することが求められる。

　多くの市場では、部品の技術と個々の機能の優秀性が不可欠とされるが、競争環境の変化、既存の技術的ノウハウの進歩等により、首尾一貫性のある製品が競争上特に有利となる。自動車産業の研究で見てきたように、すばらしい製品は何物にも代えがたい。いくら製品開発が迅速かつ効率的であっても、すばらしい製品がつくれなければ──この競争環境にあっては、首尾一貫性を持った製品をつくれなければ──、そのメーカーは競争優位に立つことができない。さらに、製品の首尾一貫性は、どれか1つの要素で成功しても実現できず、長い時間をかけて一貫したパフォーマンスを続けることによって初めて実現しうるものである。

テーマ2——製品開発プロセスの統合

　不安定で競争の激しい環境下で、ユーザーの要求水準は高く、製品開発のスピードが不可欠な場合、優れたパフォーマンスを生むものは統合である。製品開発プロセスにおける統合とは、問題解決サイクルの連携調整を図り、各部同士を密接な協力関係に置き、コンセプト、戦略、実践方法等において共通の理解を実現することを意味する。私たちの研究によれば、統合はリードタイムを短縮し、開発の生産性を相当向上させる。新製品をより迅速かつ効率的に市場へ投入したいメーカーは、統合が経営行動にもたらす意味を考える必要がある。ここでは、特に重要と思われる3点について述べる。

　〔重複化とコミュニケーション〕統合はその性質上、時間、空間、コンセプト、技能、言語、手段、姿勢、そして哲学における重複化を必要とする。時間の重複化（例：スケジュール表の変更によって）を行っても、コミュニケーションの改善、コンセプト共有、相互信頼、共同責任の考え方等の強化を伴わなければ、プロセスを混乱させ、従業員の士気を損なうだけである。したがって、何かを同じ時間あるいは同じ場所で行うことが成功に不可欠であることは確かだが、統合とはそれだけのものではない。製品が複雑で、時間が重要である場合、人々は密接に協力しあう必要がある。真に調整された問題解決と部門間の連携調整は、そのメーカーの目的に対する深い理解と共同のコミットを必要とするのである。

　〔規模と分業化〕製品開発に携わるチームの規模は、そのパフォーマンスに重大な影響を与える。チームが小さすぎると、個々人の作業が過重となり、不完全で遅いものとなってしまう。一方、チームが大きすぎても、作業は過重で、不完全で、混乱して、遅くなってしまう。自動車産業の経験から言えるのは、開発組織は専門分野の範囲が広すぎるよりは、分業化しすぎることのほうがはるかに多い。そして、分業化の傾向が強い結果、各メーカーはその製品開発チームを大きくしすぎる傾向があったのである。チームが比較的小さく、チームのメンバーの責任範囲が比較的広い場合、統合の実現ははるかに簡単であり、はるかに効果的である。個々のエンジニアのレベルで分業化の程度が少ない自動車メーカーは、分業化しすぎたメーカーに比べ、高品質、高性能の製品を、

より早く、より高い生産性で市場導入できるのである。

〔組織〕小さいチームのほうが大きいチームより統合が進むのと同様、単純でフラットな組織のほうが複雑で階層的な組織よりも統合度が高い。自動車産業に関する例で、大きく、複雑な組織においては、新車開発のプログラムの方向性や内容の決定にあたって、多くの部課を代表して50人以上の人間が関与しているところがあった。同様な現象は設計変更プロセスにもあり、設計変更を実施するのに15～20人のサインを必要とするケースがあった。個別の利害が多すぎ、組織同士の接続面、境界が多すぎると、統合を実現するのが困難となる。より単純な組織——副主任、副課長代理、サブチームのリーダーといった役職が少ない組織——は、統合を進めるうえで必要な共通の理解、共通の言語の浸透がはるかに図られやすい。

私たちの研究成果によれば、統合された製品開発プロセスを実現するためには、マネジャーは、時間、空間、コンセプト、姿勢の面で、職員を1つにまとめ、製品開発チームの規模を縮小し、個々の職員の技能の幅を広げ、組織を簡素化、フラット化しなければならない。そして、これらの行動が成功を収めるためには、コミュニケーションの改善、教育訓練へのより多額の投資、そして組織全体に責任感、信頼感、自信を育てようとする意欲を持たせることが必要である。

テーマ3——ユーザーと製品の統合

すばらしい製品であることの証明は、首尾一貫性の存在である。内部的に一貫し、システムとしてよく機能する製品をつくるには（そして、そのことによりユーザーを満足させ、喜ばせる体験をつくり出すには）、高度の首尾一貫性を持った製品開発組織を必要とする。それも、単に内的統合を実現した組織ではなく、ユーザーのニーズと関心を設計・開発プロセスのなかに、密接かつ一貫した形で統合できる組織でなければならない。製品開発プロセスは、シミュレーション——商業生産およびユーザーの使用段階のリハーサル——として効果的に使われれば、将来のユーザーのニーズおよび期待を正確に反映することができる。

ユーザーのニーズや関心がいつも明確化できるわけではなく、頻繁に変化するような場合には、ユーザーと製品を統合するために、設計、生産、消費を統

合された1つのシステムとしてとらえ、これら3つの活動すべてを密接に関連づけるように管理していく必要がある。製品の首尾一貫性を実現するカギは、製品開発組織全体をユーザー志向にし、強力な製品コンセプトを設計の細部にまで浸透させるような経営行動がとれるかどうかにある。

〔重量級プロダクト・マネジャー〕強力なプロダクト・マネジャーは、製品開発においてそのメーカーが実現できる内的統合の程度に大きな影響を与える。そして、もしそのメーカーが外的統合を望むなら、真の重量級プロダクト・マネジャーが不可欠である。多様で、不確実で、明確化されていないユーザーのニーズに応えるための戦略としては、真の重量級マネジャーに強力なプロジェクト調整者（コーディネーター）としての役割と、コンセプト・クリエーターとしての役割を併せ持たせるのが効果的である。このような重量級プロダクト・マネジャーは、多様な技能を持ち、多様な言語が話せ、ユーザーを深く理解し、正しく認識する人物でなければならない。しかも、市場調査レポートを読んでユーザーを認識するのではなく、直接の経験に基づいて理解し、また、将来のユーザーのニーズがどうなるかについて直観的なセンスでとらえるのでなければならない。

効果的な重量級プロダクト・マネジャーの行動は独特である。彼らは歩き回り、設計の細部に口をはさみ、励まし、擁護し、刺激を与える。彼らは将来のユーザーを興奮させ、魅了する製品を実現すべく、設計の細部に努力を傾注する。地位や職位はその有効性に何の力も持たない。プロダクト・マネジャーが重量級型なのは、組織が彼らにユーザーと製品を統合するための活動を指導し、調整し、擁護する力を与えているからである。彼らは、それに応える技術と能力を備えているが、重量級型の行動を期待し、支持する組織側のニーズ、体制がなければならない。

〔ユーザーへのアクセスとユーザー志向〕もちろん重量級プロダクト・マネジャーは重要であるが、製品開発は1人でできるわけではない。製品開発組織全体が、最上席のチーフ・エンジニアから末席の下級技術者に至るまで、ユーザー志向にならなければならない。さらに、製品の首尾一貫性を実現するには微妙なニュアンスや細部に注意を払う必要があるため、ユーザーへの志向、ユーザーとの関与は皮相的なものであってはならない。デザイナーやエンジニア

をユーザーと直接接触させることによって、彼らの行動に対して強力な動機づけを与えることができる。どんなに体系的な市場調査が重要であっても、市場においてユーザーとフェース・ツー・フェースの関係を持つことは、特にテスト・エンジニアのように製品開発プロセスにおいて将来のユーザーの代役を演じる人々にとっては、何物にも代えがたい価値がある。

　時にはユーザー自体を直接、製品開発プロセスに組み入れることも可能である。だが、ユーザーは、隠れたニーズを明確に述べたり、潜在的な製品に市場がどう反応するかを正確に予測することがいつもできるわけではない。プロダクト・マネジャーと製品プランナーが隠れたユーザーのニーズを積極的に「通訳」する必要がある。将来の市場を見通すことができなければならないのだ。

　〔コンセプトによるリーダーシップ〕ユーザーへのアクセスと強力なプロダクト・マネジャーの直接関与によって、個々のエンジニアに対して設計の細部に関する重要な方向性を示すことができる。だが、当然個人の力だけでは限られているので、強力な製品コンセプトが示され、それに沿って指導されれば、はるかに効果的となる。

　デザイナーやエンジニアの心に浮かんだ強力な製品コンセプトは、将来の製品体験の明確なビジョンである。強力なコンセプトは、比較的少ない言葉、フレーズ、たとえ、イメージ等でユーザーのニーズや関心の複合体全体をとらえることができる。そのようなコンセプトは、不明確なものを具体的に表し、新製品の設計に関する複雑で微妙なトレード・オフ関係をエンジニアやデザイナーに対して明らかにするものである。

　効果的な組織においては、重量級プロダクト・マネジャーがコンセプトの擁護者の役目を果たす。実際上、コンセプトは、プロダクト・マネジャーが製品開発プロセスを通じて本質的で意味のある指示を出すための手段となる。プロダクト・マネジャーの製品に対する考え方、ユーザーの製品体験を明確に表すものである。製品コンセプトは、重量級プロダクト・マネジャーが、製品開発に参加するメンバー1人ひとりが理解しうるような言葉に翻訳し、表現することによって、強力な統合力となりうるのである。

テーマ4──設計のための製造

　製造性を考慮した設計の問題については、一般紙やビジネス誌、学会の論文などで多く見かける。製造工程側の要求を理解するように設計面で気をつけることにより、あとで製品コストや品質がかなり好影響を受ける。一方、私たちの調査によれば、製造工程のほうを変えること（すなわち、設計のための製造を重視すること）は、製品開発プロセスに強い影響を及ぼすことがわかっている。設計のための製造は、製品開発プロセスと製造工程が一緒になる重要な作業、たとえば設計や製造工程をテストするための試作車の製作、商業生産用の治工具や金型の製作等の作業に重点を置く。ここでは、コンセプトではなく、実践方法が問題となる。

　試作車、治工具、金型等が効果的に製造できれば、リードタイム、問題解決の質、エンジニアおよび投下資源の生産性、商業生産に移行する際のスムーズさ等において有利となる。設計のための製造をうまく生かすためには、世界で一流の製造に関するコンセプトおよび実践方法を製品開発プロセスに取り入れ、試作車、治工具、金型の製品が果たすべき役割を十分見直す必要がある。

　〔製造の基本原則〕　製品開発プロセスの管理と製造工程の管理とは、そのコンセプトと実践方法において別物として取り扱われることが多かった。だが優れた製造能力を持つことは、製品開発プロセスにも大きな影響を与える。優れた製造組織に共通する基本原則は、製品開発組織についてもそのまま適用しうるものが多い。したがって、JIT方式、TQC、継続的改善等を導入した製造部門の経験に学び、応用すればうまくいくのである。たとえばJIT方式の場合、メーカーはしばしば、少なくすることによって多くを生み出すということを発見する。すなわち、在庫を圧縮し、仕掛かりを減らして、もっと製品別の製造工程にすることにより、生産性、リードタイム、信頼性、そして全体のパフォーマンスが顕著に向上するのである。同じ基本原則は設計のための製造にも応用できる。在庫を圧縮し、作業を合理化し、部品、試作車、治工具、金型等の製作について工程管理を徹底させることにより、リードタイム、設計変更、そして開発コストも減らすことが可能となる。

　〔試作車製作の役割〕　試作車の製作は、従来から製品設計をテストするため

の手段として考えられてきただけだが、もっと広く製品の生産のリハーサルとしてとらえることもできよう。このようなより広いとらえ方は、試作車の製作を、製品エンジニア、工程エンジニア、購買担当者、品質検査担当者、部品メーカー、下級技術者、生産ラインの作業員等が関与する製品開発の問題解決プロセスの一部を構成するものとして扱うのである。効果的な試作車の製作は、作業を迅速かつ効率的に、基準どおりの品質で行うことができる優れた製造能力を反映する。

〔治工具と金型の製作〕治工具および金型の製作は、新車開発プログラムのクリティカル・パス上に位置し、全投資額の相当部分を占めるものである。したがって、治工具および金型を迅速かつ効率的に製作する能力があれば、全体のリードタイムや生産性に決定的なインパクトを与えることができる。さらに、製品設計とそれに伴う治工具および金型の設計とは密接な関係があり、治工具および金型の製造システムの作業状況は、高品質の製品を生産するために不可欠である。

本研究で取り上げたメーカーのうち、製品開発のパフォーマンスが優れているものが製造能力も卓越していたのは偶然の一致ではない。設計のための製造の影響力を認識し、試作車、治工具および金型の製作について優れた能力を開発、発揮すべく努めるメーカーは、より迅速かつ効率的な製品開発のメリットを大きく享受することができるのである。

各テーマの実践

世界の自動車産業において優れた製品開発パフォーマンスの特徴として挙げられるテーマ——すなわち、リードタイム、生産性、品質における優れたパフォーマンス、製品開発プロセスの統合、製品とユーザーの統合、設計のための製造——は、競争が激しく、ユーザーの要求水準が高く、時間が重視される他の業界においても、優れたパフォーマンスの特徴となるものである。これらのテーマの他業界、他製品への応用例をわかりやすく説明するために、高性能ディスク・ドライブ、35mmカメラ、ポケット・ベル、電子レンジ用スープ、病

院用ベッド、商業用建設工事、家庭用品のそれぞれについて、簡単に事例を紹介することとする。

高性能ディスク・ドライブ

1983年、小型コンピュータ用のハード・ディスク・ドライブのメーカーであるクォンタム社は、IBM-PC用の拡張ボード搭載のハード・ディスク・ドライブを販売するため、プラス・ディベロップメントを設立した[注1]。この「ハードカード」と呼ばれる製品を開発するため、クォンタムの経営陣は、プラス社のハードウエアおよびソフトウエアのエンジニア、製品の製造を担当する日本の会社の工程エンジニア、そして自社のマーケティングおよび顧客サービス担当の営業マンを集めて、製品開発チームを組織した。「ハードカード」は直接一般ユーザーに売られるため、クォンタムにとってはこれまでに経験したことのない信頼性と製造性を必要とすると考えられた。したがって、製品開発チームは、製品設計と工程設計の連携調整に重点を置いた。設計エンジニアと工程エンジニアは同じオフィスで作業を行い、お互いにそれぞれの言語を教え合い、密接な連携調整によって強力な開発が可能であることを知ることができた。その結果、使用時の信頼性、製造のパフォーマンスのいずれにおいても、従来より高い水準の製品ができ上がった。そして商業生産開始後2カ月で、過去最高の生産量を達成したのである。

クォンタムは従来、まったく異なったタイプの顧客（小型コンピュータ・メーカー）を対象にしており、同社が競争している市場の高級分野においては、「ハードカード」の市場より技術的要求水準がはるかに高い。だが、クォンタムの経営首脳陣は、プラス社が製品開発プロセスに統合のアプローチを採用して大きなインパクトを与えたことに強い感銘を受けた。この新しいアプローチは、エンジニアリング・チームを比較的小さく、部門横断的な、重量級のチームに変え、リーダーに重量級プロダクト・マネジャーを据え、コンセプトの創出から商業生産に至るまでの製品開発プロセス全般に責任を持たせるものであった。強力なプロダクト・マネジャーのリーダーシップの下に、マーケティング、製造・工程エンジニアリング、製品エンジニアリング等の各部門を置くことにより、クォンタムに劇的な好結果がもたらされた。市場シェアの大幅な増加、製

品開発リードタイムの相当の短縮が実現され、高い信頼性を持つ機能的に優秀な製品を市場に送り続けることができたのである。

オートフォーカス型一眼レフ35mmカメラ

　1970年代末から1980年代初めにかけては、一眼レフ35mmカメラの市場は静かであった。10年近くもキヤノンAE1が市場のリーダーとして君臨し続けていたが、全体の販売量は不振であった。キヤノンは新技術（例：電子制御、LCDディスプレー、自動ワインダー）を取り入れた次世代製品を開発していたが、ユーザーの心をとらえた製品は1つもなかった。製品に首尾一貫性が欠けていたのである。

　この状況は、1985年に、比較的シェアが下位のミノルタがオートフォーカス型一眼レフカメラを導入して市場のリーダーになってから大きく変化した。突如として市場は不安定となった。新製品の導入ラッシュで製品寿命がきわめて短くなり、主要メーカー同士のシェア争い、トップ争いが激しく繰り広げられるようになった。

　キヤノンはきわめて難しい選択を迫られた。1年以内に他社と同様の製品を開発するか、まったく異なったコンセプト（ミノルタのボディにモーターを内蔵したコンセプトに対し、モーターにレンズを内蔵した方式）による十分差別化された製品を開発するか。しかし、後者の場合には、過去の経験からすると3年かかってしまう[注2]。キヤノンは、技術的に差別化された製品を2年以内に開発するという選択を行った。大きな変化である。この難しい要求を満たすため、キヤノンは製品開発に新しいアプローチを採用した。結束したプロジェクト・チームをつくり、工業デザイン部門出身の強力なコンセプト・リーダーを置き、製品および工程の両エンジニアリング部門の統合を実現したのである。EOSと呼ばれる新しいカメラは、過去のプロジェクトで開発された部品技術を使っているが、それらの技術の統合の仕方、ユーザーと接触する部分のデザインにおいて斬新であった。さらに、キヤノンはこれより統合度が高く、より魅力的な新製品を2年以内に市場導入し、市場のトップを奪回したのである。

電子レンジ用スープ

　新しいスープの開発は、新車の開発とはまったく異なっている。スープは製品の内部構造が比較的単純であり、ユーザーとのインターフェースも従来から確立されており、比較的簡単である。つまり、缶からスープを注いで、水を加え、温めるだけである。だが、キャンベル・スープは、1980年代半ばに、電子レンジ用スープの開発はちょっと勝手が違うことを認識させられた[注3]。

　1983年に電子レンジ用スープの開発を始めたとき、キャンベルの技術およびエンジニアリング組織は分業化した各部で構成される大きなものであった。電子レンジ用スープの開発に際しては、工程設計、パッケージング、スープの設計、テスト等を調整する軽量級プロダクト・マネジャーが置かれた。1988年までに、製品開発プロジェクトは試作品の製作からパイロット・ランの段階へと進んでいたが、まだ、生産量やコストの目標値をクリアしておらず、製品設計上の主要な問題が解決されていないままであった。さらに、競争環境がいっそう厳しいものになってきた。キャンベルは、すでに電子レンジ用スープを市場導入しているライバル・メーカーを追いかけるために、迅速に行動しなければならなかった。

　キャンベルが直面した問題の根は、新製品の性質にあった。電子レンジ用スープは、異なったパッケージング（例：プラスチックで、耐熱性の、密封容器）を必要とし、異なった要求条件を満足させなればならない。新しいパッケージングには、材質の問題だけでなく、パッケージの設計と製造工程との強力な相互関係が存在する。工程開発における新しい問題（例：充填、殺菌の新方法）を解決するには、相当の時間がかかり、プロジェクト全体の進行が遅延するおそれがある。

　工程上の問題を解決し、製品の市場導入を早めるため、キャンベルは新たに重量級プロダクト・マネジャーを置くことにした。このマネジャーは、各部門の作業の期間重複化、コミュニケーションの緊密化、そして本書で論じてきた開発の基本原則、考え方を採用した。強力なプロジェクト・リーダーの下、部門横断的なチームをつくり、製造工程の関連部門も取り込み、納入業者、生産設備メーカー、工程エンジニア、工場労働者および現場監督者、パッケージ・

エンジニアを製品開発作業に参加させた。新しいプロダクト・マネジャーは、製品開発プロセスを根本的に変えたのである。従来は、分業化したそれぞれの部が工程および製品エンジニアリングの部分部分について独立して作業を行っていた。それぞれの部において個々の問題に満足のいく解決法が得られて初めて、個別の解決法がすべて集められ統合段階に入るのである。このような部門独立的なやり方では、個々の解決法が十分統合されず、作業の遅れや設計のやり直しが増えてしまう。

新しいプロダクト・マネジャーは、プロジェクトのさまざまな要素を合わせて、システムとしての特徴が出るような作業の進め方を始めた。システムの各部分の問題点を独立して取り除こうとするのではなく、プロセス全体を1つのシステムとして検討し、より統合された解決法を重視するようにした。専属の部門横断的なチーム、強力なプロダクト・マネジャーのリーダーシップ、システムとしてのパフォーマンスを重視した製品開発プロセス等により、キャンベルは電子レンジ用スープの開発作業を大きく改善させることができたのである。キャンベルに残された問題は、この電子レンジ用スープの経験から学んだ考え方、アプローチを、自社の製品開発システム全体にどのように生かしていくかであろう。

バンディット・プロジェクト——ポケット・ベルの柔軟なオートメーション

1987年、モトローラのポケット・ベル部門は、完全注文生産のポケット・ベルについて、柔軟でオートメーション化された製造工程を導入するため、「バンディット（山賊）・プロジェクト」を始めた[注4]。このプロジェクトは、製品の再設計、ソフトウエアと生産設備の開発、全体の統合が必要であり、強力なプロジェクト・リーダーの指揮の下、製品および工程エンジニア、ソフトウエア会社、部品メーカーから成る部門横断的なチームによって進められた。チームに部品メーカーを加えたことがプロジェクトの成功に大きく貢献したと考えられる。

モトローラは、優れたプロジェクトの特徴である製品設計と工程設計の緊密な連携調整に努めたことに加えて、試作品の製作についても新しいアプローチを採用した。子部品の完成、組織内部の下作業の完了を待って試作品を製作す

る代わりに、毎月決まった日に、その時点で利用可能な製品および工程設計の情報を用いて試作品を製作する、定期的試作品製作方式を導入したのである。こうして試作品の製作が製品の多様な要素の進化の状況を直接反映するようになり、組織の関心を未解決の問題に集中させ、統合（そして統合に関連する諸問題）をより明確に、かつ、より扱いやすいものにすることが可能となった。定期的試作品製作は、モトローラが完全注文生産に新しいオートメーション化された工程を導入するスピードを速めるのに決定的な影響を与えたようである。「バンディット・プロジェクト」は大成功を収めた。プロジェクト・チームの開発した複雑な工程により、モトローラの製品再設計時間は4年から18カ月へと大幅に短縮した。さらに、生産ラインは、品質、リードタイム、信頼性の面で顕著に向上した。「バンディッド・プロジェクト」のケースは、真に統合された製品（この場合は製品設計と工程設計）がそれをつくり出す組織自体を反映するものであるという考え方を改めて認識させる。

工期短縮型の商業用建設工事

　レーラー・マクガバン・ボービス（LMB）は、商業用建設会社であるが、工期短縮型の工法で評判が高い。この工法は、従来順序立てて行われてきた設計および建設工事の各段階を重複化するものである[注5]。設計はいくつかのフェーズに分けて行われ、1つのフェーズが完了するごとに工事が始められるのである。下請業者は、建築士がビルディングの詳細設計を完了する前に、地面に穴を掘り、足場を組み、基礎を打ち始める。工期短縮型の建設における重複化では、自動車の開発と同様、デザイナー、注文主、建築士、下請業者の間のきわめて緊密なコミュニケーション、相互関係が必要であるため、LMBのアプローチに不可欠な要素として建設工事担当マネジャー（通常重量級型である）、注文主、建築士で構成されるチームがつくられる。LMBはまた、下請業者とも密接な協力関係にあり、設計および実際の工事のプロセスに基本的に組み込んでいる。

　LMBの最も有名なプロジェクトは、自由の女神の復元工事であろう。LMBは、25社以上による受注競争の結果、女神像の復元工事を請け負うこととなった。このプロジェクトは、1986年7月4日の100周年記念式典までに工事を完成させ

なければならず、500人に及ぶエンジニア、建築士、下請業者、下級技師等の作業を調整し、管理する必要があった。許された時間は短く、そもそも複雑で困難な工事はニューヨーク港のど真ん中で行われるためいっそう複雑となった。こうした困難にもかかわらず、LMBの工期短縮型のアプローチ——特に下請業者、デザイナー、エンジニア、職人等を統合する技術——によって、プロジェクトは期間どおりに、予算を下回って完成した。あるマネジャーが述べるように、時間のプレッシャーは厳しかった。「100周年記念式典を8月16日まで延ばしてもらうわけにいかなかった」のである。

BSAインダストリーズ、ベルモント部門

BSAインダストリーズのベルモント部門は、救急病院用ベッドの市場で強さを発揮していた[注6]。1970年代、1980年代を通じて、安全性、快適性、情報、通信の各分野における技術革新に成功した。1980年代末の時点において、同社の製品は、最先端で、完全統合型の看護治療システムで、病院のどのタイプの患者に対しても使用可能であった。ベルモントの市場における成功の原因は、ユーザーのニーズをとらえ、これに対応する能力の高さである。市場調査能力に加えて、病院の事務局や看護師室、メンテナンス部門、その他の病院の職員等、病室の調度品や設備の選択、管理に関係する人々と密接な関係を築き上げた。その結果、ユーザー側のシステムを深く理解し、そのシステムに適した製品を設計する能力を持つことができた。つまり、ベルモントは、いわゆる製品の首尾一貫性の点で競争優位に立ったのである。

ベルモントが他の種類の病室設備、救急以外の病院部門に進出した際、製品開発プロセスをさらに改善することにより、いっそうの売り上げの伸びと市場シェアの増大のチャンスが生まれることに気づいた。第1の目標は、製品開発リードタイムの短縮であった。各部門（設計、エンジニアリング、製造、マーケティング）のそれぞれの技能および能力は高度であったが、製品開発サイクルは長く、プロジェクトの終わり近くになって設計変更がしばしば行われた。ベルモントは、製品開発のリードタイムと開発後期における設計変更の頻度を減らすため、重量級型のプロジェクト・チームを中心として新しい製品開発プロセスを導入した。マーケティング、設計、エンジニアリング、そして製造の各

部門からメンバーを集めて中核チームを組織し、重量級プロダクト・マネジャーをリーダーに据えるという考え方に基づくものである。この考え方を実行するには、それぞれの部門が製品開発の手続き、プロセスを変える必要がある。特に重要なのは、模型製作部、品質検査部、部品メーカー等の支援グループが、それぞれのサイクル時間を短縮し、全体に速まった開発サイクルのボトルネックとならないようにすることである。こうした変革によって、製品開発プロセスがより速く、より統合され、従来からの製品の首尾一貫性の強さの上に、さらに一枚強さが加わったのである。

これらすべてのケースにおいて、プロセスの改善、市場における成功をもたらした製品開発の特徴——すなわち、製品の首尾一貫性、開発部門の各部間、そして開発部門と製造部門の間の密接な協力関係、ユーザーと設計の細部とを統合するプロセス、試作品製作の技術、重量級プロジェクト・リーダーの下に組織された部門横断的チーム——は、世界の自動車産業の優れたメーカーに見られた特徴と同じである。もちろん、それぞれの実践の仕方は異なっている。LMBの工期短縮型建設工事のチームとクォンタムのチームとは、どちらも重量級型のリーダーを置いているが、それぞれの管理手法は異なっている。ベルモントがユーザーのニーズをとらえるために使っている手段、アプローチも、キャンベルが電子レンジ用スープのパッケージのデザインのユーザー体験への影響を知るために使っている手段、アプローチとは違っている。だが、成功を収めているメーカーはいずれも、ユーザーの製品使用および総合的な製品体験に関して詳しく理解できるような製品開発プロセスにするための工夫をしているのである。

実践——基礎の構築

自動車産業についての研究成果は、製品開発に新しいアプローチを導入する際の重要なポイントを教えてくれる。新しい製品開発プロセスを取り入れるには、新しい技能、新しい作業の順序、新しい姿勢、新しい組織構造が幅広い範

囲の各部門、各部に要求される。したがって、その実践にあたっては幅広く、長期的な視野を持つ必要がある。実践のプロセスについて詳しく述べることは本書の守備範囲を超えるが、製品開発の改善の基礎を築くために必要となる重要な行動について若干指摘してみよう。

　より効果的な製品開発を行うためには、マクロ的な組織構造とミクロ的なプロセスの両方が必要である。効果的な製品開発組織は、全体と部分のどちらにも注意を払うのである。組織図をトップダウンで大幅に変えても、実務レベルの細部の変化が伴わなければ、優れたパフォーマンスを実現することはできない。同様に、小さな実務チームにおいてチームワークを固め、士気を高めても、細部における作業のやり方、行動パターン、姿勢、組織構造、技能、経営哲学等に一貫性がなければ、全体の製品開発パフォーマンスを向上することはできない。何か1つの重要要素、ウルトラCの解決法が存在するわけではない。マネジャー、エンジニア、マーケティング担当者、製造担当者は、製品開発の改善を目指すなら、多くのことを一貫して、同時に行う必要がある。製品開発に携わる従業員全員が、ユーザーの満足と市場競争力の強化を志向し、その実現に向けて、重要な細部すべてについて一貫して、長期にわたり努力を重ねて、初めて優れた製品開発パフォーマンスを得ることができるのである。

　これは、組織および管理手法のすべての要素がいつでも一貫していなければならないという意味ではない。私たちが考えている一貫性は、静的なものというより動的なものである。たとえば、特定のプロジェクトについてまず大きな改革を実施し、それが残りのプロジェクトにとってモデルとなる場合もあるし、製品開発の組織構造についてまず改革を実施（例：重量級型のプロジェクト・チームの導入）することにより、他の部門に問題を提起する場合もある。同じように、リードタイムだけを短縮することで、組織内部に不均衡と緊張が生じ、それがさらなる組織改革のきっかけとなることもある。このように、短期的な不均衡は製品開発パターン全体に長期的な一貫性を実現するための原動力となる。それとは違うやり方として、組織全体を慎重に、徐々に改革し、各段階においてもバランスを保つこともできよう。バランスを保ちつつステップ・バイ・ステップで改善していくやり方にするか、ダイナミックな不均衡を生じさせるやり方にするかは、競争環境、経営能力、組織構造のいかんによる。厳しい競

争にさらされている中小のメーカーは、大手の古参メーカーで機能別の組織が長く続いてきたところに比べると、より大胆なアプローチをとるだろう。

　どのアプローチをとるにしても、改革が成功するかどうかは、細部における行動と新しい製品開発プロセスの全体的なパターン、方向性との間に長期的な一貫性が実現できるかどうかの問題である。一貫性を徹底させ、定着させることは、強力な上級マネジャー1人でできるものではない。実際問題として、製品開発は複雑で、細部の問題が重要であるのに対して、上級マネジャーは新しい製品開発プロセスの実施に関してすべてのことを知ることはできないかもしれない。したがって、製品開発プロセスに関与するすべての人間は、上級マネジャーから最も末席の実務レベルのエンジニアに至るまで、組織が目指す製品開発の全体的パターンについて共通の理解を持つ必要がある。個人レベルでは、製品開発プロセスにおいて自分が担当している部分が全体のなかにどう組み込まれるか、自分の行動、姿勢、技能が、製品開発プロセスはどうあるべきかについての全体的なビジョン、コンセプトにどう適合するかを理解する必要がある。強力な上級マネジャーはすべてを1人でやり遂げることはできないが、コンセプトおよび実践に関する強力なリーダーシップは不可欠である。必要とされるリーダーシップとは、激励や監督、あるいは巧みなスローガンといった類のものではない。新しい製品開発プロセスをつくる際のリーダーシップは、製品開発の将来について強力で、実体的で、人が思わず従うような説得力あるビジョンを明確に示すことのできる能力に基づくものであるべきである。

　自動車産業についての経験から、新しい製品開発プロセスを実現するための最初のステップは、製品開発プロセスの全体と部分を統合する確たるリーダーシップを確立する方向へ進むべきである。このリーダーシップをとるのは、経営最高幹部、プロダクト・マネジャー、チーフ・エンジニア、チーフ・デザイナー、あるいはより低いレベルの管理職等、それぞれのメーカーの置かれている状況、市場の性格に応じて異なる。また、1人の強力なリーダーが置かれる場合と多くのマネジャーやエンジニアが集団でリーダーシップをとる場合がありうる。

　リーダーシップの形態がどのようであろうと、製品開発プロセスはどうあるべきかについて明確で説得力のあるビジョンを組織に対して示す必要がある。

そのビジョンは、優れたパフォーマンスの製品開発に共通の特徴である既述のテーマを反映したものとなろうが、個別のメーカーが用いる独自の技術、対象とするユーザーおよび市場、そして競争優位に立つための全体的な戦略に合わせ、調整しなければならない。

　製品開発の全体的なパターンについての共通の理解、製品開発の将来の姿に関する共通のビジョン、細部に対するきめ細かい配慮、製品開発のすべての作業にわたる統一性と整合性——これらが、新しい企業間競争の厳しい条件を満たすことのできるメーカーの証である。これらのメーカーは、優れた製造能力を、商業生産のみならず製品開発に応用することができる。ユーザーと密接な関係を保ち、製品のユーザー体験について深く理解し、設計の細部に至るまで統合する能力を持つ。開発部門と製造部門は作業の重複化を図り、相互に緊密なコミュニケーションをとる。プロダクト・マネジャーは重量級であり、その製品開発組織および生み出される製品は首尾一貫性を確保している。こうしたメーカーの成功の度合いは、すばらしい製品を迅速かつ効率的に開発できるかどうかで測られるのである。

注
1）さらに詳細はPlus Development Corporation(A)(687-001), Plus Development Corporation(B)(688-066) 参照。
2）ここでの記述は、1989年にキヤノンで行った筆者のインタビューに基づくものである。
3）さらに詳細はCampbell Soup Company(690-051) 参照。
4）さらに詳細はMotorola, Inc.: Bandit Pager Projict(690-043) 参照。
5）さらに詳細はLehrer McGovern Bovis, Inc.(687-089) 参照。
6）さらに詳細はBSA Industries—Belmont Division(689-049) 参照。

付録

データ収集

　製品開発プロセスに関する研究は、データを収集するうえでいくつかの困難な問題に直面するのが常である。公表されている情報では、各メーカーの社内における製品開発プロセスのパフォーマンスや運営面での特徴をつかむには十分とは言えない。したがって、この種の研究は、実地に集めたデータに頼らざるをえない。実地データの収集も、情報の秘匿性、技術的用語の相違等により、非常に難しかった。さらに、私たちは市場を幅広くとらえ、製品開発と国際競争を結びつけて考えたいと思っており、このため調査も国際的かつ学際的なものとする必要があった。このことが本研究をさらに複雑化させた。

サンプル

　製品開発に関する本研究は、基本的に1985年から1988年の間に、1980年代におけるすべての主要自動車生産地域の20のメーカーによる29の新車開発プロジェクトから収集したデータに基づいている。具体的にはアメリカ3社、西ヨーロッパ9社、日本8社である[注1]。これらのメーカーは、1986年時点で世界の自動車生産台数の約70％を占めている。1社当たり平均の年間生産台数は120万台、20社のうち10社が年間100万台以上を生産し、すべてのメーカーが20万台以上の生産台数であった（1986年）。新興工業国（例：韓国、台湾、ブラジル、メキシコ、スペイン）や東ヨーロッパ諸国（例：旧ソ連、旧ユーゴスラビア、ポーランド）は、生産台数としてはかなり多いが、1980年代においてはすべて自前の製品開発プロジェクトはまだ稀であったため、本研究では対象に含めなかった[注2]。同じ理由で、発展途上国およびオセアニア諸国も除き、また、ロールスロイス、アストン・マーチン、ランボルギーニ、マセラッティ、アバンティ等

のメーカーは生産台数が少ないため除いた。(プロジェクトおよびメーカーの) サンプルの数が少ないため、個々のケースにおける実際の感じ、ユニークさ、迫力等を失わずに、体系的な比較分析を行うことができた。

　サンプルとしたすべてのメーカーは、複数のモデルを生産していた。1社当たりの基本モデル（車種）の数は3〜14で平均は7であった。これらのモデルの小売価格は、16社の「量産車メーカー」については5000〜1万5000ドル（1987年）、4社の「高級車専門メーカー」については2万ドル以上であった[注3]。全体では、1982年から1987年までの間に約120のニュー・モデルを開発したと推計され、この数字は、同時期に3大地域で開発されたニュー・モデル全体の約90％に相当する。

　サンプルとしたプロジェクトは、アメリカ6、ヨーロッパ11、日本12で、1982年から1987年までの期間におけるすべての新車開発プロジェクトの約20％をカバーしている[注4]。5年という期間は、製品開発の観点からは比較的短く、自動車の平均モデル寿命は世界的に見て5年以上であるため、私たちのサンプルは事実上1世代の製品群から抽出したものとなり、時系列ではなく、ある時点における横断面を表していると考えられる。

　サンプルのプロジェクトは多種多様であり、大型および中型乗用車、小型乗用車、小型バン、軽乗用車およびバンが含まれている。これらの小売価格は、1987年時点で5000ドル以下から4万ドル以上までの範囲にわたっている。プロジェクトの内容に関して、そのほかでバラエティがあるのは、ボディ・タイプ（車型）の数、共通部品率、技術革新度、開発作業への部品メーカーの関与度等である。各プロジェクトのデータは、製品開発組織の一般的な指標として用いるために、原データを可能な限りこれらの内容の違いに応じて補正した。

　もう1つ、潜在的な問題として挙げられるのは、市場における成功度、競争力に関する偏り（バイアス）である。各メーカーにプロジェクトのデータを公開するよう説得するのは、競争上の理由から、きわめて困難である。したがって、各メーカーからサンプルとして提供してもらったプロジェクトで満足しなければならなかった。当然のことながら、ほとんどのメーカーは、市場において比較的成功を収めたプロジェクトを提供した。この潜在的な偏りについて言えば、「当該期間における最良の実例」を比較したものと考えるのが適当かも

しれない。

情報源と手法

データは基本的に3つのタイプに分けられる。すなわち、メーカー独自の情報、公開された情報、そして外部の専門家の意見である。

独自データ メーカー独自の情報は、詳細なインタビュー、アンケート調査、内部文書の3つの方法で収集した。本研究でサンプルとして取り上げたプロジェクトごとに、主要な参加者に一連のアンケート用紙を送付した。アンケートの質問をできるだけ適切かつ常識的なものとするため、いくつかのメーカーを選んでパイロット調査をあらかじめ実施した。インタビューについては、体系的なものも非体系的なものも、R&D部門のマネジャー（例：R&D部門の長、開発部門の管理職、開発各部のチーム・エンジニア）とサンプルのプロジェクトの中心的な参加者（例：プロジェクト・マネジャー、アシスタント・プロジェクト・マネジャー、製品プランナー、製品技術者および生産技術者）に対して実施した。非体系的なインタビューは、製品開発の実際の感じをつかみ、仮説を立てるために行い、体系的なインタビューはこの仮説を検証するために行った。後者については、各メーカー間でインタビューによるデータをできるだけ比較しうるようにフォーマットを作成した。各メーカーに対しては少なくとも2回のインタビューを実施し、1回につき5〜20人を対象とした。内部文書資料は、組織図、製品企画書、エンジニアリング作業のスケジュール、プロジェクトの会計報告書、社内教育訓練プログラムの教材、社内報および連絡文書等であり、インタビューやアンケートで確かめてから本研究に用いた。

公開データ 公開された文章としては、統計とさまざまな記事等を用いた。そのメーカーの財務および経営のパフォーマンスに関するデータは、主に年次報告書と業界の統計を載せた年鑑から収集した。また、製品ライン、製品の歴史、基本的な製品仕様は大衆自動車雑誌および各地域の業界団体から集めた。本研究においては、J・D・パワー社の『コンシューマー・リポート』誌、大衆誌が発行している『購入者ガイド』、そして個人の自動車評論家からの情報を用いて、ユーザー満足度、市場性、欠陥あるいは設計品質に関する評価を収集した。特定のメーカー、特定の製品に関する製品開発プロセスおよび組織を

記述した本や記事も、私たち自身で集めた製品開発組織に関する記述的データを補完する意味で参考にした[注5]。特に、次に挙げる刊行物は、表3-2、表3-5、図4-5および図11-5の出典となっている――『オートモーティブ・ニュース』『バイヤーズ・ガイド』『カー・アンド・ドライバー』『コンシューマー・ガイド』『ドライバー』（日本版）『日本自動車ガイドブック』『自動車技術』『自動車レビュー・カタログ』『日本の自動車産業』『モーター・マガジン』（日本版）『モーター・トレンド』『NAVI』（日本版）『日刊自動車新聞』『日経メカニカル』『日経産業新聞』『自動車産業ハンドブック』、自動車マーケティングに関する『パワー・レポート』『ウォール・ストリート・ジャーナル』『ウォード自動車年鑑』『ホワット・カー』（ロンドン版）『ワールド・モーター・ビークル・データ』。

外部の専門家　設計品質に関するデータは、プロの自動車評論家（自動車雑誌の技術編集委員およびフリーランスの批評家）から成る専門家パネルを特に組織して収集した。7人のプロの評論家（アメリカ2人、ヨーロッパ2人、日本3人）が、最近開発された各社のモデルの製品設計の品質を、コンセプト、スタイリング、性能、快適性、価格、そして全体的な設計品質の各基準に照らして採点した。この採点結果は、製品開発のパフォーマンスに関する指標の一部に用いた。

分析の単位

「データ収集の単位」と「比較分析の単位」を区別する必要がある。前者のレベルで統計的、定性的データが収集され、後者のレベルで収集されたデータが集計され、再整理され、比較された。両者は同じではないが、だいたいにおいて重複している。

データ収集の単位　実証的データは、3つのレベル――プロジェクト、組織、企業――で、その適切性、入手可能性に応じて収集された。「プロジェクト」は、主要な新車開発プロジェクトを指し、部品の半分以上が新設計される主要なモデル・チェンジおよび完全な新種開発の両方を含む。リードタイム、製品開発生産性およびこれらに影響を与えるプロジェクト内容に関する諸要素についての実証的データは、プロジェクト・レベルで収集された。「組織」は、製品グループの開発の目的で編成された製品開発下部組織（プロジェクトあるいは機能別の部課）の集合体を指す。自動車メーカーは普通、1つの製品開発組織しか

持たないため、実際には組織と企業とは分析の単位としては同じとなるのが一般的である[注6]。本研究では22組織であり、その内訳は、アメリカ5、ヨーロッパ9、日本8である。組織のパターンに関するデータおよび、製品の総合商品力（TPQ）に関する指標は、主に組織レベルで収集された。「企業（メーカー）」は、ここでの定義によれば、まったく異なった製品ラインを有する子会社（例：アメリカのメーカーのヨーロッパ子会社）を含む。したがっていくつかのメーカーが複数のプロジェクトのデータを提供している。全体的な企業としての業績、典型的には年次報告書によるものは、このメーカー・レベルで収集されている。

比較分析の単位　比較分析の主な単位は、個別組織あるいは地域的／戦略的な企業群である。プロジェクトあるいはメーカー・レベルで収集されたデータは、組織あるいは地域レベルに集計、または再分配して比較分析を行った。

本研究では、組織レベルをプロジェクト・レベルに優先して比較分析を行った。プロジェクトごとのパフォーマンスは、偶然の出来事、短期的現象その他、特定のプロジェクト固有の特異な要素の影響を受けやすく、組織、環境、パフォーマンス相互間の長期的関係の重要性があいまいとなるためである。たとえば、ある単一プロジェクトの成功または失敗は、特定の天才的な製品技術者、プロジェクト・リーダーの個人的性格、ライバル・メーカーの新製品の導入のタイミングおよび強さ、石油価格の予期せぬ変動、若いユーザーの間での流行、偶然等々によって影響されるかもしれない。このような状況は、別のプロジェクトで再現することが困難である。私たちは、製品開発の長期的パフォーマンスと組織や環境の長期的側面との間の構造的関係に関心がある。したがって、それぞれの組織が進めるプロジェクトに共通する組織パターンおよび慣行を調べることとした。また、一定期間における特定組織の一連のプロジェクトについて、時間を超え、各製品を通じて見られるパフォーマンスの一貫性に重点を置きながら、平均的パフォーマンスの比較分析を行った。

「地域的／戦略的グループ」は、戦略そして地域的基盤（すなわち、主たる地域的市場）を共有する製品開発組織の集合体である。ここでは、大きく2つの競争戦略（量産車メーカーおよび高級車専門メーカー）と3つの地域（アメリカ、西ヨーロッパ、日本）に分けた。データは、地域により、また4つの地域的／戦略的グループ（ヨーロッパのメーカーを量産車メーカーと高級車専門メーカーに分

割）によって比較した。同じ環境的セグメントで活動する組織は、ある種の組織的能力およびパフォーマンス・レベルが、長期的な適応過程の結果として共通するという仮定に基づくものである。

変　数

統計的データを収集する前提として、異なったメーカーのプロジェクト・エンジニアが同じ意味を持つものとして理解できるように、関係用語を定義しておく必要がある。これらの定義は、分析上操作しうる程度に特定できるものでなければならない。変数は、主に4つのカテゴリーに分けられる。すなわち、製品開発パフォーマンスおよび製品ライン政策（第4章）、プロジェクトの内容（つまり、製品の複雑度およびプロジェクトの守備範囲、第6章）、製造能力（第7章）、製品開発組織およびプロセス（第8～10章）である。

製品開発パフォーマンス

製品開発パフォーマンスについては、開発工数（製品開発生産性）、製品開発リードタイム、製品の総合商品力（TPQ）の3つの要素が測定された。

プロジェクト間、組織間の比較が可能となるように、製品の複雑度、技術革新度、プロジェクトの守備範囲等、個々のプロジェクトに特有の要素に関して、エンジニアリング的手法、統計学的手法その他を用いてデータの補正を行った。エンジニアリング的手法については、エンジニアの実経験に基づく補正係数の推定値を用いた。たとえば、ボディ・タイプの数の違いによって時間のデータを補正する際に、これらの推定値を用いたのである。また、プロジェクトの守備範囲に関する補正については、共通部品率、部品メーカーの開発関与度、部品固有の開発作業量等に基づく公式を開発した。また、それぞれの地域または戦略に特有の環境的および組織的要素を考慮に入れる必要があるモデルには地域的／戦略的グループのダミー変数のモデルが含まれている（日本の量産車メーカー・グループをベース・ケースとした）。

エンジニアリング的手法および統計学的手法の両方を用いたが、主な分析に

おいては統計学的手法を採用した。エンジニアリング的手法は、主として、統計学的推定値の現実性をチェックするために用いた。

開発工数　開発工数は、アンケート調査およびインタビューによって得た生の形で測定されているため、エンジニアの作業時間だけでなく、プロジェクトに直接参加している下級技術者やその他の管理職員の作業時間が含まれている。一方、間接人員の工数（例：開発部門担当の副社長）、工程エンジニアリングや金型・治工具のエンジニアリングに費やされた時間、エンジンやトランスミッションの開発に費やされた時間（エンジンおよびトランスミッションを車にマッチさせる作業は除く）、部品メーカーあるいは車体メーカーの作業時間（車の開発プロセス全体が社外に委託された場合を除く）は含まれない。したがって、開発工数は、コンセプト創出、製品プランニング、車両（主として車体およびシャーシ）の製品エンジニアリングについてプロジェクト内部で費やされた延べ作業時間ということになる。先に述べたように、生のデータは、製品開発生産性の尺度となるように補正が加えられた。補正後のデータは、製品の内容における違いと同様、部品メーカーの役割の違いも考慮に入れたものである。

製品開発リードタイム　製品開発リードタイム（あるいは簡単にリードタイム）は、製品開発プロジェクトの開始から当該モデルの最初のバージョンが市場導入されるまでの時間を月数で表したものである[注7]。コンセプト創出から市場導入までのリードタイムのほか、他の製品開発フェーズ、すなわち、コンセプト創出、製品プランニング、先行開発、製品エンジニアリング、工程エンジニアリング、パイロット・ラン等のスケジュール・データが収集された。ただ、プランニングとエンジニアリングに関するリードタイム以外の詳細なスケジュール・データは、さらに詳しい統計学的分析には用いなかった。

TPQ　TPQは、製品体験により得られるユーザーの満足度に関するさまざまな側面と長期的な市場シェアの変化等を表す複数の指標によって把握された。1985年から1987年の間に行われたデータ収集では、一連の製品開発の一貫性を重視して、プロジェクト・レベルではなく、可能な限り組織レベルとした。そしてTPQ指数の作成のためにいくつかの指標を用いた。

認知された総合品質のデータは、3つの異なったソースから収集された。そのうち2つは実際のユーザーの「再購入意思」に関する指標（『コンシューマー・

リポート』誌およびJ・D・パワー社のもの）である。ランキングは、回答者（アメリカのユーザー）のうち同じ「メーク（シボレー、キャデラック、トヨタなど）」の車をもう一度買う意思があると答えた人のパーセンテージに基づく[注8]。J・D・パワーの調査における分析の単位は「メーク」であるが、これは一般的に自動車メーカーの製品事業部に対応する。したがって、複数の製品事業部を持つアメリカのメーカーの場合には、複数の順位に登場することとなる。もう1つの総合品質に係る指標は専門家の評価に基づくものである。1986年、1987年および1988年の『コンシューマー・リポート』誌で推薦されたモデルのパーセンテージから作成したものである[注9]。これら3つの指標はすべて、その後のデータ分析において順位変数に変換されている。

　適合品質に関する各組織の順位づけを行うためには、製品引き渡しから90日以内にユーザーによって報告された1台当たりの技術的欠陥の数の組織平均を用いた[注10]。2つの異なった年（1985年および1987年）の結果を計算し、データの安定性をチェックした。分析の単位は「メーク」であるため、アメリカの組織については複数の順位に登場する。

　設計品質を測定するためには、専門家パネルを設けた。7人の専門家それぞれが、各社の1987年央時点における最新の世代のモデルについて総合的評価を行った[注11]。評価基準は、コンセプト、スタイリング、性能、快適性、価格との兼ね合い、そして総合評価である。これらの評価基準の定義および評価点の設定は**付表1**に示すとおりである[注12]。専門家はできるだけターゲットとなるユーザーに近い見方で、市場導入時点における、ライバル・モデルとの相対評価を行うよう求められた[注13]。評価点は、異なった製品セグメント間の価格差、市場導入の年の違いを補正するように設定されている。もう1つの総合的指標は、価格の影響を除外するために回帰分析により推定した。

　長期的市場シェア指数は、国内販売台数のシェアを用いて作成されたが、これは各メーカーの国内市場でのポジションはそれぞれの競争上のパフォーマンスにおいて戦略的に重要な役割を果たすとの前提に立っている。相互に代替的な指標として、最近6年間の累積販売台数のシェアがその前の6年間および最近12年間と比べてどう変化したかを計算した。6年間の累積シェアは、1世代の車の総販売台数のシェアのラフな近似値と考えられ、12年間の累積シェアは、

付表1 ●設計品質調査における評価基準

評点

- ❺ ライバル・メーカーより優れている——同クラスでベスト
- ❹ ライバル・メーカーよりよい
- ❸ 平均——ライバル・メーカーと同程度
- ❷ ライバル・メーカーより悪い
- ❶ ライバル・メーカーより劣っている——同クラスで最悪

評価基準

コンセプト

製品全体のコンセプトがユーザーのニーズによく適合しているか、製品の特定の面でなくすべての面においてバランスがとれ、首尾一貫しているか、車が全体として魅力的か。

スタイリング

車体外装は美しいか、「絶対的な」スタイリングの洗練性でなく、ターゲットとなるユーザーのニーズに照らして、ライバル製品との間の相対的評価はどうか（したがって、ミニバンの評点はスポーツカーの評点よりも高くなることがありうる）、仕上げや部品のなじみ具合は無視。

性能

車が速く、スムーズに、まだ安全に発進し、走行し、方向転換し、停止するか、ターゲットとなるユーザーのニーズに照らして、操縦性、加速性、制動性を含む全体的性能のライバル製品との間の相対的評価を測定。

快適性

運転席、助手席、後部座席における快適性の程度を乗り心地、騒音、振動、内装の美しさ、居住性、空調、その他の人間工学的尺度を用い、ターゲットとなるユーザーのニーズに照らしてライバル製品との間の相対的評価で測定。

価格との兼ね合い

初期コスト、下取り価格、保守コストおよび運行コスト等について総合評価。それぞれの要素は車のタイプによって重要度が異なる。

総合評価

製品の設計品質を総合評価。

出所：設計品質調査の回答者向け説明書

そのモデル全体の販売台数のラフな近似値と考えられる[注14]。これらの指標はそれぞれ、一般的に一貫した結果を示している[注15]。

　これらの指標を用いてTPQ指数が計算される。インタビューと他業界における経験則に基づき、それぞれの指標に特定の加重値を主観的に設定する。具体的には、認知された総合品質に0.3、適合品質に0.1、設計品質に0.4、長期的シェア変化に0.1である。そして、最初の3つのカテゴリーについては、上位3分の1の組織に100点、中位3分の1の組織に50点、下位3分の1の組織に0点をつける。それぞれの指標内で不一致が生じた場合は、「民主主義」ルールを適用して解決する。また、市場シェアの変化については、シェアが増大すると100点、シェアが減少すると50点、どちらとも言えないケースは75点をつける。このようにして、TPQ指数は4つの指標の加重平均として得られるのである。

　この指数は事実を簡潔に表す便利な方法であるが、主観的な加重値を用いることで分析に偏り（バイアス）をもたらす可能性が心配される。だが、この指数は、複数の指標で表される事実をかなり正確に要約するものと考えられる。第1に、指標の加重値は、研究で取り上げた大部分のメーカーが自分たちのランキングに一般的に同意していることにより、確認されたものである。第2に、ランキングは、特に分布の下位において、異なった加重値を用いても比較的影響を受けにくい。図4-5のデータが示すように、上位のメーカーはすべての指標で強さを発揮するのに対し、下位のメーカーは一様に弱い。私たちがこの分析において関心を持っているのは、比較的幅広いグループ分け（すなわち、上位あるいは下位3分の1）であり、TPQを扱っている各章（特に第9章および第10章）における基本的な結論は、相対的な加重値の変化によってはほとんど影響されないのである。ここで重要なのは、この指数が個々のプロジェクトに特有の価格や製品カテゴリー等の要素についてすでに補正済みである点である。したがって、開発工数やリードタイムと異なり、プロジェクトの内容に関する変数についてさらに統計学的補正を加える必要はない。

プロジェクトの内容に関する変数

　開発工数およびリードタイムに影響を与えると考えられる個々のプロジェクトに特有の要素は、3つの小グループに分けられる。すなわち、製品の複雑度（例：

価格、ボディ・タイプ)、技術革新度、そしてプロジェクトの守備範囲（例：共通部品、部品メーカーの開発への関与）である。予備的分析段階では数多くの指標について検討を加えたが、本章に述べたメインの分析においては6つの指標を用いた。これらは**付表2**に示されている。

製品ライン政策の指標

各メーカーの基本的な製品ライン政策を表す指標については、製品更新率、モデル増加率、製品開発全体のペース（第3章参照）を含めてシェリフの研究から引用した[注16]。**アウトプット指数**は、1981年から1988年の間に各メーカーが導入したニュー・モデルの数を測定するものであり、1981年におけるそのメーカーのモデル数を基準にしている。つまり、そのメーカーが1980年代を通じて主要な製品開発プロジェクトをどれだけ頻繁に実施したかを表すものである。この指数は、主要な製品開発プロジェクトが、既存のモデルの更新のためのものか、モデル・ミックスの拡張（モデル増加）のためのものかに分けることができる。**更新指数**は、1981年から1988年の間にメーカーが更新した製品の割合を測定するものであり、そのメーカーのモデル・チェンジ・サイクルを適切に反映する。指数が高ければ、モデル・チェンジ・サイクルが短いのである。一方、**拡張指数**は、メーカーの製品ラインの拡張に寄与するニュー・モデルに関するものである。拡張指数が高いメーカーほど、市場ニーズの多様化により柔軟に対応できると考えられる。

製造能力

製造能力に関しては、試作車製作リードタイムと金型リードタイム（第7章および第8章）の2つの指標を統計学的に分析した。

試作車製作リードタイム　最初の本格開発試作車――車全体の物理的代用品として最初のもので、部分的な試作車であるクレイ・モデル、モックアップ、先行試作車および試作部品とは異なる――を開発するためのリードタイムは、(1)試作車用部品の最初の部品の設計図が試作部品メーカー（内製または外製）に引き渡し（出図）されてから最後の部品の試作図が引き渡されるまでの時間と、(2)最後の設計図引き渡しから試作車の完成までの時間とに分割できる。それぞ

付表2 ● プロジェクトの内容に関する要素

製品の複雑度

小売価格

製品の複雑度を表す指標として、それぞれのモデルの主要バージョンの1987年米ドル価格での平均希望小売価格を用いた。アメリカ市場で販売されていないモデルについては、同クラスのグローバル・モデルの相対価格率に同モデルのアメリカにおける小売価格の率を乗じて価格を推定した。

ボディ・タイプの数

プロジェクトの複雑度を表す指標として、ドアの数、側面のシルエット、その他の主要な特徴が顕著に異なった車体のバリエーションを用いた。

技術革新度指数

先端的部品指数

プロジェクトに参加するエンジニアが、ライバル製品と比較した技術革新度を次の5つの主要な部品分野について主観的評価を行った——車体／塗装、エンジン、トランスミッション／トランスアクスル、電気／電子系統、ステアリング／ブレーキ／サスペンション。当該製品が少なくとも1分野で先端的であれば1点、それ以外は0点が与えられる。

主要車体改良指数

プロジェクトに参加するエンジニアが、技術革新度の指標として、次の4つの主要な工程技術分野に必要な開発努力の量について主観的評価を行った——最終組み立て、塗装、車体溶接、プレス加工。当該製品は少なくとも1分野で主要な改良が加えられていれば1点、それ以外は0点が与えられる。

プロジェクトの守備範囲指数

共通部品使用率

エンジニアリング設計図のレベルで、当該モデルの全部品のうち、他のモデル（生産中の旧モデルおよび他のモデル）と共通の部品を使用している割合。

部品メーカー開発関与率

部品メーカーによって行われる部品開発作業の割合を、次の3つの部品タイプについて、プロジェクトに参加するエンジニアが推定した、部品メーカーのエンジニアリング作業の程度（購入価格ベース）によって計算した——部品メーカー市販部品（標準製品として部品メーカーが100％開発したもの）、承認図部品（自動車メーカーが基礎的エンジニアリング作業〈30％〉、部品メーカーが詳細エンジニアリング作業〈70％〉を行い、共同で開発したもの）、貸与図部品（自動車メーカーが100％開発したもの）。

れ試作図引き渡し時間、試作図引き渡し後時間と呼ぶ。前者は、部品設計のスピードの部品ごとの違い、あるいは試作車用部品の調達リードタイムの違いの影響を受ける可能性がある。また、後者の大きな部品を試作車組み立てのリードタイムが占める。

金型リードタイム　工程エンジニアリング（生産技術）部門の金型・治工具、設備の開発については、後部フェンダーやクォーター・パネル等の主要車体パネルのための金型一式を設計、製作するのに必要な月数で測定する。金型設計・製作の全体リードタイムは、(1)ラフな車体部品試作図の最初の引き渡しから詳細設計図の最終の引き渡しまでの時間、(2)部品設計図の最終の引き渡しから金型の引き渡しまでの時間、(3)金型の引き渡しからテスト（トライアウト）の完了までの時間に分割できる。最初のフェーズは大まかに言って金型計画期間（工程計画、コストの予測等）、第2のフェーズは金型製作期間（鋳造、機械加工、組み立て、仕上げ）に相当する。金型の詳細設計は、第2期間の最初の2、3カ月に、しばしば鋳造と並行して実施される。したがって、上記の3つの要素をそれぞれ、**金型計画リードタイム、金型製作リードタイム、テスト（トライアウト）・リードタイム**と呼ぶ。本書では、金型開発の全体リードタイム（第8章）および金型製作リードタイム（第7章）を統計学的分析の対象として用いた。

組織とプロセス

このカテゴリーの指数（同時並行化率およびプロジェクト参加者数を除く）は、組織および工程についての複数の指標から作成される。**付表3**は、1980年代の効果的な量産車メーカーの組織面のチェック・ポイントを表す29の定性的変数（0か1）と、同時期における、優れた高級車専門メーカーの組織的チェック・ポイントを表す6つの定性的変数のリストである。ここでの指数の大部分は、これらの変数について肯定的なケースを足し合わせることによって作成した。それぞれの変数は、成功を収める製品開発の仮設的な「理想パターン」の一部を表すため、総合すれば、一貫性を示す指数、すなわち「理想型」（ideal profile）を表す指数となる[注17]。10の指数のリストが**付表4**である。

付表3●組織に関する要素リスト

優秀な量産車メーカーに共通する要素

1. プロダクト・マネジャーが存在する。
2. プロダクト・マネジャーが各開発段階、各開発分野に幅広い責任を有する。
3. プロジェクトの連絡調整チームあるいは問題解決チームが存在する。
4. 連絡担当者が存在する。
5. プロジェクト・チームの構成員に幅広く各部門からの出身者がいる。
6. プロジェクト実行チームが存在する。
7. プロダクト・マネジャーが市場と直接的なコンタクトを維持している。
8. コンセプト・クリエーターがマーケティング政策の決定に強い影響力を持っている。
9. コンセプトは、コンセプト・クリエーターのリーダーシップのもと、各部門間の討議により創出される。
10. コンセプト創出段階と製品プランニング段階が融合している。
11. コンセプト・クリエーターが製品プランニングを行う。
12. コンセプト・クリエーターがレイアウトを行う。
13. コンセプト創出とスタイリングが同時に行われる。
14. レイアウト、スタイリング、エンジンの選択が同時に行われる。
15. プロダクト・マネジャーが製品プランニングを行う。
16. プロダクト・マネジャーがレイアウトに責任を持つ。
17. プロダクト・マネジャーがコンセプト創出を行う。
18. プロダクト・マネジャーが製品エンジニアリングに（フォーマル、インフォーマルに）大きな影響力を持つ。
19. プロダクト・マネジャーが実務レベルのエンジニアと直接的なコンタクトを維持している。
20. 連絡担当者が実務レベルのエンジニアに強い影響力を持つ。
21. 多数の試作車が開発され、テストされる。
22. 試作車が迅速に製作される。
23. テスト・エンジニアは製品設計に拒否権を持たない。
24. 製造部門から早期にフィードバックされる。
25. プロジェクト・チームに工程エンジニアリング部門も参加する。
26. プロダクト・マネジャーがエンジニアリング部門以外の部門に強い影響力を持つ。
27. 製造部門は製品設計に拒否権を持たない。
28. 製品および工程の開発が高度に同時並行化されている。
29. 製品および工程エンジニアリング両部門間の効果的なコミュニケーションが高度に意識されている。

優秀な高級車専門メーカーに共通する要素

1. プロダクト・マネジャーは存在しないか、責任範囲が狭い。
2. コンセプト創出チームが集約化されている。
3. 順序立てた、完全主義的なエンジニアリング作業（エンジニアリング・リードタイムに反映）。
4. 製品の性能に高い目標を設定する。
5. テスト・エンジニアが製品設計に拒否権を持つ。
6. 試作車のテストを重視する（試作車の数に反映）。

付表4● 組織および工程に関する指数

総合的統合度指数
（量産車メーカーの一貫性能数）

4つの小指数（外的統合度指数、内的統合度指数、調整されたエンジニアリング作業指数、その他の統合メカニズム指数）によって構成され、29の組織要素について肯定的な答えが得られる要素の数を集計して計算した。29の組織要素のそれぞれの重要性の違いは考慮していないため、本指数は組織パターンの一貫性に関するあくまでもラフな近似値である。

外的統合度指数

総合的統合度指数を構成する小指数の1つであり（表3の要素1、2、7、15～20、26）、組織パターンの一貫性を外的統合推進者、典型的には製品コンセプト・クリエーターの権限／影響力の強さと責任範囲の広さの観点から測定するものである（第9章参照）。

内的統合度指数

総合的統合度指数を構成する小指数の1つであり（表3の要素8～14および17）、組織パターンの一貫性を内的統合推進者、特に専任のプロジェクト・コーディネーターとしてのプロダクト・マネジャーの権限・影響力の強さと責任範囲の広さの観点から測定するものである。（第9章参照）。

調整されたエンジニアリング作業指数

総合的統合度指数を構成する第3の小指数であり（表3の要素21～24、27～29）、製品および工程の両エンジニアリング作業が調整され、短いサイクルで行われるかどうかを表すものである。

その他の統合メカニズム指数

総合的統合度指数を構成する最後の小指数であり（表3の要素3～6および25）、専任のプロダクト・マネジャー以外の部門横断的な調整メカニズム（例：部門横断的な問題解決チーム、プロジェクト・チーム、連絡担当者）の存在を測定するものである。

調整された問題解決指数

内的統合度指数と調整されたエンジニアリング作業指数の組み合わせであり、エンジニアリング作業の同時並行化、問題解決の重複化を効果的に実施するために必要な緊密なコミュニケーションと短いサイクルでの問題解決が行われているかどうかを表すものである（第8章参照）。

組織形態指数

外的および内的統合度指数に用いられた要素（表3の1、2、7～20、26）を再構成し直して、22のサンプル組織を機能別組織から重量級プロダクト・マネジャー型まで、組織のスペクトルに照らして測定したものである（第9章参照）。

高級車専門メーカー指数

優秀な高級車メーカーに共通する6つの要素を集計し、1980年代の成功した高級車専門メーカーの組織パターンの一貫性（例：順序立てた問題解決、機能組織的な分業体制、完全主義的なエンジニアリング作業）を表すものである。

同時並行化率

段階ごとのスケジュールに関するデータに基づき、製品および工程エンジニアリング作業の重複度をタイミングの観点から測定する（第8章参照）。

プロジェクト参加者数

個人レベルでの分業化の程度を表す指標として代用する。（1つ以上のプロジェクトのための作業を行う者を含め、プロジェクト専任の参加者の）数が多ければ、分業化のレベルが高いと考えられる（第9章参照）。

データ分析

パフォーマンス、プロジェクトの内容および組織の関係の検討、各プロジェクトの開発工数およびリードタイムの補正値の計算、地域的および戦略的グループ間の補正後のパフォーマンス格差の推定等を行うため、統計学的分析手法がとられた。

ここで用いた統計学的手法は比較的シンプルである。プロジェクト・レベルのデータ（24～29サンプル）については通常の最小二乗回帰分析、組織レベルのデータについてはスピアマン順位相関分析を用いた。後者は、小さいサンプル・サイズに伴う潜在的な問題を回避するために採用したものである。

基礎的な回帰分析結果――開発工数の例

付表5から付表8までは、開発工数（生産性）、全体（コンセプト創出から市場導入までの）リードタイム、プランニング・リードタイム、エンジニアリング・リードタイムの4つのパフォーマンス変数についての基礎的な回帰モデルを示したものである。地域的および戦略的グループを表すダミー変数と、価格、ボディ・タイプ、技術革新度、プロジェクトの守備範囲等の主要なプロジェクトの内容に関する変数がモデルに含まれている。線形および対数の両方の数値が示されているが、前者はプロジェクトの内容がパフォーマンスに与える影響を絶対タームで推定するためのものであり、後者は相対タームで推定するためのものである。結果の解釈を単純化するために、4つの開発パフォーマンス変数に同じモデル（各従属変数に10モデルずつ）を適用した。それぞれの表には、独立変数の推定回帰係数および標準誤差、そして修正済みR^2（決定係数）がモデルごとの要約として示されている。

ここで、付表5の開発工数（単位1000人・時）についての回帰分析を簡単に説明する。モデルEH1は、補正前の開発工数の地域差を表している。日本のメーカーのグループを基準ケースとして選ぶと、モデルEH1の定数項（すなわち、115.5万人・時）は、サンプルとした日本のプロジェクトの補正前の平均開発工

付表5◉開発工数に関わる基礎的回帰分析結果

独立変数 ▼ / 従属変数▶ モデル▶	開発工数（1000人・時）						ln（開発工数）			
	EH1	EH2	EH3	EH4	EH5	EH6	EH7	EH8	EH9	EH10
定数	1,155	1,155	-1,329	-7,710	-7,713	-6,779	1,675	2,041	2,565	0.094
アメリカの メーカー	2,323† (724)	2,323† (738)	1,794* (768)	1,075# (575)	1,073# (602)	1,521* (581)	0.678* (0.289)	0.486* (0.250)	1.088† (0.368)	
ヨーロッパの メーカー	2,263† (604)		1,510# (772)	801 (577)		1,302* (556)	0.706* (0.277)	0.531* (0.239)	0.871† (0.276)	
ヨーロッパの 量産車メーカー		2,252† (702)			805 (616)					
高級車専門 メーカー		2,281* (852)			785 (1021)					
小売価格 （1000ドル）			0.050 (0.038)	0.071* (0.028)	0.072# (0.038)	0.050# (0.028)	*0.459* *(0.219)*	*0.514** *(0.185)*	*0.397** *(0.181)*	*0.730†* *(0.175)*
ボディ・タイプの数			530# (291)	874† (222)	873† (230)	738† (229)	0.329# (0.102)	0.428† (0.091)	0.357† (0.095)	0.509† (0.098)
技術革新度 （先端的部品）			742 (680)	828 (490)	825 (526)		0.292 (0.246)	0.310 (0.206)	0.403# (0.198)	0.459# (0.225)
技術革新度 （主要な車体の改良）			912 (592)	554 (434)	558 (482)		0.459* (0.214)	0.343# (0.183)	0.292 (0.173)	0.381 (0.197)
新規設計部品使用率 （1－共通部品使用率）									1.247† (0.317)	1.077† (0.365)
社内開発依存率 （1－部品メーカー 　開発関与率）									0.148 (0.489)	1.241† (0.404)
プロジェクトの 守備範囲指数				9,656† (2,090)	9,655† (2,141)	10,103† (2,202)	*1.857†* *(0.582)*			
サンプル数	29	29	29	29	29	29	29	29	29	29
修正済みR²	0.38	0.33	0.40	0.69	0.67	0.64	0.59	0.71	0.74	0.64
自由度	26	25	22	21	20	23	22	21	20	22

†：1％レベルで統計学的に有意
*：5％レベルで統計学的に有意
#：10％レベルで統計学的に有意

ln：自然対数
イタリック体の数字は独立変数の自然対数変換値を表す。

（注）カッコ内の数字は標準誤差。リードタイムの回帰分析における価格係数は1000倍してある。

付表6●総リードタイムに関わる基礎的回帰分析結果

独立変数 ▼	従属変数▶ モデル▶	総リードタイム（月）						ln（リードタイム）			
		LT1	LT2	LT3	LT4	LT5	LT6	LT7	LT8	LT9	LT10
定数		42.6	42.6	36.1	10.6	11.4	13.4	2.87	2.94	3.08	2.10
アメリカの メーカー		19.3† (4.0)	19.3† (3.9)	15.9† (4.4)	13.0† (4.0)	13.6† (4.2)	14.7† (3.8)	0.299† (0.083)	0.260† (0.080)	0.409† (0.122)	
ヨーロッパの メーカー		18.1† (3.4)		14.1† (4.4)	11.3* (4.1)		12.7† (3.6)	0.294† (0.030)	0.258† (0.077)	0.342† (0.092)	
ヨーロッパの 量産車メーカー			15.0† (3.7)			10.4* (4.3)					
高級車専門 メーカー			23.4† (4.5)			15.6* (7.1)					
小売価格 （1000ドル）				0.34 (0.22)	0.42* (0.20)	0.29 (0.27)	0.33# (0.18)	*0.091* *(0.063)*	*0.102* *(0.060)*	*0.073* *(0.060)*	*0.204†* *(0.062)*
ボディ・タイプの数				0.07 (1.66)	1.45 (1.57)	1.61 (1.60)	1.00 (1.50)	0.003 (0.030)	0.024 (0.029)	0.006 (0.032)	0.065# (0.034)
技術革新度 （先端的部品）				1.42 (3.88)	1.76 (3.45)	2.56 (3.65)		-0.001 (0.071)	0.003 (0.066)	0.025 (0.066)	0.051 (0.080)
技術革新度 （主要な車体の改良）				4.97 (3.38)	3.54 (3.05)	2.59 (3.34)		0.100 (0.062)	0.076 (0.059)	0.063 (0.058)	0.094 (0.070)
新規設計部品 使用率										0.271* (0.106)	0.209 (0.129)
社内開発 依存率										-0.003 (0.163)	0.411† (0.143)
プロジェクトの 守備範囲指数					38.6* (14.7)	38.8* (14.9)	41.5† (14.4)	*0.383#* *(0.187)*			
サンプル数		29	29	29	29	29	29	29	29	29	29
修正済みR²		0.56	0.59	0.57	0.66	0.65	0.66	0.59	0.64	0.66	0.47
自由度		26	25	22	21	20	23	22	21	20	22

†：1％レベルで統計学的に有意
*：5％レベルで統計学的に有意
#：10％レベルで統計学的に有意

ln：自然対数
イタリック体の数字は独立変数の自然対数変換値を表す。

（注）カッコ内の数字は標準誤差。リードタイムの回帰分析における価格係数は1000倍してある。

付表7●プランニング・リードタイムに関わる基礎的回帰分析結果

独立変数 \ モデル	従属変数 プランニング・リードタイム（月）						ln（プランニング・リードタイム）			
	PT1	PT2	PT3	PT4	PT5	PT6	PT7	PT8	PT9	PT10
定数	13.6	13.6	9.0	-27.1	-27.0	-24.6	1.77	2.16	2.56	2.10
アメリカのメーカー	9.2* (3.9)	9.2* (4.0)	7.9 (4.6)	3.8 (3.6)	3.9 (3.8)	4.4 (3.4)	0.30 (0.26)	0.10 (0.21)	0.56# (0.30)	
ヨーロッパのメーカー	6.2# (3.3)		3.7 (4.6)	0.3 (3.6)		1.3 (3.2)	0.29 (0.25)	0.10 (0.20)	0.36 (0.22)	
ヨーロッパの量産車メーカー		6.0 (3.8)			-0.5 (3.9)					
高級車専門メーカー		6.7 (4.6)			0.4 (6.4)					
小売価格（1000ドル）				0.13 (0.23)	0.24 (0.18)	0.22 (0.24)	0.24 (0.16)	*0.072* *(0.199)*	*0.131* *(0.152)*	*0.040* *(0.147)*
ボディ・タイプの数				0.78 (1.74)	2.72# (1.40)	2.75# (1.45)	2.42# (1.34)	0.046 (0.093)	0.152# (0.075)	0.104 (0.077)
技術革新度（先端的部品）				3.13 (4.07)	3.62 (3.08)	3.75 (3.30)		0.087 (0.223)	0.106 (0.170)	0.181 (0.160)
技術革新度（主要な車体の改良）				0.16 (3.54)	-1.87 (2.73)	-2.03 (3.03)		-0.002 (0.194)	-0.126 (0.151)	-0.168 (0.141)
新規設計部品使用率										*1.273†* *(0.258)*
社内開発依存率										*0.432* *(0.397)*
プロジェクトの守備範囲指数					54.7† (13.1)	54.7† (13.5)	53.0† (12.8)			*1.978†* *(0.478)*
サンプル数	29	29	29	29	29	29	29	29	29	29
修正済みR²	0.14	0.11	0.02	0.44	0.41	0.45	-0.05	0.40	0.48	0.44
自由度	26	25	22	21	20	23	22	21	20	22

†：1%レベルで統計学的に有意
*：5%レベルで統計学的に有意
#：10%レベルで統計学的に有意

ln：自然対数
イタリック体の数字は独立変数の自然対数変換値を表す。

（注）カッコ内の数字は標準誤差。リードタイムの回帰分析における価格係数は1000倍してある。

付表8●エンジニアリング・リードタイムに関わる基礎的回帰分析結果

独立変数 ▼	従属変数▶ モデル▶	エンジニアリング・リードタイム（月）						ln（エンジニアリング・リードタイム）			
		ET1	ET2	ET3	ET4	ET5	ET6	ET7	ET8	ET9	ET10
定数		30.8	30.8	23.6	21.9	21.9	25.0	1.86	1.84	1.96	1.06
アメリカの メーカー		9.3* (3.6)	9.3* (3.4)	5.1 (3.4)	4.9 (3.7)	4.9 (3.8)	7.3# (3.8)	0.149 (0.108)	0.158 (0.113)	0.274 (0.179)	
ヨーロッパの メーカー		11.1† (3.0)		7.1# (3.5)	6.9# (3.7)		8.1# (3.7)	0.227* (0.103)	0.235* (0.108)	0.301* (0.134)	
ヨーロッパの 量産車メーカー			8.2* (3.3)				6.9# (3.9)				
高級車専門 メーカー			16.2† (4.0)				6.8 (6.5)				
小売価格 (1000ドル)				0.39* (0.17)	0.39* (0.18)	0.40 (0.24)	0.24 (0.18)	*0.161#* *(0.082)*	*0.158#* *(0.084)*	*0.137* *(0.088)*	*0.251†* *(0.77)*
ボディ・タイプの数				-0.14 (1.31)	-0.05 (1.41)	-0.52 (1.46)	-0.61 (1.51)	-0.000 (0.38)	-0.005 (0.041)	-0.021 (0.046)	0.029 (0.043)
技術革新度 (先端的部品)				0.54 (3.04)	0.57 (3.11)	0.55 (3.34)		-0.040 (0.092)	-0.041 (0.093)	-0.025 (0.096)	0.013 (0.099)
技術革新度 (主要な車体の改良)				7.33* (2.65)	7.23* (2.75)	7.26* (3.06)		0.237† (0.080)	0.243† (0.083)	0.232* (0.084)	-0.111 (0.140)
新規設計部品 使用率										*0.013* *(0.154)*	*-0.180* *(0.160)*
社内開発 依存率										*-0.209* *(0.238)*	*0.087* *(0.177)*
プロジェクトの 守備範囲指数					2.6 (13.3)	2.6 (13.6)	8.7 (14.5)	*-0.087* *(0.264)*			
サンプル数		29	29	29	29	29	29	29	29	29	29
修正済みR²		0.32	0.38	0.49	0.46	0.43	0.34	0.46	0.40	0.42	0.34
自由度		26	25	22	21	20	23	22	21	20	22

†：1％レベルで統計学的に有意
*：5％レベルで統計学的に有意
#：10％レベルで統計学的に有意

ln：自然対数
イタリック体の数字は独立変数の自然対数変換値を表す。

（注）カッコ内の数字は標準誤差。リードタイムの回帰分析における価格係数は1000倍してある。

数である。2つのダミー変数の回帰係数（すなわち232.3万人・時と236.3万人・時）は、それぞれアメリカと日本、ヨーロッパと日本の平均の差を表す。したがって、定数項と各地域の係数との和（すなわち、347.8万人・時と351.8万人・時）は、それぞれアメリカとヨーロッパのグループの地域平均を表すのである。標準誤差が小規模なのは、地域差が統計学的に有意であることを示している。モデルEH2は、補正前の開発工数に関する同様の比較を、ヨーロッパのメーカーを高級車専門メーカーと量産車メーカーにさらに区別して行ったものであり、同様の結果が得られた。

　プロジェクトの内容でパフォーマンスの平均値を補正すると、一般的に開発工数の地域差は縮小する。たとえば、モデルEH3は、製品の複雑度（価格、ボディ・タイプ）と技術革新度（最先端の部品の採用、車体の大幅な変更）で開発工数を補正したものである。また、モデルEH4は、さらにプロジェクトの守備範囲で補正したものである。プロジェクトの内容に関する変数の回帰係数はすべて正で、価格、ボディ・タイプおよびプロジェクトの守備範囲についての回帰係数は統計的に有意である。モデルEH5は、ヨーロッパのメーカーを高級車専門メーカーと量産車メーカーに区別し、きわめて類似した結果を得ており、平均的な高級車専門メーカーと平均的な量産車メーカーは製品開発の製作性の点で大きな違いがないことがわかる。

　技術革新度を除き、私たちが用いた製品の内容の尺度は統計学的に有意であり、期待したとおりの結果となった。技術革新の変数は、技術革新の程度についてのエンジニアの判断に基づくものであるため、統計学的に有意でなくても不思議はない（技術革新の変数については、さまざまな他の指標を試してみたが、説明する力は持たなかった）。だが、得られた結果からは、技術革新度のより高いプロジェクトはより多くの時間を要すること――これは合理的な期待であるが――また重要な地域差があるらしいことがわかる。地域的なダミー変数の係数の値は、技術革新の変数を回帰モデルに含めることによって小さくなるのである。私たちは、モデルEH4を量産車メーカーにのみ用いて、技術革新の効果をさらに調べてみた。すると、技術革新の変数の有意性はさらに低くなり、地域間の差はもし技術革新の変数を除外したとしても統計学的に変わらないことがわかった。もっと詳しく調べると、モデルEH4における技術革新の変数の効果

は、2つの高級車プロジェクトを取り巻く特殊な状況（すなわち、異常値効果）の結果であることが明らかになった。こうした理由から、モデルEH6は、技術革新の変数をモデルから除外して評価することとした。本書における補正後の開発工数の推計値（すなわち、製品開発生産性の指標）は、モデルEH6から計算したものである。

　モデルEH7からEH10までは、プロジェクトの内容が開発工数に与える影響を相対タームで評価するための対数モデルを示したものである。価格とプロジェクトの守備範囲指数の係数は「弾力性」、つまりプロジェクト内容の変数が1％増加するとき、開発工数がどれだけのパーセンテージで増加するかを表す。ここでの結果は、モデル1から6までの線形の数値に基づいて得た定性的結論を変更するものではない。

　モデルEH9とEH10は、プロジェクトの守備範囲の効果を、新設計部品使用率（1から共通部品使用率を引いたもの）および社内開発依存率（1から部品メーカー開発関与率を引いたもの）の2つに分けたものである。モデルEH9の場合には地域的なダミー変数を含み、モデルEH10の場合にはこれらを除外する。これらの結果により、部品メーカーの影響の地域的性格が明らかになる。モデルEH9は、地域的効果を考慮に入れているが、部品メーカーの変数は小さく、統計的に有意ではない。今度はモデルEH10で地域的効果を捨ててみると、部品メーカーの変数はきわめて強力で有意となる。結局、私たちのデータにおける部品メーカーの効果は地域的現象であるということである。実際のところ、部品メーカーの開発関与度は、日本のメーカーと欧米のメーカーとの違いを説明するうえでは主要な役割を果たすが、地域内における企業間の相違を説明することはできない。しかしながら、既製部品の使用率は、地域の効果を含める場合も含めない場合も開発工数に強い影響を与える。したがって、共通部品戦略の効果は単なる地域的現象ではない。地域内においても地域間においても当てはまるのである。

　全体の開発リードタイム、プランニング・リードタイムおよびエンジニアリング・リードタイムにおいても、同じようなやり方で分析を進めた。回帰モデルは4つの表すべてにおいて同型となっている。開発工数とリードタイムについては、モデルEH6とLT6を「補正後の開発工数」（製品開発生産性の指標）と「補

正後のリードタイム」（製品開発速度の指標）の推定値として用いた。また、相関分析および散布図においては（第8章〜第10章参照）、回帰分析の残差項の数値を補正後の開発工数およびリードタイムの指標として用いた（ただし散布図においては、地域的ダミー変数の係数を残差項の値に足し返すことにより、地域的効果を考慮に入れたことに注意）。さらに、標準的な製品（第4章参照）の開発に必要とする時間を推定するためにも回帰分析を用いた。この場合、回帰モデルに標準的な車に関する価格、ボディ・タイプおよびプロジェクトの守備範囲の値を代入し、回帰係数を乗じ、定数項および適切な地域的効果（例：ヨーロッパのプロジェクトにはヨーロッパのダミー変数の回帰係数）を加えて値を求めた。

TPQに関する回帰分析結果

TPQ指数については、開発工数やリードタイムと異なり、前提となる変数を定義する過程で、価格クラス、ターゲット市場、そして全体的な製品の複雑度における違いに関して補正がすでに行われている。しかし、地域差があるかどうか、指数がプロジェクトの守備範囲や技術革新の程度と関係があるかどうかを見るために、さらに分析が必要である。これらの問題については**付表9**を見ていただきたい。回帰分析の結果、指数の地域平均には統計学的に有意な差はなく、技術革新の程度もあまり大きな影響は見られなかった。だが、プロジェクトの範囲はプラスの効果がある。より多くの新しい部品を使用し、社内で作業を進めるのが製品の品質に好影響を与えるようである。

製造能力に関する回帰分析結果

私たちは次に、製品開発プロセスに隠れた製造活動のリードタイムが、製品開発のパフォーマンスおよびパフォーマンスにおける地域差に与える影響を調べてみた。試作車製作リードタイム、金型製作リードタイム、そして金型開発の全体リードタイムの3つの指標を試してみた。最初の2つは、短サイクルの製造能力を反映し、最後の1つは、エンジニアリング作業における調整された問題解決の指標となるものである。**付表10**は、開発期間、全体リードタイム、プランニング・リードタイム、およびエンジニアリング・リードタイムに関する結果を示している。

付表9●TPQに関わる回帰分析結果

独立変数 ▼	従属変数 ▶ モデル ▶	TPQ		
		TPQ1	TPQ2	TPQ3
定数		53.4	-8.1	-9.8
アメリカのメーカー		-17.3 (13.8)	-29.3 (14.4)	-27.2 (13.5)
ヨーロッパのメーカー		2.9 (11.5)	-1.2 (12.4)	-2.3 (11.0)
技術革新度（先端的部品）			-3.2 (12.41)	
技術革新度（主要な車体の改良）			9.62 (10.82)	
プロジェクトの守備範囲指数			99.0# (51.3)	110.1* (48.6)
サンプル数		29	29	29
修正済みR^2		0.01	0.10	0.14
自由度		26	23	25

†：1％レベルで統計学的に有意
＊：5％レベルで統計学的に有意
＃：10％レベルで統計学的に有意
（注）カッコ内の数字は標準誤差。

　それぞれのパフォーマンスの尺度について、補正のために基礎的な回帰モデルでスタートし（付表5～付表8のEH6、LT6、PT6、ET6)、試作車および金型に関する3つの変数の3つのうち1つをこのモデルに加えた。その結果、開発工数とは関係が薄いが、リードタイムには強い影響を与えることがわかった。本文に述べたように、たとえばモデルET11の試作車製作のリードタイムの係数を見れば、試作車の製作時間を1カ月短縮できれば、エンジニアリング・リードタイムも1カ月短縮しうることが示されている。

　また、金型リードタイムが工程エンジニアリング段階の長さに与える影響も調べた。本文で述べたように、これによって、金型製作が迅速に行われる度合いが、パイロット生産段階で設計の完全さにどの程度影響を与えるかを見ることができる。**付表11**の回帰分析結果によれば、ヨーロッパやアメリカのメーカーの工程エンジニアリング段階の長さの平均値は、平均すれば、日本のメー

付表10 ◉ 製造能力に関わる回帰分析結果

独立変数 \ 従属変数▶ モデル	開発工数 (1000時間)			総リードタイム (月)			プランニング・リードタイム (月)			エンジニアリング・リードタイム (月)		
	EH11	EH12	EH13	LT11	LT12	LT13	PT11	PT12	PT13	ET11	ET12	ET13
定数	-7,464	-6,489	-7,659	2.9	12.2	6.5	-22.5	-17.9	-28.6	12.8	18.3	18.3
アメリカのメーカー	1,020 (801)	1,568 (1,042)	742 (943)	7.3 (4.6)	8.1 (5.8)	7.3 (5.3)	5.2 (4.7)	6.8 (5.4)	-0.4 (5.3)	-1.5 (4.0)	0.9 (4.7)	-0.2 (4.2)
ヨーロッパのメーカー	867 (731)	1,301 (1,258)	292 (1,135)	6.3 (4.2)	6.1 (7.0)	5.0 (6.4)	1.9 (4.3)	3.5 (6.6)	-5.5 (6.3)	0.5 (3.6)	3.9 (5.7)	2.8 (5.0)
小売価格 (1000ドル)	0.054# (0.029)	.056 (.034)	.051 (.033)	0.37* (0.16)	0.33 (0.19)	0.24 (0.19)	0.24 (0.17)	0.25 (0.18)	0.26 (0.19)	0.30* (0.14)	0.19 (0.15)	0.05 (0.15)
ボディ・タイプの数	733† (236)	739* (345)	672* (301)	1.02 (1.36)	0.06 (1.92)	0.94 (1.70)	2.17 (1.39)	1.53 (1.80)	1.61 (1.68)	-0.67 (1.18)	0.14 (1.55)	-0.07 (1.34)
プロジェクトの守備範囲指数	10,816† (2,298)	10,556† (2,731)	10,826† (2,533)	51.1† (13.2)	46.5† (15.2)	43.1† (14.3)	54.2† (13.5)	52.0† 14.3	56.4† (14.1)	20.9# (11.5)	13.4 (12.3)	8.4 (11.3)
試作車製作リードタイム (月)	58.2 (91.2)			0.93# (0.53)			-0.27 (0.54)			1.05* (0.46)		
金型製作リードタイム (月)		-25.2 (75.6)			0.44 (0.42)			-0.48 (0.40)			0.64# 0.34	
総金型リードタイム (月)			52.4 (61.4)			0.58 (0.35)			0.32 (0.34)			0.64* (0.27)
サンプル数	28	24	25	28	24	25	28	24	25	28	24	25
修正済みR²	0.63	0.59	0.63	0.72	0.77	0.73	0.44	0.46	0.46	0.52	0.56	0.59
自由度	21	17	18	21	17	18	21	17	18	21	17	18

†：1%レベルで統計学的に有意
＊：5%レベルで統計学的に有意
#：10%レベルで統計学的に有意

(注) カッコ内の数字は標準誤差。リードタイムの回帰分析における価格係数は1000倍してある。

カーより2、3カ月長くかかっているものの、工程エンジニアリング段階の長さの平均値に統計学上有意な違いは見られない。しかしながら、製品の内容、守備範囲、金型リードタイムについて補正すると、欧米のメーカーは、その製品の複雑度、金型の設計、製作に必要な時間の長さ等を所与とした場合、工程

付表11●工程エンジニアリング段階の長さに見る地域差

独立変数	従属変数 ▶	工程エンジニアリング段階の長さ	
▼	モデル ▶	PE1	PE2
定数		21.6	-0.8
アメリカのメーカー		4.5 (3.8)	-9.6# (4.9)
ヨーロッパのメーカー		5.2 (3.2)	-17.1† (5.9)
小売価格（1000ドル）			0.50† (0.17)
ボディ・タイプの数			-1.92 (1.57)
プロジェクトの守備範囲指数			25.7# (13.2)
総金型リードタイム			0.66* (0.32)
サンプル数		29	25
修正済み R^2		0.03	0.41
自由度		26	18

†：1%レベルで統計学的に有意
＊：5%レベルで統計学的に有意
＃：10%レベルで統計学的に有意

（注）カッコ内の数字は標準誤差。価格係数は1000倍してある。

エンジニアリング段階において「効果的」でない（ムダな）時間を余計に費やしていることがわかる。

調整された問題解決に関する回帰分析結果

　付表12は、調整された問題解決に関する回帰分析結果を要約したものである。まず、エンジニアリング作業の同時並行化率およびそのエンジニアリング・リードタイムに及ぼす影響を見てみよう。その結果、同時並行化率はリードタイムに対して負の影響があり、特に地域的効果を除外した場合（ET15）にそうである。その性質上、同時並行化率の効果は大いに地域的なものであることを意味しているのである。モデルET15における係数の大きさは、完全に順序立てたエンジニアリング作業（SR1）から完全に同時並行化されたシステム（SR2）

付表12● 調整された問題解決に関わる基礎的回帰分析結果

独立変数 ▼	モデル▶ 従属変数▶	エンジニアリング作業の同時並行化率		エンジニアリング・リードタイム（月）		適合品質（1985年）		適合品質（1987年）		TPQ指数	
		SR1	SR2	ET14	ET15	CQ1	CQ2	CQ3	CQ4	TPQ4	TPQ5
定数		1.75	1.41	37.9	40.8	19.1	20.6	4.0	17.2	-2.2	25.8
アメリカのメーカー		-0.17 (0.11)	-0.23# (0.18)	5.2 (4.0)		1.5 (3.5)		11.4† (3.4)		9.3 (14.5)	
ヨーロッパのメーカー		-0.20* (0.09)	-0.33 (0.11)	5.0 (4.2)		1.0 (3.2)		10.2† (3.1)		28.7* (12.8)	
小売価格（1000ドル）			0.12* (0.06)	0.35# (0.20)	0.45† (0.15)						
ボディ・タイプの数			0.04 (0.05)	-0.23 (1.50)	0.30 (1.40)						
プロジェクトの守備範囲指数			0.24 (0.45)	10.96 (14.29)	18.5 (13.3)						
エンジニアリング作業の同時並行化率				-9.18 (6.66)	-13.8* (5.6)						
調整された問題解決指数						-2.12* (0.77)	-2.32† (0.58)	0.33 (0.76)	-1.4# (0.75)	10.27† (3.23)	6.41* (2.5)
サンプル数		29		29	29	23	23	23	23	29	29
修正済みR²		0.10	0.15	0.36	0.36	0.35	0.40	0.43	0.11	0.27	0.16
自由度		26	23	22	24	22	21	19	21	25	27

†：1%レベルで統計学的に有意
*：5%レベルで統計学的に有意
#：10%レベルで統計学的に有意

（注）カッコ内の数字は標準誤差。価格係数はSR2では1万倍、ET14では1000倍してある。

へ移行することによってエンジニアリング・リードタイムを13.8カ月も短縮できることを示している。

　また、付表12は、調整された問題解決の製品の品質への影響についても示唆している。回帰分析結果は、TPQ指数に強い影響を与えることを示しており、この影響は性質上地域的なものではない（地域的ダミー変数の有無にかかわらず

付表13● パフォーマンスの指標間の順位相関

	製品開発生産性（補正済み）	製品開発スピード（補正済み）	TPQ
製品開発生産性（補正済み）（数字が大きいほど開発が効率的）	1.00	0.58† (22)	0.07 (22)
製品開発スピード（補正済み）（数字が大きいほど開発が迅速）		1.00	-0.03 (22)
TPQ			1.00

†：1%レベルで有意
（注）数字はスピアマン順位相関係数。カッコ内の数字はサンプル数を表す。

係数が大きい）。独立変数としての適合品質のデータに関する回帰分析結果は、調整された問題解決のレベルが製品の信頼性の指標と関係していることを示す。ただ、1987年の結果を見ると、その年の効果は弱く、多分に日本独特の現象であったようである（この指数の係数によれば、高いレベルの連携調整が実現すれば、購入後3カ月における技術的問題が少なくなることが明らかになることに注意）。

パフォーマンス指標相互間の順位相関

付表13は、開発組織のレベル（サンプル数22）において、3つのパフォーマンス要素相互間の順位相関を要約したものである。TPQと他の2つのパフォーマンス変数の間には有意な相関関係は認められない。このことは、TPQが、組織や管理手法といった何か別のものによって説明されるべきものであることを意味する。他方、第4章で述べたとおり、補正後の開発工数と補正後のリードタイムとの間には明らかにプラスの相関関係が存在する。

組織管理とパフォーマンスの間の順位相関

パフォーマンス変数と組織、プロセス、管理手法等の多様な指標との間の一連の順位相関分析結果が付表14に示されている。ここで分析されたデータは、組織レベルで収集されている。地域的効果は、分析の目的に応じて含める場合も除外する場合もあり、サンプルのサイズはデータが収集できなかったり、不

付表14● 組織／管理手法とパフォーマンスの間の順位相関

事項	指標	ランキングの解釈	製品開発生産性 （補正済み） 高い＝効率的	製品開発スピード （補正済み） 高い＝迅速	TPQ
製品ラインの政策	アウトプット指数	高い＝モデル当たりの製品開発頻度が高い	0.60† (22)	0.58† (22)	0.20 (22)
	更新指数	高い＝製品のモデル・チェンジ頻度が高い	0.29 (22)	0.40# (22)	0.28 (22)
	拡大指数	高い＝製品ラインの拡大ペースが速い	0.50* (22)	0.49* (22)	0.08 (22)
製造能力	組み立て生産性 （補正済み）	高い＝組み立て作業が効率的	0.34 (18)	0.42# (18)	-0.21 (18)
調整された 問題解決	エンジニアリング作業の 同時並行化率（補正済み）	高い＝作業段階の重複化が進んでいる	0.16 (22)	0.57† (22)	-0.06 (22)
	調整された 問題解決指数	高い＝連携が緊密、 サイクルが速い	0.45* (16)	0.54† (22)	0.22 (22)
分業化	プロジェクト参加者数 （補正済み）	高い＝個人レベルの 分業化が進んでいる	-0.53* (16)	-0.67 (16)	0.05 (16)
組織的統合	組織形態指数	高い＝重量級プロダクト・マネジャー	*0.45#* *(17)*	*0.63†* *(17)*	*0.51** *(17)*
量産車メーカーの パターンの一貫性	総合的統合度指数	高い＝量産車メーカーの理想像に近い	*0.47** *(17)*	*0.62†* *(17)*	*0.70†* *(17)*
	外的統合度指数	高い＝コンセプト・クリエーター／擁護者が強力	*0.24* *(17)*	*0.40#* *(17)*	*0.74†* *(17)*
	内的統合度指数	高い＝プロダクト・マネジャーが調整者として強力	*0.40#* *(17)*	*0.60** *(17)*	*0.51** *(17)*
	調整された エンジニアリング作業指数	高い＝エンジニアリング作業が迅速に調整されている	*0.70†* *(17)*	*0.67†* *(17)*	*0.61** *(17)*
	その他の統合 メカニズム指数	高い＝連絡担当者、プロジェクト・チーム、問題解決チームが存在	*-0.08* *(17)*	*-0.21* *(17)*	*0.51** *(17)*
高級車専門 メーカーの パターンの一貫性	高級車専門 メーカー指数	高い＝高級車専門メーカーの理想像に近い	*-0.22* *(17)*	*-0.47#* *(17)*	*0.16* *(17)*

†：1％レベルで統計学的に有意
*：5％レベルで統計学的に有意
#：10％レベルで統計学的に有意

（注）数字はスピアマン順位相関係数。カッコ内の数字はサンプル数。イタリック体の数字は、量産車メーカーのみが含まれていることを表す。

適切であったりして、まちまちになっている。開発工数とリードタイムはすでにプロジェクトの内容で補正しており、TPQはその定義上、また測定上プロジェクトの内容で補正済みである。その結果、量産車メーカーについては、一貫性のパターンと高パフォーマンスの製品開発との間に密接な関係があることが明らかになった。それと対照的に、優れた高級車専門メーカーのパターンは、量産車メーカーにとってのパフォーマンスの観点からは、あまり関係がないことがわかる。

注

1) データの秘密保持上の理由から、参加企業とサンプル・プロジェクトの名前は明らかにしていない。
2) 1987年当時、西ヨーロッパ、日本および北米地域（アメリカとカナダ）以外の国では500万台の自動車を生産していた。これは、1986年の世界全体の生産台数（3300万台）の約15%にあたる。
3) 量産車メーカーと高級車メーカーの定義については、第3章参照。
4) これには2つの例外がある。1980年に市場導入されたヨーロッパのプロジェクトと、1981年に市場導入された日本のプロジェクトである。
5) たとえば、特定の製品開発プロジェクトの歴史が、最近、日本の自動車雑誌の人気記事になっている。
6) 例外はアメリカのメーカーで、複数の生産部門が独立したR&D組織を持っているケースが多い。
7) 開発リードタイムは最初のコンセプト検討会議が開かれたとき、もしくはコンセプト検討チームのメンバーが任命されたときから始まっている。1つのプロジェクトで開発された複数のバージョンは、ボディ・タイプや地理的販売市場ごとに順番に市場導入されることがあるため、普通は最初のバージョン（通常国内市場向けのセダン）の市場導入時点が、リードタイムの終了点とみなされる。調査した企業の多くは、生産開始時点を中心としたスケジュールの記録を残していたが、製品開発をユーザー中心の視点でとらえるため、販売開始時点をリードタイムの終了点として選んだ。本研究によれば、通常市場導入に先立ち、1〜3カ月前に量産が開始される。
8) 総合商品力の3つの指標は、アメリカ市場での評価をもとにしている。したがってこれらの指標は、アメリカのユーザー特有の好みによる偏りが生じやすい。
9) 『コンシューマー・リポート』誌の評価は、設計品質、適合品質の両方に基づいていることはよく知られている。この指標と「再購入の意思」の指数とは、基本的な調査データを共有しているため、高い正の相関関係を示すと考えられている。
10) データは、『パワー・リポート』誌、新聞報道等の使用可能な公開データから集められている。
11) 専門家には同じ方法で68のモデルについての評価を依頼した。
12) 評価者の出身地域の違いによる偏りを最小にするため、7人の評価点の単純平均ではなく、地域ごとの平均の中央値を各基準の評価点の総平均と定義した。つまり総平均を算出するにあたっての各評価者のウエートはアメリカとヨーロッパの評価者の6分の1、日本の評価者は9分の1であった。これは妥当な数値であるように思われる。というのは、調査したメーカーの総生産台数を地域間比較してみると、大まかに言って、1987年にはアメリカとカナダで800万台、日本で800万台、西ヨーロッパで900万台となるからである。総平均の結果はより詳細な分析のために順位の形に変換した。

13) もともとの設計品質指数は、価格との兼ね合いの評価要素を入れることでセグメント内の価格差を考慮するようにした。次に、回帰分析を使って、価格の影響を除去した設計品質指数を推定した。特に総合評価は、個々の評価要素から回帰推定した。回帰係数は各評価者が各要素に付与したウエートとみなし、価格との兼ね合いの要素を含まない設計品質の評価を計算するのに用いた。この評価の平均を価格調整前の指標とし、より詳細な分析のために順位の形に変換した。このようにして、設計品質の2つの指数（セグメント内の価格の影響を補正したものとしていないもの）が出てきたのである。実際には補正はほとんど影響がなく、両者の相関係数は0.94であった。
14) 廃車のパターンは、同一国内市場内では各製品ともほぼ同様と仮定した。したがって、累積シェアの変化は、そのまま総販売台数のシェアの変化とすることができた。
15) ユーザー・ベースシェア指数は特定の市場内での販売数をもとにしているために、国を超えての比較はできない。ここで重要なのは、ユーザー・ベースシェア指数が増大しているか、つまりメーカーのユーザー・ベースがユーザー・ベース全体よりも速いスピードで拡大しているかということである。
16) Sheriff(1988), Fujimoto and Sheriff(1989) も参照。
17) 組織と戦略の研究に理想像指数を用いることについての理論的検討は、Van de Ven and Drazin(1985), Venkatraman(1987) 参照。

参 考 文 献

Abernathy, William J."Some Issues Concerning the Effectiveness of Parallel Strategies in R&D Projects."*IEEE Transactions on Engineering Management* EM-18, no.3 (August 1971): 80-89.

——. *The Productivity Dilemma.* Baltimore: Johns Hopkins University Press, 1978.

Abernathy, William J., Kim B. Clark, and Alan M. Kantrow. *Industrial Renaissance.* New York: Basic Books, 1983. (邦訳『インダストリアル　ルネサンス』TBSブリタニカ)

Abernathy, William J., and James M. Utterback."Patterns of Industrial Innovation."*Technology Review* 80, no.7(June-July 1978): 2-9.

Aldrich, Howard, and Diane Herker."Boundary Spanning Roles and Organization Structure."*Academy of Management Review* (April 1977): 217-230

Alexander, Christopher, *Notes on the Synthesis of Form.* Cambridge, MA: Harvard University Press, 1964.

Allen, Thomas J. *Managing the Flow of Technology.* Cambridge, MA: MIT Press, 1977.

Allen, Thomas J., and Oscar Hauptman."The Influence of Communication Technologies on Organizational Structure."*Communication Research* 14, no.5(October 1987): 575-578.

Altshuler, Alan, et al. *The Future of the Automobile.* Cambridge, MA: MIT Press, 1984. (邦訳『自動車の将来』日本放送出版協会)

"Ampex Corporation: Product Matrix Engineering."Harvard Business School Case #687-002.

"Applied Materials,"Harvard Business School Case #688-050.

Armi, C. Edson. *The Art of American Car Design.* University Park, PA: The Pennsylvania State University Press, 1988.

Ashton, James E., and Frank X. Cook, Jr."Time to Reform Job Shop Manufacturing."*Harvard Business Review* (March-April 1989): 106-111.

Behner, Peter."New Aspect in FMEA Processing Using Advanced Databases and Its

Effects on Design for Assembly."Unpublished Diploma Thesis, Lehrstuhl fur Produktionssystematik, WZL, RWTH Aachen, West Germany, 1989.

"Bendix Automation Group."Harvard Business School Case #684-035.

Bettman, James R. *An Information Processing Theory of Consumer Choice.* Reading, MA: Addison-Wesley, 1979.

Bohn, Roger E., and Ramchandran Jaikumar."Dynamic Approach: An Alternative Paradigm for Operations Management."Harvard Business School Working Paper, 1986.

"BSA Industries—Belmont Division."Harvard Business School Case #689-049.

Burgelman, Robert A., and Leonard R. Sayles. *Inside Corporate Innovation.* New York: Free Press,1986.（邦訳『企業内イノベーション』ソーテック社）

Burns, Tom, and G. M. Stalker. *The Management of Innovation.* London: Tavistock Publications, 1961.

"Campbell Soup Company."Harvard Business School Case #690-051.

"Ceramics Process Systems Corporation(A)."Harvard Business School Case #687-030.

Chandler, Alfred D., Jr. *Strategy and Structure.* Cambridge, MA: MIT Press, 1962.（邦訳『戦略は組織に従う』ダイヤモンド社）

"Chaparral Steel(Abridged)."Harvard Business School Case #687-045.

Child, John."Organizational Structures, Environment and Performance: The Role of Strategic Choice."*Sociology* 6 (1972): 1-22.

Clark, Kim B."Competition, Technical Diversity, and Radical Innovation in the U.S. Auto Industry."*Research on Technological Innovation, Management and Policy,* vol.1 (1983): 103-149.

——."The Interaction of Design Hierarchies and Market Concepts in Technological Evolution."*Research Policy* 14 (1985): 235-251.

——."Project Scope and Project Performance: The Effect of Parts Strategy and Supplier Involvement on Product Development."*Management Science,* vol.35, no.10 (October 1989): 1247-1263.

——."What Strategy Can Do for Technology."*Harvard Business Review* (November-December 1989): 94-98.（邦訳『ダイヤモンド・ハーバード・ビジネス』1990年3月号「管理者の技術マネジメント5原則」）

Clark, Kim B., and Takahiro Fujimoto."Overlapping Problem Solving in Product Development."Harvard Business School Working Paper, 1987. Also in *Managing*

International Manufacturing, edited by Kasra Ferdows. Amsterdam: North-Holland, 1989: 127-152.

——."The European Model of Product Development: Challenge and Opportunity."Presented at the Second International Policy Forum, International Motor Vehicle Program at Massachusetts Institute of Technology, 17 May 1988(1988a).

——."Lead Time in Automobile Product Development: Explaining the Japanese Advantage."Harvard Business School Working Paper, 1988(1988b). Also in *Journal of Engineering and Technology Management* 6(1989): 25-58.

——."Shortening Product Development Lead Time: The Case of the Global Automobile Industry."Presented in Professional Program Session, Electronic Show and Convention, Boston, 10-12 May 1988(1988c).

——."Product Development and Competitiveness."Paper presented in the International Seminar on Science, Technology, and Economic Growth, OECD, 7 June 1989(1989a).

——."Reducing the Time to Market: The Case of the World Auto Industry."*Design Management Journal,* Vol.1, no.1 (fall 1989)(1989b): 49-57.

Cusumano, Michael A. *The Japanese Automobile Industry.* Cambridge, MA: Harvard University Press, 1985.

Daft, Richard L., and Norman B. Lengel."Organizational Information Requirements, Media Richness and Structural Design."*Management Science,* vol.32, no.5 (May 1986): 554-571.

Daimler-Benz AG. *Daimler-Benz Museum.* Stuttgart: 1987.

Davis, Stanley M., and Paul R. Lawrence. *Matrix.* Reading, MA: Addison-Wesley, 1977. (邦訳『マトリックス経営』ダイヤモンド社)

Drucker, Peter F. *The Practice of Management.* New York: Perennial Library, 1954. (邦訳『現代の経営』ダイヤモンド社)

Dumas, Angela and Henry Mintzberg."Managing Design—Designing Management."*Design Management Journal,* vol.1, no.1 (Fall 1989): 38-44.

Ealey, Lance A. *Quality by Design: Taguchi Methods® and U.S. Industry.* Dearborn, MI: ASI Press, 1988.

Engel, James F., Roger D. Blackwell, and David T. Kollat. *Consumer Behavior.* Hinsdale, IL: Dryden Press, 1978.

"Everest Computer (A)."Harvard Business School Case #685-085.

Freeman, Christopher. *The Economics of Industrial Innovation.* Cambridge, MA: MIT Press, 1982.

Fujimoto, Takahiro."A Note on Technology Systems."Presented at International Conference on Business Strategy and Technical Innovation, Japan, March 1983. 抄訳は、土屋守章編『技術革新と経営戦略』(日本経済新聞社、1986年) pp.141-161に所収

——."Organizations For Effective Product Development: The Case of the Global Automobile Industry."Unpublished D.B.A. diss., Harvard Business School, 1989.

Fujimoto, Takahiro, and Antony Sheriff."Consistent Patterns in Automotive Product Strategy, Product Development, and Manufacturing Performance—Road Map for the 1990s."Presented at the Third International Policy Forum, International Motor Vehicle Program at Massachusetts Institute of Technology, 7-10 May 1989.

Galbraith, Jay R. *Designing Complex Organizations.* Reading, MA: Addison-Wesley, 1973. (邦訳『横断組織の設計』ダイヤモンド社)

——."Designing the Innovating Organization."*Organizational Dynamics* (Winter 1982): 5-25.

"General Electric Lighting Business Group."Harvard Business School Case #689-038.

Gobeli, David H., and William Rudelius."Management Innovation: Lessons from the Cardiac-Pacing Industry."*Sloan Management Review* 26. no.4 (Summer 1985): 29-43.

Hall, Robert W. *Zero Inventories.* Homewood, IL: Dow Jones-Irwin, 1983.

Hayes, Robert H., Steven C. Wheelwright, and Kim B. Clark. *Dynamic Manufacturing.* New York: Free Press, 1988.

樋口　健治『自動車雑学事典』講談社、1984年

Hirschman, Elizabeth C., and Morris B. Holbrook."Hedonic Consumption: Emerging Concepts, Methods and Propositions."*Journal of Marketing* (Summer 1982): 92-101.

Holbrook, Morris B., and Elizabeth C. Hirschman."The Experiential Aspects of Consumption: Consumer Fantasies, Feelings, and Fun."*Journal of Consumer Research* 9 (September 1982): 132-140.

碇　義朗『第一車両設計部』文芸春秋、1981年

——.『日産・意識大革命』ダイヤモンド社、1987年

―――.『スカイラインに賭けた男たち』創隆社、1982年
―――.『トヨタ対日産新車開発の最前線』ダイヤモンド社、1985年
Imai, Ken-ichi, Ikujiro Nonaka, and Hirotaka Takeuchi."Managing the New Product Development Process: How the Japanese Companies Learn and Unlearn."In *The Uneasy Alliance,* edited by Kim B. Clark, Robert H. Hayes, and Christopher Lorenz. Boston: Harvard Business School Press, 1985.

Imai, Masaaki. *Kaizen.* New York: Random House, 1986.（邦訳『カイゼン』講談社、1988年）

Jaikumar, Ramchandran."Postindustrial Manufacturing."*Harvard Business Review* (November-December 1986): 69-76.（邦訳『ダイヤモンド・ハーバード・ビジネス』1987年3月号「実態調査が明かす生産の自動化を推進する条件」）

Johansson, Johny K., and Ikujiro Nonaka."Market Research the Japanese Way."*Harvard Business Review* (May-June 1987): 16-22.

Juran, Joseph M., and Frank M. Gryna, Jr. *Quality Planning and Analysis.* New York: McGraw-Hill, 1980.

Juran, Joseph M., Frank M. Gryna Jr., and R. S. Bingham, Jr., eds. *Quality Control Handbook.* New York: McGraw-Hill, 1975.

Kamien, M. I., and N. L. Schwartz. *Market Structure and Innovation.* Cambridge: Cambridge University Press, 1982.

Kanter, Rosabeth M."When a Thousand Flowers Bloom: Structural, Collective, and Social Conditions for Innovation in Organizations."*Research in Organizational Behavior* 10 (1988): 169-211.

Katz, Ralph, and Thomas J. Allen."Project Performance and the Locus of Influence in the R&D Matrix."*Academy of Management Journal* 28, no.1 (1985): 67-87.

Keller, Robert T."Predictors of the Performance of Project Groups in R&D Organizations."*Academy of Management Journal* 29, no.4 (1986): 715-726.

Kotler, Phillip. *Marketing Management: Analysis, Planning, Implementation and Control.* 6th ed. Englewood Cliffs, NJ: Prentice Hall, 1988.

Krafcik, John."Triumph of the Lean Production System."*Sloan Management Review* (Fall 1988): 41-52.

Larson, Erik W., and David H. Gobeli."Organization for Product Development Projects."*Journal of Product Innovation Management* 5 (1988): 180-190.

Laux, James M. *In First Gear: The French Automobile Industry to 1941.* Liverpool:

Liverpool University Press, 1976.

Lawrence, Paul R., and Davis Dyer. *Renewing American Industry.* New York: Free Press, 1983.

Lawrence, Paul R., and Jay W. Lorsch. *Organization and Environment.* Homewood, IL: Richard D. Irwin, 1967(1967a).

"Lehrer McGovern Bovis, Inc."Harvard Business School Case #687-089.

Levy, Sidney."Symbols for Sale."*Harvard Business Review* (July-August 1959): 117-124.

Lorenz, Christopher. *The Design Dimension.* Oxford: Basil Blackwell, 1986.（邦訳『デザイン・マインド・カンパニー』ダイヤモンド社）

Maidique, Modesto. A., and B. J. Zirger."A Study of Success and Failure in Product Innovation: The Case of the U. S. Electronics Industry."*IEEE Transactions on Engineering Management* EM-31, no.4 (1984): 192-203.

———."The New Product Learning Cycle."*Research Policy* 14 (December 1985): 299-313.

Marquis, Donald G."The Anatomy of Successful Innovations."In Michael L. Tushman and William L. Moore, eds. *Readings in the Management of Innovation.* Cambridge, MA: Ballinger, 1982: 42-50.

Marquis, Donald G., and D. L. Straight."Organizational Factors in Project Performance."MIT Sloan School of Management Working Paper, 1965.

Marsh, Peter E., and Peter Collett. *Driving Passion.* Boston: Faber and Faber, 1986.

松井　幹雄『自動車部品』日本経済新聞社、1988年

McDonough, Edward F.Ⅲ, and Richard P. Leifer."Effective Control of New Product Projects: The Interaction of Organization Culture and Project Leadership."*Journal of Product Innovation Management* 3 (1986): 149-157.

Miles, Raymond E., and Charles C. Snow. *Organizational Strategy, Structure, and Process.* New York: McGraw-Hill, 1978.

Miles, Robert H. *Macro Organizational Behavior.* Glenview, IL: Scott, Foresman, 1980.

Mintzberg, Henry. *The Structuring of Organizations.* Englewood Cliffs, NJ: Prentice-Hall, 1979.

———. *Mintzberg on Management.* New York: Free Press, 1989.（邦訳『人間感覚のマネジメント』ダイヤモンド社）

Mitsubishi Research Institute. *The Relationship between Japanese Auto and Auto*

Parts Makers. Tokyo: Mitsubishi Research Institute, 1987.

Monden, Yasuhiro *Toyota Production System.* Atlanta: Institute of Industrial Engineers, 1983.

両角　岳彦（岡崎　宏司編）『ＢＭＷ』新潮社、1983年

Morton, Jack A. *Organizing for Innovation.* New York: McGraw-Hill, 1971.

"Motorola, Inc.: Bandit Pager Project."Harvard Business School Case #690-043.

Myers, Sumner, and Donald G. Marquis. *Successful Industrial Innovations.* Washington, DC: National Science Foundation,1969.

Nevins, Allan, and Frank E. Hill. *Ford: Expansion and Challenge 1915-1933.* New York: Charles Scribner's Sons, 1957.

Nishiguchi, Toshihiro."Competing Systems of Automotive Components Supply."A paper presented at the First International Policy Forum, International Moter Vehicle Program, Massachusetts Institute of Technology, May 1987.

日産自動車㈱『自動車産業ハンドブック』紀伊國屋書店

Nonaka, Ikujiro."Creating Organizational Order Out of Chaos: Self-Renewal in Japanese Firms."*California Management Review* 30, no.3 (Spring 1988, 1988a): 57-73.

大島　卓、山岡　茂樹『産業の昭和社会史　第11巻　自動車』日本経済評論社、1987年

Perrow, Charles."A Framework for the Comparative Analysis of Organizations."*American Sociological Review* 2 (1967): 79-105.

Peters, Thomas J., and Robert H. Waterman, Jr. *In Search of Excellence.* New York: Warner Books, 1982.（邦訳『エクセレント・カンパニー』講談社）

"Plus Development Corporation (A)."Harvard Business School Case #687-001.

"Plus Development Corporation (B)."Harvard Business School Case #688-066.

Porter, Michael E. *Competitive Strategy.* New York: Free Press, 1980.（邦訳『競争の戦略』ダイヤモンド社）

―. *Competitive Advantage.* New York: Free Press, 1985.（邦訳『競争優位の戦略』ダイヤモンド社）

Roberts, Edward B."Managing Invention and Innovation."*Research-Technology Management* (January-February 1988): 11-29.

Rosenberg, Nathan. *Inside the Black Box.* Cambridge: Cambridge University Press, 1982.

Rosenbloom, Richard S."Technological Innovation in Firms and Industries: An Assessment of the State of the Art."In *Technological Innovation,* edited by P. Kelly and M. Kranzberg. San Francisco: San Francisco Press, 1978: 215-230.

———."Managing Technology for the Longer Term: A Managerial Perspective."In *The Uneasy Alliance,* edited by Kim B. Clark, Robert H. Hayes, and Christopher Lorenz. Boston: Harverd Business School Press, 1985: 297-327.

Rosenbloom, Richard S., and William J. Abernathy."The Climate for Innovation in Industry."*Research Policy* 11 (1982): 209-225.

Rosenbloom, Richard S., and Michael A. Cusumano."Technological Pioneering and Competitive Advantage: The Birth of the VCR Industry."*California Management Review* 29, no.4 (Summer 1987): 51-76.

Rosenbloom, Richard S., and Karen J. Freeze."Ampex Corporation and Video Innovation."*Research on Technological Innovation, Management and Policy,* vol.2 (1985).

Rothwell, Roy, et al."SAPPHO Updated: Project SAPPHO Phase Ⅱ."*Research Policy* 3, no.3 (1974): 258-291.

Rubenstein, A. H.., A. K. Chakrabarti, R. D. O'Keefe, W. E. Souder, and H. C. Young. "Factors Influencing Innovation Success at the Project Level."*Research Management,* vol.19, no.3 (May 1976): 15-20.

Sayles, Leonard R. *Management Behavior,* New York: McGraw-Hill, 1964.

Scherer, Frederic M."Time-Cost Tradeoffs in Uncertain Empirical Research Projects."*Naval Research Logistics Quarterly* 13 (March 1966): 71-82.

———. *Innovation and Growth.* Cambridge, MA: MIT Press, 1984.

Schonberger, Richard J. *Japanese Manufacturing Techniques.* New York: Free Press, 1982.

Scott, W. Richard. *Organizations: Rational, Natural and Open Systems.* 2d ed, Englewood Cliffs, NJ: Prentice-Hall, 1987.

Shapiro, Benson P."What the Hell Is 'Market Oriented'?"*Harvard Business Review* (November-December 1988): 119-125.（邦訳『ダイヤモンド・ハーバード・ビジネス』1989年3月号「会社総がかりの顧客指向性」）

Sheriff, Antony M."Product Development in the Automobile Industry: Corporate Strategies and Project Performance."M. S. M. diss., Sloan School of Management, Massachusetts Institute of Technology, May 1988.

柴田　昌治『何が日産自動車を変えたのか』PHP研究所、1988年

下川　浩一『自動車戦略国際化の中で──岐路に立つディーラー経営』日本自動車販売協会連合会、1981年

──.『自動車』日本経済新聞社、1985年

Simon, Herbert A. *The Science of the Artificial.* Cambridge, MA: MIT Press, 1969.（邦訳『システムの科学』パーソナルメディア）

Sloan, Alfred P., Jr. *My Years with General Motors.* Garden City, NY: Anchor/Doubleday, 1963.（邦訳『GMとともに』ダイヤモンド社）

Sobel, Robert, *Car Wars.* New York: McGraw-Hill, 1984.（邦訳『カー・ウォーズ』東急エージェンシー）

Soderberg, Leif G. "Facing Up to the Engineering Gap." *The McKinsey Quarterly* (Spring 1989): 2-18.

"Sony Corporation: Workstation Division." Harvard Business School Case #690-031.

Taguchi, Genichi and Don Clausing. "Robust Quality." *Harvard Business Review* (January-February 1990): 65-75.

Thompson, James D. *Organizations in Action.* New York: McGraw-Hill, 1967.

Tushman, Michael L. "Special Boundary Roles in the Innovation Process." *Administrative Science Quarterly* 22 (December 1977) 587-605.

Tushman, Michael L., and David A. Nadler. "Information Processing as an Integrating Concept in Organizational Design." *Academy of Management Review* 3 (July 1978): 613-624.

Urban, Glen L., John R. Hauser, and Nikhilesh Dholakia. *Essentials of New Product Management.* Englewood Cliffs, NJ: Prentice-Hall, 1987.（邦訳『プロダクトマネジメント』プレジデント社）

Utterback, James M. "Innovation in Industry and Diffusion of Technology." *Science* 183 (February 15, 1974): 658-662.

Van de Ven, Andrew H. "Central Problems in the Management of Innovation." *Management Science* 32, no.5 (May 1986): 590-607.

Van de Ven, Andrew H., and R. Drazin. "The Concept of Fit in Contingency Theory." *Research in Organizational Behavior* 7 (1985): 333-365.

Venkatraman, N. "The Concept of Fit in Strategy Research: Towards Verbal and Statistical Correspondence." *Academy of Management Best Paper Proceedings,* 1987.

von Hippel, Eric. "The Dominant Role of Users in the Scientific Instrument Innovation Process." *Research Policy* 5 (1976): 212-239.

——. *The Sources of Innovation.* New York: Oxford University Press, 1988. (邦訳『イノベーションの源泉』ダイヤモンド社)

Waterson, Michael. *Economic Theory of the Industry.* Cambridge: Cambridge University Press, 1984.

Weick, Karl E. *The Social Psychology of Organizing.* 2d ed. Reading, MA: Addison-Wesley, 1979.

White, Lawrence J. *The Automobile Industry Since 1945.* Cambridge, MA: Harvard University Press, 1971.

索　引

A-Z

BMW　54, 57, 66-67, 364
BSAインダストリーズ　406
CAD（コンピュータ支援設計）　9-11, 385-387
CAE（コンピュータ支援エンジニアリング）　9-11, 46, 385-387
CI　369-371
FMEA（故障モード影響解析）　284
JIT（ジャスト・イン・タイム）　212, 399
PSA　77
QCサークル　244
QFD（品質機能展開）　28
TQC　212
VE（価値工学）　284

あ

アール，ハーリー　69, 183
アイアコッカ，リー　81
アウディ　77, 380
揚妻文夫　88
アメリカン・モーターズ　77
アルファ・ロメオ　77, 380-381
いすゞ　77, 360, 380-381
インテグラル型アーキテクチャ　5-8, 15
エンジニアリング
　—工程エンジニアリング　50, 156-161
　—製品エンジニアリング　50, 148-155, 157-158
オイルショック　83, 86
オーバーラップ型問題解決　10

か

外的一貫性　299
外的統合　298, 314-317
開発工数　115, 192-195, 417, 426
開発作業段階の重複化　258, 267-269
開発生産性　36, 95-99, 101-105, 114-116, 362
加工組立型産業　30-31
金型開発　225-230, 271-282
空ハンガー　233
キヤノン　25-26, 402
キャンベル・スープ　403
協力会　173
クォンタム　401
久米豊　329
クライスラー　57, 58, 70, 165
継続的改善　399
ゲスト・エンジニア　183, 203
高級車専門メーカー　77-82, 86-89, 100, 122, 152, 154, 219, 345, 350-315, 364, 415
コンセプト（製品の）　60-68, 72, 95-99
コンセプト・クリエーター　138, 145
コンセプトの創出　136-142, 151-152, 375

さ

サーブ　77, 360, 380
サイクル・プラン　139
サイマルテニアス・エンジニアリング　28, 255-256, 283
差別化戦略　80-86
試作車　212-224
ジャガー　77, 364-365, 380-381

首尾一貫性（製品の） 36, 44, 53, 177, 296, 337, 363, 394, 402
小集団活動 244
情報資産系統図 48, 51, 52, 128, 129, 153, 221
ジレット 21
スズキ 77, 360, 380
スタイリング 144-146
ステンペル，ロバート 85
スローン，アルフレッド 57, 93, 186
製造性 10, 23, 159, 252
製品複雑度 190
設計図の引き渡し（出図） 153, 248, 274
設計品質 118, 123, 177, 191, 363, 418
ゼネラル・エレクトリック（GE） 26
ゼネラルモーターズ（GM） 29, 54, 57-58, 68-70, 78, 85, 183, 186, 360, 371, 380-381
総合商品力（TPQ） 36, 95-99, 110-115, 116-118, 122, 191, 363, 381, 393, 417
装置産業型産業 31, 48
ソニー 25

た

ダイハツ 77, 381
ダイムラー，ゴットリーブ 293
ダイムラー・ベンツ 54, 67, 77, 170, 364, 367-367
田口メソッド 284
タタ自動車 19
多能工 5, 243
適合品質 118, 123, 189, 191, 219, 220, 418
電気自動車 18
統合型の組織能力 5
同時並行化率 259-260
トヨタ 54, 58, 74, 77, 166, 364, 381
豊田喜一郎 293
トヨタ生産方式 5

な

内的統合 297, 314-317, 346, 359

日産自動車 54, 57, 58, 74, 328-330, 359, 364, 380-381
日本ビクター 25
NUUMI 381

は

排ガス規制 86
パイロット・ラン 50, 160, 215-216, 231-233, 239
バラエティ（製品の） 167-168
ビッグスリー 78
フィアット 66, 77, 380-381
フィリップス 25
フェラーリ 88
フォード 54, 58, 68-69, 165
フォード，ヘンリー 68, 293
フォルクスワーゲン（VW） 54, 62
ブガッティ 78
富士重工業 77
プジョー 54
部品
―グレイボックス部品 180
―承認図部品（ブラックボックス部品） 177, 181
―承認図方式 179, 182
―貸与図部品 177, 181
―貸与図方式 180
―部品メーカー市販部品 177, 181
部品メーカー 170-183
プラット・アンド・ホイットニー 26
プランニング（製品の） 50, 142-148
プロジェクト戦略 166, 190, 343
プロジェクトの守備範囲 110, 166, 186-189, 192-197, 201
プロジェクト・フォー 381
プロダクト・マネジャー 134-136, 138, 139, 141, 300, 303-314
―軽量級プロダクト・マネジャー 302, 403
―重量級プロダクト・マネジャー 10, 302, 305-314, 397

—中量級プロダクト・マネジャー　318, 323, 327
フロントローディング　9-11, 16
分業化　128-129, 314-317
ベントレー　77
ポルシェ　57, 77, 89, 366
ボルボ　77
ホンダ　54, 57, 58, 359, 364, 375-377, 380
本田宗一郎　247

ま
松下電器　25
マツダ　371, 375
三菱自動車　77, 380-381
ミノルタ　25-26
モジュラー型アーキテクチャ　5-8
モデル・チェンジ・サイクル　120, 186
モデルT　68
モトローラ　404
問題解決
—問題解決サイクルの連携調整　248-250, 269-270, 395
—調整された問題解決　250, 268-270, 283-290, 436

や
山本健一　88

ら
ラグビー型のチームワーク　251, 256
ランチェスター　78
ランプアップ　216, 234-237
ランプアップ・カーブ　234
リードタイム　36, 105-110, 114-116, 241-244, 362, 363, 417
—エンジニアリング・リードタイム　106-109, 196, 434
—金型（開発）リードタイム　225-236, 424
—試作車製作リードタイム　421
—プランニング・リードタイム　106-109, 196
リエゾン（連絡担当）エンジニア　134
量産車再現性　153-154, 220
量産車メーカー　77-80, 86,-89, 100, 122, 219, 339, 362-363, 415
ルッツ，ロバート　88
ルノー　57
レイアウト　146-147
レーラー・マクガバン・ボービス（LMB）　405
ローバー・グループ　77, 380
ロールスロイス　77

［著者］
藤本隆宏（Takahiro Fujimoto）
1979年東京大学経済学部卒業後、三菱総合研究所入社。
1989年ハーバード大学ビジネス・スクールより博士号取得。
1990年〜2021年東京大学経済学部助教授・教授。2003年〜2021年東京大学ものづくり経営研究センター長。2021年より、東京大学名誉教授、早稲田大学教授。
主な著書に*The Evolution of a Manufacturing System of Toyota*（Oxford University Press、1999年。恩賜賞、日本学士院賞受賞）、『能力構築競争』（中公新書、2003年）、『日本のもの造り哲学』（日本経済新聞社、2004年）、『ものづくりからの復活』（日本経済新聞出版、2012年）、『現場から見上げる企業戦略論』（角川新書、2017年）など多数。

キム B. クラーク（Kim B. Clark）
1974年ハーバード大学卒業。1978年経済学で博士号取得。
1995年から2005年までハーバード・ビジネス・スクール学長を務め、2005年から2015年までブリガム・ヤング大学アイダホ校学長を務めた。
著書に『インダストリアル・ルネサンス』（共著・TBSブリタニカ、1984年）『デザイン・ルール』（共著・東洋経済新報社、2004年）など多数。

［訳者］
田村明比古（Akihiko Tamura）
1980年東京大学法学部卒業。運輸省入省。
米国コーネル大学経営大学院にてMBA取得。
在アメリカ合衆国日本国大使館参事官、国土交通省大臣官房審議官、鉄道局次長、航空局長、観光庁長官、国土交通省参与、株式会社三井住友銀行顧問などを経て、2019年6月より成田国際空港株式会社代表取締役社長。

【増補版】製品開発力
自動車産業の「組織能力」と「競争力」の研究

2009年10月8日　第1刷発行
2022年7月29日　第4刷発行

著　者━━藤本隆宏、キム B. クラーク
訳　者━━田村明比古
発行所━━ダイヤモンド社
　　　　〒150-8409　東京都渋谷区神宮前6-12-17
　　　　https://www.diamond.co.jp/
　　　　電話／03・5778・7228（編集）　03・5778・7240（販売）
装　丁━━遠藤陽一・国友幸子（デザイン ワークショップ ジン）
製作進行━━ダイヤモンド・グラフィック社
印　刷━━勇進印刷（本文）・新藤慶昌堂（カバー）
製　本━━ブックアート
編集担当━━小暮晶子

©2009 Akihiko Tamura
ISBN 978-4-478-00193-6

落丁・乱丁本はお手数ですが小社営業局宛にお送りください。送料小社負担にてお取替えいたします。但し、古書店で購入されたものについてはお取替えできません。
無断転載・複製を禁ず
Printed in Japan